머리말

본 교재는 자연계에 인공계의 농지와 수로조직을 설치하여 물의 흐름을 조절함으로서 작물에 필요한 물을 공급하고, 과잉수를 배제하는 각종 기능들을 공학적으로 설계하는 기본이론과 효율적인 물관리를 할 수 있는 원리를 다루는 데 있다. 이러한 관개배수의 목적을 살펴보면, 초기에는 인류생존에 필요한 식량을 생산하기 위한 수자원의 관리에 있었지만, 점차적으로 수자원의 부존량 부족과 기후적인 변동에 따른 한발과 폭우로 발생되는 농업재해를 극복하기 위하여 효율적인 물관리의 시스템을 운영하는 데 있었다.

그러나 사회문화의 발달과 인류의 삶의 풍요로움을 충족하기 위해 지금보다 더 좋은 자연과 인간 삶의 관계가 조화롭게 이루어지도록 환경 친화적인 조성기법이 요구되고 있다. 이를 위해서는 공익적인 기능을 포함한 수량과 수질관리에도 세밀한 관심을 가진 기법을 활용하여 미래 인류사회에 길이 남을 풍요로운 환경이 형성되도록 관개배수공학의 영역을 더욱 확장하여 가고 있다.

금번 제2판에서는 지금까지 농업용 물관리의 설계 중심의 이론에서 농촌의 물관리를 대상으로 설계적 기법과 물 관리자의 입장에서 활용하는 기법 그리고 환경 친화적인 시설물에 대해 추가 기술하였다. 또한 21세기를 살아가는 데에 걸맞는 실시간적 관리를 이룰 수 있도록 농업. 농촌에 필요한 용수의 산정과 수질보전관리 방안에 대해 보강을 하였다. 그리고 각 장에서 예제를 보충하여 학생들의 이해에 도움이 되도록 쉽게 설명을 추가하였다.

제2판을 출판하게 배려해 주신 동명사 최국주 사장님을 비롯하여 김현경 전무님과 직원들께 감사드리며, 집필에 참여해 주신 여러 분들께 심심한 감사를 드립니다.

2006년 2월 20일

집필자 대표 정하우 씀

차 례

제1장 관개배수의 발달

제2장 토양, 물 및 작물

제3장 농지관개

제4장 농지배수

제5장 물관리시설의 운영 및 관리

제 1 장

관개배수의 발달

1.1 관개배수의 중요성

1.1.1 관개배수의 의의와 목적

관개배수(灌漑排水)란 물이 부족하거나 과다하여 농사를 지을 수 없는 땅에, 강수·증발산·침투 등 자연의 물 순환[水循環]을 보완하여 인공적으로 농경지의 물 환경을 조절하는 것을 말한다. 다시 말해서 농경지 생산성의 향상이라는 관점에서 볼 때, 자연의 물 순환의 적절성 여부를 판단하여 물이 부족할 때는 이것을 보급하는 것을 관개(灌漑)라 하고, 물이 과잉될 때 이를 배제하는 것을 배수(排水)라고 한다.

관개배수의 목적은 농업의 토지 생산성과 노동 생산성을 향상시키기 위한 것으로 전자는 작물의 생육환경을 개선하는 것이고, 후자는 농작업의 환경을 개선하는 것이다. 즉, 관개는 작물의 생육에 필요한 수분을 공급함으로써 파종, 정식, 이앙 등을 적기에 실시할 수 있게 하고, 중경(中耕), 수확 등을 손쉽게 할 수 있게 해준다. 이러한 결과는 재배관리의 합리화, 재해방지, 토양개선, 농지개량 및 작업관리의 생력화에 기여하게 된다. 한편, 배수는 지표수에 의한 침수를 막고, 토양 중의 과잉 수분을 배제하여 파종, 중경, 수확 등을 쉽게 할 수 있게 해주고, 답리작(畓裏作)을 촉진시킨다. 이 같은 효과들은 재산피해 방지, 침수피해 방지, 토양수분 조절, 토양침식 방지, 염분 제거 및 작업관리의 생력화 등에 기여한다.

자연의 물 순환 요소인 강수·증발산·침투 등은 지역에 따라, 그리고 계절에 따라 크게 변동한다. 일반적으로 농경지에서는 어느 때는 물이 부족하고, 또 어느 때는 과잉할 때가 있다. 따라서 관개할 때는 반드시 배수하는 것을, 또 배수할 때는 반드시 관개하는 것을 염두에 두어야 한다. 관개와 배수는 물 환경의 조절이라는 측면에서는 상반되는 기능을 갖고 있으나, 농지의 개선이라는 공동의 목적을 달성하기 위해서는 언제나 양자를 함께 고려하는 것이 좋다.

1. 1. 2 관개배수와 농업생산

농업생산을 위해서는 태양에너지, 토지 그리고 물이 필요하다. 이 세 가지 조건이 적절히 조합됨으로 작물 생육에 좋은 환경이 형성된다.

태양에너지의 조건은 크게는 지구상의 위치에 따라 정해지고, 작게는 지형 조건에 따라 정해진다. 따라서 작물 생육에 대한 에너지환경을 조절하려면 시설원예(施設園藝)용 온실에서와 같이 인공적으로 기상요소를 조절하는 수밖에 없다. 그러나 이 방법은 특수한 경우에는 가능하지만 경제적으로 한계가 있으므로 일반적으로 널리 사용할 수 있는 방법은 아니다. 농업은 본질적으로 자연의 태양에너지를 이용하는 산업이므로 에너지환경의 조절은 부분적일 수밖에 없는 제한이 따른다.

토지의 조건은 지형 · 지질 및 토양에 따라 정해진다. 지형 · 지질은 지구의 활동에 의해 이루어짐으로 인위적으로 이것을 조절할 수는 없다. 토양은 주로 암석의 풍화생성물로써 지형 · 지질적 조건과 기상조건에 의하여 정해지므로, 이것을 바꾸거나 조절한다는 것은 부분적으로는 가능하지만 크게는 할 수가 없다.

물의 생성조건은 기상조건과 토지조건에 따라 다르기는 하지만, 물 그 자체는 비교적 간단하게 움직일 수 있는 순환자원이다. 물 순환에 대하여 적절한 배려를 한다면 얼마를 사용하든지 원칙적으로 줄지 않는 자원이다. 그렇기 때문에 농업생산을 위한 태양에너지, 토지, 물 중에서는 물이 가장 조절하기 쉬운 자원이다. 따라서, 오랜 옛날부터 농업생산에 관개배수가 널리 보급된 주된 이유가 여기에 있다고 볼 수 있다.

1. 1. 3 관개배수와 지역사회의 영향

오랜 옛날부터 생산이 부진한 농지에는 관개를 하거나 배수를 해줌으로써 생산성이 높은 농지로 바꿀 수 있었고, 이를 기초로 하여 다량의 수확물을 획득할 수가 있었다. 이러한 관개와 배수의 결과가 지역사회 발전에 미친 효과는 대단히 큰 것이었다. 이 효과를 구체적으로 살펴보면 다음과 같다.

[1] 식량과 의류공급 효과

농지의 조성과 함께 관개사업은 예로부터 인류에게 많은 것을 제공해 왔다. 식량공급을 통하여 집단주거를 가능케 해 주었고, 의류 작물을 재배하여 의류섬유를 제공함으로써 인류문화를 크게 발전시켜 주었다. 초기의 관개는 농지로 물을 보내 주는 역할에 그쳤지만, 인구의 증가에 따른 식량 부족으로 기아상태가 초래됨에 따라, 이를 극복하기 위하여 농지의 확대와 관개 수원의 확보에 큰 관심을 갖게 되었다. 구체적으로는 한발에 대한 내성이 큰 관개시설을 구축하여 농산물을 안정적으로 수확함으로써 많은 사람들의 생활을 유지하는 데 기여할 수 있었다. 이에 따라 관개지역은 비관개지역보다 많은 인구를 지탱할 수 있는 고밀도 사회를 형성하는 근거지로 발전할 수 있게 되었다.

[2] 주민 자치능력 부여 효과

고대문명을 살펴보면, 관개사업은 문명을 촉진시키는 강력한 요인 중의 하나였다. 경종 농업에 있어서 관개사업은 새로운 농지를 찾아 이동해야 하는 옛날 방식의 생활을 청산하고, 한 곳에 정착하여 농사를 지을 수 있게 해주었다. 농업의 역사를 살펴보면, 인류는 농산물의 수확량을 많게 하기 위해 부단한 노력을 기울여 왔으며, 이 중에서도 농지의 확보와 용수의 확보를 무엇보다 중요하게 여겼다. 사람들은 자기의 농지에 풍부한 용수를 공급받기 원하였고, 이 때문에 심각한 물 분쟁이 발생하게 되었다. 인류는 이로 인한 분쟁을 없게 하기 위하여 서로가 만족할 수 있는 물 사용 규칙을 만들게 되었으며, 이를 지키기 위한 공동의 노력이 이루어졌다. 이를 통하여 상호의견을 존중할 줄 아는 주민의 자치능력을 육성하는 데 관개배수의 역할이 크게 기여해 왔다.

[3] 지역 환경보전의 효과

농지의 관개배수를 통하여 지역환경 보전에 기여한 공익적 기능을 살펴보기로 한다.

(1) 홍수조절 기능

우리나라의 지형과 기후 특성은 산세가 급하고 유역이 넓지 않은 지형에 여름철에 집중호우가 편중되고 있어, 홍수 재해에 대한 위험이 항상 도사리고 있다. 우리나라의 경우 홍수가 발생하는 시기에 논과 밭에는 여러 작물들이 자라고 있어 피해의 우려가 크다. 논은 강우의 저류기능에 의하여 홍수를 조절한다. 예를 들어 우리나라 전체 논둑의 평균 높이를 27 cm, 평균 담수심을 3 cm, 논 면적을 112만 7천 ha로 하여 저류가능량을 계산하면 총 27억 m^3가 된다. 또한 밭의 경우는 빗물을 침투시켜 첨두 홍수량을 감소시키는 바, 토양의 평균 침투심을 3 cm로 하고, 밭 면적을 71만 9천 ha로 하면 저류가능량은 총 2억 2천만 m^3가 된다. 따라서 논과 밭에 의한 저류효과는 총 29억 2천만 m^3로 춘천댐 총 저수량을 1억 5천만 m^3로 볼 때 그것의 약 20배나 된다. 여기에 댐 건설비와 수몰지역 보상비를 고려하면 더 큰 효과를 얻고 있다고 볼 수 있는 것이다.

(2) 지하수 함양 기능

우리가 가까이 사용하고 있는 용수원 중의 하나가 지하수이다. 강우는 산림지를 통해서 지하로 침투해 들어가지만 농지를 통해서도 스며들어 지하수가 된다. 논의 경우에는, 강우나 관개수 공급에 의해 담수된 물의 약 55%가 배수되거나 복류수 형태로 하천으로 흘러가고, 45%는 지하수로 침투하여 저장되는 것으로 본다. 포화상태의 논의 침투량을 평균 7 mm/d로, 담수기간을 평균 130일로 보면 논에 의해 약 110억 m^3의 지하수가 함양된다고 할 수 있다. 지하수의 무절제한 양수로 인하여 지반을 침하시키는 현상을 지구 곳곳에서 볼 수 있다. 예를 들면 미국의 Huston은 해마다 건물이 20～30 cm씩 함몰되고 있다. 이를 막기 위해 주위에 논을 조성하는 계획을 추진하고 있는 것을 볼 때, 지하수 함양 기능이 가지는 가치는 경제적 평가를 초월하는 것이다.

(3) 대기 냉각 기능

한 여름의 기온은 감내하기 힘든 더위를 체험하게 만든다. 그러나 담수된 논은 이러한 고온을 식혀 준다. 논의 물이 증발하거나 벼를 통하여 증산하게 됨으로써 대기를 냉각시켜 주고 있는 것이다. 따라서, 우리나라 전역에 논이 고르게 분포되어져 있지 않다면 지금보다 더 더운 여름을 보낼 수밖에 없는 것이다.

논에서 일어나는 증발산량을 평균 5 mm/d로 보면 약 50 m^3/ha/d의 물이 증발되는 것이며, 이를 전국을 대상으로 환산하면 하루에 약 5천600만 m^3의 물이 증발산하면서 대기의 온도를 낮추어 주고 있는 셈이다. 이 열량은 냉방시설을 설치하여 가동하는 것으로 환산하면 물 1 m^3의 증발에 원유 0.57 *kl*가 필요하다고 함으로 총 3천200만 *kl*의 원유를 매일 소비해야 된다는 계산이다.

(4) 대기정화 기능

우리나라에서 재배하는 논벼와 보리를 비롯한 밭작물이 생육하는 과정에서 흡수하는 CO_2와 공기 중으로 내보내는 O_2의 양을 각각 생산량과 곡식의 당분 함량으로 계산하면, CO_2는 논벼에서 연간 약 1천600만 톤, 밭작물(9종)에서 2천600만 톤을 흡수하고 있는 반면, O_2는 논벼에서 1천200만 톤과 밭작물(9종)에서 1천900만 톤을 방출하고 있다. 따라서 온실효과의 주원인인 CO_2를 흡수하는 논은 자연적인 대기오염의 정화장치로 평가받는 것이 마땅하며, 벼농사는 소모되지 않는 천혜의 자연자원임을 명심해야 할 것이다.

(5) 토양유실 방지 기능

연구결과에 의하면 지난 1972부터 1992년까지 20년 동안에 지구상 농지의 표토가 토양침식으로 유실된 양은 약 5천억 톤으로 추정된다고 하였으며, 이를 방치하면 비옥한 표토의 손실을 초래해서 심각한 식량문제를 가져올 것으로 예상한 바 있다.

우리나라 밭 가운데 토양의 유실이 쉽게 일어날 것으로 예상되는 경사 7% 이상의 지형에 해당되는 밭의 총면적은 약 55만 ha이다. 이 면적에 대해 평균 토양 유실량(0.4 cm)을 적용하면 연간 약 2억 6천만 톤의 표토가 유실된다고 볼 수 있다. 귀중한 자산인 유실토양은 지형 특성상 주로 밭의 하부에 위치하는 논으로 유입할 가능성이 크므로, 논이 이를 받아서 보존토록 함으로써 영구적인 토양유실을 막아 주고, 토양 속에 포함된 영양분도 이용 가능하게 한다.

(6) 수질정화 기능

토양은 물질을 흡착하는 성질을 가지고 있으므로 토양에 침투하는 물 중의 각종 오염물질(질소, 인 등)이 토양에 흡착되어 식물에 이용되기도 하고, 대기 중에 가스로 방출되기도 한다. 이러한 토양의 정화기능을 통하여 지하수가 깨끗하게 유지되는 것이다.

[4] 생태계 보존 효과

생태계는 자연생태계와 농업생태계, 그리고 도시생태계로 분류된다. 이 중에서 농업생태계는 자연생태계와 도시생태계 사이에서 두 생태계를 연결해 주는 고리로서 생태계 전체를 보존하며, 쾌적한 인간의 삶을 유지해 주는 매우 중요한 구실을 한다.

농업생태계는 식량생산을 위하여 자연생태계를 오랜 세월에 걸쳐 인위적으로 기후와 풍토에 알맞게 개조하여 가꾸어져 왔기 때문에, 계속적인 관리를 하지 않으면 쉽게 파괴되고 만다. 그러므로 특히 논의 생태계가 교란되어 우리가 살고 있는 땅과 물과 공기가 모두 변하게 된다면, 지금까지 누려온 번영의 몇 백배에 달하는 노력과 시간, 그리고 재산 손실은 물론 고통까지도 감내해야 할 것이다.

벼농사 위주의 농업은 독특한 농업형태와 생산양식으로 아름다운 국토경관을 형성하고 있다. 봄에는 못자리를 만들고 모를 길러 모내기를 함으로써 우리에게 생동감을 안겨주고, 여름에는 확 트인 녹지공간을 펼쳐 주며, 가을에는 황금물결이 출렁이는 풍요로움을 선사해 준다. 오랜 세월 동안에 축조해 놓은 보와 저수지는 산과 들을 배경으로 잘 어우러져 고유의 경관을 유지해 주기도 한다.

또한, 간접적으로는 농업이 산림과 야생동물들을 보호해 주고 있다. 다시 말하면, 농산물을 거두고 남은 부산물은 농촌의 연료와 퇴비로 이용됨으로써 산의 나무나 낙엽이 훼손되지 않게 해 주고, 볏짚과 겨는 가축의 먹이로 사용되어 산에 있는 야생풀이 야생동물의 먹이와 서식지가 됨으로써 결국 자연 생태계의 보전에 크게 기여하고 있는 것이다.

[5] 지역 개발의 투자 효과

농지에 관개용수를 도입함으로써 농업은 새로운 형태로 전환되었다. 다시 말하면, 자급자족의 농업에서 시장기능을 활용하게 되었고, 이를 바탕으로 농업의 자본축적이 가능하게 되었다. 이는 농업의 내실을 이루기 위해 농업생산을 위한 시설과 장비를 갖추게 함으로써 더욱 충실한 농업을 전개하게 된 것이다. 뿐만 아니라 축적된 농업자본이 타 산업에 투자됨에 따라, 우리나라의 2차 산업 개발과 지역사회 개발에 원동력을 이루어 왔다.

1.2 관개배수의 역사와 전망

1.2.1 세계의 관개배수

인류역사의 초기 문명들은 일반적으로는 관개와 더불어 운명을 같이 하였음을 알 수 있다. 이들 문명이 가장 먼저 한 일의 하나가 강물을 끌어들여 토지를 비옥한 농토로 만드는 것이었다. 그 대표적인 예로는 중동지역에 건설되었던 초기 문명들의 흥망성쇠를 들 수 있다.

수천 년 전에 농업이 시작된 이래 관개는 세계 전역에 퍼졌다. 관개면적은 1900년대까지 약 4천만 ha로, 그리고 1950년까지 9천400만 ha로 증가하였다. 또한 세계의 식량 요구량이 크게 늘어남에 따라 관개면적은 급증하여 1978년에는 2억 600만 ha로 늘어났다. 1인당 관개면적은 1950년에서 1978년 사이에 0.037 ha에서 0.048 ha로 약 30% 증가하였다.

관개면적의 증가는 1978년을 정점으로 둔화되기 시작하였다. 그 이후 2002년까지 관개면적은 2억 600만 ha에서 2억 7천700만 ha로 증가했을 뿐이다. 이와 같은 관개면적의 증가는 인구 증가에 훨씬 못 미치는 것으로, 이 기간 중 1인당 관개면적은 6%가 감소한 0.045 ha로 줄어들었다.

1950년 이후 이루어진 1억 500만 ha의 관개면적 확대는 지표수와 지하수의 개발에 따른 것이었다. 유역변경이나 양수장의 건설과 같은 관개용수의 개발사업은 상당한 자본이 투자되어야 하기 때문에, 각국 정부나 국제 개발기구들에 의해 주도되었다. 그리고 농부들도 자신의 농토에 우물을 파서 관개면적 증가에 기여하였다.

인도와 중국은 표 1-1과 같이 각각 5천700만 ha와 5천500만 ha의 관개면적을 보유하여 세계에서 첫 번째와 두 번째로 관개면적이 넓은 국가이다. 그 다음으로 미국과 파키스탄의 관개면적이 넓다.

표 1-1 최상위 20개국과 세계 전체의 관개면적

국가	관개면적 (천 ha)	경작면적 (천 ha)	관개면적/경작면적 (%)	국가	관개면적 (천 ha)	경작면적 (천 ha)	관개면적/경작면적 (%)
인도	57,198	170,115	33.6	우즈베키스탄	4,281	4,827	88.7
중국	54,937	153,956	35.7	스페인	3,780	18,715	20.2
미국	22,500	178,068	12.6	이라크	3,525	6,090	57.9
파키스탄	17,800	22,120	80.5	이집트	3,400	3,400	100.0
이란	7,500	17,088	43.9	루마니아	3,077	9,899	31.1
멕시코	6,320	27,300	23.2	베트남	3,000	8,895	33.7
터키	5,215	28,523	18.3	브라질	2,920	66,580	4.4
타이랜드	4,957	19,367	25.6	이탈리아	2,750	11,064	24.9
인도네시아	4,815	33,700	14.3	일본	2,607	4,762	54.7
러시아	4,600	125,300	3.7	합계	219,779	318,198	69.1
방글라데시	4,597	8,429	54.5	전세계	276,719	1,534,466	18.0

〔자료〕: FAO, FAOSTAT, Agricultural Data; Land use, Irrigation, 2004.

세계의 두 주요 식량생산국인 미국과 중국에서는 1980년 이래 관개의 확대가 거의 이루어지지 않았다. 특히 미국에서는 식량가격의 하락과 양수비용의 상승이 큰 장애가 되었다.

1978년 이래 관개면적 증가의 지속적 둔화는 미래의 물 부족을 예고하고 있다. 따라서 현재 물 이용 효율을 증대시킬 수 있는 새로운 기술이 빠르게 개발되고 있으며, 이러한 기술의 응용 또한 빠르게 확산되고 있다. 그 대표적인 예로 논의 관개방식의 변화를 들 수 있다. 과거 농부들은 논에 지속적으로 물을 가두고 벼농사를 했지만, 지금은 개선된 방법을 사용하여 꼭 필요한 경우에만 물을 가둠으로써 물의 사용량을 약 40%까지 절약할 수 있게 되었다. 이스라엘의 과일 및 야채 생산지에서 널리 사용되고 있는 관개기술인 물방울 관개방식은 더 많은 물을 절감할 수 있으며, 상당수의 국가들은 도시 하수도를 2차 정수하여 관개용수로 사용함으로써 물의 재활용에 기여하고 있다.

1.2.2 한국의 관개배수

한국의 오랜 역사를 통해 볼 때, 벼농사와 관개는 불가분의 관계에 있었다. 최초의 대규모 저수지가 삼국시대인 서기 330년에 백제의 벽골현에 축조되었고, 그것의 축조사업이나 관리가 국가적으로 큰 사업이었다.

관개를 위한 저수시설의 축조와 관리가 권농책의 일환으로 강력하게 추진되었는데, 당시의 백제 땅에서 벽골제, 눌제, 황등제 등이 축조되고, 신라에서는 429년에 시제가 축조되었다는 사실로 미루어 보아 축제기술도 상당히 뛰어났던 것으로 짐작된다. 특히 한국에서 제일 가는 곡창지대인 김제평야에 축조된 벽골제는 약 1만 ha를 관개할 수 있는 대규모의 저류시설이었다는 점에서 한국 수리역사상의 거목이었다 할 수 있다.

한편 고려시대에도 초·중기에는 전제개혁(田制改革)과 함께 개간의 장려, 수리시설의 수축에 힘을 기울여 권농의 기틀을 구축했으나, 후기에는 몽고의 침입으로 30년 전쟁을 치르면서 극도로 질서가 문란해졌다. 그러나 오랜 몽고와의 전쟁 속에서 임시 왕도로 삼았던 강화도에서 연안제방을 축조하여 논을 조성한 것과, 청천강 하구에 제방을 축조하여 우리나라에서는 처음으로 간척농지를 조성한 것은 제한된 지역에서나마 식량조달원을 창출해 낸 지혜의 산물이었다. 고려 말에는 원나라에서 수차(水車)가 도입되기도 하였다.

조선조에서는 1395년(태조 4년)에 주·부·군·현(州府郡縣)에 권농관을 배

그림 1-1 측우기(기상청)

그림 1-2 수표(세종대왕 기념관)

치하여 제언의 취수구(取水口)를 설치하는 등, 대대적인 제언수축에 나서는 동시에 제언대장을 만들어 수리시설 관리를 제도화하였다.

세종실록(世宗實錄)에 의하면, 세종 23년(1441)을 전후하여 가뭄과 큰비의 교차가 극심하고 농사에는 어려움이 있어 그림 1-1과 같은 측우기(測雨器)를 발명하였는데, 이것은 오늘날의 우량계와 측정원리가 같은 과학적인 우량계로서 이탈리아의 Benedetto Castelli가 만든 우량계(1639)보다 198년이나 앞선 것이다.

측우기를 사용하여 강수량을 과학적으로 측정하는 일은 세종 때 이후 1백여 년 동안은 잘 시행되었지만, 그 후 조금씩 흐트러지기 시작했다. 16세기 후반에는 세종 때의 측우제도에 따른 측정규정이 잘 지켜지지 않았다. 더욱이 임진왜란의 참화로 측우기에 대한 강수량 측정의 전통은 끊어지고 말았으며, 모든 측우기가 소멸되고 말았다.

강수량을 측정하는 또 하나의 방법으로 세종 때의 과학자들은 강물의 수위를 재는 일을 시작했다. 하천의 양수계(量水計)나 수위계(水位計)에 해당하는 그림 1-2와 같은 수표(水標)를 설치하여 홍수를 대비하는 데 사용하였다.

서울 중심부를 흘러가는 청계천에 설치되었던 수표는 높이가 약 2.5 m의 나무기둥에 자 · 치 · 푼(尺 · 寸 · 分)의 눈금을 새기고 그것을 돌기둥 사이에 끼워 묶은 것이었다. 이와 비슷한 수표는 또 하나 한강에도 세워졌다. 그것은 바위를 깎아 눈금을 새긴 것이다.

또 1419년(세종 2년) 눌제 수축과 함께 그 수혜지 약 1만 ha에 정전법(井田法)을 적용하여 농지의 구획을 바로 잡았는데, 이것은 조세구분을 명확히 하기 위한 것이었으니 오늘날의 경지정리와 같은 것이었다.

1429년에는 수차(水車)를 도입하는 등 근세 초기의 농업발전에 크게 기여하였고, 1485년(성종 16년)에는 천방사업(川防事業)을 일으켜 한해와 수해에 대비한 제방 축조와 보(洑)에 의한 관개에 주력하는 등 관개의 영역을 크게 넓혔다.

1729년(영조 5년) 당시의 전국 제언수는 3,527개소에 달했으며, 그 관리는 국정의 큰 몫이 될 수밖에 없었다. 한편 1800년대에는 빈번한 한해와 수해의 발생은 조선조 말기 국력의 쇠퇴와 더불어 오랜 수리공역(水利功役)을 헛되게 만들었다.

1906년에 일본 통감부가 설치되고, 그들의 입김에 의해 수리조합조례(水利組合條例)가 제정되고, 이에 근거하여 1908년에 수리조합이 탄생한 것은 수리제도의 일대 변혁이었다.

어쨌든 일본 강점 35년간의 토지개량사업은 약 1,700년 동안 닦아 온 한국의 수리유산을 잠식하면서, 새로운 형태로 33만5천 ha에 대한 관개시설과 5만3천 ha의 농지조성 등 근대규모의 농업기반을 형성시켰다.

해방 이후의 농정의 초점은 식량증산에 맞추어졌고, 모든 국민들에게는 식량자급이 숙원이었기 때문에 수리개발을 갈망하는 소리는 1970년대까지 그칠 사이 없이 계속되었다. 이러한 식량증산이라는 절대적인 명제 하에 농업용수개발은 다양한 영역으로 확대되었는데, 1960년대 후반부터의 지하수 개발과 1970년대의 하구언에 의한 담수호(淡水湖) 조성이 그것이다.

담수호 조성사업은 IBRD를 비롯한 ADB, OECF 등의 차관이 도입되면서 대단위 농업종합개발 사업의 이름으로 평택지구에서 처음으로 시행되었다. 안성천 하구를 차단한 방조제로 총 저수량 1억 2천3백만 m^3의 아산호가 모습을 드러낸 것은 1973년 말이었다.

1970~1980년대의 20년간에 축조된 하구언에 대한 담수호는 아산호를 비롯하여 남양호, 삽교호, 영산호, 대호, 금강호 등 6개소에 이르렀으며, 저류된 유효 저수량 7억 5천1백만 m^3는 낙후된 해안지대의 농업용수원으로 11만 2천 ha에 관개용수를 공급할 수 있는 것이었다. 뿐만 아니라 이들 담수호는 해안 육운거리의 단축과 관광자원으로 각광을 받고 있다.

또 육지부에는 대규모의 댐이 건설되었으며, 1976년에 완성된 담양, 장성, 나주, 광주댐으로, 이 4개 댐은 1970년대까지 축조된 한국 굴지의 농업용 저수시설이다. 그리고 전체 유효 저수량 2억 5천3백만 m^3의 용수는 3만 4천500 ha를 관개할 수 있는 것이었다.

1960년대까지 재정의 제약으로 지지부진했던 농업기반 정비는 1970년대의 차관도입을 계기로 집중적인 추진이 가능했고, 종전 중소규모의 농업용수 개발이나 경지정리사업도 1970년대부터 크게 확대되었다. 연간 1만 ha 내외의 농업용수 개발과 2만 ha 내외의 경지정리를 지속적으로 시행하여, 한국의 수리기반은 표 1-2와 같이, 1970년도에는 58.0%가 수리화되었고, 1980년도에는 68.4%, 1990년도에는 73.4%, 그리고 2000년도에는 76.6%가 수리화되었다.

또한, 전국의 수리시설별 수원공수 및 수리답면적을 살펴보면, 표 1-3과 같다. 2003년도 말 현재의 저수지에 의한 수리답면적이 58.5%로 가장 넓고, 양수장에 의한 수리답면적은 양배수장을 포함하여 18.1%로 그 다음이며, 취입보는 11.3%, 그리고 집수암거 및 관정이 7%이다.

표 1-2 전국 연도별 수리답면적(천 ha)

연도	총답면적	수리답면적	수리답율(%)
1970	1,284	745	58.0
1980	1,307	893	68.4
1990	1,345	988	73.4
2000	1,149	880	76.6
2003	1,127	878	77.8

〔자료〕: 농림부 · 한국농촌공사, 농업생산기반정비사업통계연보, 2004.

표 1-3 전국 수리시설별 수원공수 및 수리답면적(천 ha)

수리시설	수원공수(개소)				수리답면적	
	계	주시설	보조시설	부속시설	계	비율(%)
총 계	67,431	43,424	18,983	5,074	878	100.0
저 수 지	17,764	14,679	2,908	177	514	58.5
양 수 장	6,179	2,604	1,972	1,603	129	14.7
양배수장	119	61	39	19	30	3.4
배 수 장	609	92	164	353	5	0.6
취 입 보	18,064	9,739	5,779	2,546	99	11.3
집수암거	3,094	1,699	1,111	284	17	1.9
관 정	21,652	14,550	7,010	92	45	5.1
기타 시설	–	–	–	–	39	4.5

〔자료〕: 농림부 · 한국농촌공사, 농업생산기반정비사업통계연보, 2004.

실제로 한국의 수리기술은 이제 거대한 국토개조사업을 감당할 수 있는 높은 경지에까지 이르렀다고 볼 수 있다.

1.2.3 농업생산과 관개배수의 전망

인류가 정주생활을 시작하면서 집약농업이 시작되었으며, 초기 농업사회에서는 자급자족에 목적을 두고 식량생산에 노력을 기울여 왔다. 집단생활에서 오는 인구 증가는 식량 부족 현상을 초래하게 되어 이를 해결하는 데 역점을 두었다. 이와 더불어 농업생산의 능력이 지역간에 서로 다르기 때문에 이를 고려하여 생산력이 큰 지역에서 많이 생산하고, 생산력이 적은 지역에서는 많은 지역으로부터 시장을 통한 도입으로 부족분을 충족해 나가게 되었다.

그러나 실제로 한 국가가 그 민족의 식량 문제를 해결하기 위해 부단한 노력을 기울이지만, 이를 해결하는 데 몇 가지 제약조건을 갖고 있다. 그 이유를 들면, 첫째로 농업은 기상조건에 크게 좌우되기 때문에 생산량이 매년 안정하게 공급된다는 보장을 할 수 없는 것이다. 둘째로 인구 증가에 대응되는 농지개발이 이루어지지 않고 있으며, 그 개발 대상면적이 많지 않다는 것이다. 셋째로 농지에 공급할 농업용수 개발이 지역환경 문제로 인하여 용이하지 못하다. 넷째로 시장기능을 통한 농산물 거래는 지역이나 국가 사이의 농산물 무역정책에 크게 좌우되어, 가격이나 거래량이 수요자의 요구대로 공급받을 수 없다는 것이다.

그러므로 국가는 식량의 독립성을 갖고자 안보적 차원에서 식량문제를 다루고 있다. 이를 위해 각 국가는 자국의 양곡을 얼마를 확보해야 하며, 또한 얼마를 생산할 수 있는지에 대한 비상대책을 수립하고 있다. 이러한 상황은 세계의 곡물생산량과 소비량에 따라 달라지며, 비상용으로 준비하고 있는 곡물 비축량의 다소에 따라 시장거래량과 가격이 큰 영향을 받게 된다.

[1] 세계의 인구와 곡물생산 추이

식량문제를 해결하기 위한 첫 단계는 인구 증가의 억제에 달려 있다 하겠다. 세계인구가 20세기 초에는 16억 명이었으나 21세기 초에는 275% 증가한 60억 명을 넘을 것으로 예상된다(그림 1-3). 인구의 증가는 환경과 사회에 많은 문제를 촉발할 뿐만 아니라 심화시키는 원인이 된다. 따라서 급속한 인구 증가율을 낮추는 것이 각 국가별로 해결해야 하는 최우선과제로 등장하게 되었다.

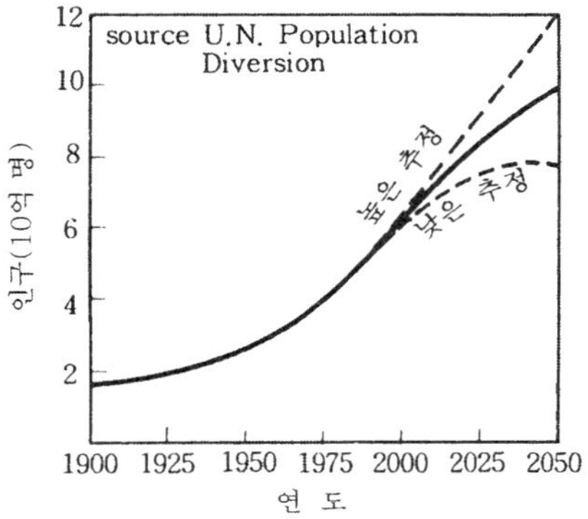

그림 1-3 세계인구 추이

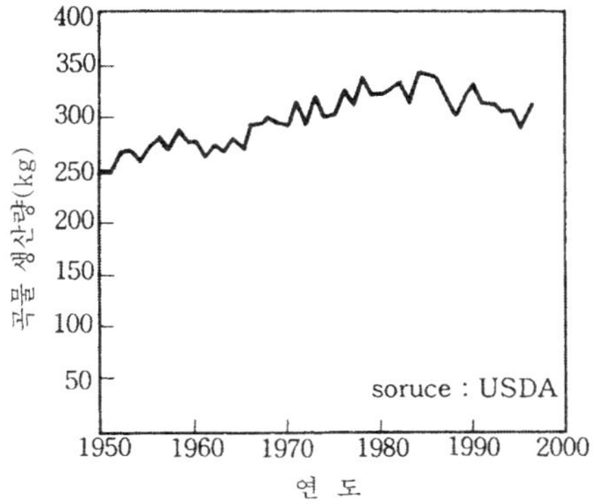

그림 1-4 세계 1인당 곡물생산량

한편, 세계의 곡물생산량을 살펴보면 1950년에 약 6억 3천만 톤에서 1990년에는 17억 8천만 톤으로 182% 증가한 데 비하여 1990년에서 1996년 사이에는 단지 3% 증가한 18억 3천만 톤으로 급격한 둔화현상을 나타내고 있으며, 1996년 이후에는 거의 증가하지 않고 있다. 1인당 곡물 생산량을 그림 1-4에서 살펴보면 1984년에 최대값인 346 kg에서 1990년에는 3% 감소한 336 kg, 2000년에는 약 10% 감소한 313 kg으로 줄어들고 있다.

이러한 감소 경향은 인구의 증가, 농지개발 투자의 감소, 1인당 곡물재배면적의 감소, 관개용수 개발의 부진, 비료 사용의 축소 등의 요인에 의한 것으로 그림 1-5에서 일부 볼 수 있다.

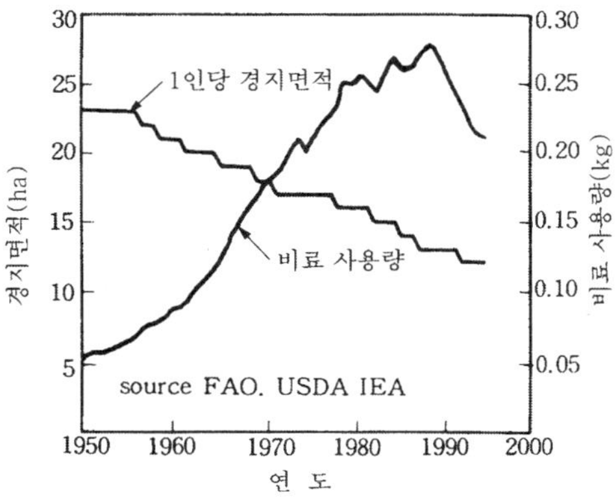

그림 1-5 세계 1인당 곡물재배면적 및 비료 사용량

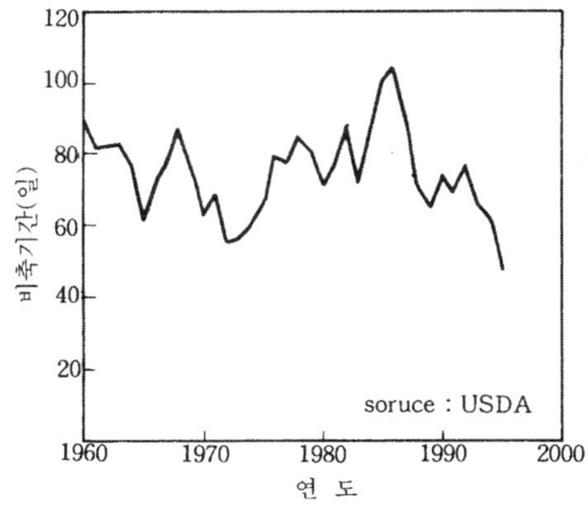

그림 1-6 세계 이월곡물 비축량

또한, 세계 곡물 비축량이 그림 1-6과 같이 감소하고 있는 현상에서 심각성을 더해 주고 있다. 1990년의 대풍작으로 3억 4천만 톤의 곡물 비축량을 확보할 수 있었으나, 2000년에는 2억 4천만 톤으로 감소되어 50일간의 소비량밖에 확보되지 못하고 있다는 것이다. 식량 안보적 차원에서 최저 비축 수준인 70일간의 소비량을 확보해야 하는데 비하면 20일의 소비량이 부족한 상황이고, 지금까지의 경험에서 보면, 비축량이 60일분으로 떨어지면 곡물가격이 급상승하는 반응을 보여 왔다. 예를 들면, 1973년에 곡물비축량이 55일분으로 떨어지자 곡물 가격은 2배가 되었으며, 1996년 밀과 옥수수의 곡물비축량이 50일분으로 떨어지자 가격은 2배 이상으로 되었다.

이상에서 볼 때, 기상이변과 세계 곡물 비축량의 감소는 국민생존에 지대한 영향을 미칠 것이 분명하므로, 장기적인 국가 정책을 확고하게 설정할 필요가 있으며, 이에 따라 농공학의 중요성도 더 한층 커지게 된다.

[2] 우리나라의 인구와 곡물생산 추이

우리나라의 인구수는 표 1-4에서 보는 바와 같이 1965년의 2,870만 5천 명에서 매년 증가하여 2004년 1월 1일 현재 4,792만 5천 명에 이르렀다. 하지만 인구 증가율은 1960년대의 2.57%에서 2000년대에는 0.3% 이하로 크게 둔화되었다.

우리가 삶을 영위하는 데 기본이 되는 식생활을 가능케 하는 터전인 농경지는, 표 1-5와 같이 2003년 현재 국토의 18.5%인 184만 6천 ha로 경상북도(약

190만 ha)보다 조금 작은 규모이다.

1980년도에 219만 6천 ha로 국토의 22.2%를 차지했던 농지면적은 2003년 현재는 1980년 당시보다 35만 ha가 줄어든 셈인데, 농경지의 61%는 논이고 39%는 밭이다.

총 112만 7천 ha의 논에는 꾸준한 농업용수 개발로 77.8%의 관개사업을 이루었고, 이와 함께 63.9%의 논에는 경지정리를 마쳤으며, 12만 6천여 ha의 습한 논에는 배수개선사업을 실시하여 농업생산에 박차를 가하고 있다.

표 1-4 우리나라 인구수(천 명)

연 도	1965	1970	1975	1980	1985	1990	1995	2000	2004
인구수	28,705	32,241	35,281	38,124	40,806	42,869	45,093	47,008	47,925

〔자료〕: 농림부, 농업주요통계, 2004.

표 1-5 연도별 농지면적과 이용면적(천 ha)

연도	농가호당 농지면적(ha)	농지면적			이용면적	이용률 (%)
		논	밭	계		
1980	1.02	1,307	899	2,196	2,765	125.3
1985	1.11	1,325	820	2,144	2,592	120.4
1990	1.19	1,345	764	2,109	2,409	113.3
1995	1.32	1,206	779	1,985	2,197	108.1
2000	1.37	1,149	740	1,889	2,098	110.5
2003	1.46	1,127	719	1,846	1,936	103.9

〔자료〕: 농림부, 농업주요통계, 2004.

표 1-6 우리나라 양곡 수급 및 자급도

연 도	1970	1975	1980	1985	1990	1995	2000	2003
공급량(천 ton)	10,668	12,258	14,775	16,947	19,939	23,093	22,586	23,126
자급도(%) (사료 포함)	80.4	73.0	56.0	48.4	43.1	29.1	29.7	27.8
자급도(%) (사료 제외)	86.1	79.1	69.6	71.6	70.3	55.7	55.6	51.3
쌀 자급도(%)	93.1	94.6	95.1	103.3	108.3	91.4	102.6	97.4

〔자료〕: 농림부, 농업주요통계, 2004.

또한 농가호당 경지면적은 1980년 1.02 ha에서 2003년에는 1.46 ha로 늘어나 영농 규모가 점차 대형화되고 있음을 알 수 있다. 농지이용면적과 이용률은 1980년 이래 계속 감소하고 있다.

인구에 대한 곡물 공급량과 자급도에 대한 내용을 표 1-6에서 보면, 1970년에 약 1억 7백만 MT(metric ton)에서 2003년에 2억 3천1백만 MT를 공급한 데 비하여 자급도에 있어서는 각각 80.4%에서 27.8%로 감소되었다. 이는 72.1%가 수입에 의존하고 있다는 말이 된다. 사료용 양곡을 제외하고 1970년도와 2003년도를 비교하면 각각 86.1%, 51.3%의 자급도에 이르고 있으며, 쌀의 자급도에 대해 살펴보면 1970년에 93.1%였으나, 1985년도와 1990년도에 100%가 넘는 풍년을 맞다가, 2003년에는 97.4%로 다시 낮아지고 있다. 잡곡의 자급도를 보면, 보리쌀은 60.4%, 고구마와 감자는 99.1%, 밀은 0.2%, 옥수

표 1-7 식량 안보적 추정의 농경지 면적(천 ha, %)

연 도	작물별 식부면적							경지 이용률	농경지 확보목표
	쌀	잡곡	채소	과수	특작	기타	합계		
1991	1,208.0	354.0	299.0	137.0	132.0	202.0	2,332.0	111.5	2,091.5
1992	1,188.1	373.0	279.5	137.7	132.1	190.8	2,292.2	110.8	2,068.8
1993	1,168.5	346.3	273.7	141.3	115.9	184.9	2,230.2	110.1	2,026.0
1994	1,149.3	320.3	267.8	144.9	108.7	178.8	2,169.8	109.4	1,983.3
1995	1,130.5	296.0	262.0	148.5	101.6	172.9	2,111.5	108.6	1,944.3
1996	1,111.9	270.2	256.2	152.1	94.4	166.9	2,051.8	107.9	1,901.5
1997	1,100.0	246.2	250.4	155.7	87.2	160.8	2,000.3	107.9	1,853.8
1998	1,100.0	223.8	244.5	159.3	80.0	154.8	1,962.4	107.2	1,830.6
1999	1,100.0	223.0	238.7	162.8	72.7	148.9	1,946.1	106.5	1,827.3
2000	1.100.0	223.0	232.9	166.4	65.7	142.8	1,930.8	105.8	1,824.9
2001	1,100.0	223.0	227.1	170.0	58.5	136.9	1,915.5	105.0	1,824.3

〔자료〕: 농어촌진흥공사, 전환기 한국농업생산기반 및 환경정비 발전방안에 관한 연구Ⅱ, 1992.

수는 0.7%, 두류는 7.3%이다. 특히 WTO에 의한 수입자유화에 이르면 식량의 타국 예속화에 대비하지 않으면 안 될 것이다.

주곡인 쌀의 자급도를 100%로 하고, 농경지 이용률을 105%로 가정하며 양

곡자급도를 30% 유지하는 경우 농지확보에 대한 한 연구조사에서 얻은 결과를 보면 표 1-7과 같다. 이 추정치를 기준으로 한다면, 쌀 생산을 위해서는 논 면적이 최소한 110만 ha 이상이 되어야 하고 잡곡을 생산하기 위한 밭 면적은 70만 ha 이상이 필수적으로 확보돼야 하는 면적이다. 또한 향후 남북통일을 대비할 때를 고려하면 더 많은 농경지의 보존과 유지가 필요하게 되므로 이에 대한 관심을 기울여야 한다.

[3] 농업생산과 관개배수

농업생산을 위해서는 농지가 필요하며, 이 농지에서 안정적 생산량을 얻기 위해서는 관개용수를 확보해 주지 않으면 안 된다. 또한 아무리 잘 자라는 농작물이라 할지라도 한발이나 홍수에 대한 대책을 갖고 있지 않으면 안정된 생산량을 기대할 수 없게 된다.

표 1-8을 보면 논 면적에 수원공 시설을 설치하여 관개용수를 공급하는 수리답률이 77.8%에 이르고 있지만, 10년 빈도의 한발을 기준으로 보면 38.9%

표 1-8 농업용 수리시설 및 한발빈도별 수리답 면적(ha)

수리시설	평년	3년	5년	7년	10년 이상	계
저 수 지	121,611	73,597	27,340	32,093	259,314	513,954
양 수 장	8,987	10,513	3,565	7,789	97,741	128,594
양배수장	989	–	211	8,847	20,015	30,062
배 수 장	981	797	302	–	3,345	5,425
보	29,372	20,606	6,702	7,145	35,242	99,066
집수암거	4,770	5,121	705	512	5,735	16,843
관 정	6,469	9,573	10,420	641	17,737	44,841
기타시설	36,177	1,288	671	20	599	38,755
총 계	209,355 (18.6)	121,495 (10.8)	49,916 (4.4)	57,047 (5.1)	439,727 (39.0)	877,539 (77.8)

〔비고〕: 괄호 내 숫자는 전체 답면적 1,126,727 ha에 대한 백분비임.
〔자료〕: 농림부 · 한국농촌공사, 농업생산기반정비사업통계연보, 2004.

에 해당되고 있어, 기상재해 측면에서 보면 대단히 불안하다. 더욱이 현재의 무절제한 지하수 개발과 이용은 국토의 건조화를 초래하여 농업용수의 공급에 차질을 가져올 것으로 우려된다. 또한 배수개선 대상면적인 20만 7천 ha 중에서 60.9%인 12만 6천 ha가 사업완료 되었으나, 아직도 39.1%가 남아 있어 고생산성의 농업기반이 불완전한 상태에 있는 실정이다.

쌀의 안정적이고 경쟁력 있는 생산을 위해서는, 10년 빈도 이상의 한발을 극복할 수 있는 수리답의 확보와 배수시설의 설치가 모두 이루어진 수리답의 조성이 조기에 완성되어야 할 것이다. 또한 수자원의 이용 경합에 대비하여 관개용수를 절약해서 효율적으로 관리하는 데에도 최선의 노력을 기해야 할 것이다.

1.2.4 산업적 농업과 관개배수 기술

농업이 국가의 주산업이었을 때에는 자급자족의 식량생산을 목표로 하고 있었다. 이 시대에는 농지의 재배면적을 넓혀 왔고, 가뭄을 극복하기 위해 저수지를 축조하거나 보를 설치하여 경지에 물을 공급하는 데 힘을 기울였을 뿐만 아니라, 홍수로부터 경지를 보존하기 위해 제방축조에 힘써 왔다.

1900년 전후에 외국산 시멘트가 한국에 도입되었고, 1942년도에는 강원도 삼척에 시멘트 공장이 설치되면서, 우리나라 농업수리 시설의 현대화와 시설물 축조사업이 활발하게 이루어지기 시작하였다. 또한, 원심펌프의 수입으로 양배수장 설치가 널리 이루어져서 경지보다 수위가 낮은 수원으로부터 양수하여 관개하거나, 침수지역에서 양수하여 배수하는 사업이 활발하게 되었다. 이러한 사업들의 설치 연대별 수리시설 비율을 보면 표 1-9와 같다.

저수지는 1945년 이전에, 저수지 총 개소수의 53.8%가 건설되어 이들이 총 저수지 관개면적의 26.9%를 관개하고 있으며, 양배수장은 전체 개소수의 90% 이상이 1967년 이후에 설치되었다. 취입보(洑)의 경우는 1967년에서 1986년 사이에 50.2%가 설치되었으며 취입보가 관개하는 총 면적의 51.4%를 이때 설치한 것에 의해 관개하고 있다. 집수암거 및 관정의 경우도 뒤늦게 1967년에서 1986년 사이에 각기 88.4% 및 28.6%가 설치되어 이들의 관개면적은 각각 30.7% 및 20.4%를 차지하고 있다.

이상에서 보는 바와 같이 저수지는 적지(適地)가 점차 줄고 비용이 증대되어 건설이 어렵게 됨으로써, 한발이 극심했던 기간인 1967~1986년 사이에 양배수장・보・집수암거 및 관정이 많이 건설되었다. 그리고 이때에 건설된 수원공들이 2003년 현재 전체 논 관개면적의 40.8%를 담당하기에 이르렀다.

현재에 이르러 농업은 일반 산업과는 상이한 구조와 환경조건을 가지고 있

표 1-9 설치연대별 수리시설

연도	시설개소수(개소)						관개면적(ha)					
	저수지	양배수장	보	집수암거	관정	합계	저수지	양배수장	보	집수암거	관정	합계
45 이전	9,551 (53.8)	162 (2.3)	5,114 (28.3)	114 (3.7)	37 (0.2)	14,978 (22.2)	136,748 (26.9)	10,110 (6.2)	31,658 (32.6)	753 (1.2)	3 (0.0)	179,271 (21.6)
46~66	3,736 (21.1)	337 (5.4)	2,349 (13.0)	99 (3.3)	23 (0.0)	6,643 (9.8)	156,114 (30.8)	16,431 (10.2)	10,683 (11.2)	451 (0.8)	14 (0.0)	183,873 (22.2)
67~86	4,027 (22.7)	3,766 (54.5)	9,095 (50.2)	2,727 (88.4)	6,180 (28.6)	25,795 (38.2)	161,144 (31.7)	102,953 (63.5)	49,907 (51.4)	23,075 (30.7)	9,111 (20.4)	337,079 (40.8)
87~03	481144 (2.5)	2,542 (36.7)	1,506 (8.3)	154 (5.0)	15,412 (71.2)	20,065 (29.7)	54,180 (10.7)	32,539 (20.1)	4,800 (5.0)	36,977 (60.4)	35,630 (79.4)	128,496 (15.5)
합계	17,764 (100)	6,907 (100)	18,064 (100)	3,094 (100)	21,652 (100)	67,481 (100)	508,185 (100)	162,032 (100)	97,228 (100)	61,272 (100)	44,758 (100)	828,717 (100)

〔비고〕 : 괄호 내 숫자는 백분비임.
〔자료〕 : 농림부 · 한국농촌공사, 농업기반정비사업통계연보, 2004.

음에도 불구하고 경쟁력을 갖춘 업종으로 존속되기를 요구받고 있는 실정이다. 이를 위해서는 전천후 상황에 대비할 수 있는 관개시설과 배수시설을 잘 갖추어야 하고, 필요한 물을 적시에 보내거나 취수할 수 있도록 수로와 용수원 시설을 구축해야 한다. 이처럼 완벽한 시설이 완성될 때 산업적 농업의 기반이 갖추어졌다고 할 수 있다. 그러나 현재의 상황은 표 1-9에서 보는 바와 같이 너무나 빈약함을 알 수 있다. 이는 우리가 해야 할 과제가 아직도 많이 남아 있다는 것으로써, 부단한 노력으로 기술을 개발하고 효율적인 물관리를 통하여 산업적 농업으로의 전환을 이룰 수 있도록 최선을 다해야 할 것이다.

우리의 주식은 쌀이어서 그간 논 관개사업에 역점을 두었기 때문에 밭관개에는 여력이 없었다. 또한 우리나라는 물 부족 국가이어서 용수원(用水源) 발굴에 어려움이 있으므로, 앞으로는 용수를 절약하는 절수관개(節水灌漑) 기술을 개발하고, 토양이 습한 곳에는 최적 수분량이 될 수 있도록 배수를 해야 작물의 다수확을 기할 수 있을 것이다.

이에 대응하여 다수확을 목적으로 하는 물관리와 소득을 최대화하는 물관리에 대한 기술을 개발해야 하며, 공급 시설의 안정성과 경제성을 고려한 설치기술 개발에도 노력해야 한다. 또한 관개배수의 역할이 농업생산에 기여할 뿐만 아니라 지구환경개선에 기여하는 역할의 불가피성을 과학적으로 증명하는 연구에 박차를 가해야 할 것이다.

1.3 지속가능 농업과 관개배수

1.3.1 지속가능 농업

지금까지 관개배수의 중요성과 역사적 발전과정을 살펴보았다. 관개배수는 농업용수의 개발과 이용이라는 광범위한 분야 중의 핵심을 이루는 분야로서, 토지의 생산성과 노동생산성을 향상시켜 농업발전의 기반이 되어 왔음을 알았다. 수천년을 내려온 관개배수의 역사를 통해 인류의 생존과 문명의 발달에 관개배수 농업이 중요한 구실을 하였음을 확인하였다.

그러나 20세기를 마감하면서 관개배수는 그것의 개발과 운영에 대한 새로운 규범을 정립해야 할 기로에 서게 되었다. 즉, 21세기에 접어들면서 인류는 생존에 필요한 가용자원과 개발수요 사이에 커다란 불균형이 존재함을 인식함으로써, 모든 자원을 가용한계 내에서 개발해야 하고, 개발된 자원도 효율적으로 사용해야 한다는 생각이 일반화하기 시작한 것이다. 이런 가운데 가용 수자원의 고갈과 수질오염은 농업의 지속가능한 개발은 물론이고, 인류의 생존과도 직결되는 문제이어서 이것의 해결이 매우 중요한 것으로 인식되고 있다.

지속가능 농업(sustainable agriculture)의 개념은 1977년 스웨덴의 스톡홀름에서 열린 '인간과 환경에 관한 UN회의'에서 탄생한 생태 보존적 개발(eco development)과 지속가능 개발(sustainable development)의 개념에서 비롯된 것이다. 1990년 FAO는 물과 지속가능 농업에 관한 국제실행계획(An International Action Programme in Water and Sustainable Agricultural Development) 보고서에서 "지속가능 농업이란 현재의 인간과 미래의 후손들이 함께 경제와 사회적으로 성취감과 만족감을 느낄 수 있도록 기술과 제도를 적용하여 농업개발사업을 추진하고, 이를 보존할 수 있는 농업이다. 따라서 농지와 수자원 이용의 한계와 제한 조건을 충실히 지킴으로써 생산성을 높이고 환경을 건전하게 보존하여 미래까지 지속할 수 있는 농업형태이다"라고 선언하였다. 그 후, 1992년 6월 리오데자네이로에서 개최된 '환경과 개발에 관한 국제연합회의(United Nation Conference on Environment and Development, UNCED)'에서는 "환경적으로 건전하고 지속가능한 개발(Environmentally Sound and

Sustainable Development, ESSD)"의 이념 하에서 제시한 의제 21의 제18장에는 관개배수와 관련된 신선한 물의 공급과 수질보전에 관한 수자원관리 문제를 총체적으로 다루고 있다.

1. 3. 2 농업용수 보전의 필요성

[1] 자연적 측면

우리나라는 강수량의 시간적, 공간적 분포가 고르지 못해 수문 기상학적으로 수자원의 관리에 불리한 여건을 갖고 있다. 논벼의 생육에 필요한 물은 강수량만으로는 충분치 않으며, 벼의 모내기부터 이앙기, 활착기에 이르는 기간 동안에는 절대량이 부족하다. 따라서 저류 시설을 건설하여 강수량을 최대한 활용하는 담수관리가 필요하다. 우리나라의 논은 수원공의 규모가 작아, 물관리의 효율이 낮다. 수혜면적이 상대적으로 길게 분포하여 도수로의 연장이 길고, 단면이 작아 도수효율이 낮다. 구역 내에서는 물의 재이용 체계로 인하여 수질 관리가 어렵다.

농업용수는 일반적으로 관개용수를 포함하여 모든 농업활동에 필요한 물을 지칭한다. 전 세계 물수요의 80%를 농업용수가 차지하고 있고, 우리나라의 경우도 전체 물수요의 50% 이상을 농업부문에서 차지하고 있기 때문이다. 앞으로 각 산업부문 간의 물개발 경쟁이 심화되면 상대적 우위에 있던 관개배수 부문의 위상 변화가 예상된다.

농업용수의 수질은 대도시 주변으로부터의 생활하수 및 산업폐수, 농어촌의 축산폐수 등의 점원(点源)이나 비료나 농약의 과다한 사용 등 비점원(非点源)으로부터의 오염물질 배출로 점점 악화되고 있다. 농업용수의 오염은 주로 유기성 오염과 고농도 질소의 특징을 갖고 있다. 최근 우리나라에서도 질산염에 의한 농업용수의 수질 저하가 보고되고 있다. 기존 농지의 과잉 관개는 관개수원을 고갈시키거나, 지하수위를 상승시키며, 관개지역 내의 배수시설이 부족하면 토양 내의 염분 제거에 지장이 온다. 이러한 예는 중국, 이집트, 인도네시아, 페루, 인도, 사우디 등의 외국에서 발견되며, 또한 일부 시설원예 지역에서는 제한된 면적에 대한 장기간의 집중적 관개로 토양 염분이 축적될 염려가 있다.

[2] 사회・경제적 측면

앞서 말한 '리우환경' 선언이나 '의제 21'은 다분히 선언적이지만, 이러한 선언이나 이념이 앞으로 사실상의 구속력을 가지는 국제적 환경 규제 및 이와 관련된 국제 협약의 합의를 위한 근거가 된다. 유엔 환경회의의 이념 실천을 위한 회의체인 지속가능 개발위원회(CSD)의 각 회원국들은 국제사회의 대의명분으로 굳어진 지속가능 개발의 이념을 적극적으로 실천해야 한다.

세계경제가 무한경쟁체제인 WTO체제로 돌입하게 됨에 따라, 우리나라에서는 농어촌 지역의 생활여건을 개선하여 농업의 경쟁력을 제고하는 정책을 추진하고 있고, 이를 위해서는 생활 용수나 산업 용수 등 농어촌 용수의 수요가 필연적으로 증가하게 되어 있다.

국가 경제의 발달과 생활수준의 향상으로 농업 이외 부문과의 물수요 경쟁이 심화될 것으로 예상되고 있다. 최근에는 물의 단위생산성을 논의하면서 농업용수의 비효율성을 지적하기도 한다. 앞으로는 새로운 대규모 수원공의 건설이 거의 불가능한 실정이다. 이것은 까다로운 환경 규제, 지역 이기주의의 팽배에 따른 주민의 반대, 총 공사비의 80%에 이르는 보상비 과다 등 때문이다.

이처럼 국내외의 사회, 경제적 여건은 새로운 용수 수요를 전적으로 신규개발을 통해 대처하는 대신, 농업용수의 보전 등의 다른 방법을 통하여 충족시킬 수 있도록 강요하고 있다.

1.3.3 농업용수의 보전방안

지속가능 농업에 있어 농업용수는 농지와 함께 농업생산기반을 구성하는 주요 자원으로, 그 보전의 요체는 자연의 물 순환과 물질 순환의 평형을 깨뜨리지 않도록 효율적, 환경 보전적으로 개발하는 것이며, 당대는 물론 후대까지도 환경을 보전하면서 농업의 생산성을 유지할 수 있도록 필요한 양의 깨끗한 물을 필요한 시기에 원하는 장소로 공급할 수 있게 하는 것이다. 따라서 농업용수의 보전이란 농업용 수자원의 개발 및 이용상의 한계와 제한요소를 잘 파악하여 그 범위 내에서 합리적으로 물을 관리하는 데 필요한 일체의 구조적 내지는 비구조적 대책과 그것의 실천을 뜻한다.

지속가능 농업을 위한 농업용수의 보전 방안으로서는 다음의 네 가지를 들 수 있다.

(1) 환경보전적 농업용수 개발

농업용수를 개발하여 필요한 수량을 확보하되, 환경영향을 최소화하는 방법으로 용수를 개발한다. 새로운 용수원을 개발하는 경우는 중규모의 다목적 댐이나 저수지를 건설한다. 지하수를 개발하여 밭 용수나 생활 용수로 사용하며, 기존 저수지를 보강, 개발함으로써 환경피해와 보상비 지출을 최소화한다. 저수지군의 연계운영과 하천수계간 연계공급 체제구축 등도 고려할 수 있다.

(2) 합리적 물관리와 시설유지관리에 의한 용수 절약

용수의 절약은 그 자체로도 의의가 있는 동시에 신규개발 수요를 저감시켜 주는 이점이 있어 환경보전과 지속가능 농업에 기여도가 높은 방법으로 볼 수 있다. 여기에는 저수량의 효율적 이용, 절수관개, 콘크리트 용수로 건설, TM/TC에 의한 집중 물관리 등이 있다.

(3) 수질오염의 방지

광역적 수질관리가 되어야 하며, 오염물질은 배출 그 자체를 규제하여야 한다. 환경기초시설의 확충과 수질감시 기능을 강화한다. 동시에 지하수의 보전에도 힘쓰도록 한다.

(4) 관리체제 및 법규 정비

수자원 관련 법령체제를 단순, 명료화하고, 수량 및 수질관리기구를 통합하여 일원화한다.

1.4 관개배수와 관련 학문

관개는 언제, 어디서 처음으로 시작했는지 아무도 모르지만, 선사시대의 유물과 기록을 통해서 보면 B.C. 6000년경에 이집트 나일강에서 농업이 시작되어 경지로 물을 끌어들여 농사했던 것으로 추정되며, 배수사업에 대한 기록도 B.C. 500년경에 나일강에서 행해진 것이 전해 오고 있다.

우리나라의 관개와 배수사업에 대한 내용을 삼국사기를 통해서 보면 33년에 백제에서 벼농사를 했던 기록과 116년 백제 기루왕이 수해를 당한 농지를 보수하라는 명령을 내린 기록, 그리고 222년 벼농사를 위해 관개와 홍수 대비가 국책으로 취급되었던 기록 등을 볼 수 있다.

이렇게 실질적인 농업에 이용된 관개사업과 홍수처리를 위한 배수사업은 역사적으로 볼 때 일찍부터 시작되었으나, 이에 대한 학문적 체계를 갖추고 교육한 것은 대략 19세기 후반과 20세기 초에 근대적 학문으로 발돋움하게 된 것으로 추정된다. 1876년에 독일 Bonn대학에서, 1906년에 미국 Iowa State College에서, 1935년에 일본 동경대학에서, 그리고 1943년에 서울대 농과대학

전신인 농림전문학교에서 농업토목학과(농공학과)를 신설하면서 체계적인 교육이 시작되었다.

관개배수공학의 존재 의의는 식량의 안정적 생산이라는 중요 사명을 감당하는 데 있으며, 작물생육환경을 유지해 주는 데 필요한 수분을 어떻게 공학적으로 관리할 것인가를 다루는 학문이다. 그러므로 이 학문은 물의 공급과 배제에 따른 부문과 작물재배에 수반되는 부문으로 크게 분류되고, 이를 세분하면 물관리, 용배수시설, 대상작물, 재배농지, 기타 등으로 나눌 수 있다.

(1) 물관리

용수원으로부터 물을 경지까지 공급하며 경지 내의 물을 조절하거나 과잉된 물을 배제하는 것으로 이에 관련되는 학문으로서 관개공학, 배수공학, 개수로공학, 관수로공학, 관개조직 관리학, 수질학 등을 들 수 있다.

(2) 용배수시설

수원을 파악하여 관개와 배수를 목적으로 물을 모으거나 저장하며, 취수하고 배제하는 과정의 각종 시설로서 이에 관련된 학문은 기상학, 수문학, 수리학, 지하수학, 농업수리 조구학, 수자원 시스템 공학, 토목 재료학, 구조물 구축에 관한 과목을 들 수 있다.

(3) 재배농지

대상작물에 따라 재배하는 농지의 구조와 토양의 조건에 따라 물의 이용량이 다르므로, 이에 관련된 학문으로서 토양학, 토양 물리학, 경지 정리학, 농지 조성학 등을 들 수 있다.

(4) 대상작물

논벼와 밭작물로 크게 나눌 수 있으며, 이러한 작물의 생리에 따라 물관리를 다르게 해야 하므로 이에 관련된 학문으로는 작물학, 재배학 등을 들 수 있다.

(5) 기타 학문

농업과 공학의 효율성에 관련된 분야로서 경영학, 정보처리공학, 환경관리학, 지역계획학, 농기계공학 등을 들 수 있다.

연습문제

1. 관개배수의 목적에 대하여 설명하여라.
2. 관개배수가 농업생산에 널리 보급된 이유를 설명하여라.
3. 관개배수가 지역환경 보전에 기여하는 공익기능을 설명하여라.
4. 한국의 관개배수 역사를 간단히 설명하여라.
5. 지속가능한 농업과 관개배수의 역할을 설명하여라.
6. 세계 수자원의 개발과 이용에 관련된 쟁점 사항들에 대하여 설명하여라.
7. 지구상의 건조지역과 습윤지역의 농업용수 특성을 각각 설명하여라.

참 고 문 헌

(1) 김동수 외 4인, 논 왜 지켜야 하는가, 도서출판 따님, 1997.
(2) 농림부, 농림업통계, 2004.
(3) 농림부, 농업생산기반정비사업통계연보, 농어촌진흥공사, 2004.
(4) 농어촌진흥공사, 전환기 한국농업생산기반 및 환경정비 발전방안에 관한 연구(Ⅱ), 1992.
(5) 全相運 외 8인, 韓國科學史, 서울신문사, 1984.
(6) 全相運, 韓國科學技術史, 正音社, 1976.
(7) 통계청, 한국의 환경통계평가보고서, 1996.
(8) 통계청, 생활 속의 통계, 1997.
(9) 한국관개배수위원회, 한국수리사, 1996.
(10) Brown, L. R. & Kane, H., *Full House*, W. W. Norton & Company, 1994.
(11) Brown, L. R., *State of the World 1997*, W. W. Norton & Company, 1997.
(12) 福田仁志, 世界の灌漑, 東京大學出版會, 1984.

제 2 장

토양, 물 및 작물

2.1 토양과 물

토양 내의 물의 양과 물의 에너지 상태는 작물생육에 중요한 영향인자가 되며, 토양의 여러 가지 물리적 성질은 토양 함수량의 변화에 따라 영향을 받는다. 토양 내의 물은 고체, 액체 및 기체의 형태로 존재할 수 있으며, 토양 함수량을 작물생육에 적정한 범위 내로 유지함으로써 작물생장과 수확량의 극대화를 달성할 수 있게 된다.

따라서 토양 함수량을 적정하게 유지하는 것이 필요하며, 이를 위해서는 토양 함수량 관측이 필요하다. 본 절에서는 토양수분의 분류와 토양 함수량 측정방법 및 토양수분 이동과 이의 원동력이 되는 토양 내 물의 퍼텐셜에 대하여 알아보기로 한다.

2.1.1 토양의 성질

토양이란 지구표면 가까이의 암석이 풍화되고 부스러진 부분을 말한다. 토양은 근원적으로 암석이 물리적, 화학적 작용에 의하여 깨어지고 분해되어 형성되었으며, 수많은 동식물의 활동과 누적된 잔재물에 영향을 받는다.

토양은 고체, 액체 및 기체의 세 가지 상태로 구성된다. 고체는 크고 작은 입자들로 구성되어 있다. 이 입자들은 대개 광물질로 되어 있으며 소량의 유기물을 함유한다. 토양 덩어리 사이와 입자 사이의 체적을 공극이라고 부른다. 공극은 물 또는 공기로 채워져 있다. 공극 내의 액체상태의 물을 토양수분이라 부르며, 토양수분은 용해된 광물질과 기체상태의 수분을 포함한다. 기체상태는 토양공기라 부르며 탄산가스를 많이 함유하고 있어 대기 중의 기체와는 구성이 크게 다를 수도 있다. 이 중 액체상태의 물이 작물생육과 밀접한 관계가 있으며, 이는 관개배수와도 밀접한 관계가 있다.

[1] 토양의 물리성

토양의 물리적 성질에는 토성, 구조를 비롯하여 보수성, 모관력, 투수성, 통기성 등이 있다. 토양입자의 크기별 분포가 토성(soil texture)을 결정짓게 되고, 토양의 기하학적 형상과 결합상태가 토양구조(soil structure)를 결정짓는다. 토양의 여러 가지 물리적 성질은 토성과 토양구조에 관련되어 있다. 토성은 토립자의 구성비율에 따라 사토, 사양토, 양토, 식양토, 식토 등으로 구분되며, 국제 토양학회, 미국, 영국, 호주 등 국가와 기관에 따라 토성분류 방식이 약간씩 다르다. 토성은 모래 지름의 상한인 2 mm보다 큰 입자는 제외시키고 분석한다. 따라서 자갈이 10% 이상 섞여 있는 경우에는 자갈 섞인 사질점토 등으로 나타낸다.

그림 2-1은 미국 농무성의 토성 삼각분류표이다. 흙은 토성에 따라 투수성, 통기성, 열전도도, 경운의 난이 등 물리적 성질이 달라지므로 작물생육과도 밀접한 관계가 있다.

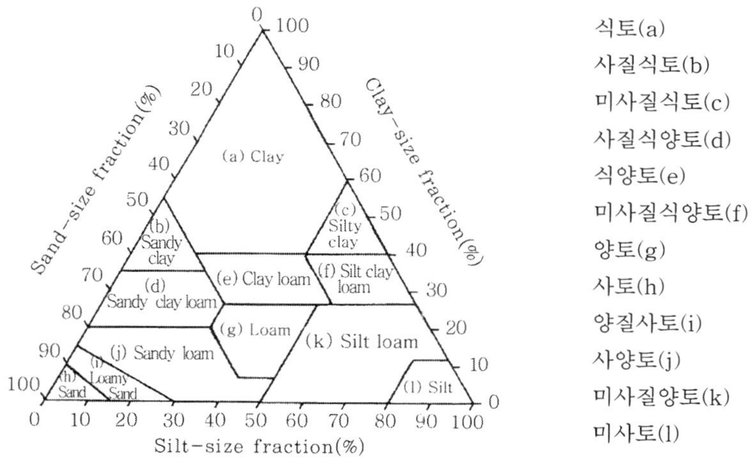

그림 2-1 미국 농무성(USDA)의 토성 삼각 분류표(모래, 2~0.05 mm; 미사토, 0.05~0.002 mm; 식토, 0.002 mm 이하)

표 2-1 여러 가지 토양의 대표적인 물리적 성질

토성	침투율 (cm/hr)	공극률 (%)	가비중	포장 용수량 (%, 무게)	영구 위조점 (%, 무게)	유효수분	
						무게(%)	체적(%)
사토	5 (2.5~25)	38 (32~42)	1.65 (1.55~1.80)	9 (6~12)	4 (2~6)	5 (4~6)	8 (6~10)
사질 양토	2.5 (1.3~7.6)	43 (40~47)	1.50 (1.40~1.60)	14 (10~18)	6 (4~8)	8 (6~10)	12 (9~15)
양토	1.3 (0.8~2.0)	47 (43~49)	1.40 (1.35~1.50)	22 (18~26)	10 (8~12)	12 (10~14)	17 (14~20)
식양토	0.8 (0.25~1.5)	49 (47~51)	1.35 (1.30~1.40)	27 (23~31)	13 (11~15)	14 (12~16)	19 (16~22)
미사질 양토	0.25 (0.03~0.5)	51 (49~53)	1.30 (1.30~1.40)	31 (27~35)	15 (13~17)	16 (14~18)	21 (18~23)
식토	0.05 (0.01~0.1)	53 (51~55)	1.25 (1.20~1.30)	35 (31~39)	17 (15~19)	18 (16~20)	23 (20~25)

〔비고〕( ) 안은 범위임.
〔자료〕James, Principles of Farm Irrigation System Design, 1988.

토양구조는 단립구조와 입단구조(粒團構造)로 나눈다. 단립구조는 토양입자가 하나하나 분리된 상태로 집합되어 있는 구조이며, 입단구조는 많은 토양입자가 모여서 입단을 만들고, 이들 입단이 다시 집합하여 만들어진 구조이다. 입단구조가 보수성, 통기성 및 투수성이 양호하여 작물생육에 훨씬 좋은 구조이다.

토양의 진비중은 토양입자의 비중을 말하며, 광물질 토양은 2.6~2.7, 부식질 토양은 1.2~1.7이다. 가비중(겉보기 비중)은 토양시료(土壤試料)를 건조(105~110℃로 약 24시간)시킨 후의 비중이며, 사토는 1.6~1.8, 식토는 1.1~1.2, 부식토는 1.0, 이탄토는 0.4 정도이다. 수분을 함유한 상태의 토양시료의 단위 부피당 무게는 습윤밀도라 부른다.

토양의 공극은 입자가 가늘수록, 유기물을 많이 함유할수록, 또한 여러 가지 모양의 입자가 섞여 있을수록 커진다. 공극은 모관공극과 비모관공극으로 나누며, 비모관공극은 비교적 큰 공극을 말하며, 배수와 통기는 대부분 비모관공극을 통하여 이루어진다. 모관공극은 모세관 작용이 활발하게 이루어져 표면장력에 의한 물의 보전 및 이동을 가능하게 한다.

여러 가지 복잡한 요소로 구성된 토양의 단면은 작물생육과 밀접한 관계가

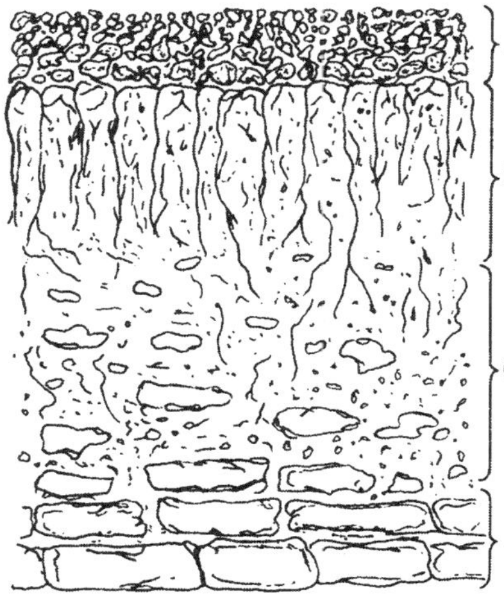

그림 2-2 토양 단면층의 개념도

있다. 토양은 기반암 위의 풍화된 부분으로 A층과 B층으로 구분되며, 각 층은 다시 1, 2, 3층으로 세분될 수 있다. 토양단면의 층은 그림 **2-2**와 같이 나타낼 수 있으며 C층 아래는 암반이다.

[2] 토양의 화학성

광물질 토양은 모암의 종류에 따라 화학적 조성이 달라진다. 지각의 표면은 바다를 제외하고는 토양이라고 생각할 수 있으며, 지각과 토양의 평균 화학조성은 표 **2-2**와 같다. 지각에는 92종의 원소가 존재한다는 것으로 알려져 있으나, 토양의 구성에 직접 관계되는 원소는 그다지 많지 않아서 8종의 원소가 대

표 2-2 지각과 토양의 평균 화학조성(%)

지각				토양	
원소	함량	산화물	함량	산화물	함량
O	46.5				
Si	27.6	SiO^2	59.1	SiO_2	65.8
Al	8.1	Al_2O_3	15.2	Al_2O_3	12.4
Fe	5.1	Fe_2O_3	6.8	Fe_2O_3	10.1
Ca	3.6	CaO	5.1	CaO	1.7
Mg	2.1	MgO	3.5	MgO	0.9
Na	3.6	Na_2O	3.7	Na_2O	2.1
K	2.6	K_2O	3.1	K_2O	1.1

부분을 차지하고 있다. 특히, 그 중에서 산소와 규소가 대부분을 차지하고 있다.

점토광물(clay mineral)은 토양생성 과정에서 재합성된 2차 광물이다. 점토광물은 입경이 0.002 mm 이하인 소립자이므로 표면적이 매우 넓어 토성을 지배한다. 또한 비료성분의 흡착, 방출 및 고정과 산도(酸度), 토양 pH, 통기성, 투수성 등 물리 화학적 성질을 결정하는 데 가장 큰 영향을 끼치므로 작물생육과 밀접한 관계가 있다.

결정형의 점토광물은 모두 판상격자(板狀格子)를 가지고 있으며, 규산판과 알루미나판이 결합되어 결정단위를 이루고 있다. 점토광물의 표면에는 음전하가 존재하기 때문에 각종 양이온의 흡착력을 가진다.

토양 콜로이드(colloid)는 입경이 0.1μm 이하의 입자로 표면적이 크고, 표면의 성질이 특이하여 토양의 이화학적 성질을 결정하는 데 매우 중요한 역할을 한다. 토양 콜로이드(colloid)가 많은 토양일수록 보수력이 크고, 작물생육에 필요한 각종 영양분을 간직하는 힘이 크다.

양이온 치환용량(cation exchange capacity)은 일정량의 토양 또는 콜로이드(colloid)가 갖고 있는 치환성 양이온의 총량을 당량으로 표시한 것이며, 이 값이 클수록 비옥하고 작물의 비료 영양성분 이용률이 증가한다.

토양의 pH는 산성, 알칼리성을 나타내는 지표이며, 토양 중의 양분의 유효성에 미치는 영향이 가장 중요하다. 강산성에서는 양분의 유효성이 낮아지고, 약산성(pH 6.5 정도)에서는 일반적으로 증대한다. 우리나라 내륙지방의 토양은 대부분 산성이고, 간척지와 바닷물이 침입하는 지대의 토양은 알칼리성이다. 표 **2-3**은 pH값에 따른 토양의 산성, 알칼리성을 구분한 것이다. 토양 중 양분의 변화는 화학반응과 생물활동에 의하여 이루어지며, pH에 따라 다르게 나타난다. 반대로 화학반응과 생물활동의 결과로서 pH가 변화한다. 작물별로 생육최적 pH의 범위는 다르다. 일반작물은 약산성~약알칼리성에서 잘 자라

표 2-3 pH값에 따른 토양의 산성, 알칼리성 구분

pH 범위	구 분	pH 범위	구 분
<4.5	아주 강한 산성	6.6~7.3	중성
4.6~5.0	매우 강한 산성	7.4~7.8	알칼리성
5.1~5.5	강한 산성	7.9~8.4	약한 알칼리성
5.6~6.0	약한 산성	8.5~9.0	강한 알칼리성
6.1~6.5	매우 약한 산성	>9.0	매우 강한 알칼리성

므로 토양양분의 유효도를 고려하여 pH를 6.5 부근에 유지하는 토양관리가 필요하다.

토양 산성화에 의한 작물의 장해에는 다음과 같은 것이 있다.

① 수소이온 농도가 증가하면 작물뿌리의 양분 흡수력이 약해지며, 수소 이온이 작물뿌리로 침입하여 효소 작용을 방해하게 되어 식물의 생활에 장애를 준다.

② 산성토양에서는 점토광물을 구성하고 있는 알루미늄의 일부분 또는 유리 알루미늄 화합물의 일부가 용해되어 알루미늄 이온으로 나타나고, 활성 알루미늄 이온농도가 1~2 mg/L 이상이 되면 인산이 작물에 이용되지 못하기 때문에 작물의 인산 결핍을 초래한다.

③ 산성토양에서는 염기의 결핍은 물론 미량원소의 용탈도 커져서 작물의 양분 부족을 일으키기 쉽다. 특히 칼슘, 마그네슘 등의 염기와 붕소의 용탈로 양분결핍을 초래한다.

④ 산성토양에서는 세균이 줄어들어 질소고정이나 질산화 작용이 부진하게 되며, 지렁이 같은 소동물의 수도 크게 줄어든다.

⑤ 산성토양에서는 알루미늄, 망간, 구리, 아연, 납 등의 축적에 의한 해가 더욱 심해진다.

이러한 토양 산성화는 근본적으로 염기의 유실 및 용탈로부터 시작되며, 토양 산성화의 원인에는 다음과 같은 것들이 있다. 첫째, 기후에 따른 것으로 강우량이 많으면 물이 하층으로 침투될 때 염기도 같이 용탈되므로 토양은 산성이 된다. 둘째는 질소질 비료를 많이 시용하면 질산화 작용에 의하여 수소이온이 증가하기 때문에 토양이 산성화가 된다. 셋째는 작물에 의하여 토양염기가 빼앗기므로 토양이 산성화된다.

산성토양의 개량방법에는 석회 시용법과 유기물 시용법이 있다. 산성토양은 칼슘, 마그네슘 등의 염기성 물질이 용탈되어 수소이온 농도가 높으므로, 이의 개량을 위해 알칼리성인 석회를 시용하는 방법을 많이 사용한다. 퇴비나 녹비 같은 유기물을 시용하면 산성토양에 대한 직접 효과는 적지만 토양의 물리 화학적 성질과 미생물의 성질을 개선하는 효과가 크므로, 간접적으로 산성토양을 개량하는 데 도움을 준다.

알칼리 토양은 고온건조한 지방에서 토양수가 하층으로부터 작물층으로 상승하며, 토양표면의 물이 증발하므로 염기가 작물층에 집적되어 생긴다. 표토층에 집적된 염류가 탄산석회($CaCO_3$, NaCl, Na_2SO_4)이면 백색을 나타내고,

나트륨염(Na_2CO_3)이면 흑색을 나타낸다. 일반적으로 앞의 것은 염류토양(saline soil)이고, 뒤의 것은 알칼리 토양(alkali soil)이다. 알칼리 토양은 충분히 담수(淡水)하여 농도가 높은 유리염류를 용탈시키지 않으면 작물의 수분 및 양분의 흡수가 장해를 받아 생육이 불가능하다.

[3] 토양온도

토양온도는 주로 태양 복사열의 크기에 지배되며, 지표면에서의 열수지 방정식은 식 (2·1)과 같다.

$$S = L + LE + G \qquad (2 \cdot 1)$$

여기서 S는 순복사량, L은 현열(顯熱) 전달량, LE는 잠열 전달량, G는 지중열 전달량으로 단위는 모두 cal/m^2·sec이다. 현열교환은 대류 또는 복사에 의한 토양과 대기 사이의 열전달이고, 잠열교환은 증발에 의한 열교환이며, 지중 열전달은 토양면과 지중 사이의 열교환량이다. 여기서 G가 커지면 토양온도는 올라가고 작아지면 내려간다. 지온의 변화는 지표면에서 가장 크고 깊어질수록 작아진다. 온도변화의 진폭이 지표면의 1/10로 감쇄하는 깊이를 불역층(不易層)이라 부른다. 일반적으로 불역층의 깊이는 일 변화는 약 0.5 m, 연변화는 약 0.9 m로 알려져 있다. 그림 **2-3**은 지표면에서의 하루 동안의 열수지 관측 예를 보여 주고 있다.

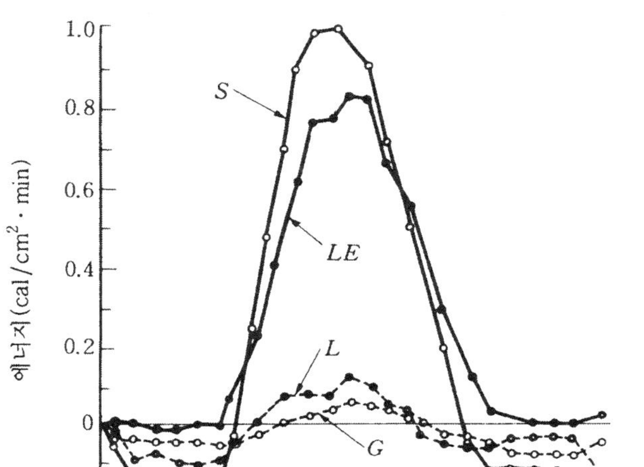

그림 2-3 지표면에서 하루 동안의 열지수 관측 예

표 2-4 토양구성 요소의 열특성(20℃, 1기압)

구성 성분	밀 도 (g/cm^3)	비 열 (cal/g℃)	열용량 (cal/cm^3℃)	열전도도 (cal/cm · sec · ℃)	비 고
토양 입자 (무기질)	2.65	0.175	0.46	20×10^{-3}	
유 기 물	1.3	0.46	0.6	0.6×10^{-3}	
토 양 수	1.0	1.0	1.0	1.42×10^{-3}	
토양 얼음	0.92	0.5	0.45	5.2×10^{-3}	0℃
토양 공기	0.0012	0.24	2.9×10^{-4}	0.062×10^{-3}	

토양의 열용량은 토양을 구성하고 있는 각 성분의 구성비를 고려한 열용량의 합으로 이루어진다. 토양구성 성분의 열용량은 표 2-4와 같다. 토양입자의 열용량은 토양수의 약 절반에 지나지 않으므로 토양 함수량이 작으면 토양의 온도가 쉽게 변한다.

[4] 토양공기

토양공기는 비모관 공극을 점유하며, 토양 속에서는 가스확산 계수가 작기 때문에 자연공기에 비하여 산소가 적고 탄산가스가 많다. 또 토양 표면층에서는 수증기로 거의 포화되어 있다. 토양공기의 부피를 용기량(容器量)이라 하고, 토양의 전체적에 대한 용기량의 비율을 용기율이라고 한다. 미생물의 활동이나 식물뿌리의 활동은 온도에 따라 변화한다. 즉, 여름에는 탄산가스 농도가 높고 산소농도는 낮으나 겨울에는 이와 반대로 된다.

토양공기와 대기의 교류현상을 토양의 통기라고 하며, 이것은 공기의 압력 기울기와 농도 또는 분압의 차이에 의해 생기는 가스확산에 의하여 이루어진다. 토양공기와 대기의 가스교환에 영향을 미치는 인자는 토양온도, 대기압, 토양수분, 풍속, 지하수위 등과 이들보다 더 큰 영향을 미치는 가스 확산이 있다. 가스 확산에 큰 영향을 끼치는 것은 확산의 통로가 되는 유효 용기율이다. 따라서 탄산가스의 농도는 지표면에 가까울수록 작아지고, 산소의 농도는 지중으로 갈수록 작아진다.

토양공기에 함유되어 있는 산소는 작물뿌리와 토양 미생물의 호흡에 필요하며, 질소가스는 미생물에 의한 질소고정에 필요하다. 토양 내의 수증기는 뿌리와 미생물이 건조되는 것을 막고 토양수분의 이동에도 중요한 역할을 한다.

작물생육에 적당한 용기율은 10~30%이다.

2.1.2 토양수의 형태

토양수의 형태는 토양입자와 수분과의 결합력의 크기에 따라 일반적으로 흡착수, 모관수 및 중력수로 구분한다. 그 밖에 토양 속의 공기에도 수증기가 포함되어 있다. 그림 2-4는 중력수가 유하(流下)하고 난 후의 토양수분의 형태를 보여 주고 있다.

흡착수(hygroscopic water)란 대기 중에서 토양입자를 건조시켜도 토양입자에 남아 있는 수분을 말하며, 유동하기 어려우므로 작물이 이용할 수 없으며, 105~110℃의 열을 가해야 토양입자로부터 분리된다. 흡착수의 양은 토양입자가 미세할수록 유기물 함량이 많을수록 많아진다.

모관수(capillary water)는 흡착수의 바깥쪽에 모세관 작용에 의해 중력에 저항하여 토양공극에 있는 수분을 말하며, 유동성을 가지므로 작물이 이용 가능한 물이다. 모관수의 양은 토성, 흙의 구조, 염류 농도, 유기물 양 등에 따라 다르며, 토양입자가 미세할수록 유기물 함량이 많을수록 많아진다.

중력수(gravitational or free water)란 중력에 의하여 토양공극 속에서 자유로이 유하(流下)하는 물을 말한다. 중력수는 토양의 통기성을 나쁘게 하고 뿌리의 호흡과 토양 미생물의 활동을 방해하므로 작물 생육을 돕기 위해서 배제해 주어야 한다.

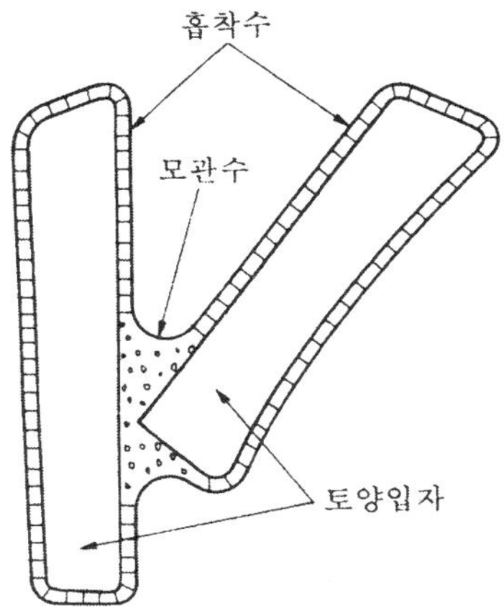

그림 2-4 토양수분의 형태

2.1.3 토양 함수량 표시법

밭작물 경작시 토양수분의 상태를 알아야 관개계획(irrigation scheduling)을 세울 수 있다. 그러므로 토양 함수량을 측정할 수 있어야 한다. 토양 함수량은 무게단위 또는 부피단위로 나타낼 수 있으며, 단위무게 또는 단위부피의 토양에 함유되어 있는 물의 무게 또는 부피로 나타내며, 일반적으로 퍼센트(%)로 나타낸다. 즉,

$$\omega = (M_\omega / M_s) \times 100(\%) \tag{2·2}$$

$$\theta = (V_\omega / V_t) \times 100(\%) \tag{2·3}$$

$$\theta = \omega \times G_A(\%) \tag{2·4}$$

$$\theta = \omega \times (\rho_b / \rho_\omega) \tag{2·5}$$

$$n = (1 - \rho_b / \rho_s) \times 100(\%) \tag{2·6}$$

여기서 ω는 무게 단위 함수량, M_ω는 토양시료 중 물의 무게, M_s는 토양입자의 무게, θ는 부피단위 함수량, V_ω는 물의 부피, V_t는 토양시료의 전체 부피, G_A는 토양의 겉보기 비중, ρ_b는 토양시료의 건조밀도, ρ_ω는 물의 밀도, n은 공극률, ρ_s는 토립자의 밀도이다.

관개배수 분야에서는 부피단위 함수량이 주로 사용된다. 또 공극이 얼마만큼 물에 차 있는지를 나타내는 지표로서 포화도 또는 습윤도(degree of saturation)가 쓰이기도 한다.

흙의 깊이 D cm 사이에 함유되어 있는 물의 양을 d cm로 나타내는 방법도 있다. 이 때 이들과 θ의 상호관계는 다음과 같다.

$$d = (\theta \times D) / 100 \tag{2·7}$$

또 다른 토양 함수량 표시방법으로 pF가 많이 사용된다. pF란 토양수분장력을 cm단위의 수두로 나타낸 것을 상용대수로 취한 값을 말한다.

예제 2-1 밭에서 채취한 토양시료의 노건조 전후 무게가 각각 200 g과 180 g이었다. 토양의 겉보기가 1.4일 때 토양 함수량을 구하고, 또 근군역 깊이 40 cm에 함유되어 있는 수분의 양을 구하라.

풀이 무게단위 함수량

$$\omega = (M_{\omega}/M_s) \times 100(\%) = (20/180) \times 100 = 11.1\%$$

부피단위 함수량

$$\theta = (V_{\omega}/V_t) \times 100(\%) = \omega \times G = 11.1 \times 1.4 = 15.6\%$$

근군역의 물의 양

$$d = (\theta \times D)/100 = 15.6 \times 40/100 = 6.24\text{cm} = 62.4\text{mm}$$

2. 1. 4 토양수분의 측정

토양 함수량 측정방법에는 직접법과 간접법이 있다. 직접법은 토양시료를 채취하여 노건조 전후의 무게를 측정해서 식 (2·2) 또는 식 (2·4)에 의해 직접 함수량을 측정하는 방법인데, 이는 시간과 비용이 많이 소요된다. 따라서 시간과 비용을 절약하기 위하여 여러 가지 간접적인 방법이 이용된다. 간접법은 토양시료를 직접 채취하는 대신에 여러 가지 토양수분의 물리적 성질을 측정하여 미리 구해 놓은 물리량과 토양 함수량의 환산곡선(calibration curve)으로부터 토양 함수량을 결정하는 방법으로, 이의 대표적인 것에는 다음과 같은 것이 있다.

[1] 텐시오미터법

텐시오미터법은 그림 2-5와 같이 석고로 만든 포러스 컵(porous cup)에 파이프를 연결하여 물을 채워서, 진공계(부압계)나 수은 액주계를 사용해서 토양공극의 부압을 측정한다. 그리고 그림 2-6과 같이 미리 구해 놓은 토양수분

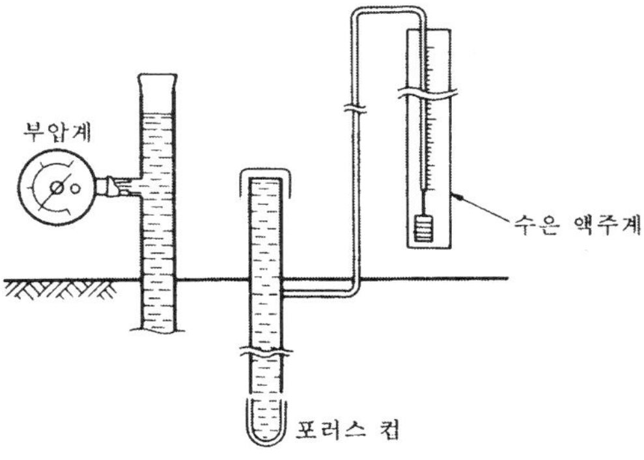

그림 2-5 텐시오미터

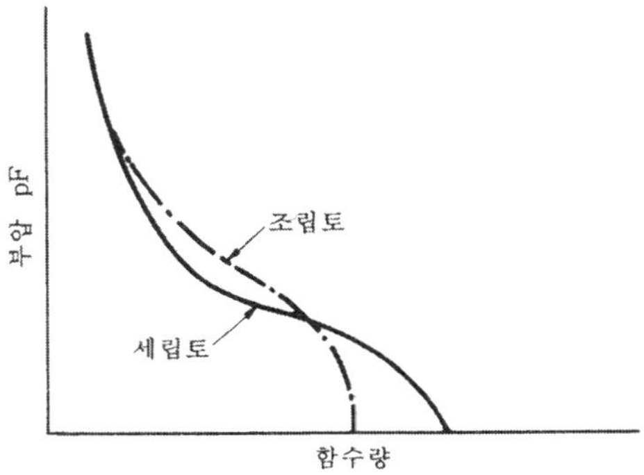

그림 2-6 토양수분 특성곡선

특성곡선으로부터 토양 함수량을 구하는 방법이다. 텐시오미터의 측정한계는 0.8기압까지이다.

포장의 적정한 위치에서 함수량을 측정하고자 하는 깊이에 포러스 컵을 매설하여 텐시오미터를 설치하며, 텐시오미터 내의 물과 토양 속의 물의 퍼텐셜이 평형상태가 될 때까지 포러스 컵을 통해 물이 이동하며, 평형상태에서의 공극압력을 측정하게 된다. 이 방법은 선진국에서 밭관개에 많이 사용되는 함수량 측정방법이다.

또 각 텐시오미터마다 부압계를 부착하는 것은 비경제적이므로 부압계 없이 텐시오미터 윗부분을 고무마개로 막고 주사바늘을 삽입하여 압력전달 장치(pressure transducer)를 이용해서 디지털로 압력을 측정하는 기기가 개발되어 있는데, 이는 여러 개의 텐시오미터를 관측하는 데 매우 편리하게 이용되고 있다.

또 자동관측을 위하여 부압계 대신에 압력센서를 부착하고, 토양공극의 부압을 multiplex를 거쳐 컴퓨터에 기록하는 방법도 이용된다.

[2] 석고 블록법

이 방법은 전기저항이나 전류 등 전기적 성질을 토양 함수량의 지표로 이용하는 방법이다. 즉, 토양 함수량의 변화가 전기적 특성에 영향을 미치는 점을 이용한다. 이 방법은 두 가닥의 전선을 넣은 원통형이나 직육면체 모양의 석고로 만든 블록을 요구되는 깊이의 토양 속에 매설하고, 석고블록 내의 함수량이 토양 함수량과 평형이 되도록 방치한 뒤, 전류를 흘려 보내어 전류나 저

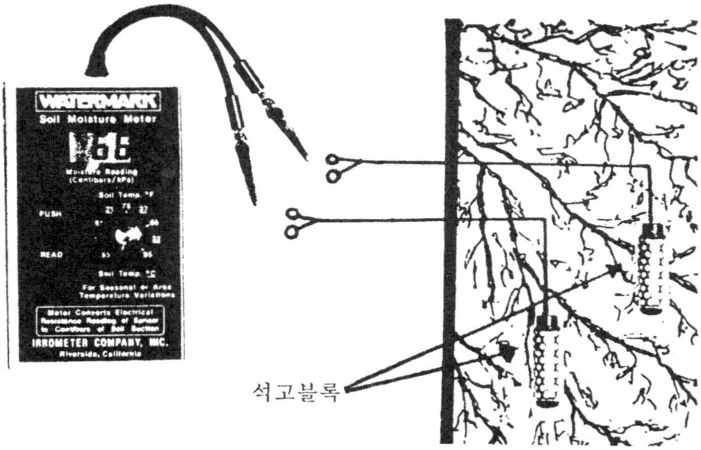

그림 2-7 원통형 전기 저항식 석고블록

항을 측정해서 이로부터 미리 구해 둔 환산곡선으로부터 토양 함수량을 구하는 방법이다.

그림 **2-7**은 원통형 전기 저항식 석고블록 저항을 공극압력으로 변환하여 수치로 읽을 수 있는 기기를 보여 주고 있으며, 이 기기의 측정한도는 2기압까지이다.

[3] 중성자법

중성자법은 토양 내에서 고속의 중성자(fast neutron)를 내보낸 후, 중성자가 토양 중의 물이 갖고 있는 수소원자에 충돌한 뒤 감속되어 되돌아오는 저속 중성자(slow neutron)의 수를 세어 토양 함수량을 측정하는 방법이다. 이 방법은 포장에 알루미늄이나 플라스틱 파이프를 매설하여 중성자 측정기를 삽입할 수 있도록 한 후, 필요한 깊이마다 반복적으로 짧은 시간 내에 토양 함수량을 측정할 수 있다. 중성자로는 5 millicurrie radium-beryllium이나 30 millicurrie americium-beryllium을 이용한다. 이 방법을 사용할 때에는 방사능(放射能)에 의한 피해에 주의하여야 하며, 관측자는 X선 기사가 사용하는 것과 같은 film badge를 착용하고 주기적으로 film의 감광상태를 검사받아야 한다.

[4] 감마선법

감마선법은 주로 실험실에서 이용되는 방법이다. 이는 감마선 방출판과 검출판으로 구성되며, 방출된 감마선이 토양을 통하여 이동하는 동안 토양 속의 물과 충돌하게 되어, 토양 함수량이 클수록 검출판에 도달하는 감마선은 적게 되는 원리를 이용한 것이다. 감마선의 재료로는 25 millicurrie cesium 137이 주로 사용된다.

[5] TRD법

TDR(Time Domain Reflectometry)법은 토양의 유전(誘電, dielectric) 특성과 토양 함수량과의 상관성으로부터 함수량을 측정하는 방법으로, 비교적 근래에 와서 많이 사용되고 있는 방법이다. TDR의 작동원리는 토양 속에 삽입한 도선을 통하여 고주파 전자파를 보냈을 때 전자파의 전파시간을 측정하여 토양의 유전상수를 계산하고, 그것으로부터 토양함수량을 구하는 방법이다.

[6] 기 타

이상에 소개한 방법 외에도 초음파법, 레이더파법 등이 있다. 최근의 선진 기술은 연속적인 토양수분 관측을 통한 관개 자동화를 위하여 텐시오미터나 TDR을 이용한 TC/TM 기법을 이용하고 있다.

2.1.5 토양수분의 이동

[1] 토양수분 퍼텐셜

토양 속에서 물은 강우나 관개로부터 지표면에 물이 공급되면 침투에 의하여 지표면을 통해 토양 속으로 흘러 들어간 후 토양 내에서 흐르게 된다. 본 절에서는 액체인 물의 흐름에 대하여 고려하기로 한다.

토양 속에서 물의 흐름은 개수로나 관수로 수리학에서와 같이 물이 가지고 있는 에너지의 크기관계에 의하여 일어난다. 토양 속의 물이 가지고 있는 에너지는 운동 에너지와 퍼텐셜 에너지로 구성되며, 토양수의 흐름은 매우 느리기 때문에 유속의 제곱에 비례하는 운동 에너지는 일반적으로 무시한다. 따라서 퍼텐셜 에너지가 토양수분이 갖는 주요 에너지로 되며, 이의 척도로서 토양수분 퍼텐셜이 사용된다.

토양 속의 물이 갖는 전 퍼텐셜은 다음과 같이 주어진다.

$$\phi_t = \phi_g + \phi_p + \phi_o + \cdots \qquad (2 \cdot 8)$$

여기서 ϕ_t는 전 퍼텐셜, ϕ_g는 위치 퍼텐셜, ϕ_p는 압력 (또는 부압) 퍼텐셜,

ϕ_o는 삼투 퍼텐셜이며, 그 밖에 흡착 퍼텐셜, 열퍼텐셜, 화학 퍼텐셜 등이 있다. 일반적으로 토양수 내의 물질(염분 등) 농도의 변화율은 크지 않으므로 식 (2·8)에서 ϕ_o는 무시할 수 있으며, 또 기타 항도 미소하므로 무시하면 ϕ_g와 ϕ_p가 주요요소로 된다.

기준면으로부터 높이 z에서 단위체적의 토양수분이 가지는 위치 퍼텐셜은 식 (2·9)로 주어진다.

$$\phi_g = \rho_\omega gz \qquad (2 \cdot 9)$$

여기서 ρ_ω는 물의 밀도이고, g는 중력 가속도이다.

ϕ_p는 지하수면 아래에서는 압력 퍼텐셜을 나타내며, 지하수면 위에서는 부의 값을 갖는 matric(모세관 압력) 퍼텐셜을 나타낸다. 지하수면으로부터 깊이 h인 지점의 단위체적의 물이 갖는 압력 퍼텐셜은 다음 식으로 주어지는 정수압과 같다.

$$\phi_p = P = \rho_\omega gh \qquad (2 \cdot 10)$$

부의 압력 퍼텐셜인 matric 퍼텐셜은 모세관 작용과 토양입자와 물과의 흡착력에 기인한 것으로, 불포화 토층에서는 음의 압력 퍼텐셜이 된다는 것을 뜻한다. 그림 2-8은 지하수면을 나타내는 자유수면 상하에서의 정부(正負)의 압력 퍼텐셜 상태를 보여 주고 있다.

토양수분 퍼텐셜은 단위 질량당, 단위 체적당, 또는 중량당 에너지로 표시할 수 있다. 식 (2·8)~(2·10)의 ϕ는 단위 체적당 에너지를 나타내며, 이를 $\rho_\omega g$로 나누면 단위 중량당 에너지인 수두와 같게 된다. 즉, 식 (2·8)의 우변 두 항만을 수두로 나타내면 식 (2·11)과 같다.

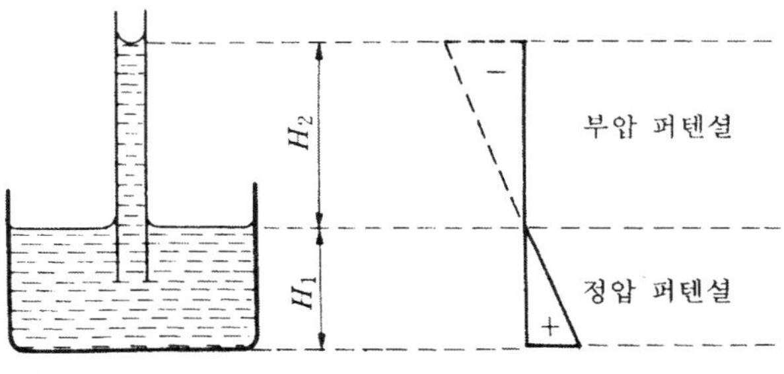

그림 2-8 자유수면 상하에서의 정부의 압력 퍼텐셜 상태

$$H_t = H_g + H_p \tag{2 · 11}$$

즉, 총수두는 위치수두와 압력 (또는 부압)수두의 합으로 표시된다.

[2] 토양수분의 이동

토양 속에서 물의 흐름은 포화층과 불포화층에서 모두 Darcy의 법칙을 따른다고 알려져 있다. 토양 속에서 물의 1차원 흐름의 속도는 식 (2 · 12)로 나타낼 수 있다.

$$V = -K(\theta)\frac{dH_t}{dL} \tag{2 · 12}$$

여기서 V는 토양 속에서 물의 속도, $K(\theta)$는 토양 함수량 또는 부압수두의 함수로 표시되는 투수계수, dH_t/dL는 수리 기울기이다. 투수 계수는 토양과 물의 물리적 특성의 함수로 표시된다. 즉, 포화투수 계수는 식 (2 · 13)과 같이 표시할 수 있다.

$$K = \rho g k / \mu \tag{2 · 13}$$

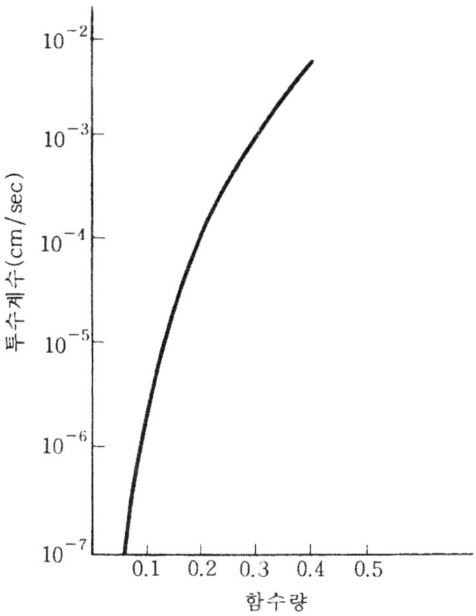

그림 2-9 투수계수와 토양 함수량과의 일반적인 관계

여기서 ρ는 유체의 밀도, g는 중력 가속도, k는 토양의 고유투수능(intrinsic permeability, m^2), μ는 유체의 점성계수이다. 실험실에서와 현장에서의 투수 계수 측정방법은 수리학 교과서에 소개되어 있다.

블포화층에서의 투수계수와 토양 함수량의 일반적인 관계는 그림 **2-9**와 같다. 투수계수는 다음 절에서 설명하게 될 작물뿌리의 수분 흡수율과, 제4장에서 다루게 될 지하배수에서도 수분이동을 지배하는 변수로 작용한다.

[3] 관개 및 배수시의 토양수분 이동

관개배수는 작물 근군역의 토양 함수량이 작물생육에 최적의 상태가 유지되도록 함수량이 적을 경우 물을 공급해 주고, 함수량이 너무 많을 때에는 물을 배제해 주는 것이다. 논과 밭의 수분환경은 서로 다르기 때문에 토양수분 이동양상이 서로 다르며, 관개시와 지하 배수시의 흐름양상도 서로 다르다.

근본적으로 토양수분은 H_t가 큰 지점에서 작은 지점으로 이동한다. 따라서 토양 속에서 연직하향, 연직상향 및 수평방향의 속도성분을 가질 수 있다. 그러나 각각의 경우에 있어서 H_t를 지배하는 요소가 서로 다르기 때문에, 그에 따라 흐름양상이 다르게 된다.

(1) 밭토양에서의 수분 이동

밭작물의 경우 불포화층에서 물의 흐름은 작물생육 환경과 밀접한 관계가 있다. 즉 관개 직후의 연직방향 물의 흐름인 침투, 연직방향 물의 흐름이 끝난 후에 발생하는 수평방향의 물의 흐름인 재분배에 의한 토양수분 분포상태는 작물의 생육과 밀접한 관계가 있다.

밭에서 한 번의 관개를 한 직후에는 근군역이 거의 포장용수량에 달하나, 시간이 지남에 따라 작물이 흡수함으로써 근군역의 함수량은 감소하게 된다. 근군역의 함수량이 매우 작게 되면 상대적으로 H_t값이 큰 측방향 먼 구역이나 근군역 하부로부터 물이 뿌리 쪽으로 이동하게 된다. 이때의 총퍼텐셜의 크기는 부압 퍼텐셜에 의하여 지배되므로, 물의 흐름은 모세관 작용이 주도하게 된다.

밭에서 토양 함수량의 분포상태는 Darcy식과 연속 방정식으로부터 얻어지는 편미분 방정식인 Richards 식을 수치해석 기법을 이용하여 구할 수 있다. 이 식은 시간과 공간에 따른 토양 함수량의 변화를 유한 차분법이나 유한 요소법을 이용한 토양수분 이동모형을 이용해서 풀 수 있다.

한편, 밭관개에서 이용되는 침투(infiltration)란 물이 수평인 지표면을 통하여 토양 속으로 들어가는 과정을 말한다. 토양이 건조한 침투 초기에는 지표면의 압력은 0에 가까우며 토양 속의 공극압력은 부압을 나타내므로 수리 기울기가 커서 침투율이 크고, 시간이 경과할수록 토양공극 압력이 0에 접하게 되어 중력이 지배하는 흐름이 되기 때문에, 침투율이 감소하여 결국 일정한 침투율에 도달하게 된다. 또 침입(intake)이란 고랑과 같이 지표면이 수평이 아닌 때의 침투를 말한다.

(2) 논토양에서의 수분 이동

논에서는 담수재배를 하기 때문에 토양 함수량이 크며 밭에서의 수분 이동과는 다른 모양을 나타낸다. 이 경우에는 압력수두와 위치수두가 모두 중요한 역할을 한다. 불투수층이 있는 정상상태 지하배수의 경우에는 지하수면 아랫부분은 포화상태로 양의 압력을 받고 있으며, 한 연직평면에서 압력수두와 위치수두의 합인 H_t값이 거의 일정하기 때문에 연직방향 흐름은 거의 없고 암거를 향한 수평방향 흐름이 주가 된다.

예제 2-2 지표면에서 깊이 0.1 m인 점 (A)와 깊이 0.3 m인 점 (B)에서의 공극부압이 각각 4000 kg/m^{2}와 3000 kg/m^{2}일 때 토양수의 흐름방향을 구하라.

풀이 지표면을 기준면으로 잡고 두 점에서의 총수두를 계산하여 비교한다.

점 A : 압력수두 $h=p/\rho_{\omega}g=-4000/1000=-4.0\,\text{m}$, 위치수두 $-0.1\,\text{m}$, 총수두 $-4.1\,\text{m}$

점 B : 압력수두 $h=p/\rho_{\omega}g=-3000/1000=-3.0\,\text{m}$, 위치수두 $-0.3\,\text{m}$, 총수두 $-3.3\,\text{m}$

점 B의 총수두가 점 A의 총수두보다 크므로 토양수는 점 B에서 점 A로 흐르다.

2.2 물과 작물

2.2.1 작물생육 메커니즘

작물이 생육하는 데는 토양, 수분, 공기, 광에너지 및 양분이 필요하다. 물론 수경재배와 기타 특수한 경우에는 토양이 필요하지 않을 수도 있다. 작물이 가장 잘 자라고 또 수확물의 양과 질이 우수하기 위해, 위의 여러 가지 작물환경 요소를 작물생육에 최적의 상태로 유지해 주어야 한다. 즉, 토양의 구조,

토양수분, 토양공기, 복사량 및 영양분 등을 각 작물에 따라 최적의 상태로 유지시켜야 한다.

작물 생육에 대한 수분의 기본적인 역할은 다음과 같다.

① 원형질의 생활상태를 유지한다.
② 식물체 구성물질의 성분이 된다.
③ 필요한 물질흡수의 용매역할을 한다.
④ 식물체 내의 물질분포를 고르게 하는 매개체 역할을 한다.
⑤ 필요한 물질의 합성과 분해에 매개체 역할을 한다.
⑥ 세포의 긴장상태를 유지하여 식물의 체제유지를 가능케 한다.

작물의 생육은 크게 생장(growth)과 발육(development)으로 구분한다. 생장이란 작물의 건물중량의 증가를 의미하고, 발육이란 아생(芽生), 화성(化成), 개화, 성숙 등의 과정을 거치면서 단순한 양적 증가뿐만 아니라, 체내의 질적인 변화에 따른 재조정 작용이 생기는 것을 뜻한다.

작물은 토양과 대기로부터 수분, 각종 무기염류, 이산화탄소, 산소 등과 같은 분자량이 작고 화학적으로 안정된 물질을 재료로 하여, 화학적 에너지가 풍부하고 생리적 활성이 높은 분자량이 큰 물질을 생성하는 동화작용을 한다. 이 합성과정에서 태양복사 에너지와 체내의 에너지를 이용하게 된다. 이와 같이 작물체 내의 물질대사의 수지에 의하여 물질 생산량이 결정되며, 일반적으로 시간의 경과에 따라 작물체의 크기가 증가하는 것을 생장이라고 한다. 생장은 광합성에 의한 물질 생산량에서 호흡에 의한 물질 소비량을 빼어서 건물 증가량으로 나타낸다.

작물이 흡수할 수 있는 물은 모관수이다. 그러나 토양 내의 모관작용에 의한 수분이동 속도는 매우 느려, 1 cm 이동에 10여 일이 걸리기도 한다. 따라서 작물의 흡수에 있어서 모관작용보다도 뿌리의 발달이 더 중요하다. 뿌리의 발달은 흡수능을 증대시킨다. 흡수의 주체는 근모(根毛)인데, 작물의 근모발달은 현저하다. 뿌리의 깊이는 작물의 종류에 따라 다르지만, 알팔파 같은 심근성 작물은 2 m 이상에까지 달한다.

뿌리의 성장은 지력, 토양의 통기성 및 토양온도에 의해 좌우된다. 지력은 가비중, 토성 및 토양 함수량에 지배된다. 뿌리의 성장은 토양 내의 2 mm 미만 크기의 입자가 차지하는 율에 비례한다.

작물의 생육단계의 중요한 전환점은 화성 전까지의 영양 생장기(vegetative growth)와 화성 이후의 생식 생장기(reproductive growth)로의 변화시점이다. 벼의 영양 생장기는 발아로부터 유수분화 직전까지의 기간으로서, 이 기간 동안에는 벼의 영양기관인 잎, 줄기, 뿌리 등을 형성하는 시기이며, 이 시기의 양분은 탄소동화 작용에 의하여 만들어진 탄수화물에 의존한다.

벼의 생식 생장기는 유수 분화기 이후부터 성수기까지의 기간으로서 생식기관, 즉 유수 및 화기가 형성되고, 그것이 발달하여 출수, 개화 및 씨방이 발육하여 쌀알이 완성되는 기간이다. 출수 후의 양분흡수는 급감함으로, 쌀알은 주로 지엽(止葉 : 한 줄기에서 마지막 나오는 잎)과 그 아래쪽의 생존엽(生存葉)에서 형성되는 전분(澱粉)이, 잎집과 줄기의 기부에서 당분이 되어 이삭에 잔류하는 당화유전(糖化流轉)에 의하여 발육한다.

벼의 생육단계를 세분하면 다음과 같다. 벼는 못자리에서 파종 후 2~3일에 발아하여 20~25일에 3~4엽 때까지 자란다. 그 무렵 묘대기를 끝내고 본답에 이앙한다. 이앙 후 2~3일에 활착이 되고 성장이 시작된다. 이앙 후 약 30일에 최고 분얼기가 되고, 그 이후에 영양생장에서 생식생장이 이행된다. 이앙 후 70 ~90일경에 출수하고, 그 후 40~50일경에 수확하게 된다. 벼의 생육단계는 유묘기, 활착기, 분얼기, 유수형성기, 수잉기, 출수・개화기, 유숙기, 호숙기, 황숙기, 완숙기의 10개로 나눌 수 있다. 이러한 생육단계에 따라 농작업이 행해지는 경우가 많다.

유묘기에 못자리의 모가 준비되는 기간에 본답의 경운, 시비 및 써레질을 하여 이앙준비가 필요하다. 이앙 후 활착기가 지나면 제초제 살포, 분얼기 초기에 추비, 최고 분얼기에 중간 낙수를 실시하여 무효분얼을 억제하여야 한다. 그 이후에는 추비와 농약살포를 기후와 생육 정도에 맞게 실시하여야 한다.

2.2.2 토양수분과 작물

[1] 작물의 수분 이용성

작물이 뿌리로부터 흡수한 물과 양분은 공기 중에서 잎을 통하여 흡수된 이산화탄소와 화합하고, 탄수화물을 생성하는 한편 끊임없이 잎과 줄기를 통해 증산작용을 한다. 또 물은 토양 속의 비료분을 용해시켜서 흙을 부드럽게 만드는 작용을 하므로, 토양을 비옥하게 만들고 염분과 같은 유해물질을 용해시키며, 뿌리의 성장을 촉진하여 작물생장을 촉진시킨다.

논의 경우에는 담수재배를 하므로 대부분의 경우 지표면이 담수상태로 유지되기 때문에, 작물 근군역의 토양수분은 포화상태로 볼 수 있다. 그러나 밭

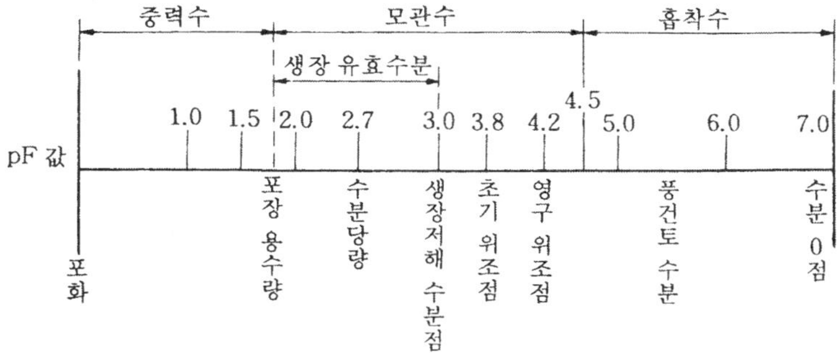

그림 2-10 토양수분의 분류 및 작물 이용성

의 경우에는 지표면 담수를 허용하지 않기 때문에 논에서와는 아주 다르다. 밭의 경우, 세 가지 토양수분 형태 중 모관수는 작물이 이용할 수 있는 물이며, 이를 유효수분(AM : available moisture)이라고 부른다. 이들의 구분은 포장용수량(圃場容水量, FC : field capacity)과 영구 위조점(PWP : permanent wilting point)이 경계가 되며, 이들의 관계는 그림 2-10에 설명되어 있다.

포장용수량이란 포장에 충분한 물을 공급한 후, 24시간 정도 경과하여 중력수가 유하하고 난 뒤의 토양 함수량을 말하며, 영구 위조점이란 작물이 시들어 죽게 되는 시점의 토양 함수량을 말한다. 그 밖에 초기 위조점과 생장저해 수분점이 있는데, 초기 위조점은 작물이 시들기 시작하는 토양 함수량으로 물을 공급하면 작물이 되살아나며, 생장저해 수분점은 토양수분의 부족으로 작물이 충분한 생장활동을 못하게 되는 토양 함수량을 말한다.

그림 2-11은 토양 함수량과 작물생장의 관계를 보여 주고 있으며, 작물생

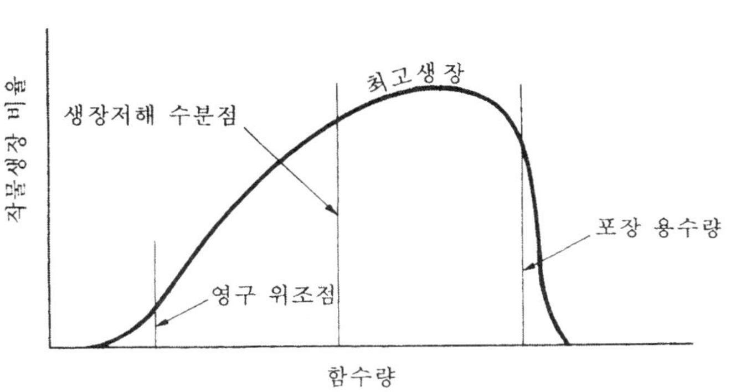

그림 2-11 토양 함수량과 작물생장의 관계

장은 증발산량과 밀접한 관계가 있다. 그림에서 함수량이 생장저해 수분점보다 작게 되면 작물의 증발산량이 급격하게 감소되어 생육이 부진하게 된다. 포장용수량과 생장저해 수분점 사이의 수분을 생장유효수분(RAM : readily available moisture)이라고 부른다. 작물의 적정한 생육을 위해서는 토양 함수량을 이 범위로 유지시켜야 한다. 최적 함수량은 작물의 종류와 생육시기 등에 따라 다르지만, 보통 포장용수량의 60~80% 또는 공극률의 40~60%가 된다.

[2] 작물의 수분흡수 및 증산작용

작물이 생장하기 위하여는 뿌리로부터 물과 양분을 흡수하고 잎으로 증산작용을 하여야 한다. 물의 이동은 토양, 작물, 대기 시스템의 각 지점과 식물체 내의 각 지점에서의 총 퍼텐셜의 크기에 따라 좌우되며, 퍼텐셜이 큰 곳에서 작은 곳으로 이동한다. 따라서 작물이 증산작용을 하는 동안에는 토양에서의 수분 퍼텐셜이 가장 크고 점차로 작아져서 잎의 기공에서 가장 작게 된다.

토양수분이 뿌리를 통해서 흡수되어 식물체를 통해 잎으로 이동하고, 기공을 통하여 대기 중으로 발산되는 과정은 전기의 흐름과 같은 것으로 생각할 수 있으며, 이를 아날로그 모형으로 나타내면, 그림 2-12와 같다.

그림에서 E는 기전력으로 토양에서의 수분 퍼텐셜과 기공에서의 수분 퍼텐셜의 차이를 나타내며, 수분이동의 기동력이 된다. I는 전류로 식물체가 흡수하여 증산하는 유량을 나타낸다. 각 지점에서의 Ψ는 수분 퍼텐셜이고, R은 물의 흐름에 대한 저항을 나타낸다. 따라서 각 인접구간에 저장된 수분량의 변화가 없는 경우에는, 각 인접구간 사이에서 발생하는 퍼텐셜 강하는 전압강

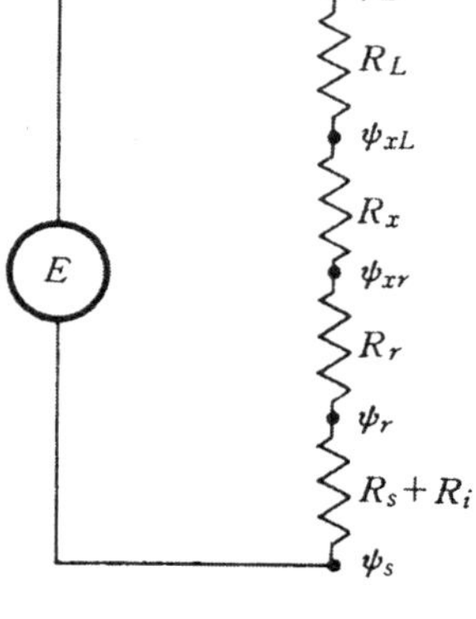

그림 2-12 토양과 작물 시스템의 수분이동의 아날로그 모형

하와 같고, 그 구간의 저항에 전류(수분이동률)를 곱한 것과 같으며, 전 구간에 대하여는 다음과 같이 나타낼 수 있다.

$$E = I \times R \tag{2・14}$$

그림에서 첨자들은 위치를 나타내며, s는 토양, i는 토양과 뿌리의 경계, r은 뿌리 내피, x는 뿌리와 줄기의 목질부, L은 잎을 나타낸다.

수분흐름에 대한 주요한 저항은 토양부분의 저항, 토양과 뿌리의 경계에서의 저항, 뿌리 내피에서의 저항, 뿌리와 줄기의 목질부에서의 저항, 잎에서의 저항 등이다. 토양수분이 충분한 경우에는 뿌리 내피에서와 잎에서의 저항이 가장 중요한 저항이다.

잎의 수분 퍼텐셜이 작아지면 기공이 닫혀져서 저항이 증가하므로 증산량이 감소하게 된다.

토양층별 뿌리의 수분 흡수량은 잔뿌리의 분포밀도에 비례하며, 일반적으로 뿌리의 분포밀도는 지표면 가까이에서 크며 깊게 내려갈수록 작아진다. 자세한 뿌리밀도 분포는 관개편(**3.4.3**)에서 설명하기로 한다.

[3] 한해와 습해

토양이 너무 건조하면 수분 부족으로 인하여 작물이 생육장애를 입게 되며, 토양이 과습하여 토양산소가 부족할 때에도 작물이 해를 입게 되는데 전자를 한해, 후자를 습해라고 부른다. 한해의 발생기구는 세포의 수분이 감소되면 광합성이 감퇴하고, 양분 흡수, 물질전류 등의 여러 생리작용도 저해된다. 효소의 작용이 교란되어 합성적 변화가 감퇴하고, 분해적 변화가 우세하여 단백질과 당분이 소모되어 피해를 받는다. 또한 건조에 의하여 세포가 탈수될 때에는 원형질은 세포막에서 이탈하지 못한 채로 수축하므로, 기계적 견인력을 받아 파괴된다.

습해의 발생기구는 과습하여 토양산소가 부족하면 직접피해로서 호흡장해가 생긴다. 호흡장해가 생기면 무기성분(N, P, K, Ca, Mg 등)의 흡수가 저해된다. 여름철에 기온이 높을 때 토양이 과습하면 직접 피해뿐만 아니라, 토양미생물에 의하여 환원성 유해물질이 생성되어 피해를 더욱 크게 한다. 또 메탄가스, 질소가스, 이산화탄소의 생성이 많아져서 토양산소를 더 적게 하여 호흡장해를 조장한다. 습해가 발생하는 토양환경에서는 토양 전염병의 전파가 심해지고 작물도 쇠약해져서 병해발생을 초래한다.

2.2.3 수온과 작물

[1] 벼의 생육과 수온

벼생육과 수확량은 수온에 크게 좌우된다. 최적수온은 생육기간을 통틀어서 주야간 평균 30~34℃이다. 주야간을 나누어 생각할 때 보통 위험수온이라고 알려진 15~20℃의 저수온과 35℃ 이상의 고수온은 작물생육에 나쁜 영향을 준다. 표 **2-5**는 일본에서 연구한 벼생육의 최저, 최적 및 최고 수온을 보여주고 있다.

유수분화가 시작되면서부터 출수 직전까지는 주간 30~35℃, 야간 25~35℃와 같은 수온이 좋다. 저수온의 악영향이 가장 현저히 나타나는 것도 이 시기이며, 특히 유수 형성기에 20℃ 이하의 주간 저수온에서 피해가 현저하다. 그리고 출수 직전(5일 전)부터 그 이후에는 수온의 영향이 거의 나타나지 않는다. 즉, 수온에 대한 고려는 출수기까지로 거의 충분하다.

표 2-5 벼의 생육에 대한 최저, 최적, 최고 수온(℃)

생육단계	최저온도	최적온도	최고온도
발아기	10~13	30~34	40~44
유묘기	—	32	—
초장신장기	15~16	30~32	40
분얼기	14	28~34	40
수잉기	15	—	40
출수기	17~20	—	—
개화기	15~19	28~40	30~40
성숙기	10~20	30 내외	40

적온으로부터 멀어짐에 따라 생육 및 수량에 나쁜 영향이 나타나며, 고수온 및 저수온에 의한 피해의 출현은 품종의 저항성 크기, 토양의 상태, 시비방법, 벼의 건강성, 온도 지속기간, 기온의 고저, 생육시기 등에 따라 상당히 달라진다. 대략 저수온 피해가 나타나는 수온은 21~25℃ 이하이고, 일반적으로는 23℃라고 볼 수 있다. 고수온 피해수온은 35~38℃이며, 일반적으로 36℃ 이상으로 본다.

[2] 자연수의 수온

관개용수원이 되는 자연수에는 하천, 저수지, 호소 및 지하수가 있다. 하천의 수온은 하류로 갈수록 상승한다. 산지로부터 평야부로의 이행부에서의 수온은 4월에 8~12℃, 5월에 12~15℃, 6월에 15~20℃, 7월에 18~25℃, 8월에 20~27℃, 9월에 18~20℃이고, 수온의 일변화는 5~10℃ 정도이며 유량, 수심, 기상 등에 따라 다르다.

또한 하천수의 최고 수온은 최고 기온보다 1~3시간 후에 나타나고, 최저 수온은 최저 기온이 나타나는 일출 직전과 거의 같은 시각에 나타난다. 그러나 적설지대의 융설기의 수온은 관측지점에 따라 달라진다. 또한 수로터널에서의 수온은 복사열과 현열전달의 차단에 의하여 터널설치 전의 하천수에 비해 수온 상승이 작으며, 유입수의 수온이 높은 경우에는 수온이 오히려 낮아지는 경우도 있다.

저수지의 호소의 수온은 유역과 저수지의 형상 또는 기후적 특성에 따라 그 양상이 다르지만 표수층, 변수층 및 심수층으로 구분된다. 표수층의 수온은 주로 기온의 영향을 받아 높은 편이다. 그러나 수면으로부터 아래로 내려갈수록 수온이 저하된다. 정렬성층 때 표수층인 수면 근처에는 대류층을 이루어 온도가 높고, 심수층은 온도가 낮다. 따라서 표수층과 심수층 사이에 온도 기울기가 급격히 변화는 층이 나타나는데, 이를 변수층 또는 약층(躍層, thermocline)이라고 하며, 보통 4~7 m의 깊이에서 일어난다. 관개용 저수지에서는

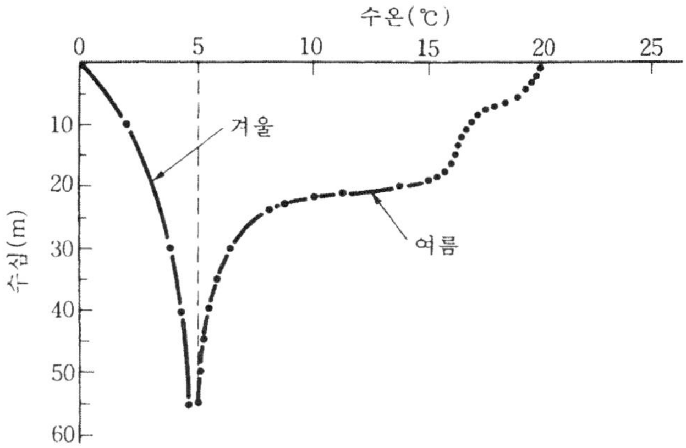

그림 2-13 저수지 수온의 연직분포

시기적으로 수위가 변하기 때문에 약층의 위치나 상태가 일정하지 않다. 저수지 수온의 연직분포는 그림 2-13과 같이 여름에는 표수층이 심수층보다 온도가 높은 정렬성층을 나타내며, 겨울에는 반대로 되어 역렬성층이 된다.

일반적으로 저수지 표수층의 수온은 5월에는 10～20℃, 6월에는 15～25℃, 7～8월에는 20～30℃이며, 매우 깊은 곳의 수온은 대략 4℃이다.

지하수의 수온은 연평균 기온보다 1～3℃ 정도 높고, 연교차는 약 2℃이며, 관개기간 중에는 지표수에 비하여 수온이 상당히 낮다. 그러나 하천의 복류수와 같이 천층 지하수의 온도는 하천수의 온도가 상승함에 따라 높아지며, 상당히 큰 연교차가 있다.

[3] 논에서의 열수지

논의 수온을 성립시키는 요소는 수면에서의 복사열, 기층과의 사이의 잠열과 현열의 교환 및 지중 열전도의 4요소이다. 따라서 논의 수온은 주로 순복사량, 기온, 용수의 온도, 증발산량, 식물체 온도, 번무도(繁茂度), 수심 및 침투량에 따라 결정된다. 논에서 식물체를 포함하는 제어체적의 열수지 방정식은 다음과 같다.

$$S = B + L + LE + G \qquad (2 \cdot 15)$$

여기서 B는 제어체적 내의 저장열 변화량, S는 순복사량, L은 현열(顯熱) 전달량, LE는 잠열 전달량, G는 지중열 전달량으로 단위는 모두 cal/m^2 · sec 이며, 우변 각 항의 부호는 열이 제어체적으로 들어오면 양이고 제어체적에서

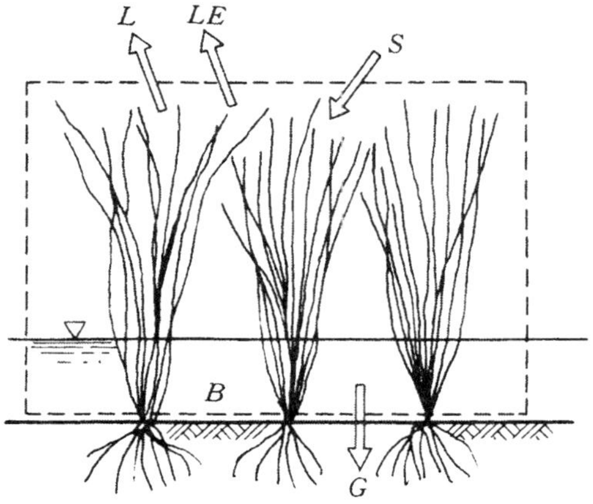

그림 2-14 논에서의 열수지

나가면 음이다. 저장열량, 잠열 전달량, 현열 전달량 등은 수체와 식물체를 모두 고려한다.

물꼬를 통하여 논에 유입하는 물의 온도는 생육적온보다 낮으나 논에 들어간 후에 급속히 상승한다. 따라서 논에서 냉수장해를 받는 일은 많지 않다. 논 수온보다 훨씬 차가운 물을 댈 때에는 물꼬에서는 용수의 온도와 같고, 물꼬에서 논 안으로 유입 확산된 곳의 수온변화는 수면에서의 수열 및 기존 온수와의 혼합에 의해 점차로 평형온도에 접근하게 되고 지수곡선 분포로 된다.

[4] 온수대책

수온 상승 시설의 계획은 대체로 다음과 같은 조건일 때 실시한다.

① 수원의 수온이 18℃ 이하인 때

② 관개기간의 평균수온이 18℃ 이상인 곳에서도 관개 초기 또는 유수 형성기 등에 냉수 피해를 받는 경우

특히, 냉수피해가 발생하기 쉬운 유수 형성기에는 야간에 심수관개를 하여 벼의 유수를 물 속에 잠기게 해서 효과적으로 보온할 수 있으며, 이 때 야간에는 수온이 기온보다 4~7℃ 높다.

수온 상승 대책은 하천, 저수지, 지하수 등 수원에서의 취수대책, 취수시설에서 논 입구까지의 송수대책과 논 안에서의 대책으로 나눌 수 있다. 논 안에서의 대책은 재배관리과 물관리도 포함한다. 수원에서의 온수취수시설은 저수지나 호소의 표층수를 취수할 수 있도록, 취수탑이나 사통의 취수설비는 변수층 위의 온수를 취수할 수 있는 구조로 하거나 플로팅형, 월류형, 오리피스형의 표면수 취수장치를 이용할 수 있다. 오리피스형보다는 월류형, 월류형보다는 플로팅형이 표면의 온수를 취수하는 데 효과적이다.

송수과정에서 온수지 및 온수로를 통하여 수온을 상승시킬 수 있다. 온수지는 수온이 낮을 경우, 물을 수면적이 넓고 수심이 얕은 저수지에 저류하였다가 수면에서 받는 태양 복사열을 효과적으로 이용하고, 평형수온 가까이까지 상승시켜 사용하고자 하는 것이다. 농업용 소류지에서는 유입수의 교환이 오랜 시일이 걸리는 데 비하여 온수지에서는 체류시간이 짧으며, 온수지에는 유수형과 저수형이 있다.

온수로는 유로의 수면 너비를 넓게, 수심을 얕게 하거나 수로를 아스팔트로 라이닝하는 등 수온 상승에 편리하도록 만든 수로이며, 본질적으로 유수형 온수지와 같고 유하 중에는 될 수 있는 대로 큰 수온 상승을 발생하게 한다.

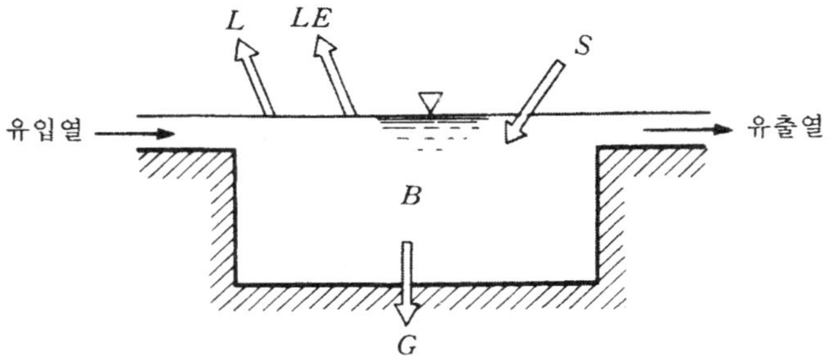

그림 2-15 온수지에서의 열수지

온수지 설계방법에 대하여는 농업생산기반정비사업 계획설계기준 계획의 관개편(농림부, 1998)에 자세히 설명되어 있다. 온수지에서의 열수지는 그림 2-15와 같다. 온수지에서의 수온 상승은 평형수온과 온도 상승률로부터 계산된다. 평형수온은 기온, 순복사열, 현열전달 계수, 포차, 포화 수증기 압력－온도 관계곡선의 기울기 등의 5개의 요소에 의해 결정된다. 온수지에서의 수온 상승은 열수지 방정식으로부터 유도된 식 (2·16)으로 주어진다.

$$\theta_0 - \theta_i = (\theta_\infty - \theta_i)[1 - \exp\frac{-h(1+2\rho)}{C \cdot H}t] \tag{2·16}$$

여기서 θ_0 : 온수지에서 나가는 물의 온도(℃)

θ_i : 온수지로 들어오는 물의 온도(℃)

θ_∞ : 평형수온(℃)

h : 현열전달 계수(cal/m^2·℃·sec)

ρ : 포화 수증기 압력－온도 관계곡선의 기울기(mmHg/℃)

C : 물의 체적 열용량(cal/℃·m^3) : 물의 비열×물의 밀도

H : 온수지 수심(m)

t : 체류시간($\frac{AH}{Q}$)(sec)

A : 온수지 표면적(m^2)

Q : 유입량(m^3/sec)

평형수온은 수층에 공급되는 순복사량과 공기 중으로 나가는 방열량이 평형일 때의 수온을 말하며, 식 (2·17)으로 주어진다.

$$\theta_\infty = \theta_a + \left(\frac{S/h - 2D}{1+2\rho}\right) \qquad (2 \cdot 17)$$

여기서 θ_∞ : 평균기온(℃)

S : 순복사량(cal/m^2 · sec)

D : 포차(mmHg) : e(θ_a)− e_a

$e(\theta_a)$: 포화 수증기 압력(mmHg)

e_a : 공기 중의 수증기 압력(mmHg)

논 안에서의 대책으로는 누수방지, 우회수로 설치, 간단관개 등의 방법이 있다. 누수가 큰 논에서는 단위 수량당 수열량이 감소하여 수온 상승이 잘 되지 않기 때문에 냉수피해를 입게 된다. 따라서 이 때에는 객토나 밑다짐공을 실시하여 누수량을 줄여야 한다. 우회수로는 낮은 온도의 물이 물꼬에 들어온 후 바로 논 안으로 보내지 않고, 논두렁을 따라 우회수로를 만들어 물을 우회시켜서 그 동안에 태양 복사열을 받아 수온을 상승시키는 방법이다. 간단관개 방법은 일중 연속적으로 관개하는 것이 아니고, 냉수피해가 가장 작게 발생하는 이른 새벽이나 저녁에 관개하고 낮 중에는 관개하지 않거나, 물이 다 소비되고 난 후 다시 관개하는 방법이다.

냉수 지대에서는 1일의 평균수온을 높이는 관개방법을 채용할 필요가 있고, 이를 위해서는 냉수관개 시간을 될 수 있는 대로 짧게 할 것과 관개는 될 수 있는 대로 야간에 실시하고 주간은 지수(止水)상태로 하는 것이 좋다. 부득이, 주간에 관개할 경우 관개시 논의 수온이 낮고 관개 후에 수온 상승이 빠른 이른 아침에 실시하는 것이 유리하다.

벼의 적정생육과 다수확을 위하여 논의 수온 상승을 꾀함에 있어, 필요에 따라 사용수량의 절약, 관개방법의 개량, 물꼬에서의 대책, 약품 사용, 재배기술에 의한 방법 등 적절한 대책을 강구하여야 한다.

(1) 사용수량의 절약

물꼬에서 유입한 물의 온도는 논 안에 넓게 확산 유하함에 따라 급격히 상승하여 평형수온으로 되므로, 내리흘림식 관개의 경우를 생각하면 평형수온이 될 때까지의 거리 또는 범위(이것이 냉수피해 면적에 해당한다)는 유입수의 수온 및 수량에 좌우되므로, 수온이 낮을 때에는 될 수 있는 대로 사용수량을 적게 하는 것이 유입구 피해를 적게 하는 유효한 방법이다. 또한 이 사용수량의 절감에 대해서는 더 나아가 후술하는 관개방법의 개량까지도 고려하여야 한다. 이 문제에 대해서는 논의 보수력에 관련되므로 객토, 밑다짐 또는 논두렁 개량 등의 누수 방지책이 필요하다. 한편, 경작자의 관행이 원인이 되는 경우도 있으므로 합리적인 물관리에 대해 계몽지도를 하면, 누수량 감소를 위한 토양개량(土壤改良)을 하지 않고도 어느 정도의 냉수피해를 경감할 수 있다.

(2) 관개방법의 개선

일반적으로 냉수 피해지의 실정을 보면 대개가 내리흘림 관개를 하고 있는 곳이며, 이것을 고쳐서 간단 관개방법으로 하면 물꼬피해를 피할 수 있다. 독농가는 일출 전에 관개하고 낮에는 지수함으로써 냉수피해를 방지하고 있다. 그러나 각 농가가 같은 시각에 관개한다는 것은 수로 조직상 어려우므로, 필요에 따라 객토 또는 기타의 누수방지 대책을 실시하여 수시로 단시간 관개하고, 용수 부족이 되지 않도록 배분관리(配分管理)를 하여야 한다.

(3) 물꼬에서의 대책

종래 냉수대에서는 물꼬에 웅덩이를 만들기도 하고, 물꼬의 너비를 넓게 하든가 혹은 논두렁에 연하여 우회수로를 설치하는 것 등을 볼 수 있지만, 최근에는 poly tube 또는 분산판을 사용하는 방법이나 물꼬의 위치를 가끔 변동시켜서 냉수가 장기간 한 장소에서만 유입하지 않도록 하는 방법 등이 사용되고 있다.

(4) 논의 평형수온을 상승시키는 방법

논에서 증발로 인해 빼앗기는 열량을 적게 하기 위해서는, 수면에 OED제(증발 억제약품)를 사용해서 얇은 막에 의해 증발을 방지하여 평형수온을 상승시키는 방법이 있다. 또 방풍림 등에 의하여 증발에 대한 바람의 영향을 작게 하는 것도 생각할 수 있다.

(5) 재배기술에 의한 방법

내냉성 품종의 선정을 비롯하여 출수지연에 대비한 늦벼를 피하고 조식(早植)하는 방법 등이 있다. 또 두둑재배 방법이 있으나 이 재배법은 논 전체로서는 수온 상승이 늦어지는 경향이 있다.

2.2.4 수질과 작물

관개용수는 여러 가지 성분을 함유할 수 있다. 이들은 부유물질과 용해물질로 대별할 수 있으며, 부유물질은 이토(泥土)나 모래 등의 미세한 입자가 물에 떠 있는 것이고, 용해물질은 이온의 형태로 물에 녹아 있는 물질이다. 이러한 성분의 유무와 대소는 수원의 종류와 하수의 유입여부 등에 따라 달라진다. 용해물질에는 양이온(Ca^{++}, Mg^{++}, Na^{+}, K^{+} 등)과 음이온(CO_3^{--}, HCO_3^{-}, Cl^{-}, SO_4^{--}, NO_3^{-} 등)이 있다.

표 2-6은 여러 가지 수질오염 성분의 분류를 보여 주고 있다. 관개용수가 함유하고 있는 물질은 다음 네 가지로 대별할 수 있다.

첫째, 중금속류와 유해유독 물질로 병을 유발시키는 건강항목으로 분류되는 것으로, 수은, 카드뮴과 같은 중금속과 시안, PCB와 같은 물질이다.

둘째는 유기물 또는 생활관련 항목이다. 유기물은 대표적 오염물질로 볼 수 있다. 물 속의 유기물 함량을 나타내는 데는 일반적으로 유기물을 분해시키는 데 필요한 산소의 양으로 표시한다. 즉, 생물 화학적 산소 요구량(BOD) 또는 화학적 산소 요구량(COD)으로 나타낸다. 물 속의 용존 산소량(DO)은 유기물이 많이 존재하면 유기물 분해에 소모되기 때문에 낮아진다. 그리고 물 속의 현탁성 물질은 부유물(SS)로 분류되며, 이토, 모래 등이 이에 해당된다.

셋째는 질소와 인과 같은 영양염류이다. 이것들은 그 자체가 유해한 것은 아니나, 너무 과다하게 함유할 때에는 형태가 다양하여 유기성, 암모니아성, 질산성, 아질산성의 4종류가 있다. 이들을 총칭하여 총질소(T−N : total nitrogen)

표 2-6 수질오염 성분의 분류

구 분	대 분 류	수 질 항 목
유해독 물질	중 금 속	수은, 카드뮴
	유 독 물	시안, PCB
유기물류	유 기 물	BOD, COD, TOC
	산 소	DO
	부유 물질	SS, 탁도
	세 균	대장균, 일반세균
	수소 이온	pH
	전기 전도도	EC
	수 온	℃
영양염류	질 소	T−N, NH_4−N, NO_3−N, NO_2−N
	인	T−P, PO_4−P
기타	염 분	
	방사능 물질	
	기 름	

라고 부른다. 인은 유기성 인과 인산성 인(PO_4-P)이 있으며, 이들을 총칭하여 총인(TP : total phosphorous)이라고 한다.

넷째, 염분은 관개용수 수질의 중요한 요소이다. 해면 간척지와 하구 부근의 감조하천의 용수를 이용하는 경우와, 강우가 적은 건조지대에서 중요한 문제를 야기할 수 있다. 염도는 농도로 표시하기보다는 관측하기 쉬운 전기전도도(EC : electrical conductivity)를 이용하여 나타낸다. 전기전도도의 국제단위는 S/m이나 관용적으로는 mhos/cm를 사용한다. 전기 전도도와 농도의 관계는 1 mmhos/cm=640 mg/L로 나타낼 수 있다.

소금의 구성성분인 나트륨은 점토구조를 파괴하여 토양에 나쁜 영향을 미친다. 토양수의 나트륨 함량이 높아지면 알칼리성 토양이 되어 투수성이 감소하며

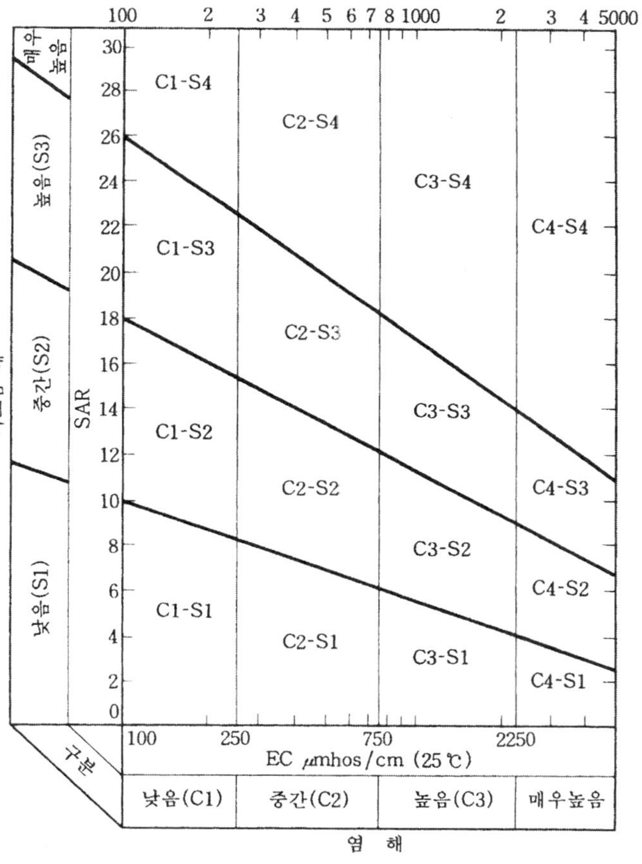

그림 2-16 염도와 나트륨 흡착률에 따른 관개용수의 수질분류

배수불량이 될 수 있다. 관개용수의 수질기준으로 식 (2·18)로 주어지는 나트륨 흡착률(SAR : sodium adsorption ratio)을 이용한다.

$$SAR = \frac{Na^{+}}{\sqrt{\frac{Ca^{++}+Mg^{++}}{2}}} \qquad (2 \cdot 18)$$

여기서 우변의 이온농도는 당량농도(meq/l)이다. 그림 **2-16**은 염도와 나트륨 흡착률에 따른 관개용수의 수질분류를 보여 준다. 두 항목 모두 작물에 미치는 해가 낮은 것에서부터 매우 높은 것까지 4단계로 구분되어 있다.

기타 방사능 물질과 기름 등이 수질오염의 중요한 요인이 될 수도 있다. 벼농사에서의 수질기준은 표 **2-7**과 같다.

농업용수의 수질관련 피해는 도시폐수의 혼입이 많은 경우에 크게 발생하며, 질소과다의 경우에는 벼의 도복, 불임 및 생육장해를 초래한다. 특히, 가정쓰레기나 비닐류로 인하여 수로의 통수장해, 취수나 배수기능 저하, 밭관개용 살수기 막힘 등이 발생한다. 농업용수의 오염으로 인하여 발생하는 피해는

표 2-7 벼농사의 수질기준

항 목	기 준 값	
	한 국	일 본
pH	6.0~8.5	6.0~7.5
BOD(mg/l)	8 이하	8 이하
COD(mg/l)	8 이하	6 이하
SS(mg/l)	100 이하	100 이하
DO(mg/l)	2 이상	5 이상
T−N(mg/l)	–	1 이하
EC(μmhos/cm)	–	300 이하
중금속 : Hg(mg/l)	0.005 이하	–
Pb(mg/l)	0.05 이하	–
Cr^{+6}(mg/l)	0.1 이하	–
CN(mg/l)	0.1 이하	–
As(mg/l)	0.05 이하	0.05 이하
Cd(mg/l)	0.01 이하	–
Zn(mg/l)	–	0.02 이하
Cu(mg/l)	0.01 이하	0.02 이하

다음 다섯 가지로 분류할 수 있다.

① 작물생육에 직접적인 피해를 주는 경우로서 산, 알칼리, 염류 및 질소 과잉 등에 의한 피해이다.

② 생산물의 품질에 해를 주는 경우로서 카드뮴이나 수은에 오염된 쌀이 대표적인 예라 할 수 있다.

③ 농업용 시설에 미치는 해로서 쓰레기나 비닐류로 인해 통수시설 장해와 산성이나 알칼리성 폐수로 인한 금속이나 콘크리트의 부식피해를 들 수 있다.

④ 농작업 종사자에 대한 피해로서 악취로 인한 작업장해와 피부습진 등을 들 수 있다.

⑤ 용수시설의 주변환경에 대한 피해로서 오수 유입시의 악취, 경관의 악화, 영양과다로 인한 부영양화의 발생 등이 있다.

다른 한편으로는 농업배수로 인한 수질오염이 있다. 비료의 과다한 살포로 인해 작물이 섭취하고 남은 질소나 인, 농약이 유출되는 경우와 축산분뇨 등으로부터 수질오염이 발생하여 하류지역 용수원의 부영양화의 원인이 된다. 따라서 작물재배에 있어서 시비방법과 물관리에 있어서 수질오염을 방지할 수 있는 여러 가지 방법을 강구하여야 한다.

예제 2-3 관개용수의 수질분석 결과가 다음과 같을 때 염도와 SAR에 따른 수질을 분류하라. K^{+} 30 mg/L, Na^{+} 200 mg/L, Ca^{++} 80 mg/L, Mg^{++} 20 mg/L, 염도 300 mg/L

풀이 수질분석 결과를 당량농도로 표시하면 표 2-8과 같다. 여기서 당량이란 분자량 ÷ 결합가이다.

표 2-8

성 분	농도(mg/L)	당 량	당량농도(meq/l)
Na^{+}	200	23	8.7
Ca^{++}	80	20	4.0
Mg^{++}	20	12.2	1.6

식 (2·18)에서

$$SAR = \frac{Na^{+}}{\sqrt{\frac{Ca^{++}+Mg^{++}}{2}}} = \frac{8.7}{\sqrt{\frac{4.0+1.6}{2}}} = 5.20$$

염분농도를 전기 전도도로 환산하면

$$EC = 300 \div 640 = 0.469\,\text{mmhos/cm} = 469\,\mu\text{mhos/cm}$$

따라서 그림 2-16에 의하여 나트륨해는 낮고 염해는 중간이다.

연 습 문 제

※ 다음을 간략히 설명하시오.

1. 토양의 물리성에는 어떤 항목들이 있는지 들고, 각각에 대하여 설명하여라.
2. 어떤 밭토양의 입도분석 결과 자갈 12%, 모래 23%, 실트 56%, 점토 9%인 경우, 이 토양의 토성은 무엇인가?
3. 토양 산성화의 원인과 산성토양의 개량방법에 대하여 설명하여라.
4. 토양 함수량 표시방법에 대하여 설명하여라.
5. 토양 함수량 측정방법에 대하여 설명하여라.
6. 텐시오미터의 부압계 눈금이 55 centibar라고 하면, 부압계 아래 0.35 m에 있는 porous cup 위치의 토양공극 압력은 수두로 얼마인가?
7. 토양수분을 분류하여라.
8. 토양의 공극률이 48%이고 함수량이 32%인 경우에 포화도는 얼마인가?
9. 토양시료의 겉보기 비중이 1.4이고 토양입자의 비중이 2.7일 때, 토양시료의 공극률과 부피단위의 함수량을 구하여라. 단, 포화도는 60%이다.
10. 지표면에서 깊이 0.2 m인 점 A와 깊이 0.4 m인 점 B에서의 공극부압이 각각 3500 kg/m^{2}와 2500 kg/m^{2}일 때 두 점 사이의 수리경사와 토양수의 흐름방향을 구하여라.
11. 작물과 물의 관계에 대하여 설명하여라.
12. 논 안에서의 온수대책에 대하여 설명하여라.
13. 농업과 수질오염에 대한 관계는 어떻게 설명할 수 있는가?
14. 어떤 관개용수의 수질분석 결과 K^+, Na^+, Ca^{++}, Mg^{++}, 염분의 농도가 각각 40, 400, 100, 15, 500 mg/L인 경우 수질을 분류하여라.

참고문헌

(1) 김시원 외, 신고 농업수리학, 향문사, p.363, 1984.
(2) 이은웅 외, 수도작, 향문사, p.353, 1996.
(3) 조제영 외, 신고 재배학 원론, 향문사, p.351, 1994.
(4) 정상옥, 토양 속의 물과 열의 흐름에 대한 모델링, 한국농공학회지 29(3), pp.96～105, 1987.
(5) 정상옥, 밭관개 방법 소개, 농공기술 통권 제48호, 농어촌진흥공사, pp.73～85, 1995.
(6) 정상옥, 운문댐 하류 냉해방지 대책 용역보고서, 한국수자원공사, p.208, 1997.
(7) 한국농공학회, 농업토목핸드북, p.1964, 1993.
(8) 山利保輔 外, 新編灌漑排水(上下卷), 株式會社 養現堂(日本), 1986.
(9) Gardiner, D. T. & Miller, R. W., *Soils in Our Environment*, Prentice Hall, 2004.
(10) Hagen, R. M. & Haise, H. R. & Edminster, T. W., *Irrigation of Agricultural Lands, Agronomy* No.11, *American Society of Agronomy*, Madison, WI. p.1180, 1967.
(11) Hank J. & Richie, J. P.(Eds.), *Modeling Plant and Soil System, Agronomy* No.31, *American Society of Agronomy*, Madison, WI., p.545, 1991.
(12) Hansen, V. E. & Israelsen, O. W. & Stringham, G. E., *Irrigation Principles and Practices*, 4th Edition, John Wiley & Sons, New York, 1979.
(13) Hillel, D., *Fundamentals of Soil Physic*, Academic Press, New York, 1980.
(14) Hillel, D., *Applications of Soil Physic*, Academic Press, New York, 1980.
(15) James, L. G., *Principles of Farm Irrigation System Design*, John Wiley & Sons, New York, 1988.
(16) Jensen, M. E., Burman R. D. & Allen, R. G., *Evapotranspiration and Irrigation Water Requirement, ASCE Manuals and Reports on Engineering Practice* No. 70. ASCE, New York, 1990.
(17) Van Wijk, W. R.(Ed.), *Physics of Plant Environment*, North holland Publishing Co, Amsterdam, p.382, 1966.

제 3 장

농지관개

3.1 관개의 개요

3.1.1 관개의 정의

관개의 정의는 고전적으로는 "작물을 재배하는 데 있어서 작물의 생육에 필요한 물의 일부 또는 전부를 농지에 인위적으로 공급하는 것"으로 되어 왔다. 관개(灌漑)의 '灌'은 물을 인위적으로 공급하는 것이고 '漑'는 물을 점으로부터 면으로 인위적으로 넓히는 것을 의미한다. 그러나 근년 농업, 농촌에 있어서의 물이용의 형태는 단지 경지에서의 작물재배에 그치지 않고 시설원예 용수, 축산 용수, 수질개선 용수 및 농촌환경보전 용수 등으로 점점 다양화하는 경향이 있다. 따라서 앞으로의 관개는 '작물재배 등의 농업생산 및 농촌환경에 직접 혹은 간접적으로 필요한 물을 수원으로부터 포장까지 취수, 송수 및 배분하는 것'으로 정의하는 것이 바람직하다. 관개는 크게 논관개와 밭관개로 나눌 수 있다.

3.1.2 관개의 목적

관개의 목적은 작물생육에 필요한 물을 인위적으로 공급하여 수분환경을 조절하고 관개시설의 다목적 이용에 의하여 물 이용의 고도화를 도모함으로써 계획지역의 토지 생산성 및 노동 생산성을 높이는 데 있다.

[1] 논관개의 목적

(1) 논벼(水稻)생육에 필요한 수분공급

논벼의 근군역(根群域, root zone)에 수분을 충분히 공급하는 것이다.

(2) 잡초의 억제 및 충해의 방제

일반의 잡초의 발아 및 생육은 담수에 의하여 현저하게 억제된다. 또한 들쥐나 두더지 등의 피해도 담수에 의해 방지할 수 있다.

(3) 연작(連作)장애의 회피

밭작물은 정도의 차가 있지만 동일 장소에서 동일 작물을 수년동안 연속하여 재배하면 생육불량이 되어 수량이 감소하는 연작장애가 발생한다. 담수재배에서는 유해물질이 유실되므로 수십 년, 수백 년을 연작하여도 연작장애는 발생하지 않는다.

(4) 온도조절

물은 높은 비열을 갖기 때문에 공기와 비교하여 냉각하기가 어렵다. 이 때문에 냉한지에서 기온이 저하하는 야간에 심수(深水)로 담수하여 논벼에 있어 보온의 효과를 올릴 수 있다.

(5) 지력의 소모 억제와 비료분의 공급

담수하에서는 유기물의 분해가 억제되므로 지력유지에 효과가 있다. 또한 용수를 통하여 비료 성분이 공급된다.

[2] 밭관개의 목적

밭작물에 필요한 토양수분은 강우에 의하여 공급되지만 강우의 여름철의 편중에 의하여 자연의 강우로만은 항상 밭작물의 수분요구량을 만족할 수 없다. 밭관개의 주목적은 강우만으로는 부족한 토양수분량을 보급(補給)하는 것이다. 밭관개는 토양수분의 보급 외에 다음과 같은 다목적으로도 이루어진다. ⅰ) 파종, 정식(定植), 경기(耕起), 정지(整地) 등의 재배관리의 합리화, ⅱ) 풍식 방지, 조풍해(潮風害) 방지, 동상해(凍霜害) 방지 등의 기상재해의 방지, ⅲ) 병충해 방제, 시비(施肥)등의 영농작업의 생력화(省力化) 등이 있다.

3.1.3 논관개와 밭관개

논농업은 우리의 자연환경에 적합한 형태이므로 옛날부터 토지조건이 양호한 곳은 논으로 개발되었다. 논농업은 우리나라의 풍토, 즉 물순환 및 사회제도와 깊은 관련이 있다. 밭농업은 수리조건이나 토지조건이 좋지 않은 곳에서 논농업을 보완하는 것으로 생각해 왔으나 최근에는 채소, 화훼, 과수 등으로 고수입을 기대할 수가 있어 점점 중요시되고 있다.

[1] 논과 밭의 차이

(1) 농지구조

농지에는 논과 밭이라고 하는 성격이 아주 다른 것이 있다. 논은 담수하여 논벼를 기르는 농지이다. 따라서 지표면은 평평하고 주위는 논둑으로 둘러싸이고 또한 아래로 물이 쉽게 침투하지 못하는 불투수성 토층인 경반(耕盤)이 존재한다. 토양은 담수하고 있으므로 포화되어 있다. 강우만으로는 용수의 공급이 불충분하기 때문에 물을 공급해 주는 수로인 용수로가 필요하고 여분의 물을 배제하기 위한 배수로가 인접해 있어야 한다(그림 3-1).

밭은 담수하지 않고 작물을 재배하는 곳으로서 보통밭, 과수원 및 초지 등이 있다. 밭은 지표면은 경사지고 다소의 기복이 있어도 상관이 없다. 따라서 밭은 일반적으로 논에 비하여 매우 간단한 농지구조로 되어 있다.

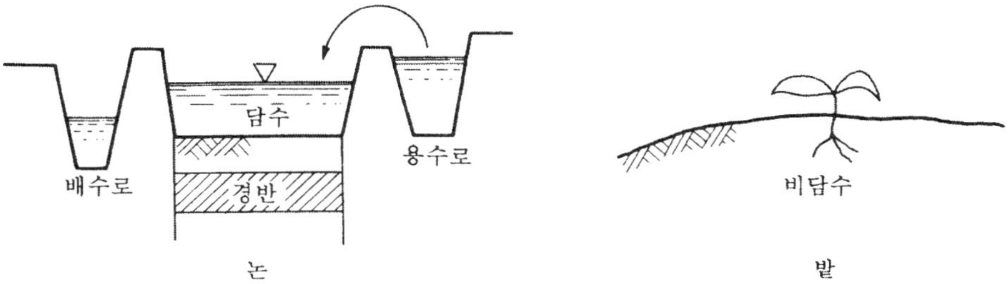

그림 3-1 논과 밭의 농지구조

(2) 논작물과 밭작물

담수를 필요로 논에서 재배되는 작물에는 논벼, 연근, 미나리 등이 있지만 보통 논작물은 논벼를 의미한다. 밭작물은 논작물보다는 여러 종류이며 지방에 따라 그 종류를 달리 한다. 보통밭에서는 보통작물(곡류, 감자류), 채소, 화훼, 사료작물 등이, 과수원에서는 과수가, 목초지에서는 목초가 재배되고 있다.

(3) 토양의 구조

논벼는 물과 공기가 보장되어 있기 때문에 양분이 충분하면 토양의 구조는 별로 문제가 되지 않는다. 논토양은 그림 3-2와 같이 토양입자가 결합되어 있

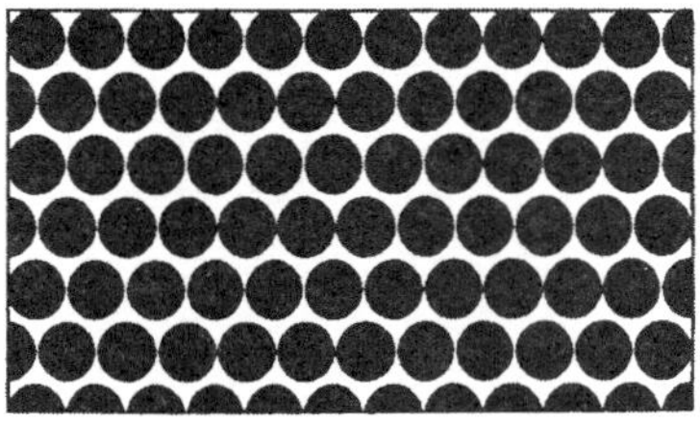

(a) 단립구조

(b) 입단구조

그림 3-2 토양의 구조

지 않고 각각 떨어져 있는 단립(單粒)구조로 되어 있다. 밭은 물, 공기 및 양분이 동시에 공급되지 않으면 안되므로 통기성(通氣性)이 좋고, 보수성(保水性)이 좋아야 한다. 따라서 밭토양은 입단(粒團, aggregate)에 가까운 구조를 갖는 것이 좋다. 입단은 산림토양이나 비옥한 밭토양의 표층에 존재하는 미사(微砂, silt)나 점토입자가 결합한 모래입자 크기의 암색의 덩어리를 달하는데, 이것은 물이 침투하여도 파괴되지 않으며 보수성과 투수성의 성질을 동시에 만족하는 토양을 형성한다.

논토층은 지표면으로부터 작토층, 경반(耕盤) 및 하층토(심토층)로 구성된다(그림 3-3). 작토층 중에서 최상층(수 mm~2 cm 정도)은 담수 당초에는 환원적이지만 담수 후 1개월 정도 지나면 산화하여 적갈색을 띠며 산화층으로 된다. 그 이하의 작토층은 미생물이 유기물을 분해하여 논벼에 무기양분을 공급하는 동시에 자기 호흡에 필요한 산소를 소모하기 때문에 토양은 산소가 결

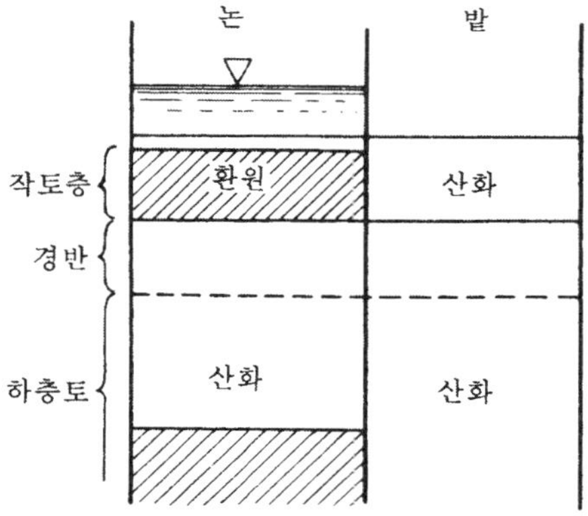

그림 3-3 논토양과 밭토양

핍된 환원상태에 있다. 작토층 아래의 경반이나 하층토는 미생물의 번식이나 활동이 약하므로 산소의 소비가 적어 보통 산화상태에 있다. 논에서 지하수에 잠겨져 있는 토층은 거의 공기를 포함하고 있지 않고 산소가 결핍되어 있어 환원상태에 놓여 있다. 이 토층은 글레이(gley)층이라고 하며 토양은 청색 또는 청회색으로 되어 있다. 이에 반하여 밭토양은 전토층에 걸쳐 산화상태에 있으므로 황갈색 또는 적색을 띤다.

(4) 지속가능성

공급할 수 있는 물이 없으면 논은 성립하지 않는다. 논토양은 담수하기 때문에 환원상태로 되어 유기물의 분해속도가 느리고 유기물이 축적되기 쉽다. 환원에 의하여 토양의 pH가 상승하고 밭상태로는 불용성으로서 작물에 흡수되지 않았던 인산이나 철 등이 용출(溶出)되어 논벼에 흡수된다. 또한 경반의 존재에 의해 아래쪽으로의 물의 이동속도가 매우 늦어(평균 1~2 cm/d) 비료나 농약이 지하수에 유입할 가능성이 매우 적다. 또한 과잉의 질소는 환원상태에서만 움직이는 탈질(脫窒)균에 의하여 질소가스(N_2)나 아산화질소(N_2O)로서 공기 중으로 방출되는 데, N_2O는 지구온난화에 크게 영향을 미치는 가스로 알려져 있다.

밭토양은 벌레구멍이나 균열 등의 대공극(大孔隙, macropore)이 존재하므로 강우가 있으면 표층 부근의 화학비료나 농약은 빠른 속도로 하강하는 물에 섞여 지하수에 도달될 수 있다. 지속가능한 농업을 경영하는 데는 논이 밭보다 적합하다고 할 수 있다. 이런 논토양과 밭토양의 차이를 요약하면 표 **3-1**과 같다.

[2] 논관개와 밭관개의 차이

논관개와 밭관개는 다음과 같은 차이점을 가지고 있다.

(1) 논관개가 순환계(흐름형)인 것에 대하여 밭관개는 저류계(토양 내 저류형)이다. 논은 유역 내의 물을 용수로를 통하여 공급하고 과잉수를 배수로로 배수하므로 물의 흐름 속에 존재한다고 할 수 있다. 논에서 관개된 물은 증발산량 외에 상당량이 지표 혹은 심층으로 배수되나, 밭에서는 관개된 물은 대부분 증발산한다. 이러한 침투량 때문에 논의 용수량은 밭의 용수량에 비하여 훨씬 많다.

(2) 논관개의 대상작물은 거의 논벼에 한정되고 이용이 특정기간(5~9월까지)에 집중하는 데 반하여, 밭관개에서는 대상작물이 다양하고 연중에 걸쳐

표 3-1 논토양과 밭토양의 차이

구 분	논토양	밭토양
지형	저평지(低平地)	경사지
투수성	작음	큼
지하수위	높음	낮음
배수성	불량	낮다
양분의 유입	관개수에 의하여 공급	침식, 용탈에 의하여 소모
질소(N)의 유효화	큼	작음
인산(P_2O_5)의 유효화	큼	작음
산소	약간 있거나 없음	많음
pH	높음	낮음
작토의 토양구조	단립(單粒)	입단(粒團)
환원성 유해물	많음	적음
환경에의 부하	매우 작음	큼
홍수조절기능	많음	작음
지속가능성	상당히 용이	상당히 곤란

있다. 따라서 논에서는 시설의 이용기회가 적고 포장의 고도이용에 의하여 시설의 생산성을 높이려고 하며 밭에서는 시설의 고도이용(다목적 이용)에 의하여 농지의 생산성을 높이려고 한다.

(3) 논관개의 경우, 광역(廣域)지구에서는 용수의 반복이용이 크기 때문에 광역지구에서의 용수량은 단위논(筆地)에서의 용수량의 합보다 작은 데 반하여 밭관개의 경우, 용수의 반복이용이 거의 없기 때문에 광역지구의 용수량은 단위밭에서의 용수량의 합과 거의 같다.

3.2 관개용수의 소비기구

3.2.1 필요수량

소비수량(consumptive use)은 작물의 생장에 필요한 수량으로 〔증발산량〕+〔작물생체수량〕을 말하나, 후자는 거의 무시할 수 있는 수량이므로 일반적으로 증발산량과 같게 취급한다.

필요수량은 작물의 정상적인 생육하에서 논과 밭의 토층에서 소비되는 수량을 말한다. 논관개에서의 필요수량은 감수심(減水深)을 말하며 그림 3-4와

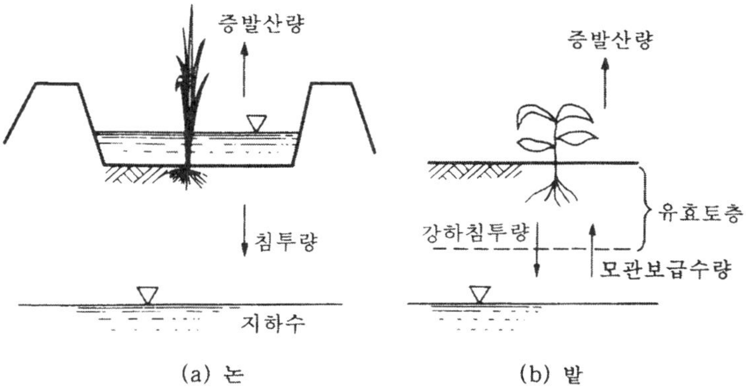

그림 3-4 논과 밭에서의 필요수량

같이 〔증발산량〕 + 〔침투량〕으로 구성된다. 한편 밭관개에서의 필요수량은 유효토층(맑은 날이 계속되어도 수분이 감소하지 않는 깊이까지의 토층으로 40~100 cm 정도) 내에서 소비되는 수분량을 말한다. 지하수가 낮은 곳에서는 필요수량은 〔증발산량〕과 같은 값을 가지나, 지하수위가 높은 곳에서는 증발산량 중 일부분은 지하수의 상승에 의하여 보급되므로 〔증발산량〕-〔모관보급수량〕의 형태로 된다. 일반적으로 필요수량은 논관개에서는 20~25 mm/d이고 밭관개에서는 노지(露地)에서 3~5 mm/d, 시설원예에서 10 mm/d가 보통이다.

3. 2. 2 증발산량

[1] 증발산량의 개요

증발산량(蒸發散量, evapotranspiration : *ET*)은 증발산을 일으키는 기상상태와 물을 소비하는 작물과 포장상태에 따라 결정된다.

논에서의 증발산량은 단위 구획의 논에서 순수히 소비되는 기본적인 양으로 식물체가 체표면으로부터 방출하는 수분량인 증산량과 경지 (혹은 담수)면으로부터 증발하는 수분량인 증발량으로 구성된다. 증발산량은 벼가 성장함에 따라 점점 증가하여 생육단계가 다르더라도 7월 하순~8월 상순에 최대값을 보이고 생육단계의 차이보다는 기상조건에 의해 크게 영향을 받는다. 관개기간의 총증발산량은 관개기간을 100일로 한 경우 440~550 mm 정도이며 1일 평균량은 4~5 mm, 1일 최대량은 8.5 mm이다.

밭에서의 증발산량은 작물에 의한 증산량과 토양면으로부터의 증발량으로 구성된다. 밭에서는 개략적으로 논에서의 증발산량보다 작은데 과수와 채소의 평균값은 3~4 mm/d이다. 작물의 종류나 생육단계, 기상조건, 토양조건, 피복상태, 지하수위 등의 영향으로 복잡한 변화를 나타낸다.

잠재 증발산량(潛在蒸發散量, potential evapotranspiration : *PET*)은 증발산위(蒸發散位)라고도 하며, 초장(草丈)이 짧은 식물로 완전히 덮은 지표면에 물의 공급이 충분한 경우에 손실되는 증발산량을 말한다. 따라서 잠재 증발산량은 주어진 기상, 지형의 조건 하에서의 증발산량의 최대값를 의미한다. 또한 기준작물증발산량(reference evapotranspiration : *ETr*)은 충분한 물의 공급이 있을 경우에 기준작물(알팔파나 잔디)에 의하여 손실되는 증발산량을 말하며, 일반적으로 잠재 증발산량을 대신하여 사용된다.

작물의 실제증발산량(*ET*)과 잠재 증발산량(*PET*) 및 기준작물증발산량(*ETr*) 사이에는 다음과 같은 관계가 있다.

$$ET = K_c \times (PET \text{ or } ET_r) \qquad (3 \cdot 1)$$

여기서 K_c는 주어진 작물의 작물계수(crop coefficient)라고 하며, 잠재 증발산량에 대한 실제증발산량의 비를 나타낸다. 작물계수는 작물의 생장단계에 따라 변하여 초기에는 작으나 중기에 증가했다가 말기에 감소하는 경향이 있다. 또한 작물계수는 일반적으로 기온이 높거나 건조하고 바람이 있는 기후에서는 높고, 기온이 낮거나 습윤한 기후에서는 낮다.

[2] 증발산량의 산정

증발산량을 산정하는 방법에는 라이시미터법(lysimeter method), 증발계법, 기상자료를 이용하는 Blaney-Criddle법, 수정 Penman법, Penman-Monteith법 등이 있다.

(1) 라이시미터법

라이시미터법은 많은 종류가 있는데, 증발산량 측정법으로서는 정확도가 높은 방법이다. 측정 지역 내에 토양 탱크를 매설하고, 작물을 심어 탱크 내의 물수지를 측정함으로써 직접 증발산량을 측정하는 방법이다. 탱크는 작물의 크기나 식재 방법에 맞는 면적이나 형태를 갖는 것을 선택한다. 또한 작물의 생육이 가능한 주위와 같게 토양의 수분관리를 할 필요가 있다. 여기에는 그림 **3-5**와 같은 부유(floating)식과 저울(weighing)식이 있다.

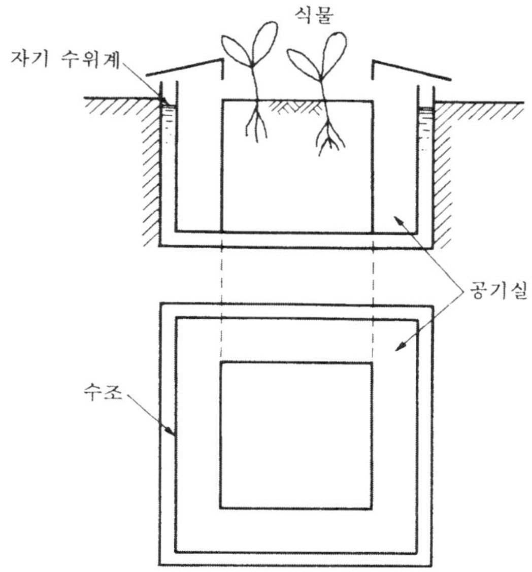

그림 3-5 부유식 라이시미터

(2) 증발계법(증발산비법)

이 방법은 잠재 증발산량이 증발계 증발량에 비례한다는 사실에 근거하여 증발산비(蒸發散比, pan coefficient)를 이용하여 증발산량을 산정하는 방법이다.

$$PET = K_p E_p \tag{3・2}$$

여기서 PET : 잠재 증발산량(mm/d), K_p : 증발산비(팬계수), E_p : 증발계 증발량(mm/d)이다.

증발계로서는 소형증발계(지름 20 cm, 깊이 10 cm)와 대형증발계(지름 121 cm, 깊이 25 cm)가 이용된다(그림 3-6). 조사지역의 증발계증발량의 자료가 입수되면 이것에 증발산비를 곱해서 기준 증발산량을 구할 수 있다.

(3) Blaney-Criddle법

이 방법은 기온, 주간시간(daytime hour) 및 작물계수로부터 잠재 증발산량을 산정하는 것으로 다음과 같이 표현된다.

$$PET = kp(0.46t + 8.13) \tag{3・3}$$

여기서 PET : 잠재 증발산량(mm/d), k : 작물계수, p : 연 주간시간에 대한 월 주간시간의 백분율(%), t : 생육기별 평균기온(℃).

그림 3-6 대형증발계(Class A Pan)

이 방법은 기온 기상자료밖에 얻어질 수 없는 경우에 사용된다.

(4) 수정 Penman법

Penman법은 Penman이 열수지법과 공기역학적 방법인 Dalton법을 조합하여 제시한 것으로 습윤지대에서 기온, 습도, 일조시간, 증기압 및 풍속 등의 기상요소를 데이터로 이용하여 잠재 증발산량을 구하는 데 적합하다. Penman식은 일평균 기상 데이터를 사용하는 것이지만, 주간과 야간의 기상상태가 매우 다른 지역에서는 그 차를 계산상 고려할 필요가 있다. FAO의 보고서에서는 주간과 야간의 기상상태의 차이를 고려한 조정계수를 도입한 수정Penman식이 이용되고 있다.

$$\begin{aligned} PET &= c\left[\frac{\Delta}{\Delta+\gamma}R_n+\frac{\gamma}{\Delta+\gamma}f(u_2)(e_{sa}-e_a)\right] \\ R_n &= R_{ns}-R_{nl} \qquad (3\cdot4) \\ f(u_2) &= 0.27\left(1+\frac{u_2}{100}\right) \end{aligned}$$

여기서 PET : 잠재 증발산량(mm/d), c : 조정계수, $\triangle$: 온도~포화 증기압곡선의 기울기(mb/℃), γ : 건습계정수(기온 15 ℃에서 0.66 mb/℃), R_n : 순복사량(mm/d), $f(u_2)$: 풍속에 관계하는 함수, e_{sa} : 포화 수증기압(mb), e_a : 공기 중의 수증기압(mb), R_{ns} : 순단파 복사량(mm/d), R_{nl} : 순장파 복사량(mm/d), u_2 : 지상 2 m에서의 일평균풍속(km/d)이다.

여러 가지 작물에 대한 실제 증발산량은 식 (3・4)에서 얻은 잠재 증발산량

표 3-2 수정 Penman법의 작물계수

시기	4월	5월			6월			7월			8월			9월
	하	상	중	하	상	중	하	상	중	하	상	중	하	상
작물계수	0.56	0.56	0.56	0.75	0.95	1.06	1.09	1.17	1.39	1.53	1.58	1.47	1.42	1.32

에 작물계수를 곱하여 얻는다. 우리나라에서 벼의 생육기별 수정 Penman의 작물계수는 표 3-2와 같다.

(5) Penman-Monteith법

Penman-Monteith 식은 Penman 식에 공기역학적 저항(aerodynamic resistance)과 기공저항(氣孔抵抗, stomatal resistance) 혹은 군락저항(群落抵抗, canopy resistance)의 개념을 도입한 것으로 Penman 식과는 달리 다양한 식생 및 수분이 적은 곳에서도 적용할 수 있다. UN 국제식량농업기구(FAO)는 기존에 사용되던 20여 개의 증발산량 공식을 검증한 후, 가장 합리적이고 세계적으로 사용할 수 있는 공식으로 식 (3·5)과 같은 FAO Penman-Monteith 식을 제시하였다.

$$PET = \frac{0.408\Delta(R_n - G) + \dfrac{890\gamma U_2(e_a - e_d)}{T+273}}{\Delta + \gamma(1+0.339U_2)} \qquad (3 \cdot 5)$$

여기서 PET : 잠재 증발산량(mm/d), △ : 포화 수증기압곡선 경사(kPa/℃), R_n : 순복사량(MJ/m^2/d), U_2 : 2 m 높이에서의 풍속(m/sec), γ : 건습계상수(kPa/℃), G : 토양열 유속밀도(soil heat flux density, MJ/m^2/d), e_a : 포화 증기압(kPa), e_d : 실제증기압(kPa), $e_a - e_d$: 포화 증기압 결손량(kPa), T : 2 m 높이에서의 일평균기온(℃)이다.

작물계수 K_c는 대부분 작물의 종류 및 생육단계에 따라 다르고, 같은 작물의 경우에는 일반적으로 기후조건이나 위치에 대해서는 같다. K_c는 기준작물 알팔파에 대하여 일반적으로 0.2~1.2의 범위를 나타낸다. 그림 3-7은 성장단계에 따른 작물계수를 나타낸 것으로 표 3-3은 각 생육단계를 설명한 것이다. 표 3-4는 Penman-Monteith 식을 이용하는 경우, 알팔파에 대한 K_c를 나타내는데, 이 값은 물 공급이 충분한 조건 하에서 주로 미국 캘리포니아주에서 재배된 작물로부터 얻은 것이다.

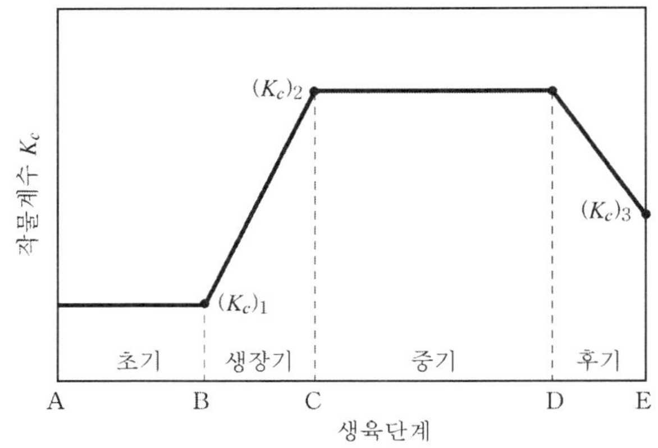

그림 3-7 생육단계에 따른 작물계수

표 3-3 생육단계별 작물계수의 개요

K_c값	생육단계	개 요
$(K_c)_1$	초기 (A−B)	평균값은 식재기로부터 10% 지표피복까지
$(K_c)_1$에서 $(K_c)_2$까지	생장기 (B−C)	10% 지표피복으로부터 70% 지표피복 혹은 최대의 물이용시까지. 과수의 경우에는 잎이 나오기 시작할 때부터 완전히 덮을 때까지
$(K_c)_2$	중기 (C−D)	성장기 끝으로부터 작물노화로 인해 물이용이 줄어들 때까지
$(K_c)_2$에서 $(K_c)_3$까지	후기 (D−E)	K_c가 줄어들기 시작하여 수확기 혹은 물이용이 중지될 때까지
$(K_c)_3$	수확기 (E)	수확기 혹은 물이용이 중지될 때의 평균값

표 3-4 Penman-Monteith 식에서의 작물계수

작물의 종류	$(K_c)_1$	$(K_c)_2$	$(K_c)_3$
알팔파	0.40~0.50	1.00~1.40	0.95~1.35
보 리	0.25~0.30	1.00~1.00	0.10~0.20
당 근	0.45~0.50	1.05	0.75
양배추	0.30~0.50	0.95~1.10	0.80~0.95
벼	1.10~1.15	1.10~1.30	0.20~0.25
밀	0.20~0.40	1.05~1.25	0.20~0.30

3. 2. 3 침투량

침투량은 증발산량과 함께 논에서의 필요수량의 기본적인 구성요소이다. 침투량은 증발산량과는 달리 토양의 조건 및 지하수위의 수리조건에 의해 크게 다르게 되어 용수 계획상 확정곤란한 수량이다. 논의 경우에 있어서 침투는 횡침투와 강하침투로 구성된다. 횡침투는 논두렁을 통하여 침투하는 논두렁침투와 수직으로 침투한 후 인접한 배수로로 다시 유출하는 것을 합한 것으로서 하류에서 반복이용된다. 강하침투는 논토양의 심층을 통하여 수직으로 침투하는 것을 말하며 지하수로 된다. 한편, 밭의 경우에 있어서 침투량은 고려대상이 되지 않는다.

[1] 강하침투

강하침투는 토층의 투수성 및 지하수위의 조건에 따라 좌우된다. 선상지나 높은 지대의 논은 지하수위가 낮고 토양의 투수계수가 크기 때문에 침투량이 크게 되기가 쉽다. 강하침투는 같은 논에서라도 장소에 따라 다른데, 우리나라에서는 1~3 mm/d의 값을 나타내는 경우가 많다.

(1) 폐쇄침투와 개방침투

논토양은 일반적으로 작토층, 경반 및 하층토라고 하는 투수계수가 다른 토층으로 구성된다. 이와 같이 투수계수가 서로 다른 토양으로 구성된 토층을 성층토층(成層土層)이라고 하며 특수한 침투상황을 나타낸다. 이와 같은 침투상황은 폐쇄침투와 개방침투로 나누어진다.

폐쇄침투는 Darcy의 법칙과 물의 연속조건이 단순히 적용될 수 있는 침투이다. 이에 반하여 개방침투는 상층과 비교하여 하층의 투수계수가 크고 지하수위가 낮은 경우에 발견된다. 상층에 투수계수가 작은 토층이 존재하면 침투량은 이 토층에 의해 규제되어 하층에는 부압(負壓 : 대기압보다 작은 압력)이 발생한다. 이 부압이 어느 한계를 넘으면 부압이 일정한 상태에서 강하침투가 발생한다. 이와 같은 상태의 침투를 개방침투라고 하며 개방침투가 발생하는 부압을 한계부압이라고 한다(그림 3-8).

개방침투에서는 압력수두가 일정하므로 개방침투는 식 (2·11)에서의 수리기울기가 1인 흐름이라고 생각해도 좋다. 토층 중에 개방침투가 발생하면 그 이하의 압력수두의 분포(지하수위)가 변하여도 침투속도는 변하지 않는다. 개방침투가 발생하고 있는 층의 침투속도는 투수계수($v=K$)와 같다. 개방침투

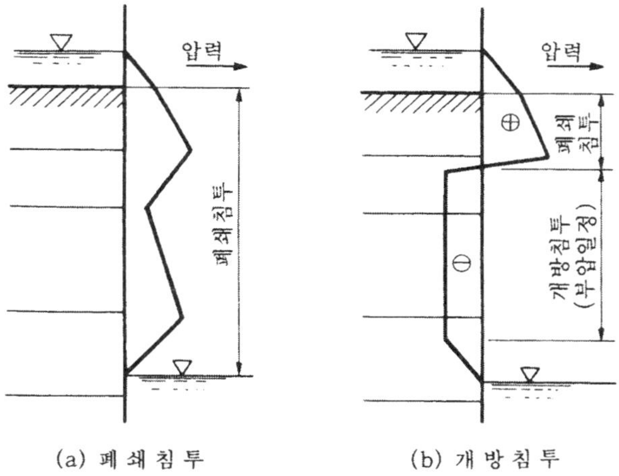

그림 3-8 폐쇄침투와 개방침투

에서는 하층의 아래에 있는 지하수위가 변해도 침투량이 영향을 받지 않는 데 대하여 폐쇄침투에서는 지하수위의 변화의 영향을 받는다.

(2) 적정침투량

침투에 의해 물이 이동하면 물에 포함된 각종 양분, 산소가 공급되어 토양중에 각종의 반응이 일어난다. 그러므로 논벼의 생육상 가장 좋은 침투가 존재하는데 이것을 적정침투(適正浸透)라고 하며, 이 때의 침투량을 적정침투량이라고 한다. 일본에서 최고 수확량은 침투량이 15~25 mm/d인 경우 나타나는 것으로 보고되고 있으나, 우리나라 논토양의 강하침투량은 일반적으로 일본에 비하여 상당히 적으므로 적정침투량에 대해서는 재검토가 필요하다.

침투량에 의하여 벼의 수확량에 영향을 받는 원인은 침투수에 의하여 작토층에 생성된 암모니아양과 그 농도, 침투에 의한 산소의 공급과 이것에 동반한 3가철(Fe^{+3}) 및 그 외 성분의 유실, 토양중에 생성된 유해물질, 가스 등의 침투수에 의한 희석, 침투에 의한 지온 등의 제요인의 변화 등을 생각할 수 있다. 그러므로 각 요인들은 상호 복잡하게 작용하여 벼의 생육에 영향을 미친다.

[2] 횡침투

횡침투에는 ① 상류논으로부터 들어오는 것, ② 하류논으로 나가는 것, ③ 용수로로부터 들어오는 것, ④ 배수로로 나가는 것이 있다. 넓은 지역에서는 ①과 ②는 크기가 서로 같아 용수 계획상 큰 문제는 되지 않는다. 근년에는

용수로가 라이닝되는 경우가 많으므로 ③은 소량이다. 문제가 되는 것은 ④의 배수로로 나가는 것이다

횡침투량은 장소에 의해 다르기 때문에 일률적으로 말할 수 없지만 일반적으로 단위면적당에 있어 강하침투량보다 큰 것이 일반적이다. 횡침투량은 크기 때문에 논두렁바르기 및 비닐시트를 사용하여 이를 방지하고 있다. 특히 건조에 의한 균열이나 소동물의 구멍과 같은 대공극이 발달된 경우에는 극단적으로 침투가 크게 되기 때문에 주의가 필요하다.

3.2.4 유효우량

유효우량은 포장에서 필요한 수량 중에서 강우로부터 직접 공급되고 이용되는 수량을 말한다. 유효우량은 강우량에 상한값과 하한값을 설정하고 그 강우량에 일정비율을 곱하여 얻는다.

논관개의 경우에는 일우량의 상한을 80 mm, 하한을 5 mm로 하여 그 80%를 유효우량으로 산정한다. 따라서 유효우량은 일우량이 5 mm 이하인 경우에는 0으로 하고, 일우량이 5 mm로부터 80 mm까지는 일우량의 80%, 일우량이 80 mm를 넘는 경우에는 64 mm(80 mm의 80%)로 한다. 연속강우인 경우, 2일째 이후에는 전일의 유효우량으로부터 일감수심을 뺀 양이 다음날 반복이용되는 것으로 하여 여기에 당일의 유효우량을 더한 값을 상한으로 한다.

밭관개의 경우에는 하한값을 5 mm로 하고 이 값 이상은 강우(R)의 80%를 유효우량으로 한다. 유효우량의 상한값(R_0)은 TRAM(總容易有效水分量, total readily available moisture)으로부터 강우 직전 토양의 잔존 수분량을 뺀 값으로 최대값은 TRAM이나 관개 직후 강우가 있는 경우에는 토양수분이 포장

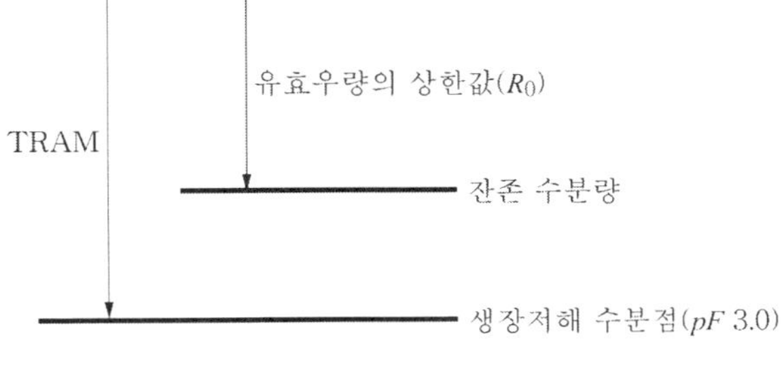

그림 3-9 밭관개에서의 TRAM 및 유효우량의 상한값의 개념

용수량 상태이므로 유효우량은 거의 0에 가깝다. 유효우량은 상기의 두 값, 즉 $0.8R$과 R_o을 비교하여 작은 값을 채택한다(그림 3-9). TRAM에 대해서는 3.4.3에서 상세히 언급하기로 한다.

예제 3-1 TRAM이 30 mm이고 강우 직전 토양의 수분량이 15 mm인 밭토양에 20 mm의 강우가 있었다. 이 때의 유효우량은 얼마인가?

풀이 R_o = TRAM − 강우 직전의 잔존수분량 = 30 − 15 = 15 mm

$0.8R = 0.8 \times 20 = 16$ mm

$R_o < 0.8R$이므로 유효강우는 15 mm이다.

이상의 논관개와 밭관개에 있어서의 필요수량, 증발산량 및 유효우량을 비교・요약하면 표 3-5와 같다.

표 3-5 논관개와 밭관개에서의 증발산량, 필요수량 및 유효우량의 비교

	논관개	밭관개
증발산량	증산량 + 수면증발량	증산량 + 토양증발량
필요수량	감수심 = 증발산량 + 침투량	증발산량 − 모관보급수량
유효우량	① 0, $R < 5$ mm ② $0.8R$, $5 < R < 80$ mm ③ 64 mm, $R \geq 80$ mm	① 0, $R < 5$ mm ② $0.8R$, $R_o \geq 0.8R$, R_o = (TRAM − 강우 직전 토양의 잔존 수분량) ③ R_o, $R_o < 0.8R$

주) R : 강우량, R_0 : 유효우량

3.3 논용수량

논용수량(paddy irrigation requirement)은 논벼를 재배하는 데에 필요한 수량을 말하며 논관개에 있어서 수요량을 추정하는 데 사용된다.

3.3.1 작물생육과 용수량

벼재배의 방법에는 이앙재배와 직파재배가 있다. 이앙재배는 못자리에서 육묘(育苗)한 모를 본답에 이앙하는 방식을 말한다. 직파재배는 육묘를 별도로 하지

않고 본답에 직접 파종하는 것을 말하는데, 써린 논에 파종하는 담수직파(湛水直播)와 기계를 이용하여 건답에 파종하는 건답직파(乾畓直播)로 구분된다.

[1] 이앙재배

단위논에 물을 대고 빼는 물관리의 방법은 지방, 기후, 재배품종 및 시비기준 등에 따라 다른데, 그림 3-10과 같은 생육기에 따라 여러 가지 형태가 있다.

① 써레질은 육묘의 삽입 및 활착을 용이하게 하고 논의 침투를 억제하기 위한 작업이다. 일시적으로 다량의 물이 필요하게 되므로 용수 계획상 매우 중요하다. 일반적으로 이앙 후 활착기까지는 심수(深水, 7~10 cm)로 담수한다.

② 분얼기에는 천수(淺水, 1~3 cm)로 하는데 논바닥이 노출되지 않을 정도로 담수한다.

③ 최고 분얼기로부터 유수형성기까지는 약 7일간 중간낙수(中間落水)를 실시하여 논바닥에 실금이 생기도록 한다. 중간낙수는 비담수 상태로 토양을 건조시켜 뿌리에 충분한 산소를 공급하여 무효분얼을 억제시켜 충실한 이삭을 확보하도록 하는 것이다.

④ 수잉기로부터 출수기까지는 생리적으로 물을 가장 필요로 하는 시기로써 심수로 담수한다.

⑤ 유숙기로부터 황숙기까지는 담수와 비담수를 반복하는 간단관개(間斷灌漑)를 실시한다.

⑥ 낙수는 황숙기(출수 35일 경과 후)에 실시한다.

이앙으로부터 낙수까지의 기간은 100~110일 정도이다.

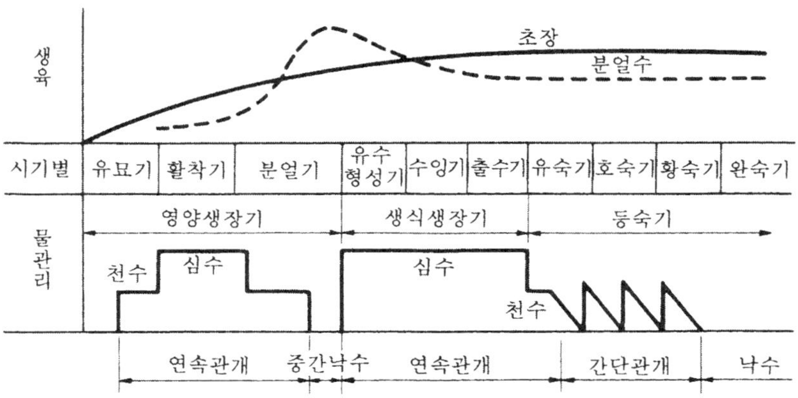

그림 3-10 이앙재배에서 생육기별 물관리

[2] 직파재배

건답직파는 일반 밭작물처럼 볍씨를 파종하고 3~4엽기에 달했을 때 처음으로 담수를 실시하는데, 이 때 많은 물이 필요하다. 그 이후는 이앙재배와 같은 방법으로 물관리를 실시한다. 발아부터 3~4엽기까지 필요한 토양수분은 주로 강우에 의존하나, 부족한 경우에는 관개를 실시한다. 한편, 담수직파는 담수상태에서 써레질을 한 후 천수 상태에서 파종한다. 파종 후에는 배수하고 발아하면 관개하기 시작하여 3~4엽기 이후에는 이앙재배와 같은 물관리를 실시한다.

3.3.2 논용수량의 산정

논용수량은 크게 포장(圃場)단계, 지구(地區)단계 및 광역(廣域)단계로 나누어 생각할 수 있다. 여기서 지구라고 하면 여러 개의 포장으로 된 논군(群)을

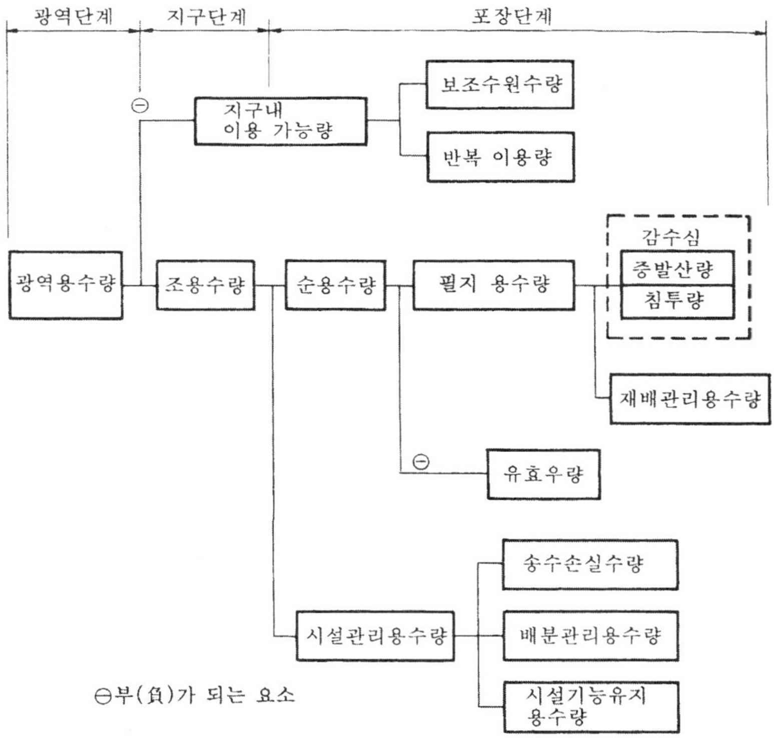

그림 3-11 논용수량의 구성

표 3-6 논용수량의 종류 및 정의

용수량 명	정 의
필지(筆地) 용수량	단위논(필지)에서 정상적인 벼의 생육에 필요한 수량
순용수량	단위논에서 벼의 재배를 위해 인위적으로 공급할 수량
조용수량	말단포장에 순용수량을 공급하기 위해 수원공에서 취수할 수량
광역 용수량	용수의 반복이 이루어지고 있는 광역의 논지구에서 필요한 수량
재배관리 용수량	단위논에서의 재배관리를 위해 필요한 수량
시설관리 용수량	논지구에서의 송수, 용수의 배분 및 시설유지 등을 위해 필요한 수량

말하며, 광역은 용수의 반복이용이 있는 넓은 지구를 말한다. 논용수량은 그림 3-11과 같이 구성되는데 포장단계에서의 포장단위 용수량과 순용수량, 지구단계에서의 조용수량, 광역단계에서의 광역 용수량으로 구성되어 있다. 또한 관리 용수량이 존재하는데, 이것에는 포장단계에서의 재배관리 용수량과 용수로 단계에서의 시설관리 용수량이 있다. 용수량의 종류 및 정의는 표 3-6과 같이 정리할 수 있다.

논에서의 용수량은 이앙기(移秧期)와 이앙기 이후의 관개기인 평상시(본답기)에 있어서 매우 다르게 나타나는데, 먼저 평상시의 용수량에 대하여 살펴보기로 한다.

[1] 필지 용수량

평상시에 있어서 단위논(筆地)에서 취수된 용수는 그림 3-12에서와 같이 증발산, 침투 및 낙수에 의하여 논으로부터 빠져나간다. 필지 용수량(筆地用水

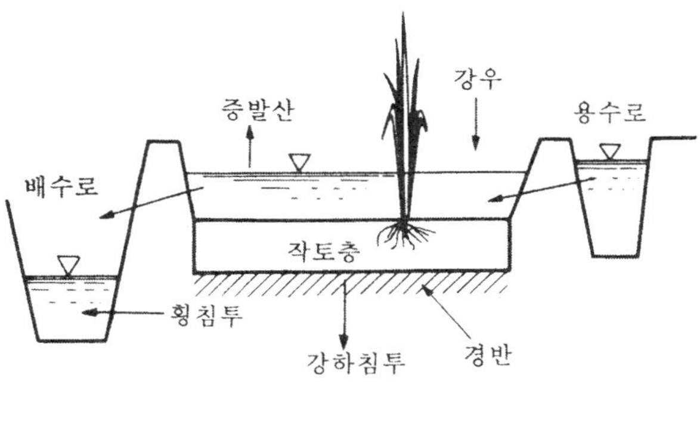

그림 3-12 논에서의 물수지 요소

量)은 단위논에서 벼의 재배에 필요한 용수량을 말하며 단위면적당의 유량 (m^3/s/ha)이나 1일 수심(mm/d)으로 표시된다. 필지 용수량은 감수심(減水深)과 재배관리 용수량으로 구성된다.

필지 용수량 = 감수심(증발산량 + 침투량) + 재배관리 용수량

(1) 감수심

1) 단위논의 감수심

논둑으로 둘러싼 한 필지의 논에서 측정된 감수심을 말한다. 측정기간 중에는 시험논으로의 물의 출입이 있어서는 안 된다. 농가가 아침 또는 저녁에 취수하는 경우에는 하루종일 감수심을 측정하는 것이 아니라 저녁부터 아침까지 혹은 아침부터 저녁까지 반일(半日)간의 감수심을 측정하고 여기에 증발산량의 일변화를 고려하여 일감수심을 산정한다. 측정은 원칙적으로 2년 이상 실시하며 감수심의 측정수는 지구의 면적에 따라 변하나, 100 ha당 3~5점 정도가 바람직하다. 예를 들면 100 ha 이내인 경우에는 20~30 ha당 1점, 100~300 ha의 경우에는 50 ha당 1점, 300 ha 이상의 경우에는 100 ha당 1점의 비율로 한다.

2) N형 감수심 측정장치

그림 3-13과 같은 N형 감수심 측정장치는 크기가 24×48 cm의 장방형의 바닥이 없는 상자로서 논에 5 cm의 깊이로 박아 상자 내의 담수심의 감소를 측정한다. 상자의 측면에는 고무풍선을 설치하여 상자의 내외에 수위차가 생기지 않도록 한다. 한 필지 논의 감수심에 비하여 보다 좁은 면적의 감수심을 측정하는 것이 된다.

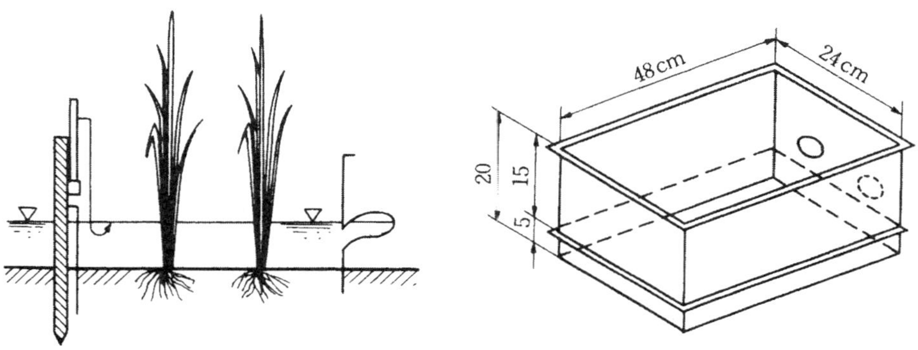

그림 3-13 N형 감수심 측정장치

(2) 재배관리 용수량(lot-management water requirement)

논에서의 재배관리를 위하여 필요한 용수량을 말하며 이것은 강제낙수와 자연낙수로 구성된다. 강제낙수는 인위적으로 낙수하는 것으로서 여기에는 이앙 후의 낙수, 중간낙수, 시비·제초·약제 살포를 위한 낙수, 냉해방지를 위하여 야간에 심수(深水)한 후 주간에 천수(淺水)하는 경우 발생하는 낙수 등이 있다. 자연낙수에는 담수유지를 위한 내리흘림식 관개나 강우시의 무효방류에 의한 지표유출 등이 있다. 재배관리 용수량은 3.5 mm/d로써 필지 용수량의 약 20%를 차지한다.

[2] 순용수량(純用水量, net water requirement)

순용수량은 논에 인위적으로 공급하여야 할 용수량을 말하며 다음과 같이 구성된다.

순용수량 = 필지 용수량 − 유효우량

[3] 조용수량(粗用水量, gross water requirement)

조용수량은 말단포장에 순용수량분의 물을 공급하기 위하여 수원공 지점에서 취수하여야 할 용수량을 말하며, 순용수량에 시설관리 용수량을 더하여 구한다.

조용수량 = 순용수량 + 시설관리 용수량
= 순용수량 + (송수 손실 수량 + 배분관리 용수량 + 시설유지 용수량)
= 순용수량/(1 − 시설관리 손실률)

여기서 시설관리 용수량은 송수 손실 수량, 배분관리 용수량 및 시설유지 용수량으로 구성되며, 시설관리 손실률은 조용수량에 대한 시설관리 용수량의 비를 말하며 약 20~30%를 나타낸다.

(1) 송수 손실 수량

수원으로부터 말단포장까지 용수를 송수하는 과정에서 증발산 및 수로로부터의 침투에 의하여 손실되는 수량을 말한다. 송수 손실 수량은 수로에 따라 다르나, 흙수로에서는 조용수량의 10~20%, 콘크리트 수로에서는 10%, 관수로에서는 5%로 간주한다.

(2) 배분관리 용수량

배분관리 용수량이란 용수의 원활한 배분관리를 위하여 여분으로 공급하는 수량을 말한다. 배분관리 용수에는 ① 수로수위유지 용수, ② 배분균등화 용수, ③ 수질보전 용수 등이 있는데, 이것은 개수로나 관수로에 관계없이 조용수량의 5~10% 정도로 간주한다. 그러나 수원이 풍부한 대구획의 논지구에서는 30%가 넘는 값도 보고되고 있다.

1) 수로수위유지 용수

수로수위유지 용수는 수로로부터 각 포장으로 취수하기 위한 수위를 유지하는 데에 필요한 용수를 말한다. 각 포장에서 취수하기 위하여 필요한 수량이 확보되는 것만으로는 불충분하여 수로 중의 수위는 포장면보다 높게 유지하지 않으면 안 되므로 여분의 수량이 필요하다.

2) 배분균등화 용수

배분균등화 용수는 각 포장의 필요수량을 전부 만족할 수 있도록 송수하기 위하여 필요한 여유수를 말한다. 각 포장에 필요수량을 전부 과부족 없이 송수하는 것은 사실상 불가능하여 약간의 여유수가 필요하다.

3) 수질보전 용수

도시근교에는 농업용수로에 가정하수나 공장폐수가 유입하여 농업수질기준을 상회하는 경우가 있다. 이런 경우에 깨끗한 물을 공급하여 농업용수로서의 수질을 보전하는데, 이러한 용수를 수질보전 용수라고 한다.

(3) 시설유지 용수량

시설유지 용수량은 비관개기에 시설유지기능을 위하여 수로에 통수하지 않으면 안 되는 수량을 말한다. 비관개기에 개수로에서는 토사의 유입·퇴적 혹은 오수의 유입에 의한 수로 내의 오염이 발생하는데 이것을 방지하기 위해서는 용수가 필요하다. 또한 용수로의 청소 및 통수기능의 확인 등을 위하여 관개용수의 취수 전에 취수하는 경우가 있다.

[4] 광역 용수량(廣域用水量)

논으로부터 침투하여 다시 흘러나오는 지표수나 관리 용수(재배관리용수와 시설관리용수)는 다시 이용되는 기회를 갖는다. 이와 같이 내부에서 용수의 반복이용이 이루어지는 광역의 논지구 전체에 필요한 용수량을 광역 용수량이라고 한다. 따라서 광역 용수량은 지역의 크기에 의하여 결정되는 용수량이 아니고 용수의 반복이용의 가부에 따라 결정되는 양이다.

광역 용수량 = 조용수량 − 지구 내 이용가능수량
= 조용수량 − (보조수원수량 + 반복이용량)

광역 용수량은 조용수량에서 지구 내 이용가능수량을 빼서 얻는데, 지구 내 이용가능량에는 보조수원수량과 반복이용량이 있다. 보조수원수량은 취입보로부터의 공급과는 별도로 관개지구의 내부에 있는 보조수원으로부터 이용할 수 있는 수량을 말한다. 보조수원에는 소류지(小溜池), 지하수, 계류(溪流), 하천 등이 있는데, 이들은 특정의 좁은 지역을 수원으로 하고 있어 지리적으로 이용될 수 있는 구역이 한정되어 있다. 반복이용량은 관개지구 내의 상류의 논으로부터 배수로로 낙수된 물〔退水〕을 동일 지구에서 다시 관개용수로서 이용되는 수량을 말한다. 이와 같이 관개지 내부에서 반복이용되는 용수를 환원수(還元水)라고 한다.

단위논에 취수된 용수 중 실제로 소비된다고 생각되는 것은 증발산량과 지하수를 증가시키는 심층침투량뿐으로 나머지(재배관리 용수량 + 침투량의 일부)는 하류부 혹은 근처의 배수로로 유출된다. 따라서 어느 정도 이상의 면적을 갖는 관개지구에서는 지구 내부에서 이런 환원수를 다시 용수로서 이용할 가능성이 있다.

(1) 물수지법

1) 필요수량

그림 3-14와 같은 어느 논지구를 대상으로 그 지역의 물수지(물의 연속법칙)를 생각하면 다음 식이 성립한다.

$$(R+G_1+D_1)-(ET+G_2+D_2) = \Delta S \qquad (3 \cdot 5)$$

여기서 R : 강우량, ET : 증발산량, G_1, G_2 : 각각 지하수의 유입량 및 유출량, D_1, D_2 : 각각 지표수의 유입량 및 유출량, ΔS : 저류량(貯留量)의 변화

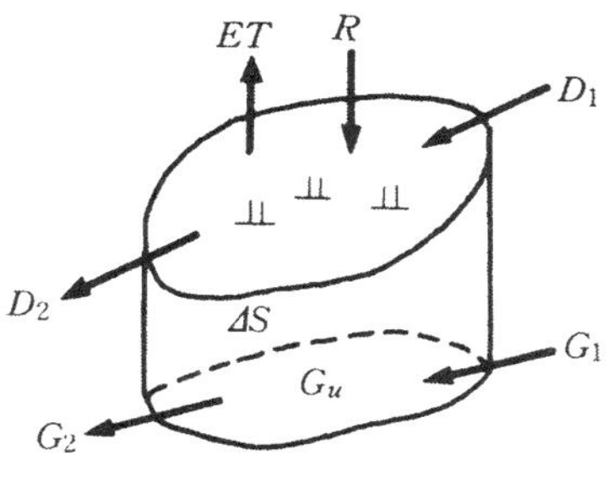

(a) 일반적인 경우

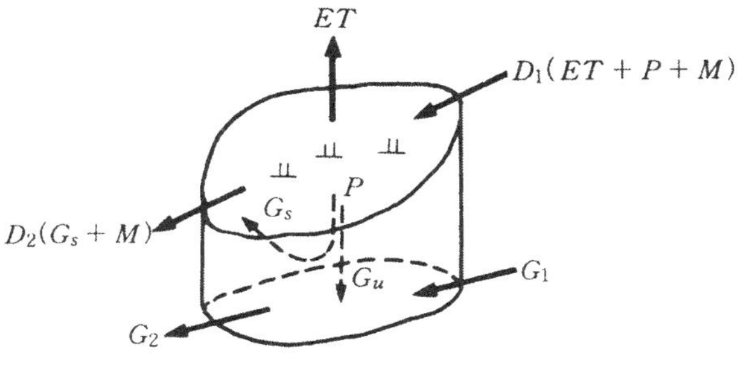

(b) 강우가 없고 물관리가 안정된 경우

그림 3-14 광역논 지대의 물수지

지금 물관리가 안정되고, 강우가 없는 경우를 생각하면 $\Delta S \fallingdotseq 0$, $R = 0$이 되어 식 (3·5)는 다음과 같이 된다.

$$D_1 - D_2 = (G_2 - G_1) + ET = G_u + ET \qquad (3 \cdot 6)$$

즉, 이 지역의 필요수량 $D_1 - D_2$는 증발산량 ET와 지하수 유동량(地下水流動量), 즉 지하수 유출입량의 차 $G_u = G_2 - G_1$의 합과 같다. 증발산량 ET는 거의 일정한 값을 보이므로 필요수량은 그 지역의 지하수 유동량 G_u에 좌우된다. 여기서 지하수 유동량 G_u는 논의 침투량 중 지구 내의 배수로나 하천 등에 유출되지 않는 심층침투량으로서 지하수 함양량에 상당한다(그림 3-14). 이 때 G_u는 D_1과 D_2의 실측 및 ET의 추정에 의하여 구한다.

식 (3·6)에서의 지표수유입량 D_1은 필지 용수량에 해당된다. 필지 용수량은 증발산량 ET, 침투량 P 및 재배관리 용수량 M으로 구성되므로 $D_1 = ET + P + M$이다. 또한 침투량은 심층침투량 G_u와 지구 내로 배출되는 횡침투량 G_s로 구성된다. 즉 $P = G_u + G_s$로 된다. D_1 중에서 재배관리 용수량 M과 횡침투량 G_s는 다시 지구 내의 배수로로 배출되어 지표수유출량(환원수량) D_2가 되어 지구 외로 유출된다. 즉 $D_2 = G_s + M$이 된다(그림 3-14).

환원율 r은 환원가능량 $D_1 - ET$에 대한 실제의 환원수량 D_2과의 비를 말하며, 다음과 같이 표현된다.

$$r = \frac{D_2}{D_1 - ET} = \frac{1}{1 + \dfrac{G_2 - G_1}{D_2}} = \frac{1}{1 + \dfrac{G_U}{D_2}} \qquad (3 \cdot 7)$$

식 (3·7)로부터 환원율 r은 대상지구 내에서 다시 지표로 되돌아오지 않는 심층침투량 G_u에 좌우된다.

2) 지형조건과 필요수량

관개기간 중에서의 ET는 장소나 시간에 관계없이 거의 일정량이므로 식 (3·4)에서와 같이 필요수량은 $D_1 - D_2$은 심층침투량(=지하수 함양량) $G_u = G_2 - G_1$에 의하여 결정된다. 지형조건에 따라 필요수량은 다음과 같이 된다.

① 하천 하류부의 저평지(低平地)나 높은 평지에서는 지하수위가 높고 지하수면 기울기가 작고 투수계수가 작다. 이 때문에 G_1과 G_2가 함께 작고 심층침투량 G_u가 작은데, 특히 저평지에서의 필요수량은 증발산량 ET에 가깝다. 환원율 r은 저평지에서는 0.7~1.0, 높은 평지에서는 0.5~0.8을 나타낸다.

② 선상지(扇狀地)의 상류부에서는 지하수위가 낮고 지하수면의 기울기가

크고 투수계수가 크다. 따라서 심층침투량 G_u가 매우 크고 필요수량은 감수심에 가까운 값을 나타낸다. 환원율 r은 0~0.2를 나타낸다.

③ 선상지의 하류부 또는 평탄지로의 이행부에서는 $G_1>G_2$로 되어 심층침투량 G_u는 음의 값을 나타낸다. 즉 지구 밖으로부터의 용출수(湧出水)가 있다. 따라서 필요수량은 증발산량 ET보다 작게 되고 경우에 따라 음으로 된다. 환원율 r은 1보다 크게 된다.

저평지 논지구에서도 근년 공장이 많이 들어서서 지하수 이용이 늘어나면 지역의 지하수위가 저하하여 침투량의 대부분이 지구내의 배수로로 유출되지 않고 지하수로 된다. 따라서 $G_2>G_1$으로 되어 광역 용수량이 ET보다 크게 된다. 이 경우, 저평지라도 필요수량의 입장으로부터 보면 저평지형에서 경사지형으로 이행하게 된다.

3) 블록면적과 필요수량

지역이 클수록 ET에 대한 $G_u=G_2-G_1$의 비율은 작게 된다. 이는 ET가 지역의 면적에 비례하는 양인 데에 대하여 G_2와 G_1은 지역의 상류 및 하류단의 조건에 의하여 결정되는 양이기 때문이다. 따라서 지역이 커질수록 필요수량은 ET에 가깝게 된다. 선상지라도 대상면적이 크면 클수록 한 번 지하수가 된 물은 지역 내에서 다시 지표수가 될 확률이 높기 때문에 수백 ha 면적의 경우의 필요수량은 점차로 ET에 접근한다. 이에 반하여 충적평야에서는 면적이 작아도 (G_2-G_1)이 작기 때문에 침투량의 대부분은 부근의 배수로로 배출하여 지표수가 되어 ET에 가까운 값을 나타낸다.

대상면적이 작을수록 용수의 반복이용기회는 적어 필요수량은 감수심과 큰 차이가 없다. 따라서 대상면적이 수~수십 ha 정도의 논지구에 대해서는 필지용수량의 합을 그대로 광역 용수량이라고 해도 좋다.

4) 반복이용의 방법

① 취입보에 의한 방법: 상류부의 지표수가 모이기 쉬운 하천이나 배수로에 취입보를 설치하여 취수하여 하류부의 용수로로 도입하는 방법이다. 이것은 옛날부터 가장 많이 이용된 반복이용 조직의 하나이다.

② 펌프에 의한 방법: 펌프를 이용하여 배수로나 배수하천으로부터 용수를 도입하는 방법이다. 또한 개수로뿐만 아니라 암거배수 등에 의한 지하수를 포함하여 반복이용하는 경우도 있다.

③ 용・배수겸용 수로에 의한 방법: 경지정리가 안 된 지역, 경사지논 지역 등에서는 용・배수겸용 수로가 채용된다. 여기서는 상류논의 퇴수가 바로 하

류논의 용수로서 사용된다.

5) 반복이용가능수량의 추정

반복이용가능수량 R은 다음 식과 같이 각 용수 블록마다 필지 용수량(지표수유입량) D_1에서 증발산량 ET를 뺀 값에 환원율 r과 논면적 A를 곱하여 산출한다(그림 3-15).

$$R = \Sigma[(D_1 - ET) \times r \times A] \qquad (3 \cdot 8)$$

이 경우, 반복이용의 측정블록은 침투수의 재이용이 가능한 규모(작은 블록에서는 환원율이 작게 되므로 저평지에서는 20~60 ha 이상)가 되게 선정한다. 또한 환원율의 측정은 일반적으로 한 여름의 연속적으로 맑은 날과 같이 물관리가 안정된 기간에 실시한다.

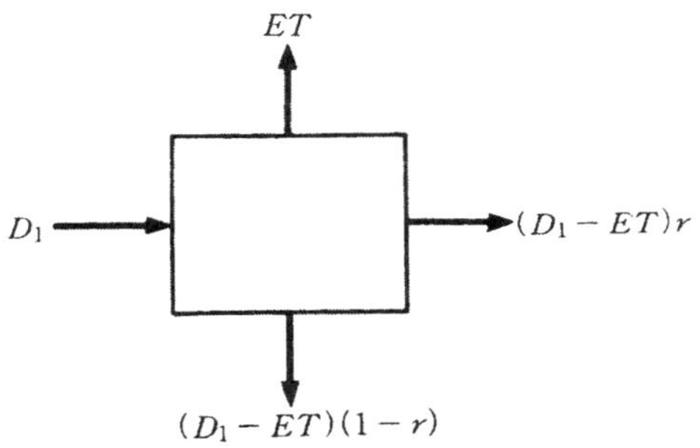

그림 3-15 용수 블록의 수지모식도

(2) CB법

이 방법은 관개기간 중 물관리의 안정된 시기(보통기)의 광역지구의 순용수량을 계통적으로 구하기 위하여 제안된 것이다. 먼저 대상지역의 논지구를 용배수 계통에 따라 반복이용이 일어나지 않는 적당한 블록(50 ha 전후)으로 분할하여 블록의 성격을 다음에 설명하는 NB(negligible block), RB(return block) 및 CB(critical block) 등으로 분류한다(그림 3-16).

1) NB블록 : 상류블록의 환원수만으로 그 블록의 필요수량을 충족하는 블록을 말한다. 필요수량은 0이다.

2) RB블록 : 그 블록의 환원수만으로는 하류블록의 필요수량을 충족시키지 못하나 그 블록의 환원수가 하류블록에서 재이용되고 또한 하류에 CB블록이 존재하는 블록을 말한다. 필요수량은 증발산량과 심층침투량의 합으로 이는 취

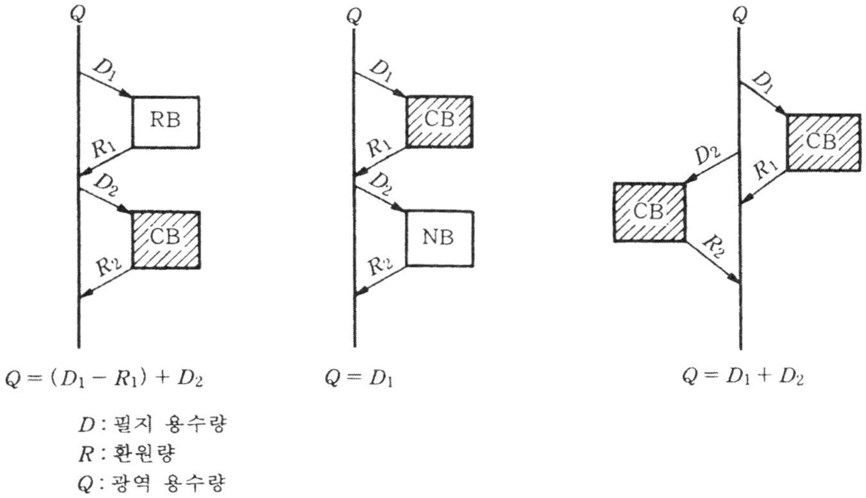

그림 3-16 블록의 종류

수량과 환원량의 차로서 측정된다.

3) CB블록 : 그 블록의 환원수만으로는 하류블록의 필요수량을 충족시키지 못하고 그 블록의 환원수가 하류블록에서 재이용되지 않거나, NB만이 존재하는 블록을 말한다. 필요수량은 필지 용수량이다.

유효우량이 없는 상태에서의 광역 용수량은 원칙으로서 다음과 같이 구해진다.

광역 용수량 = CB 블록의 총면적 × 필지 용수량 + RB 블록의 총면적 × (증발산량 + 심층침투량)

이상에서 언급한 용수량의 종류 및 각 구성성분을 요약하면 표 3-7과 같다.

표 3-7 논용수량의 종류 및 구성성분

종류	대상논의 크기	용수량의 구성성분
필지 용수량	단위논	증발산량 + 침투량 + 재배관리 용수량
순용수량	단위논	필지 용수량 − 유효우량
조용수량	논지구(용수의 반복이용이 없는 지구)	순용수량 + 시설관리 용수량(송수 손실 수량 + 배분관리 용수량 + 시설유지 용수량)
광역 용수량	논지구(용수의 반복이용이 있는 지구)	조용수량 − 지구 내 이용가능량(반복 용수량 + 보조수원수량)

[5] 지역 용수

지역 용수라고 함은 농업용수의 이용이 지역에 가져오는 생산 이외의 효용을 위하여 흘러야 하는 다원적 기능을 가진 물을 말한다. 지역 용수는 즉, "생활의 물", "환경의 물"에 해당되는 것으로 농촌의 자연, 문화, 생활 및 경제의 기반적 조건을 이루어 농촌의 생활에 밀착한 존재가 되고 있다.

지역 용수는 다음과 같은 것이 있는데, 기존의 관개용수가 지역용수의 기능을 갖고 있는 경우에는 관개기에 따로 확보할 필요가 없지만, 비관개기에는 이를 고려해야 한다.

(1) 지역활동 용수

농촌의 생활 용수, 방화(防火) 용수, 소수력 발전, 양어 용수 등을 들 수 있다. 소수력 발전은 3,000 kW 이하의 소규모의 발전을 말하며, 농업용 저수지의 관개용수를 이용한 소수력 발전은 대아저수지, 경천저수지, 강릉저수지, 성주댐, 동화댐 등에서 실시되고 있다.

(2) 환경 용수

생태계보전 용수, 수질보전 용수 등이 해당된다.

(3) 친수 및 경관 용수

관개용수가 지역의 경관유지 및 지역주민의 리크레이션에 도움이 된다. 최근 농업용수로가 그림 3-17과 같이 정비되어 지역주민의 친수(親水)공간으로서 이용되고 있다.

그림 3-17 농업용수로의 친수공간

3. 3. 3 시기별 용수량

시기별 용수량에는 못자리 용수량, 써레질 용수량 및 평상시 용수량 등이 있다.

[1] 못자리 용수량

못자리(상자육묘) 용수량은 못자리를 정지하는 기간으로부터 이앙하기 전까지 소모되는 용수량을 말한다. 못자리 육모방식은 상자육묘와 포장모판육묘인 경우로 구분되는데, 최근 육묘방식은 포장모판육묘로부터 그림 3-18과 같은 상자육묘로 변경되고 있다. 육묘기간은 어린모는 8~10일, 치묘(稚苗)는 15~20일, 중묘는 30~35일, 성묘는 35~45일로 하는데, 상자육모에서 20~30일묘인 경우에 육묘상자(30×60 cm) 1개는 본답 10평(33 m^2)에 해당되어 파종면적은 본답면적의 1/180 이하로 작게 된다. 한편, 포장모판육묘에서 성묘이앙인 경우에는 본답면적의 1/20이 된다. 따라서 계획지구의 육묘방식에 적합한 못자리 용수량을 확보할 필요가 있다.

그림 3-18 상자육묘

[2] 써레질 용수량(이앙 용수량)

(1) 써레질 용수량의 구성

써레질 용수량은 써레질로부터 이앙까지 필요한 용수량을 말한다. 써레질은 수확 후 밭상태로 있던 논에 담수하여 토양과 물을 개서 모내기를 용이하게

그림 3-19 써레질

하고 누수를 방지할 목적으로 실시하는데 단기간에 다량의 물이 필요하게 된다(그림 3-19). 써레질 용수량은 써레질 후의 평상시 용수량에 비하여 총량은 작지만, 최대 용수량을 나타내기 때문에 용수 계획상 중요한 수량이 된다.

이앙기에는 일정 깊이의 토양 중에 포함된 공기를 물로 바꿔 논바닥 위에 담수할 필요가 있다. 건조한 논바닥에 처음으로 관개하는 경우의 써레질 용수량의 내용은 다음과 같이 구성된다.

써레질 용수량 = 담수심(A) + 작토층의 공기치환량(B) + 심토층의 공기치환량(C) + 수면증발량(D) + 강하침투량(E) + 횡침투량(F)

여기서 A는 논을 써린 직후의 평균담수심으로서 그 양은 30～50 mm이다. B는 약 3% 정도의 공기를 남기고 포화하는 데 필요한 수량이며 C는 경반을 포함한 심토층 전체의 공기치환량에 해당한다. D는 논을 써리는 동안의 증발량으로서 5 mm 정도이다.

우리나라의 평균적인 써레질 용수량은 140 mm 정도인데, 토양조건에 따른 논에서의 써레질 용수량은 표 3-8과 같다. 단위포장에서의 써레질 용수량은

표 3-8 써레질 용수량

논의 입지조건	써레질 용수량(mm)	논의 입지조건	써레질 용수량(mm)
습 답	80～120	누수답	150～250
건 답	100～180	평 균	100～150

개략적으로 평상시의 용수량(일감수심)의 6~10배 정도가 된다. 따라서 최대 용수량의 크기를 낮추기 위해서는 써레질을 일시에 하지 않고 조금씩 순번으로 실시하는 것(윤환관개)이 보통이다.

(2) 이앙일수

이앙일수는 최대 용수량을 결정하는 중요한 인자로서 길어지면 시설용량이 작아져 유리하게 되지만, 어느 정도의 기간을 초과하면 벼 재배에 지장이 되므로 제한이 있다. 용수량 계획에서는 동일 경작시기에도 최대 7~10일간이 되며, 경작시기를 달리하는 곳에서는 10~15일로 한다.

(3) 이앙기의 용수량과 총용수량

이앙기의 물관리는 써레질 후 토양의 안정을 기다려 낙수하고, 이앙(담수직파에서는 파종) 종료 후 담수관리를 하는 것이 일반적이다. 따라서 이앙기간 동안의 용수량은 〔당일의 써레질 용수량〕+〔전일까지의 이앙완료답에서의 평상시의 필지 용수량〕의 합계가 된다. 여기에는 등면적(等面積) 방식과 등수량(等水量) 방식이 있다(그림 3-20).

등면적 방식은 이앙기간 중 대상 지구를 매일 같은 면적으로 이앙하는 방식이다. 이것은 이앙 기간 중에 최대 용수량이 크게 되므로 송·배수 시설 용량

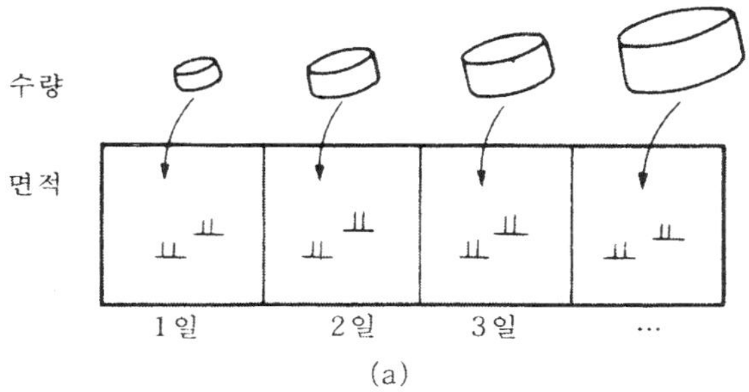

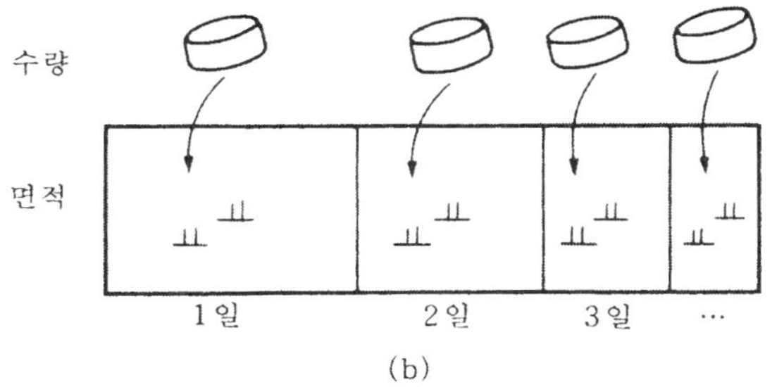

그림 3-20 이앙방식 (a) 등면적 방식 (b) 등수량 방식

이 크게 되어 비경제적으로 된다. 이에 반하여 등수량 방식은 이앙 면적을 조절하여 이앙 기간 중의 용수량을 같게 하는 방식이다.

1) 등면적 방식의 경우

등면적 방식에서의 이앙기의 용수량, 최대 용수량, 총용수량 및 1일 써레질 면적은 각각 다음과 같다.

$$q_r = \left[\frac{A}{n} \cdot q + \frac{A}{n}(r-1)d\right]10 \qquad (3 \cdot 9)$$

$$q_{\max} = \left[\frac{A}{n} q + \frac{A}{n}(n-1)d\right]10 \qquad (3 \cdot 10)$$

$$V = \sum_{r=1}^{n} q_r = 10A\left[q + \frac{(n-1)}{2} d\right] \qquad (3 \cdot 11)$$

$$a_r = \frac{A}{n} \quad (=\text{일정}) \qquad (3 \cdot 12)$$

여기서 q_r : 이앙기 r일째의 용수량(m^3/s)

q_{max} : 이앙기간 중 최대 용수량(m^3/s)

V : 이앙기의 총용수량(m^3)

A : 전논면적(ha)

n : 이앙일수

q : 써레질 용수량(mm)

d : 평상시의 필지 용수량(mm/d)

a_r : 이앙기 r일째의 써레질면적(ha)

2) 등수량 방식의 경우

등수량 방식에서의 이앙기간의 용수량, 총용수량 및 1일 써레질면적은 각각 다음과 같다.

$$q_r = \left[\frac{dA}{1-\left(\frac{q-d}{q}\right)^n}\right]10 \quad (=\text{일정}) \qquad (3 \cdot 13)$$

$$V = q_r n \qquad (3 \cdot 14)$$

$$a_r = \frac{(q-d)^{r-1}}{q^r} \frac{dA}{1-\left(\frac{q-d}{q}\right)^n} \qquad (3 \cdot 15)$$

예제 3-2 면적이 $A=100$(ha)인 논지구에서 이앙기간이 $n=7$(일), 써레질 용수량이 $q=140$(mm), 평상시의 필지 용수량이 $d=20$(mm/d)라고 할 경우, ① 등면적 방식에서의 이앙기 1일째, 4일째, 7일째의 용수량, 이앙기의 총용수량 및 써레질면적을 구하라. ② 등수량 방식에서의 이앙기의 용수량 및 총용수량을 구하고, 이앙 시작 후 1일째, 4일째, 7일째의 써레질면적을 구하라.

풀이 ① 등면적 방식

제1일째 용수량

$$q_1 = \left[\frac{100}{7}\times 140 + \frac{100}{7}\times(1-1)\times 20\right]10 = 2.0\times 10^4\,(\mathrm{m^3/d})$$

제4일째 용수량

$$q_4 = \left[\frac{100}{7}\times 140 + \frac{100}{7}\times(4-1)\times 20\right]10 = 2.9\times 10^4\,(\mathrm{m^3/d})$$

제7일째 용수량

$$q_7 = \left[\frac{100}{7}\times 140 + \frac{100}{7}\times(7-1)\times 20\right]10 = 3.7\times 10^4\,(\mathrm{m^3/d})$$

총용수량

$$V = \sum_{r=1}^{7} q_r = 10\times 100\times\left[140 + \frac{(7-1)}{2}\times 20\right] = 2.0\times 10^5\,(\mathrm{m^3})$$

써레질면적

$$a_r = \frac{100}{7} = 14.3\,(\mathrm{ha})$$

② 등수량 방식

용수량

$$q_r = \left[\frac{20\times 100}{1-\left(\frac{140-20}{140}\right)^7}\right]10 = 2.6\times 10^4\,(\mathrm{m^3/d})$$

총용수량

$$V = q_r n = 2.6\times 10^4\times 7 = 2.1\times 10^5\,(\mathrm{m^3})$$

제1일째 써레질면적

$$a_1 = \frac{(140-20)^{1-1}}{140^1}\times\frac{20\times 100}{1-\left(\frac{140-20}{140}\right)^7} = 21.6\,(\mathrm{ha})$$

제4일째 써레질면적

$$a_5 = \frac{(140-20)^{4-1}}{140^4} \times \frac{20\times100}{1-\left(\frac{140-20}{140}\right)^7} = 13.6\,(\text{ha})$$

제7일째 써레질면적

$$a_{10} = \frac{(140-20)^{7-1}}{140^7} \times \frac{20\times100}{1-\left(\frac{140-20}{140}\right)^7} = 8.6\,(\text{ha})$$

등면적 방식에서는 이앙기 최종일에 용수량이 최대가 되고 등수량 방식에서는 이앙기 최종일에 써레질면적이 최소가 된다. 최대 용수량은 등면적 방식이 등수량 방식보다 크게 되지만 이앙기간 중의 총용수량은 반대로 등수량 방식이 등면적 방식보다 크게 된다.

[3] 평상시 용수량

평상시 용수량은 이앙기 이후부터 낙수기까지의 벼재배상 필요한 용수량을 말한다. 평상시 용수량의 계획에서 논은 항상 담수상태에 있다는 전제하에 필지 용수량이 용수량 산정의 기초가 된다. 보통 어느 지구에서의 평상시 용수량은 ∑(필지 용수량 × 논면적)으로 구한다.

예제 3-3 어느 지구 내의 각 블록의 감수심이 15, 20, 25 mm/d이고, 블록의 논면적이 각각 10, 20, 25 ha라고 한다. 재배관리 용수량이 모두 3 mm/d라고 할 때, 지구 전체의 평상시 용수량을 구하라.

풀이 각 블록에서의 필지 용수량은 〔감수심〕+〔재배관리 용수량〕이므로 각각 18, 23, 28 mm/d이다.

따라서 (18 × 10 + 23 × 20 + 28 × 25) × 10/86,400 = 0.155 m^3/s로 된다.

[4] 시기별 용수량의 산정

시기별 용수량은 강우가 없는 경우에 시기별로 논지구에 필요한 용수량의 총합을 말한다. 시기별 용수량(V)의 산정은 평상시에서는 〔시기별 필지 용수량〕×〔논면적〕×〔일수〕로 구한다. 표 3-9는 어느 논지구에서의 시기별 총용수량을 산정한 예이다.

표 3-9 시기별 용수량 산정의 예

지구명	충북 청원군 소로지구(60ha)				
용수량 / 시기	써레질 용수량 (mm)	증발산량 (mm/d)	침투량 (mm/d)	재배관리 용수량 (mm/d)	시기별 용수량 (10^3m^3)
5.21～5.31[1),2)]	140	4	8	4	132
6.1～6.10		4	7	4	90
6.11～6.20		5	9	4	108
6.21～6.30		5	8	5	108
7.1～7.10		6	9	4	114
7.11～7.20		5	9	4	108
7.21～7.31[2)]		5	9	5	125
8.1～8.10		6	10	3	114
8.11～8.20		5	9	4	108
8.21～8.31[2)]		5	8	3	106
9.1～9.10		5	7	3	90
9.11～9.20		5	7	4	96
계					1299

〔자료〕: 1)은 이앙기로서 시기별 용수량은 등면적방식의 식 (3·11)에 의해 얻음.
2)는 일수가 11일임.

[5] 최대 용수량

최대 용수량은 관개기간 중에 가장 물을 필요로 하는 시기의 용수량을 말하며, 이는 이앙기와 중간낙수 후의 재관개시로부터 출수기에 이르는 시기에 나타나며, 수로시설용량의 결정 등에 영향을 준다. 최대 용수량은 시기별 용수량의 최대값을 시설관리 손실률로 나누어 구한다.

3.3.4 특수 용수량

[1] 직파재배에서의 직파육묘 용수량과 초기 용수량

직파육묘 용수량은 파종 후부터 초기 담수 전까지의 기간에 토양수분의 유지와 육묘의 착근에 필요한 공급 용수량을 말한다. 초기 용수량은 직파육묘기간을 지나 처음으로 담수하게 될 때에 필요한 용수량을 말한다. 담수직파재배의 직파육묘기간은 1～2엽까지이고, 건답직파재배의 직파육묘기간은 3～4엽으로 되는 때까지이다.

(1) 담수직파

담수직파에서는 써레질 후 자연배수나 낙수를 실시하여 담수심이 0~2 mm 정도 되었을 때 파종한다. 보통 발아 후 1~2엽이 될 때까지 얕은 수심으로 간단관개하는 직파육묘 용수량이 필요하며, 1~2엽기에 초기 용수량이 필요하다.

(2) 건답직파

건답직파에서는 건답상태에서 기경, 쇄토 및 파종을 하고 발아를 위한 수분조건을 유지하기 위하여 강우가 부족한 경우에 직파육묘 용수량이 필요하다. 3~4엽기에 담수하는 초기 용수량(初期用水量)이 필요하게 된다.

건답직파에서의 초기 용수량은 써레질이 없기 때문에 크고, 경반층 아래 투수계수의 크기 및 지하수위의 높이에 좌우된다. 초기 용수량은 지하수위가 낮고 투수계수가 큰 논에서는 크고 투수계수가 작은 층이 존재하는 경우나 관개초기부터 지하수위가 논바닥 가까이까지 높아진 경우에는 작은 양이 된다. 초기 용수량은 실측값 또는 유사지구에서의 조사값 등을 참고하고 토양 조건과 지하수위 조건을 감안하여 정하는데, 우리나라에서 초기 용수량은 써레질 용수량보다 20~40% 적은 경우가 많으나, 일감수심은 안정된 후에도 이앙재배에 비해 높은 값을 나타낸다.

[2] 용탈 용수량

용탈 용수량(溶脫用水量, leaching requirement)은 토양의 염분 농도를 어느 일정한 값 이하로 유지하고 작물의 수확량 감소를 방지하기 위하여 근군역을 통해 침출시키는 최소 용수량을 의미하며 제염(除鹽) 용수량이라고 한다. 간척지와 같은 염해토양에서의 용수량으로는 작물의 생육을 위한 필요수량 외에 제염을 위한 용탈 용수량이 필요하게 된다. 초기 간척논의 토양은 염분농도가 높고 작물재배가 곤란하기 때문에 3~5년간의 제염이 필요하다.

필요수량에 대한 용탈 용수량의 비는 식 (3・15)와 같이 나타낸다.

$$L_r = \frac{EC_i}{EC_d} \qquad (3 \cdot 15)$$

여기서 EC_i는 관개용수의 전기전도도, EC_d는 용탈수의 전기전도도이며 50% 감수를 허용하는 경우에는 50%의 수확량 감소를 보이는 염분토양의 전기전도도이다.

예제 3-4 관개용수의 전기전도도가 1.2 dSm^{-1}이며, 논에서 염분토양의 전기전도도가 5 dSm^{-1}인 경우 50%의 벼 수확량 감소를 허용한다. 벼의 필요수량이 25 cm인 경우의 용탈 용수량을 구하라.

풀이 필요수량에 대한 용탈 용수량의 비는

$$L_r = \frac{EC_i}{EC_d} = \frac{1.2}{5.0} = 0.24$$

따라서 용탈 용수량은 $25 \times 0.24 = 6$ (cm)이다.

3.3.5 필지 용수량의 변화

논의 용수량은 재배양식, 물관리방식 및 포장 조건의 변경에 따라 그 값이 크게 변하고 있다. 따라서 계획지구에서의 물관리를 수행하는 데 있어서는 이러한 조건의 변화와 여기에 따른 용수량의 변화의 경향을 충분히 이해하여 필지 용수량을 파악하는 것이 중요하다.

[1] 재배법 및 물관리방식에 따른 변화

(1) 직파재배에 따른 변화

1) 건답직파에 따른 변화

건답직파가 도입되면, 써레질이나 논두렁바르기 등을 하지 않으므로 관개초기의 침투량은 매우 크게 된다. 써래질을 하지 않기 때문에 강하침투량이 증가하고 논두렁바르기를 하지 않기 때문에 횡침투량이 증가한다. 특히 선상지나 건답화된 논과 같이 하층토의 투수성이 크고 지하수위가 낮은 논의 경우에는 증가는 크게 된다. 건답직파는 이앙재배에 비하여 담수기간이 10~20일 정도 작아지는 것이 보통이므로 초기 용수량이 증가하여도 전체 관개기간 중의 용수 수요량은 증가하지 않는다.

2) 담수직파에 따른 변화

담수직파에서는 써레질의 유무가 용수량에 관계하는데, 일반적으로 침투량이 적은 저평지지대에 도입되는 경우가 많아 써레질을 하지 않더라도 건답직파에 비하여 용수량 증가는 별로 문제가 되지 않는다. 써레질을 하는 경우에는 직파육묘기를 제외한 감수심의 변화는 이앙재배와 같다.

(2) 논밭전환(轉換)에 따른 변화

논밭전환에 따른 용수량 변화로서는 논을 밭으로 전환한 경우와 이 밭을 다시 논으로 전환한 경우로 나누어 생각할 수 있다.

1) 논을 밭으로 전환한 경우

일반적으로 논 이용시의 용수량보다 작아지나, 논의 비관개기에 용수의 확보가 필요하다.

2) 밭이용 후의 논의 경우

논이 밭으로 전환된 후 다시 논으로 돌아온 경우를 환원답(還元畓)이라고 한다. 환원답의 용수량은 전용답의 경우보다 크게 증가한다. 이것은 밭으로 이용하고 있는 동안 토양의 건조가 진행되어 작토층은 물론 하층토까지 균열이 발달하고 논두렁의 투수성보다 크게 되기 때문이다. 써레질 용수량은 대폭으로 증가하는 것이 보통인데 특히 지하수위가 낮은 곳에서는 밭으로 이용시 심토까지 생성된 균열 때문에 증가의 폭은 크다. 환원 1년째의 써레질 용수량은 평균적으로 전용답의 1.5~2배 정도이고 2년째는 토양 내의 균열이 소멸하므로 1.3배, 3년 이후에는 밭이용의 영향이 거의 없다. 평상시 용수량도 일반적으로 환원답이 전용답보다 크게 되지만 증가의 정도는 써레질 용수량만큼 크지는 않다.

[2] 포장조건에 의한 변화

경지정리가 실시되면 토층조건의 변화와 물관리의 자유도의 증가에 의하여 용수량은 변화한다. 포장에서의 취수량의 증가에 따른 계획 용수량의 확보가 가능한 지구에서는 이를 위한 용수량의 변화를 사업의 급수계획 중에 고려할 필요가 있다. 수원량이 불충분하여 용수량의 증가를 기대할 수 없는 지구에서는 경지정리에 따른 수량 증가를 억제하는 장치 또는 반복이용의 대책 등이 필요하다.

(1) 용배수분리

경지정리에 따라 용배수조직을 분리하면 월류관개가 없어지게 되어 용수의 반복이용의 기회가 줄어든다. 따라서 용배수조직을 분리하면 용수량은 20% 정도 증가한다.

(2) 구획의 확대

필지 용수량은 〔횡침투량〕+〔강하침투량〕+〔증발산량〕+〔재배관리 용수량〕으로 구성되는데, 구획 확대에 따른 용수량의 변화는 침투량과 재배관리 용수량의 변화에 기인한다. 논면적에 대한 논두렁길이의 비율은 구획 확대와 함께 감소하므로 침투량 중 횡침투량의 비율은 감소하지만, 구획 확대는 논변의 길이를 길게 하기 때문에 물꼬로부터 취수량이 적은 경우에는 관개시의 말단까지 도달하는 데 시간이 걸리게 되어 침투량은 증가한다. 대구획논이 되면 논바닥의 고름질〔均平〕은 일반적으로 대구획화 전보다 나쁘게 된다. 이 때문에 평균적으로 심수가 되어 재배관리 용수량은 증가한다.

[3] 건답화에 따른 변화

건답화(乾畓化), 즉 배수개량이 이루어지면 침투량이 증가하여 용수량이 증가한다. 그 이유는 토양이 건조하고 균열이 생겨 투수성이 높게 되기 때문이다. 건답화에 따른 용수량의 증가량은 보통답은 1.2~1.3배 정도이나, 습답의 경우에는 2~3배가 되는 경우도 있다.

[4] 냉해대책상의 물관리에 따른 변화

냉해지대(冷害地帶)에서의 논의 수온은 수량에 크게 영향을 미친다. 유수형성기에서의 저온의 발생은 논벼의 수확량에 결정적인 장애가 된다. 저온에 대한 대책으로서 심수가 유수(幼穗) 보호효과가 크다고 인정되어 있어 담수심 15 cm 이상의 심수관개를 실시하는데, 이에 따라 용수량이 증대한다.

[5] 도시화에 따른 변화

도시화 지역에서는 논면적의 감소에 따라 용수량도 감소할 것으로 생각하기가 쉽다. 그러나 논면적이 감소해도 물관리 수준이 저하하면 관리 용수량이 증대하여 용수량은 감소하지 않는다. 물관리 수준은 도시화의 속에서는 저하하는데, 이것은 포장단계에서는 농가의 겸업화가, 지선이나 지거(支渠)단계에서는 농촌의 기능 저하가 물관리의 조방화(粗放化)를 가져오기 때문이다. 도시화 지역에서는 용수의 반복이용률이 저하하는 경향이 있는데 이것은 도시화와 함께 용수의 오염이 심화되고 강우의 유출량이 증대되어 용배수의 분리가 이루어지기 때문이다. 따라서 도시화 지역의 용수량은 논면적의 감소에 비례하여 감소하지 않고, 경우에 따라 증가하는 경우도 있다.

3.4 밭용수량

3.4.1 개요

밭은 논과 달리 그 재배작물이 여러 종류이고 지역에 따라 적정작물이 다르다. 또한 밭작물은 대부분 연작에 의하여 수확량과 품질이 저하하기 때문에

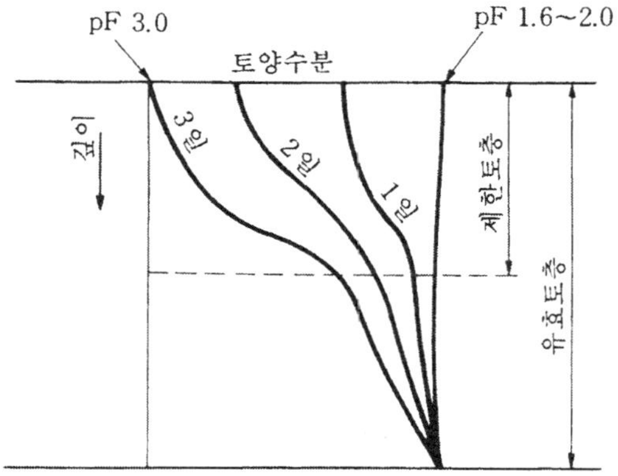

그림 3-21　유효토층과 제한토층의 모식도

윤작이 행하여져 작물의 종류가 많게 된다. 밭작물에 필요한 용수량은 작물의 종류에 따라 다르지만 개략적으로 400~500 mm이다. 내한성(耐旱性)이 낮아 관개효과가 큰 작물로서는 피망, 오이, 딸기, 양배추 및 상추 등이 있고 반대로 내한성이 높아 관개효과가 비교적 작은 식물로는 호박, 무우, 고구마 및 땅콩 등이 있다.

밭관개는 논의 연속관개와는 달리 수일에 한 번씩 관개를 하게 되므로 용수계획에서 1회 용수량과 간단일수(間斷日數, irrigation interval)의 결정이 매우 중요하다. 간단일수는 1회 관개한 후 다음 관개까지의 일수를 말하는데 관개효과에 크게 영향을 미친다. 밭관개에서의 유효토층은 토양면 증발, 뿌리의 수분흡수, 모관력에 의한 수분이동 등에 의하여 수분소비가 이루어지는 층으로서 맑은 날이 계속되어도 수분이 감소하지 않는 깊이까지의 토층을 말한다(그림 3-21). 유효토층은 일반적으로 40~100 cm로서 용수 공급의 대상인 근군역보다 약간 깊다. 특히 유효토층 내의 각 분할 토층 내에서 수분이 포장용수량(圃場容水量)으로부터 생장저해수분점까지 가장 빨리 저하되는 층을 제한토층이라고 한다.

3. 4. 2　필요수량의 실측

밭에서의 필요수량은 유효토층에서의 수분소비 감소량을 나타낸다. 유효토층에서의 물수지는 그림 3-22와 같은데 우리나라와 같은 습윤지대에서는 하층으로부터의 모관보급수량을 무시할 수 없다.

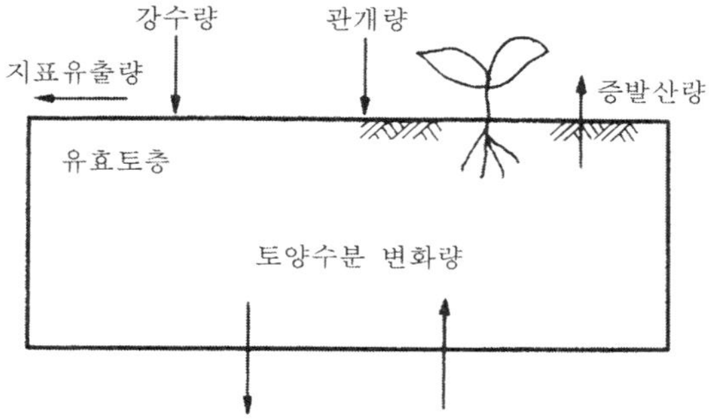

그림 3-22 유효토층에서의 물수지

필요수량을 실측에 의하여 구하는 방법으로 가장 적당한 것이 토양수분추적법이다. 이것은 각 층의 토양수분을 측정하고 각 층의 두께를 곱하여 필요수량을 구하는 것이다(그림 3-23).

$$C_T = \Sigma e_i \qquad (3 \cdot 16)$$

$$e_i = \frac{1}{10}(\theta_i - \theta_i')H_i \quad (i = 1, 2, 3, \cdots, n)$$

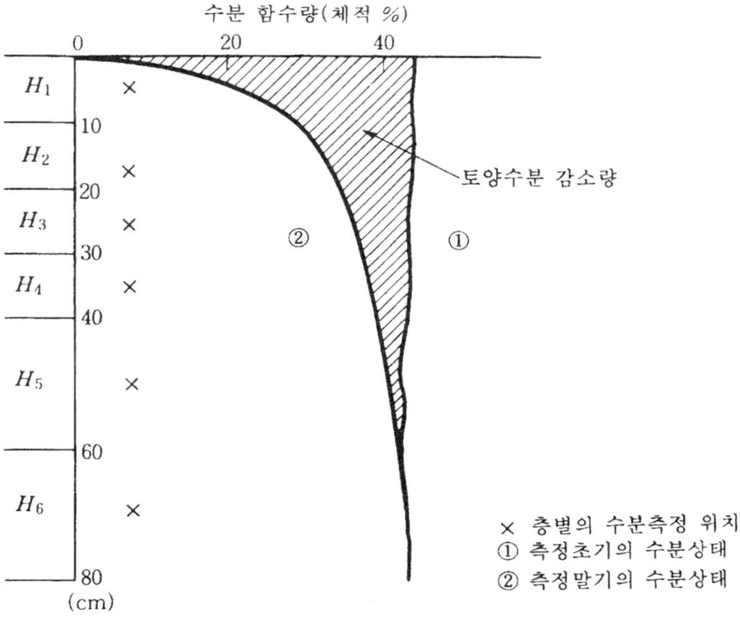

그림 3-23 토양수분의 감소 상태

그림 3-24 텐시오미터에 의한 토양의 수분장력 측정

여기서 CT : 필요수량(mm), e_i : i 토층의 수분 감소량(mm), θ_i : i 토층의 측정초기의 토양함수량(체적 %), θ_i' : i 토층의 측정말기의 토양함수량(체적 %), H_i : i 토층의 두께(cm).

토양수분의 측정에는 여러 기기들이 이용되지만 수분이 많은 영역에서는 텐시오미터를 사용하고 수분이 적은 영역에서는 전기저항법을 사용한다. 일반적으로 그림 **3-24**와 같이 일정한 깊이마다 설치된 텐시오미터를 이용하여 토양의 수분장력(pF)을 측정하고, 채토법에 의하여 같은 깊이에 있는 토양함수량를 측정하여 수분장력(pF)-토양함수량의 관계곡선을 작성한다. 이를 이용하면 토양의 수분장력을 함수량으로 바꿀 수 있다.

예제 **3-5** 그림 **3-23**의 토양수분 관측자료가 다음 표 **3-10**과 같을 때 필요수량을 구하여라.

풀이 수분 감소량은 토층 두께×(관개 직후 함수량 − 관개 직전 함수량)으로 구한다.

각 층별로 계산하여 전층에 대하여 합하면 필요수량은 64 mm이다.

표 3-10

토 층	깊이(cm)	관개 직후 함수량(%)	관개 직전 함수량(%)	수분 감소량 (mm)
1	0~10	45	22	23
2	10~20	45	32	13
3	20~30	45	35	10
4	30~40	45	37	8
5	40~60	45	40	10
6	60~80	45	45	0
계				64

3. 4. 3 밭용수량 산정

[1] 토양수분소비형(SMEP)

유효토층을 몇 개의 층으로 분할하고 각 층에서 포장용수량으로 된 후 수분 감소량을 측정해서 유효토층 전체의 수분 감소량에 대한 각 층의 수분 감소량의 비율(%)을 표시한 것을 토양수분소비형(土壤水分消費型, soil moisture extract pattern : SMEP)이라고 한다.

SMEP는 토양, 작물의 종류와 생육기, 수분상태에 따라 다르므로 실측에 의하여 구하는데 일반적으로 표층에서 값이 크고 하층으로 갈수록 작게 된다. 미국에서는 4등분하여 상층으로부터 40, 30, 20, 10%의 비율로 하는 것이 일반적이다(그림 3-25).

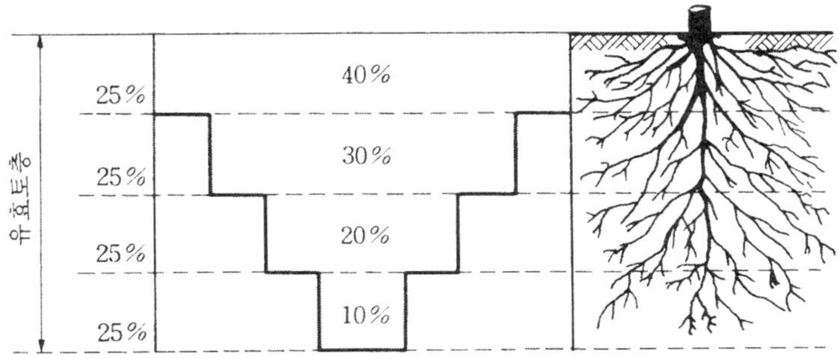

그림 3-25 토양수분소비형(SMEP)

[2] SMEP를 고려하지 않는 경우

이 방법은 관개를 개시하려고 할 때의 토양수분의 분포상황에 의해 관개수량을 결정하는 방법이다. 어느 토양의 깊이 H(cm) 내의 평균 수분이 생장저해수분점에 도달했을 경우를 관개개시 시기로 하여 H(cm)의 토층 전체가 저류하는 수량 I(mm)를 다음 식으로 구한다.

$$I = \frac{1}{10}(FC - M_L)H \tag{3·17}$$

여기서 I : 토층 전체에 저류되는 수량(mm), FC : 포장용수량(체적 %), ML : 생장저해수분점(체적 %), H : 토층의 두께(cm).

토성은 깊이에 따라 달라 포장용수량과 생장저해수분점의 값이 다른 경우, 토층마다 저류할 수 있는 수량을 식 (3·17)에 의해 계산하고 근군역의 깊이만큼 합하면 된다.

[3] SMEP를 고려하는 경우

제한토층 내의 평균토양수분이 포장용수량(圃場容水量)으로부터 생장저해수분점까지 저하한 시점에서 유효토층 내에서 소비된 총수분량을 총용이유효수분량(總容易有效水分量, Total Readily Available Moisture : TRAM)이라고 한다. TRAM은 토양이 저류할 수 있는 유효수분량의 최대값이며, 이론상의 1회 최대용수량을 나타낸다. TRAM은 제한토층의 생장유효수분량(RAM)을 제한토층의 토양수분소비형(SMEP)으로 나누어 구한다.

$$\text{TRAM} = (FC - M_L)H\frac{1}{C_p}\ (\text{mm}) \tag{3·18}$$

여기서 FC : 포장용수량(체적 %), ML : 생장저해수분점(체적 %), H : 제한토층의 두께(mm), C_p : 제한토층의 SMEP의 값이다. 일반적으로 TRAM은 각 토층의 RAM을 SMEP으로 나누어 얻은 값 중 최소값을 말하며 이 때 최소값을 나타내는 토층을 제한토층으로 한다. 표 3-11은 각 토층의 토성과 물리성이 동일한 토양에서의 TRAM 산정의 예를 나타낸 것이다.

[4] 1회 용수량 및 간단일수의 결정

계획 일필요수량은 계획기준년(10년 빈도의 한발년)의 기상상태에 의하여 변동하는 일필요수량을 평균화한 값을 말한다. 간단일수는 전용이유효수분량

표 3-11 TRAM 산정의 일례

(1)	(2)	(3)	(4)	(5)	(6)	(7)	(8)	(9)	(10)	(11)
구분층	층의 깊이 (cm)	겉보기비중	포장 용수량 (중량%)	생장 저해 수분점 (중량%)	SMEP (%)	각층의 생장유효 수분 (mm)	각층의 수분 소비를 기준으로 했을 경우의 전층의 수분소비량 (mm)	제한토층	TRAM (mm)	TRAM 중 각층의 필요 수량
제1층	0~10	1.05	34.4	18.2	40	17.0	42.5	○	42.5	17.0
제2층	10~20	1.10	33.1	18.4	30	16.2	54.0			12.8
제3층	20~30	1.12	31.0	18.2	20	14.3	71.5			8.5
제4층	30~40	1.16	30.5	14.8	10	18.2	182.0			4.2
계	0~40				100	65.7				42.5

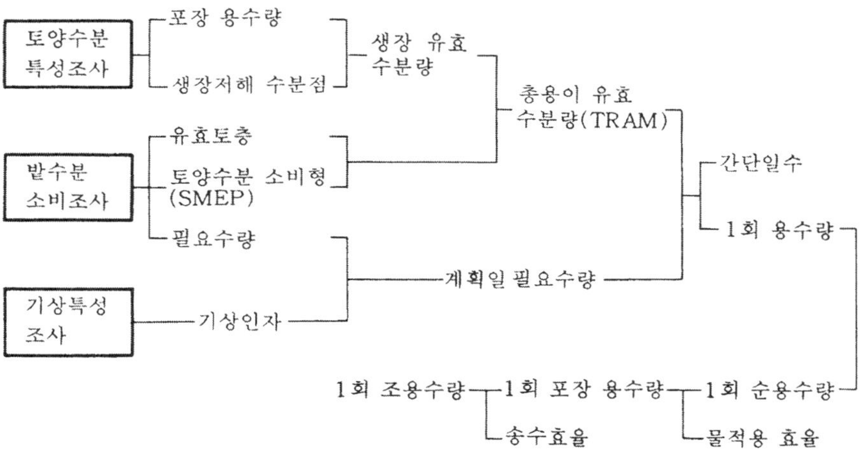

그림 3-26 수분공급을 위한 1회 용수량 산정의 순서

(TRAM)을 계획 일필요수량으로 나누어 소수점 이하는 버리고 정수만을 취하여 얻는다. 1회 용수량을 구하는 순서는 그림 3-26과 같으며, 1회 용수량은 다음과 같이 구한다.

$$1\text{회 용수량} = \text{계획 일필요수량} \times \text{간단일수}$$

예제 **3-6** 표 3-12에서와 같이 텐시오미터를 이용하여 깊이 5 cm로부터 35 cm까지 약 10 cm의 간격으로 토양수분을 측정하였다. 이 때 간단일수 및 1회 용수량을 결정하여라.

표 3-12 필요수량 및 TRAM 산정의 예

간격 \ 월일			5/6	5/7	5/8	5/9	계	STMP (%)	fc (%)	ML (%)	생장유효수분 (%)	TRAM (mm)	제한토층
0~10 cm	θ	%	37.9	35.7	34.2	33.2		39.2	39.0	29.8	9.2	23	○
	e	mm	2.2	1.5	1.0		4.7						
10~20 cm	θ	%	45.2	43.8	42.8	42.0		26.7	47.4	37.0	10.4	39	
	e	mm	1.4	1.0	0.8		3.2						
20~30 cm	θ	%	44.1	42.9	42.1	41.5		21.7	44.7	35.6	9.1	42	
	e	mm	1.2	0.8	0.6		2.6						
30~40 cm	θ	%	42.3	41.7	41.2	40.8		12.5	43.8	34.8	9.0	72	
	e	mm	0.6	0.5	0.4		1.5						
Σe		mm	5.4	3.8	2.8		12.0						

〔비고〕 θ : 토양의 수분함수량(체적 %), e: 각 층의 필요수량(mm)
Σe : 필요수량(mm/d), FC : 포장용수량(체적 %)
M_L : 생장저해수분점(체적 %)

풀이 계획 일필요수량 : 12.0 mm ÷ 3일 = 4.0 mm/d
제한토층 : 제1층(0~10 cm)
TRAM : 23 mm
간단일수 : 23 ÷ 4.0 mm/d ≒ 5일
1회 용수량 : 4.0 mm/d × 5일 = 20 mm

[5] 1회 용수량의 종류

1회 순용수량은 흔히 1회 용수량을 말하며, 이것은 1회에 포장의 유효토층에 공급하여야 할 수량을 말한다.

1회 순용수량 = 1회 용수량 = 계획 일필요수량 × 간단일수

1회 포장용수량은 스프링클러 관개의 경우 포장입구까지 도달되어 스프링클러 노즐로부터 토출되는 수량으로서 말단포장의 관개시설의 용량을 결정하는 데 쓰인다.

1회 포장용수량 = 1회 순용수량/적용효율

1회 조용수량은 수원으로부터 취수하여야 할 수량으로서 송수시설 용량의 결정에 이용된다.

1회 조용수량 = 1회 순용수량/관개효율
= 1회 포장용수량/송수효율

여기서의 적용효율, 관개효율 및 송수효율은 **3.4.5**절에서 상술하기로 한다. 관개효율은 스프링클러 관개의 경우 70~85%, 지표관개의 경우 60~65%를 채용한다(표 **3-13** 참조).

표 3-13 각 관개방법에서의 관개효율

구 분	적용효율	송수효율(콘크리트 수로)	관개효율
스프링클러관개	80~90%	90~95%	70~85%
지표관개	70%	90~95%	60~65%

[6] 순용수량과 조용수량

지구전체에 필요한 계획상의 순용수량 및 조용수량은 다음과 같이 구한다.

순용수량 = 계획 일필요수량 × 관개면적

조용수량 = 순용수량/관개효율

저수지를 수원으로 계획하는 경우에는 계획 일필요수량으로부터 유효우량을 빼서 일계산에 의해 순용수량을 계산한다.

3.4.4 다목적 이용의 용수량

우리나라와 같이 습윤지대에서는 수분보급 이외의 목적으로 물을 이용하는 것이 생산성 향상에 효과가 있다.

[1] 재배관리의 합리화

(1) 파종 · 정식기(定植期)의 관개

표층토에 대하여 소량으로 빈번히 관개하는데 3일 정도로 전면적에 관개한다. 대상토층이 10 cm 정도, 1회 용수량 10~15 mm 정도, 1일 용수량은 3~5 mm/d의 경우가 많다. 파종기의 자유선택이 가능하고 활착률이 향상하는 효과가 있다. 파종 · 정식을 위한 용수량은 전체 용수량의 10~15% 정도이다.

(2) 경운을 위한 관개

점질토가 건조에 의하여 단단하게 되었을 경우, 경운과 쇄토 등의 작업을 용이하게 하기 위하여 수분을 공급한다. 대상토양의 깊이는 20 cm이고, 1회 용수량을 20 mm 정도, 계획 작업일수를 5일이라고 하면 1일 용수량은 4 mm/d 정도이다.

[2] 기상재해의 방지

(1) 풍식의 방지

강풍에 의해 풍식이 발생하면 귀중한 표토가 유실될 뿐만 아니라 씨앗도 날아가게 된다. 이 때의 살수는 대단히 중요하며, 넓은 면적에 동시에 다량의 물을 필요로 한다. 1회 관개량은 10 mm 정도이며 1~2일 사이에 관개하여야 한다. 실제로는 풍식이 발생하기 전에 큰 피해가 예상되는 지점에 중점적으로 살수하여 주는 것이 좋다.

(2) 동상해(凍霜害)의 방지

겨울철에 기온이 매우 내려가면 작물의 잎이나 열매가 얼게 되어 동해를 입게 된다. 이 때에 작물 잎이나 열매에 연속적으로 살수하면 부착수가 빙결할 때 방출하는 80 cal/g의 잠열(潛熱)에 의하여 작물체를 0℃부근으로 유지하여 동해를 방지한다. 이는 서리에 대하여도 같은 효과를 얻을 수 있다. 이를 동상해 방지를 위한 살수빙결법이라고 부르며, 딸기 열매, 차나무 잎, 뽕나무 잎, 과수 등에 이용된다.

동상해는 야간이 맑고 무풍의 조건 하에서 발생하기 쉬운데 작물체온을 0℃로 유지시키기 위해 필요한 빙결량은 1~2 mm/h 정도이나 살수에 있어서 스프링클러의 살수효과 및 적용효율, 포착률 등을 고려하면 살수강도는 3~4 mm/h 정도가 필요하다. 보통 기온이 0℃ 이상이 될 때까지 4~8시간이 필요하며 1일 용수량으로 12~32 mm/d로 되어 다목적 이용 중 최대이다.

(3) 조풍해(潮風害)의 방지

해수(海水)를 포함한 강풍이 불면 작물체 표면에 염분이 부착하여 탈수현상을 일으켜 잎이 떨어진다. 귤이나 차는 10 a당 3 kg의 작물체 부착염분량으로 낙엽 피해가 발생한다. 위험한 양의 염분이 잎에 부착한 후 몇 시간 이내에 씻어내어야 되는가는 그 때의 바람상태, 착염상태, 일조 유무, 작물체 상태 등에 따라 다르나 감귤 등에서는 4시간 이내에서 세정의 효과가 크고 8시간 이내라면 다소의 효과가 있다. 단위 용수량은 12~24 mm/d로 상당히 크다.

[3] 관리작업의 생력화

(1) 병충해 방지

스프링클러 시설로 약제를 살포하는 방법은 생력화와 작업자의 보건위생 관점에서 뛰어난 방법이다. 살포량은 작물체의 한계 부착량, 밀폐도, 방제 효과로부터 본 부착도 등에 의해 다르지만 보통밭에서는 400~600 *l*/10a, 과수원에서는 400~800 *l*/10a 정도로서 작업을 하루에 종료하면 1일 용수량은 1 mm/d 정도이다.

(2) 액비(液肥)의 시용

액비의 시용(施用)은 비료의 효과를 증대시킨다. 또한 비료성분의 흡수율이 높기 때문에 연간시용량의 10~30% 정도를 줄일 수 있다. 필요수량은 비료의 살포 및 시비 후의 관개시설의 세정 및 작물체의 세정 등을 포함하여 1회 용수량은 10~20 mm이며 작업일수를 5일이라고 하면 1일 용수량은 2~4 mm/d 정도이다.

(3) 분뇨관개(organic irrigation)

축사 내의 세정수는 분뇨와 함께 정화조에 저류된다. 정화조에서 숙성된 후 물을 가하여 목초지에 살포한다. 소의 분(糞)은 1일 1마리당 40 kg, 희석배율을 7배로 하면 필요수량은 280 *l*/day/두, 분뇨의 연간시용량의 한계를 5,000 kg/10a라고 하면 1마리당의 목초지 면적은 30 a가 된다. 연 3회 살포하여 1회의 액상분뇨 (slurry)의 양을 10 mm, 대상면적을 5~10일에 살포하면 1일 용수량은 1~2 mm/d이다.

3.4.5 시설하우스 관개

연중 신선한 채소와 과일을 생산하기 위하여 시설하우스 재배면적이 크게 증가하였다. 시설하우스 재배작물로는 수박, 참외, 딸기, 고추, 오이, 토마토 등이 있으며, 제주도에서는 밀감도 재배한다. 시설원예에서는 피복물에 의하여 강우가 차단되므로 일반적으로 노지재배에 비하여 물수요가 크다. 시설 내 토양수의 이동은 모관현상에 의하여 아래로부터 위로 이동하는 경우가 많아 토양 중의 염류가 표토층에 집적(集積)하여 염류장애를 일으키기 쉽다.

시설하우스에서의 적정한 토양수분과 관개개시시점은 작물의 종류, 경작시기, 생육단계, 재배밀도 등에 따라서 다르다. 보통 밭에서의 관개개시점은 근군역이 생장저해수분점(토양 수분장력은 pF 3.0 전후)에 도달하였을 때이나, 시설하우스에서는 이보다 더 습윤한 pF 2.0 전후의 수분점을 관개개시점으로 한다. 시설하우스 작물별 관개개시점을 보면, 토마토가 pF 1.5~2.0, 오이가 pF 1.3~1.8이며, 딸기는 pF 1.5 부근이다. 몇 가지 시설하우스 작물의 관개량과 간단일수는 표 **3-14**와 같다.

시설하우스에서 연작장애방지 및 제염을 위한 용수를 사용하는 시기는 휴경기 동안이며, 1년에 2회 정도이다. 연작장애방지 및 제염을 위한 용수량은 190~430 mm 정도로서 연간 관개량 중에서 이 용수량이 차지하는 비율은 20~45% 정도이다. 사용시간은 낮의 고온시간을 피하여 아침과 저녁에 집중하고 있다.

표 3-14 시설하우스 작물의 관개량과 간단일수

작 물	관 개 량 (mm)						간단일수(일)		
	1 회 당			1 일 당					
	최소	최대	평균	최소	최대	평균	최소	최대	평균
토마토	2.7	44.4	17.5	1.1	9.0	3.8	1.3	7.1	3.8
참 외	0.8	3.2	1.8	2.4	7.5	3.9	0.3	0.8	0.5
오 이	4.2	52.0	24.0	2.5	15.0	6.1	0.7	8.0	3.9
피 망	10.0	35.0	25.2	3.9	10.0	7.2	2.6	4.3	3.4
가 지	4.8	17.4	—	3.0	6.0	—	1.6	2.9	—
셀러리	4.5	12.5	7.3	1.15	7.0	3.0	1.0	4.5	2.4

〔자료〕: 농업수리학 실습가이드, 일본 농업토목학회, 1987.

3.4.6 관개계획

[1] 관개계획의 목적

관개량의 결정은 두 가지 목적을 가지고 있다. 첫째는 최대용수시기의 용량을 취수 또는 송수하기 위한 관개시설의 크기를 결정하는 것이고, 둘째는 포장에서 이용자가 실제로 용수를 관리하기 위한 매일 공급량의 크기를 결정하는 것이다. 여기서 후자에 속한 것이 관개계획에 의하여 수행된다.

관개계획(Irrigation Scheduling)의 목적은 수량이 풍부하거나 결핍한 조건에서 작물의 최대생산과 최대수익의 목표를 달성하기 위하여 관개시기와 관개수량을 결정하는 것이다. 즉 관개의 시기와 수량을 결정하는 것이 관개계획이다. 이러한 관개계획은 일반적으로 한정된 수자원을 효율적으로 사용할 수 있고, 관개용수의 적용효율의 높이며, 작물의 생산성 향상을 이룰 뿐 아니라 한발과 같은 특수 상황을 극복하는 데 있어서도 필수적인 것이다. 또한, 관개지구내의 집중물관리에 따른 수리시설의 운영을 위한 의사결정과정에서 중요한 역할을 담당하는 것이다.

[2] 관개시기의 결정

관개시기를 결정하는 방법이나 기준은 일반적으로 관개를 결정하는 매개변수나 어떤 값의 임계치를 선택하여 사용하게 되는데, 그 임계치는 보통 토양이나 작물에 의해 결정하게 되지만, 외적 조건의 영향에 따라 다소 차이가 있다. 즉, 토성, 토양구조, 품종, 작물의 생육단계와 증발량, 작물의 경제적 가치, 경종방법, 관개시설의 용량, 수자원의 제한 요인들, 그리고 기후요인에 따라 다르다. 관개시기와 관개량을 결정하는 것은 논관개와 밭관개에 따라 서로 다르다.

관개시기를 결정하는 방법으로서는 직접적인 방법과 간접적인 방법이 있다. 직접적인 방법으로는 각종 자료를 직접 측정하여 관개시기를 결정하는 것이다. 논에서는 담수심 측정에 의한 방법 및 각각의 증발산량과 침투량 측정값에 의한 방법이 있고, 밭에서는 토심별 토양수분측정에 의한 방법, 작물의 잎 온도측정에 의한 방법, 그리고 작물의 수분 스트레스측정에 의한 방법으로 관개시기를 결정한다. 직접적인 방법은 비교적 정확하게 관개시기를 정할 수 있지만, 직접 측정을 위한 인력과 장치를 사용하기 위하여 비용이 많이 드는 단점이 있으며, 다음 관개를 해야 할 관개시기를 예측하는 데 어려움이 있다. 간접적인 방법으로는 각종 자료를 이용하여 만들어진 여러 모형에 의해 관개시기를 결정하는 것이다. 논에서는 기상자료를 이용한 증발산량, 침투량, 재배관리용수량 및 유효우량을 고려한 논의 담수심을 모의조작해 주는 물수지모형이 이용되고 있으며, 밭에서는 기상자료를 이용한 증발산량과 유효우량을 고려한 토양물수지모형과 토양수분모형을 이용하는 방법이 있다. 이와 같은 모형을 이용하는 방법은 기상자료와 토양자료 등을 이용하여 계산하게 되는데, 기상예측 등을 통하여 미래의 관개시기를 결정할 수 있는 장점을 가지고 있다.

(1) 논에서의 관개시기 결정

1) 물 부족이 없을 경우의 관개시기 결정

물 부족이 없을 때의 논의 담수심은 최대 수확량을 얻을 수 있는 조건에 의해 물관리를 하게 되며, 벼의 생육단계와 재배방법에 따라 다르다. 논에서의 벼 재배방법은 크게 이앙재배, 담수직파재배 및 건답직파재배로 구분되며, 재배방법에 따라 생육단계별 물관리 방법과 최대 및 최소 담수심이 다르다. 그림 **3-27**은 벼 생육단계별 담수심 변화를 나타내고 있으며, 관개시기는 담수심이 최소담수심 이하로 내려가는 때가 된다. 이앙재배인 경우의 심수담수기는 이앙기(140 mm)를 제외하면 활착기, 수잉기, 유수형성기 및 출수개화기로써 보통 7∼10 cm 깊이로 담수하며, 천수담수기는 분얼기, 호숙기로써 보통 1∼3 cm 깊이로 담수를 한다.

따라서 담수심은 벼 생육시기에 알맞게 정해지는 담수심 사이에 있도록 관개시기를 결정되며, 일반적으로 최소담수심이 되는 때가 관개시기가 된다. 단지 중간낙수기와 낙수기에는 관개를 하지 않는다. 담수직파재배인 경우의 담수심은 이앙기(140 mm)와 초기용수기에 크고, 직파육묘기에 작은 것을 제외하면, 이앙재배의 평상시 재배방식에 따른 심수와 천수, 그리고 낙수의 물관리 방법을 취한다. 건답직파인 경우의 담수심은 초기용수기에 크고, 직파육묘기에 습윤상태로 관리하는 것을 제외하면 이앙재배의 평상시 재배방식에 따른 심수와 천수, 그리고 낙수의 물관리 방법을 취한다.

예제 3-7 논에서의 관개량과 관개시기의 결정

벼의 유수형성기인 현재 담수심은 98.0 mm이다. 심수관개를 실시하는 이 생육시기의 최대유지 담수심은 100 mm이고, 최소유지 담수심을 70 mm라고

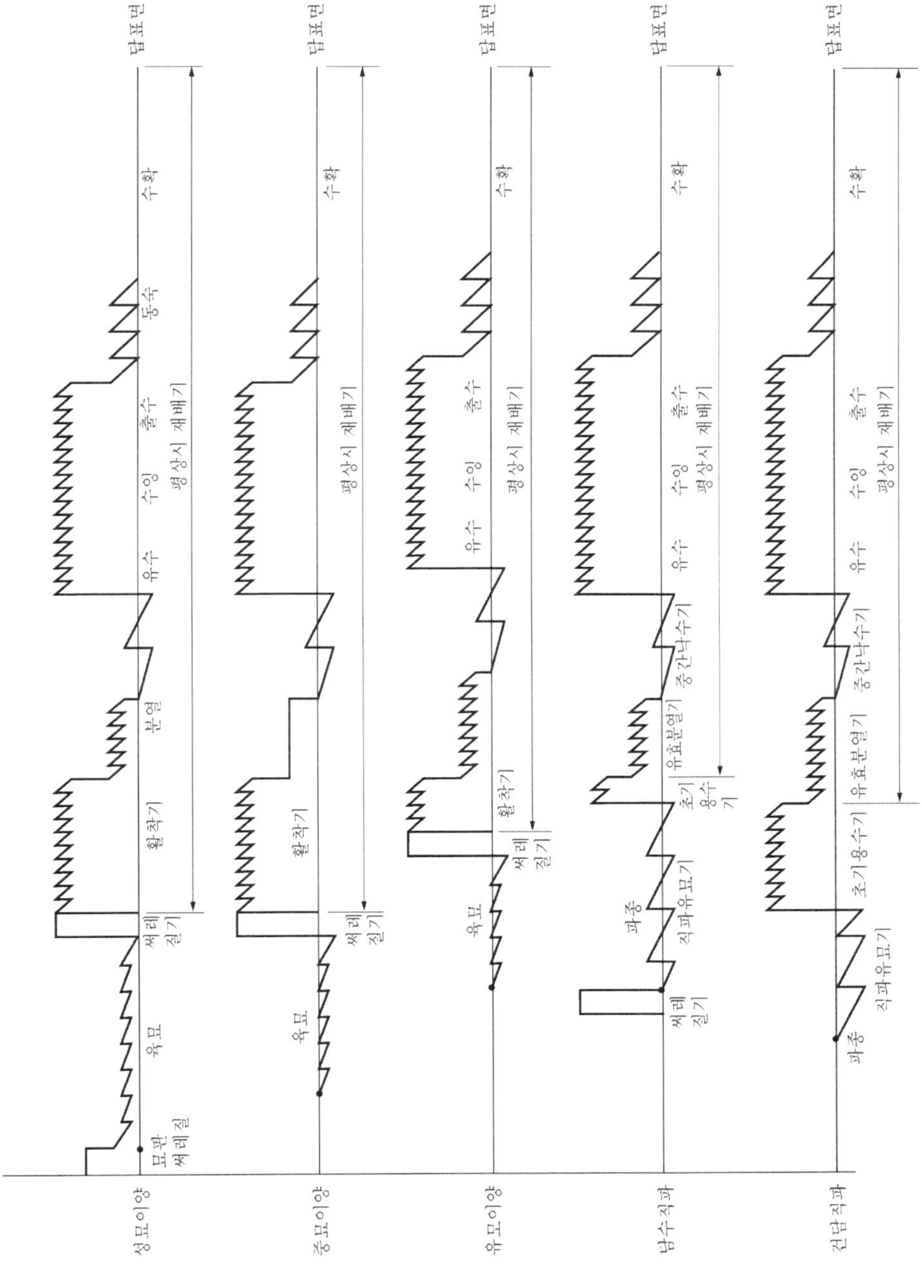

그림 3-27 영농방식별 논에서의 물관리 모식도

할 때, 증발산량이 5 mm/일이고, 침투량이 6 mm/일이며, 재배관리용수량은 2 mm/일이라 할 때, 다음 관개일과 간단일수 그리고 관개량을 계산하라.

풀이 다음 관개일

사용 가능 담수량 = 98.0 − 70.0 = 28 mm,

1일 감수심 = 증발산량 + 침투량 + 재배관리용수량 = 5 + 6 + 2 = 13 mm,

다음 관개일 = 28/13 = 2.2

= 2일 후(정수를 취함)

간단일수 : (최대유지 담수심 − 최소유지 담수심)/감수심 = (100 − 70)/13 = 2일

관개량 : 관개일의 담수심 = 현재 담수심 − (감수심 × 다음 관개일까지 일수) = 98 − (13 × 2) = 72 mm

관개량 = 최대유지 담수심 − 관개일의 담수심 = 100 − 72 = 28 mm

2) 물 부족한 경우의 관개시기 결정

수원에서 수량이 부족할 때에는 벼의 생육기간에 있어 평상시 담수재배를 할 수 없으므로 절수재배를 실시한다. 절수재배하는 방법은 벼의 생육에 영향이 많은 기간에 중점적으로 관개하고 영향이 적은 기간에는 절수하는 것으로써, 이를 근거로 관개일정계획을 정하게 된다.

표 3-15는 논벼 재배에서 관개용수가 약간 부족한 경우와 아주 부족한 경우에 대한 물관리 방법을 제시해 주고 있다. 여기에서 보면, 벼의 생육에 있어 수확에 많은 영향을 주는 기간이 활착기, 유수형성기, 수잉기 및 출수개화기인 것을 알 수 있다. 여기서 이앙재배의 활착기를 제외하면, 담수직파재배와 건답직파재배의 평상시 재배기의 물관리 방식은 이앙재배기의 물관리와 같다. 물이 약간 부족한 경우에는 활착기에 담수하고, 유수형성기와 수잉기 그리고 출수개화기는 담수가 아닌 지표관개를 하여 토양이 마르지 않게 하며, 분얼기와 호숙기는 토양이 습윤상태를 유지하도록 해준다. 그 밖의 무효분얼기와 황숙기 이후는 단수하는 관개시기결정 방법을 취한다. 물이 아주 부족한 경우에는 활착기와 유수형성기 그리고 수잉기에 지표관개를 하고, 출수개화기에는 토양을 습윤상태로 유지하게 하며, 그 밖의 분얼기와 무효분얼기 그리고 호숙기 이후는 단수하는 관개시기결정 방법을 취한다.

(2) 밭에서의 관개시기 결정

1) 물 부족이 없을 경우의 관개시기 결정

밭에서는 토양수분수준 또는 작물의 수분스트레스 상태를 측정하여 관개시기를 결정하게 된다. 토양수분수준을 기준으로 할 때에는 토양수분이 생장저

표 3-15 관개용수의 부족시 물관리 방법

구분	용수의 필요 정도	물 배 분 방 법	
		용수가 약간 부족한 경우	용수가 대단히 부족한 경우
활 착 기	가장 필요	담 수	관개 또는 습윤
분 얼 기	필 요	습 윤	단 수
무효분얼기	극 소	단 수	단 수
유수형성기	가장 필요	수회 관개	1~2회 관개
수 잉 기	가장 필요	수회 관개	1~2회 관개 또는 습윤
출수개화기	필 요	1~2회 관개 또는 습윤	습 윤
호 숙 기	필요 또는 적음	습윤 또는 단수	단 수
황 숙 기	적 음	단 수	단 수
완 숙 기	극 소	단 수	단 수

해수분점 이하 수준이 되는 때를 관개시기로 결정하는 가장 일반적인 방법이다. 비록 작물이 토양에서 이용할 수 있는 수분량은 포장용수량과 위조점 사이의 유효수분량이지만, 생장저해수분점의 토양수분량을 포장용수량의 50%로 볼 수 있기 때문에 이 값 이하의 토양수분조건에서는 작물이 수분스트레스를 받아 목표되는 생산량을 기대할 수 없다. 따라서 일반적으로 다음 관개예정일은 토양수분량이 포장용수량의 50%에 도달되는 날로 정하게 된다. 그러나 작물의 생장에 영향을 주는 토양수분조건은 작물의 종류, 생육상태 그리고 증발산량에 따라 다르다. 표 **3-16**은 증발산량에 따른 작물별 수분스트레스를 고려한 허용수분감소량을 나타낸 것이다.

표 **3-16**을 근거로 하여 관개시기를 다음과 같이 결정한다. 예를 들면, 표 **3-16**에서 5 mm의 증발산량을 갖는 콩은 50%까지 유효수분감소를 허용한다. 그림 **3-28**과 같이, 첫 번째 관개로 토양수분이 포장용수량에 이른 후에 증발산량에 의해 계속 감소되다가 2번의 유효강우량으로 인하여 총유효강우량을 소비하는 데 소요되는 기간만큼 허용감소량인 50%, 즉 생장저해수분점에 늦게 도달하며, 두 번째 관개시기는 그 만큼 늦어진다. 세 번째 관개시기는 두 번째 관개로 토양수분량이 포장용수량에 도달한 이후에는 유효강우량이 없으므로 증발산량에 의해서만 감소하게 되어 두 번째 관개시기보다 기간이 단축된다.

표 3-16 작물의 수분 스트레스를 고려한 허용수분 감소량

작물 그룹	ETm, mm/day								
	2	3	4	5	6	7	8	9	10
A	0.50	0.43	0.35	0.30	0.25	0.23	0.20	0.20	0.18
B	0.68	0.58	0.48	0.40	0.35	0.33	0.28	0.25	0.23
C	0.80	0.70	0.60	0.50	0.45	0.43	0.38	0.35	0.30
D	0.88	0.80	0.70	0.60	0.55	0.50	0.45	0.43	0.40

〔비고〕 : A－양파, 고추, 감자
B－바나나, 배추, 완두, 토마토
C－알팔파, 콩, 땅콩, 감귤류, 파인애플, 해바라기, 수박, 밀
D－목화, 귀리, 올리브, 포도, 잇꽃, 옥수수, 콩, 사탕무, 담배
〔자료〕 : Doorenbos and Kassam, 1979.

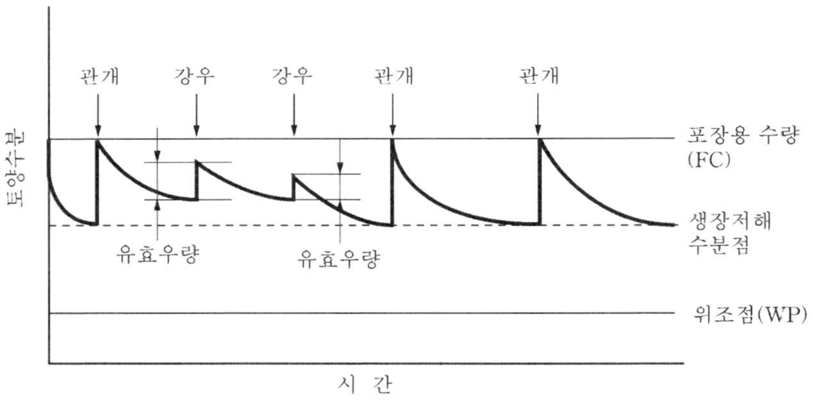

그림 3-28 생장유효수분량에 의한 밭관개의 관개시기 결정

이렇게 관개시기를 결정하기 위해서는 토양수분조사를 통하여 포장용수량과 위조점을 결정하고, 매일 매일의 토양수분을 측정하여 3.4.3절의 간단일수 계산을 통해야 한다. 토양수분소비형(SMEP)을 고려하는 경우에는 최상위 토층의 토양수분이 가장 빨리 소비하게 되므로 이 토층의 총용이유효수분량(TRAM)을 임계값으로 하며, 토양수분량이 이 임계값에 도달한 때가 관개개시일로 결정된다. 이 방법은 과거와 현재의 토양수분 상태를 정확히 표현해 주기는 하지만, 미래의 기상조건과 작물의 필요수량을 예측하기는 어렵다.

관개시기의 결정은 미래의 어느 날에 관개를 할 것인가를 예측하는 것이 중요하다. 이는 증발산량산정방법을 이용한 토양수분예측모형을 통하여 결정하게 되는데, 실제에 있어서는 그 날의 토양수분이 실제 값과 동일하다고는 말할 수 없다. 그러므로 어떤 시점에서 실제 값과 예측 값을 같은 값이 되도록 조정을 하여 나간다.

일반적으로 밭관개의 자동화 장비는 이를 극복하기 위하여 어떤 시점을 대상으로 토양수분측정기구를 부착하여 실측한 토양수분량과 토양수분예측모형에서 얻은 토양수분량을 비교하여 실측값으로 조정해 나가며, 이를 근거로 다시 예측모형을 통해 다음 관개시기를 결정하는 방법을 취하도록 설계되어 있다.

예제 3-8 밭에서의 관개량과 관개시기의 결정

토양의 포장용수량이 220 mm/m이고, 위조점이 128 mm/m인 양토에 고추를 재배하고자 한다. 근군역이 60 cm인 고추의 일평균증발산량이 6.5 mm/일이고, 포장용수량에 이르는 관개를 한 후 3일째에 유효강우량이 13.0 mm가 있었다. 토양수분유지수준을 유효수분량의 50%(생장저해수분점)으로 할 때 다음 관개시기를 결정하라.

풀이 생장저해수분점 = 위조점 + (포장용수량 − 위조점)/2

= 128 + (220 − 128)/2 = 174 (mm/m)

근군역의 생장유효수분량 = (포장용수량 − 생장저해수분점)(mm/m) × 근군역깊이(m)

= (220 − 174) × 0.6 = 27.6 mm

4일째 생장유효수분량 = 3일째 생장유효수분량 − 일평균증발산량 + 4일째 유효우량

= 14.6 − 6.5 + 13.0 = 21.0

관개 후 일수	0	1	2	3	4	5	6
잔여생장유효수분량(mm)	27.6	21.1	14.6	21.1	14.6	8.1	1.6

7일째의 토양수분이 생장저해수분점 이하로 내려가므로 7일째 관개를 해야 한다.

2) 물 부족한 경우의 관개시기 결정

밭관개에서도 논관개와 마찬가지고 수원에서 물이 부족할 때에는 최대 생산량을 만족하지 못하더라도 절수관개를 계획하여 관개시기를 결정할 수 있다. 관개용수가 부족한 미국의 서부와 건조한 지역을 중심으로 많이 연구된 이와 같은 절수관개 방법은, 관개를 해야 하는 시기를 토양의 유효수분을 생

장저해수분점보다 낮은 수준으로 내려가는 때로 결정하도록 한다. 그림 3-29와 같이 작물의 주요 생육단계를 성장기(영양생장기, vegetative), 중기(개화기, flowering/tasseling) 및 후기(성숙기, maturation)로 구분하고, 이 시기에 따른 관개가 작물수확량에 어떻게 영향을 미치는 지를 옥수수를 대상으로 조사한 것을 그림 3-30에 나타내었다. 여기서 I는 해당시기에 관개한 것을 나타내고, O는 무관개를 나타내었다. 즉, III는 영양생장기, 개화기 및 성숙기에 모두 관개를 하였고, 수확량이 가장 많게 나타났다. 수확량의 크기로 정리해 보

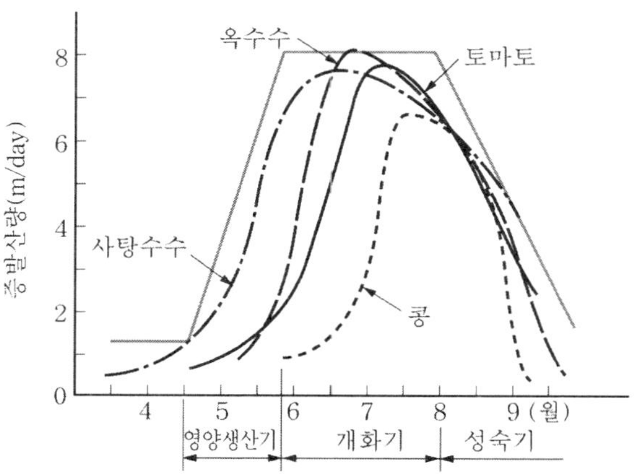

그림 3-29 밭작물의 생육단계별 필요한 증발산량

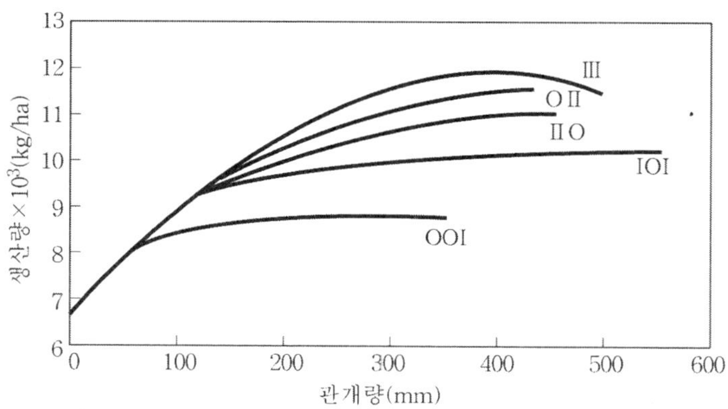

그림 3-30 옥수수의 생육단계별 관개와 무관개에 의한 수확량 비교 (I는 관개, O는 무관개)

면, OII는 개화기와 성숙기에만 관개한 것이고, IIO는 개화기 및 성숙기에만 관개를 하였으며, IOI는 영양생장기와 개화기에만 그리고 OOI는 성숙기에만 관개한 결과들이다. 그림 3-29는 3개 생육단계 중에서 개화기와 성숙기에 관개를 하는 것이 수확량에 가장 영향을 미치고, 다음은 영양생육기와 개화기에 관개하는 것이었다. 개화기를 제외하면 영양생육기에 관개하는 것이 안 하는 것보다 수확에 좋은 것을 보여주고 있다. 극히 예외적인 작물을 제외하면 일반적으로 같은 경향을 가지고 있는 것으로 본다. 따라서 수원공이 부족할 경우에는 작물의 수확량과 품질에 영향을 많이 주는 시기에 가급적 관개를 하도록 관개일정계획을 수립하고, 생장유효수분량의 범위 안에서 유지하도록 물관리를 하며, 그 외의 생육시기에는 보다 유연하게 토양수분조건을 운영하는 것이 바람직하다.

(3) 관개량의 산정

1) 논관개량 산정

논에서는 벼의 생육기별 최대담수심과 관개예정일의 담수심의 차이로 결정하는 방법과 필지용수량과 간단일수를 곱하여 계산된 관개량으로 결정하는 방법이 있다. 이 때 계산된 관개수심과 관개예정일의 담수심을 합한 값이 생육기별 최대(기준)담수심보다 작아야 한다.

수원에서 수량이 부족할 때에는 담수재배를 하는 벼에 있어서 관개량을 조절할 수 있다. 이 관개일정계획에서는 벼의 생육에 영향이 적은 기간 중에는 관개를 하지 않고, 영향이 심한 기간에 관개하는 물관리 방법에 따라 관개량을 결정한다. 표 3-17에서 보는 바와 같이, 벼의 생장에 결정적인 영향을 미치는 활착기와 벼의 수확에 큰 영향이 있는 유수형성기, 수잉기 그리고 출수개화기에 이르는 기간 동안에는 간단관개를 실시하여 논이 습윤상태를 유지하도록 한다.

2) 밭관개량 산정

밭에서는 근군역 내에서 관개예정일의 토양수분량과 포장용수량의 차이를 관개심으로 결정할 수 있다. 밭 관개량의 산정은 3.4.3절에서 설명한 것과 같이 토양수분소비형(SMEP)을 고려하지 않는 방법과 이를 고려하는 방법으로 구분된다. SMEP을 고려하지 않을 때는 근군역의 평균 토양수분량을 산정하여 관개량을 결정할 수 있지만, 이를 고려할 때에는 TRAM을 계산하여 관개량을 결정하게 된다. 밭관개에서 물이 부족할 때에는 관개시기의 결정에서 설명한 것과 같이 절수관개를 계획하게 되는데, 포장용수량을 만족하지 못하더라도 관개수량이 허용하는 범위에서 관개수량을 결정할 수 있다.

3. 4. 7 관개효율

[1] 적용효율(application efficiency)

적용효율은 수원으로부터 포장에 도달된 물 중에서 작물에 이용될 수 있도록 유효토층 내에 저류된 물의 비율을 말하며 포장에서의 관개 여부를 결정하는 중요한 지표이다.

$$E_a = \frac{W_s}{W_f} \times 100\ (\%) \tag{3·19}$$

여기서 W_f : 포장에 도달된 수량, W_s : 관개에 의하여 유효토층 내에 저류된 수량이다. 적용효율은 지표관개에서는 70% 이상, 스프링클러 관개에서는 80~90% 정도를 취한다.

[2] 송수효율(conveyance efficiency)

송수(送水)효율은 수원으로부터 취수한 물 중에서 포장에 도달된 물의 비율을 말한다.

$$E_c = \frac{W_f}{W_r} \times 100\ (\%) \tag{3·20}$$

여기서 W_f : 포장에 도달된 수량, W_r : 수원으로부터 취수한 수량이다. 송수효율은 콘크리트 수로에서는 90~95%, 관수로에서는 95% 이상을 취한다.

[3] 관개효율(irrigation efficiency)

관개효율은 수원으로부터 취수한 물 중에서 포장의 유효토층에 저류되는 물의 비율을 나타내는데, 적용효율과 송수효율을 곱해서 구한다.

$$E = \frac{E_a}{100} \times \frac{E_c}{100} \times 100\ (\%) \tag{3·21}$$

[4] 저류효율(storage efficiency)

저류효율은 관개 전에 유효토층에서 필요한 물 중에서 관개에 의해 유효토층에 저류된 물의 비를 말한다.

$$E_s = \frac{W_s}{W_n} \times 100\,(\%) \qquad (3 \cdot 22)$$

여기서 W_n : 관개 전에 유효토층에 필요한 수량(= 포장용수량 − 관개 직전의 수분량), W_s : 관개에 의해 유효토층에 저류된 수량이다.

[5] 물배분효율(distribution uniformity)

배분효율은 포장에서의 평균 침투심에 대한 가장 작은 침투심으로부터 25%에 해당하는 작은 침투심까지의 평균값의 비를 말한다.

$$E_d = \frac{h_m}{h_a} \times 100\,(\%) \qquad (3 \cdot 23)$$

여기서 E_d : 배분효율, h_a : 평균 침투심, h_m : 가장 작은 침투심으로부터 25%에 해당하는 작은 침투심까지의 평균값이다. 배분효율은 80% 이상의 값이 바람직하다.

예제 3-9 0.02 m^3/s의 용수가 5 ha의 포장에 2일 동안 공급되어 깊이 5 cm의 토양수가 유효토층에 저류되었다. 적용효율은 얼마인가?

풀이 포장에 도달된 수량 : $W_f = 0.02 \times 2 \times 86{,}400 = 3{,}456\ m^3$

유효토층에 저류된 수량 : $W_s = 0.05\,(m) \times 5 \times 10^4\,(m^2) = 2{,}500\ m^3$

따라서, 적용효율은 $E_a = W_s/W_f \times 100 = 2{,}500/3{,}456 \times 100 = 72.3\,(\%)$

3.5 관개사업계획

관개에 의한 토지의 생산성을 높이기 위해 물을 수원(水源)에서 끌어 농지에 조직적으로 공급하는 계획을 관개사업계획(灌漑事業計劃) 또는 용수계획(用水計劃)이라고 한다. 따라서 이와 같은 관개사업계획은 대개 작물이 자라는 데 물이 부족한 경우 또는 새로 농경지를 조성하는 경우에 필요하게 된다.

물이 부족한 경우로는 수원(水源)에 물이 적어 자주 한해(旱害)를 입을 때와 수원에는 물이 충분히 있지만 취수시설이나 용수로시설이 잘못되어 있거나 완비되어 있지 않아 농지에 물을 순조롭게 댈 수 없는 경우가 있으며, 관개방식의 채용 및 물관리가 잘못되어 있을 때 등을 들 수 있다. 그러므로 관개사업계획에서 문제가 되는 것은 용수원에서 필요한 양의 물을 확보하는 일,

경제적이고도 완전한 수원시설 및 용수로시설을 갖추는 일, 물의 균등배분과 용수의 절약문제, 관개방식의 채택문제, 관개면적의 결정문제 등이며, 관개사업계획에 차질이 없게 하기 위해서는 이에 대한 종합적인 검토가 필요하다.

또한, 이와 같은 관개시설을 설치하는 데에는 보통 많은 공사비가 소요되므로 관개개선을 함으로써 생기는 작물의 생산성 향상과 공사비와의 관계를 대조하여 경제적 효과를 거둘 수 있는 계획, 즉 투자효율(B/C)이 높은 계획을 세워야 한다. 만일, 투자효율이 나쁘면 그 계획은 성립할 수 없으므로 관개지구로는 가급적 유리한 곳을 선정해야 한다.

관개사업계획은 작물을 대상으로 하기 때문에 영농개선계획과 일치되도록 해야 한다. 따라서 단순한 토목기술에 관한 지식만으로는 불합리한 결과를 초래하기 쉬우므로, 물관리를 비롯한 영농기술, 경영, 경제를 종합한 고도의 지식이 필요하다.

관개사업계획이 잘못되면 많은 예산을 들여 만든 귀중한 시설이 제대로 구실을 다하지 못하여 전혀 쓸모 없는 것이 되는 경우가 있으므로 관개의 효과를 높이기 위해서는 주도 면밀한 관개사업계획을 수립해야 한다.

관개사업계획시에 다른 사업과 마찬가지로 타당성 조사를 하여야 하며, 이에는 경제적 타당성은 물론이며 기술적 타당성, 재정적 타당성, 정치적 타당성, 사회적 타당성 등을 조사하여야 한다.

또한 일정한 규모 이상의 관개사업, 배수개선사업, 용수개발사업 등 여러 가지 농업생산기반정비사업을 승인 전에 사업승인기관은 환경관서와 환경영향평가 또는 사전환경성 검토 협의를 하여야 한다. 이러한 제도의 목적은 개발과 보전이 조화를 이루는 환경친화적이며, 지속가능한 개발을 유도하고 쾌적한 환경을 유지, 조성하는 것을 목적으로 한다. 환경은 일단 한번 파괴되면 원상회복이 매우 어렵고, 또한 복구에 막대한 비용이 소요된다. 따라서 환경문제에 효율적으로 대처하기 위해서는 환경훼손에 대한 사전예방적 노력이 매우 중요하다.

환경영향평가 및 사전환경성 검토 제도는 사업시행으로 야기되는 환경훼손에 대한 사전예방제도로서 각종 개발 계획이나 개발사업을 수립·시행함에 있어서 계획 초기단계에서 예상되는 환경영향을 종합적으로 검토, 분석하여 환경영향을 미리 예측하고, 이 영향을 줄일 수 있는 대안의 마련 및 이를 바탕으로 사업계획의 수정이나 취소 및 사업지구의 변경 등의 필요성 여부까지 결정할 수 있는 제도이다.

3. 5. 1 관개사업계획의 체계

관개사업계획은 일반적으로 지구의 현황조사에 근거하여 수립하게 되며, 그 순서는 대체로 그림 3-31에서 보는 바와 같다. 먼저 관개대상 지역이 대략적으로 정해지면 그 지역에 대한 관개의 필요성, 현재의 용배수계통, 용수량, 자연조건, 영농 및 재배실태, 수질, 수온, 공사조건 및 기타 관련사업 등을 상세히 조사한다.

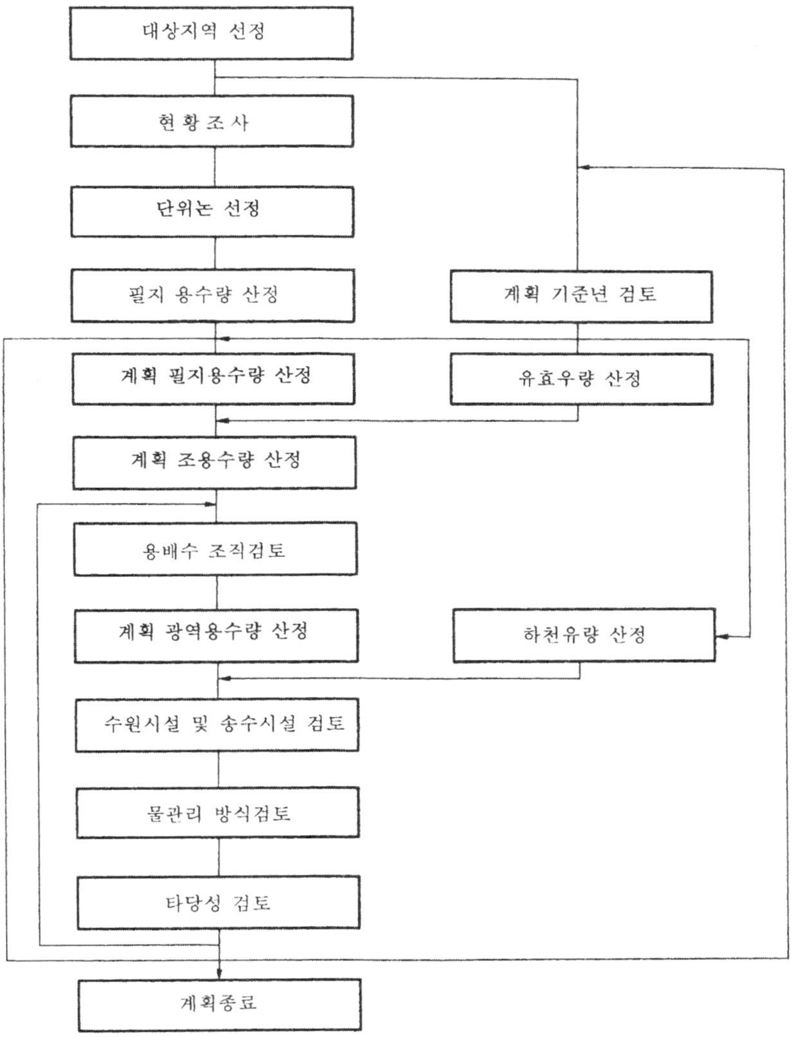

그림 3-31 관개사업계획순서도

장래의 재배방식 및 농지정비, 건답화 계획 등을 고려하여 각 단위논에 대한 감수심을 추정하고, 여기에 재배관리 용수량을 고려하여 필지 용수량을 정한다. 다른 한편으로는 유효우량 및 갈수량 등을 분석하여 계획의 기준이 되는 특정년, 즉 계획기준년을 정한다. 계획기준년이 정해지면 조용수량과 용수의 반복이용을 고려한 광역 용수량을 정한다.

하천유량을 산정하고, 하천유량과 광역 용수량을 비교・검토하여 하천, 저수지, 담수호, 지하수 등의 관개수원을 정하여 수원시설을 계획하고, 또한 농지에 물을 공급하는 용수로시설을 계획한다.

그 밖에 물관리 조직과 방법 등을 검토하고, 시설에 대한 기술적・경제적 타당성을 검토한다. 이 사업의 목적을 가장 경제적으로 달성하기 위해서는 이와 같은 관개사업계획의 순서를 여러 수준에서 반복 검토한다. 최종적으로 최적의 계획을 얻었다면 계획이 완료되었다고 할 수 있으며, 관개에 의한 작물의 생산성 향상이 사업비를 초과하는 것이 확인되면 실시계획을 세운다.

3. 5. 2 관개지구의 선정 및 현황조사

관개대상 지역이 결정되면 계획 용수량, 수원시설, 용배수조직, 관개방식 등을 계획하기 위한 현황조사를 상세하게 실시한다. 이 조사가 끝나면 계획에 들어가는 것이 원칙이지만, 계획 도중에 새로이 조사해야 하는 경우도 많으므로 조사와 계획은 피드백(feed back)하면서 병행시키는 일이 많다. 이 계획을 위하여 조사해야 할 사항을 들어보면 다음과 같다.

[1] 대상지역선정

지역 주민의 신청에 의하든, 아니면 국가적 필요에 의하든 관개의 필요성이 생기면 먼저 대략 1/50,000 또는 1/25,000의 지도상의 계획에 의거 답사한 후 계획에 넣을 대상지역의 범위를 정한다.

대상지역은 관개에 의하여 이익을 얻는 지역(수혜지역)이며, 또한 물 사용료 및 유지관리비의 부과대상이 되는 지역이므로, 지역의 범위를 결정하는 데 있어서는 예정지역 내의 농민의 의견을 참작하여 결정해야 함은 물론이지만, 계획할 관개시설의 규모와의 상호관계를 감안하여 가장 유리하게 결정해야 한다.

10 a당 공사비를 싸게 하기 위해서는 수혜면적을 될 수 있는 대로 넓게 잡는 것이 좋지만, 그 수혜면적을 관개할 수 있는 양의 물이 확보될 수 있는가

가 중요한 문제가 된다. 그리고 오랜 수리관행으로 수리질서가 불합리한 곳은 그 계획에 포함시켜 정당한 수리권을 확립하도록 한다.

[2] 현황조사

농작물은 기온 · 일조 · 토양 등의 환경조건이 좋아도 생육에 필요한 수량이 적절하게 공급되지 않으면 생육장해를 일으켜 감수를 초래한다. 따라서 관개의 필요성을 알기 위해서는 작물의 피해량 및 용수 부족량에 대한 조사를 해야 한다.

(1) 피해량 조사

관개의 필요성을 경제적 측면에서 간접적으로 파악하려는 방법으로서 용수가 부족한 해의 수확량과 용수의 공급이 순조로운 해의 수확량을 비교하여, 용수 부족에 의한 피해량에 따라 관개의 필요성을 판단한다. 이 조사법에는 청취법과 자료에 의한 방법이 있으며, 전자의 경우에는 지역 내를 답사하여 용수 부족의 시기, 장소, 면적, 피해량의 개요 등을 농민들로부터 청취하고, 후자의 경우에는 농림통계 등으로부터 용수 부족에 따른 피해량 및 피해면적을 조사한다.

(2) 부족수량 조사

이 조사는 용수시설의 필요여부 및 그 보완자료를 얻기 위한 것으로서 부족수량을 비롯하여 그 시기 · 장소 · 원인 · 면적 등을 조사한다. 이들 조사내용은 용배수계통 조사와 필요수량 조사의 결과를 함께 고려함으로써 밝혀지며, 용수 계통별 및 생육기별로 정리해 두어야 한다.

부족수량은 관개지구의 필요 용수량(조용수량)으로부터 현재의 공급수량(이용가능수량)을 감하여 구한다. 그러나 용수량은 이앙기 · 분얼기 · 수잉개화기 등의 생육기에 따라 각각 다르고, 또한 현재의 공급수량도 수원의 유량, 하류의 수리권수량(水利權水量) 등에 따라 달라진다.

따라서 조사에 있어서는 용수원의 수량이 부족하여 용수 부족현상이 있는 경우에는 확보해야 할 수량 및 수원시설의 조사에 중점을 두고, 용수원의 수량이 충분한 데에도 용수가 부족한 경우에는 관개시설에 결함이 있는 경우가 많으므로 수원시설에 결함이 없는가 또는 용수로의 통수단면이 충분하고 누수는 없는가 등에 대하여 조사할 필요가 있다.

용수원의 수량이 충분하지 않은 경우에는 새로 보급할 수원을 구해야 하고, 용수원의 수량이 충분한 데에도 부족현상이 나타나는 경우에는 수원시설을 비롯하여 용수로시설 및 물의 관리방법과 이용방법 등에 대한 결함을 찾아 그 대책을 강구해야 한다.

(3) 용배수계통조사

새로운 용배수조직을 계획하기 위한 조사로서 현재의 용배수계통(수원 · 용배수조직 · 용배수시설의 위치 · 재배면적 등)을 조사하는 동시에 용수 계통별 수원 · 수리권 · 수리시설 · 수리관행 및 물관리의 실정 등을 조사하여 용수의 과부족이 생기는 장소 · 시기 · 원인 등을 명확하게 한다. 이를 위해서 용배수계통도는 블록다이아그램(block diagram)으로 작성해야 하며, 이에 수리시설의 종류 · 통수량 · 구조 · 수리권수량 등을 알기 쉽게 기입한다. 이에 따라 현재의 물의 반복 이용상황도 파악할 수 있다.

(4) 지형 · 지질 · 토양 및 지하수위조사

지형 및 지질조사는 토지이용 · 관개시설 · 용배수조직 · 하천유량 · 용수의 반복이용 등 관개사업계획 전반에 걸쳐 대단히 큰 영향을 끼치므로 상세하게 조사해야 한다. 특히, 지형과 지질은 수로를 배치하거나 저수지를 비롯한 관개시설의 위치를 결정하는 데 큰 영향을 끼치므로 측량하여 지형도를 작성해야 한다. 구조물의 위치가 적합한가, 그리고 시공이 어려운가 아니면 쉬운가는 지질과 토양을 형성하고 있는 모암에 의해 좌우되므로 지역 내외의 지질계통 및 토양을 형성하고 있는 모암의 상태를 알 필요가 있다.

토양 및 토층단면은 작물의 생육과 밀접한 관계가 있고 침투량과도 직접 관계가 있을 뿐만 아니라 토층개량의 여부 및 용수량 계획의 기초가 되므로, 토양도(土壤圖) 등에 의하여 지역 전반의 토성을 조사함과 동시에 용수량과 깊은 관계가 있는 지하수위의 깊이와의 관계도 조사하지 않으면 안 된다.

(5) 기상조사

기상은 지역 내의 용수 상황을 좌우하는 최대 요소이다. 특히, 강우량과 증발량에 관한 자료는 용수량 및 배수량을 계획하는 데 필요할 뿐만 아니라, 하천유량의 추정을 통한 수원계획에도 중요한 역할을 하므로 이들 자료는 계획대상지역 및 그 주변의 관측소 등으로부터 가급적 장기간에 걸쳐 수집하고(적어도 최근 10년 이상의 것이 필요함), 목적에 따라 5일별 · 10일별 · 월별 등으로 나누어 정리해야 한다.

계획지역이 광대한 경우에는 몇 개 지점의 자료를 조사해야 한다. 그리고 계획지역에 적당한 강우 기록자료가 없는 경우에는 Thiessen법 등으로 구하여 사용하므로 계획지역 주변의 강우 기록값을 적어도 3개소 이상의 것을 수집해야 한다.

그 밖에 작물의 생육과 관계가 있는 자료로서 기온·강설기간·결빙기간·풍속 및 풍향·연속한발일수 등을 조사하고, 특히 각종 수리구조물의 설계를 위해 과거의 최대 일우량, 최대 시우량, 최대 4시간우량, 최대 연속강우량, 최대 연속한발일수, 관개기간의 최대 증발량 등 특수 기상요소를 조사해 두어야 한다.

(6) 수문조사

수문조사는 유역에 대한 유출률이나 유출량 또는 홍수량을 책정하기 위한 기초자료 및 보, 양수장, 지하수, 우물 등의 용수 설계에 필요한 자료를 수집하기 위한 것으로서, 특히 갈수위와 갈수량을 포함하는 대상지역의 하천의 수위 및 유출량에 관한 자료를 조사하는 한편, 지하수의 부존량과 지하수위에 관한 자료를 수집·분석하여 계획의 기준이 되는 특정년 또는 빈도년수를 정한다. 이 조사에 사용되는 하천 유량자료는 10개년 이상에 걸친 것을 수집해야 하며, 이 자료는 최소한 한 관개기간의 유량실측을 통하여 확인해 둘 필요가 있다.

(7) 영농 및 재배실태조사

대상지역 내의 토지이용 상황(전답별 재배작물명) 및 영농구조를 조사해야 하는데, 이것은 관개사업계획의 기초가 된다. 그리고 물관리방식을 검토하고 용수량의 변화를 예측하기 위해서 각 작물의 재배방법 및 농작업 체계를 조사해야 한다.

(8) 수온 및 수질조사

1) 수온조사

수온조사는 작물에 대한 냉해, 특히 벼의 냉수관개에 의한 피해를 사전에 막기 위한 자료를 얻기 위하여 실시하며, 냉해가 발생할 염려가 있는 경우에는 수원 또는 취수 및 분수지점·용수로·포장 등에서 필요에 따라 수온을 측정하여 온수시설의 필요성 여부를 검토하고, 온수시설의 설치위치 및 종류 등을 정할 자료를 수집한다. 그리고 수온측정에 있어서는 기온측정을 함께 하게 되는데, 일반적으로 봉상 수온계·서미스터(thermistor) 수온계·저항 온도계 등을 사용하며, 하천의 수온은 유심부 부근에서 측정하고, 댐의 수온 수직분포는 가장 깊은 곳을 선정하여 측정한다.

2) 수질조사

수질조사는 관개용수로 사용할 물이 적합한가를 판단하고, 수질오염을 방지하기 위한 자료를 얻기 위하여 실시하며, 관개에 이용할 물 속에 있는 용해물질 및 부유물질(SS)의 성분과 양을 조사한다.

(9) 기타 관련 사업에 대한 조사

기타 용수의 개발계획 및 지역개발계획 등 관개사업계획과 직접 관계가 있는 사업에 대하여 충분히 조사해 둔다.

1) 수원시설을 공동 이용하는 경우

다목적댐이나 다목적 취입보 등의 수원시설의 건설에는 많은 공사비가 소요되므로 공동 이용하면 공사비의 부담을 경감시킬 수 있어 쌍방이 모두 유리한 경우가 많다. 이와 같은 경우에는 공동 이용시설에 대한 비용분담을 위하여 목적별 건설비 · 타당투자액 등의 산정에 필요한 부문별 저수용량, 취수량, 취수지점, 수로연장, 수익액 등의 모든 자료를 조사 · 수집한다.

2) 농업용수 이용과 수력발전

농업용수와 수력발전의 경합은 물을 이용하는 양과 시기 및 시간의 문제가 있다. 농업에 있어서는 관개기에 안정한 수량공급을 요하는 데 비하여, 발전에 있어서는 시설의 경제적 효율을 높이기 위해 연간을 통하여 일정한 방류를 요한다. 따라서 쌍방의 손실이 최소가 되도록 기별 발전 · 방류계획 및 작부계획을 충분히 조사하여 검토해야 한다.

또한 최근의 전력공급은 화력발전(56%)과 원자력발전(42%)이 위주가 되고, 수력발전은 전력수요가 최대인 때에 대처하는 식으로 이루어지는 경우가 많으므로 하류의 하천수위와 유량에 시간적 변화가 생겨 농업용수의 계속적인 취수가 어렵게 되는 경우가 생기게 된다.

따라서 관개기의 피크 발전의 유무, 상시 사용수량, 상시 최대사용수량, 농업용수 취수지점의 수위의 시간적 변화 등을 조사하여 역조정지의 필요성을 검토해야 한다.

3.5.3 관개사업계획

사업계획을 수립하는 데 있어서는 현황조사 결과에서 나타난 여러 가지 조건하에서 물수요를 어떻게 구체적으로 충족시킬 수 있는가에 대하여 가급적 많은 계획안을 만들어 서로 비교 · 검토한 후 안전하고도 경제적이며 유지 관리면에서 유리한 것을 가장 적합한 최종안으로 삼는다. 일반적으로 사업계획에는 다음과 같은 내용이 포함된다.

① 용배수계통의 규모(수혜구역의 범위 및 시설의 크기 등의 결정)

② 용배수시설의 기본구조(기간시설, 즉 댐·취입보·양수장·수로 등의 배치 및 구조의 결정)

③ 공사비의 산정 및 사업효과의 추정

④ 용배수시설의 관리방법

[1] 계획기준년의 선정

일반적으로 관개사업계획에서 보통 10년에 한 번 나타나는 정도(10년 빈도)의 한발년을 계획기준년(reference year for design)으로 삼는다. 10년 빈도의 한발보다 큰 해를 계획기준년으로 정하면, 한발에 대해서는 안전하지만 관개시설이 커져 건설비와 관리비가 증대하게 된다.

계획기준년의 결정방법은 지역계획에서 입수가능한 수문자료 및 수원의 종류에 따라 다르지만, 연속한발일수 혹은 필요저수용량 등에 대하여 10% 초과확률값을 구해 10년 확률년에 가까운 해를 선택하든가, 최근 10년에서 제1위의 한발년을 계획기준년으로 한다. 제1위의 해를 이상한발의 해로 보는 경우에는 제2위의 한발년 혹은 10년 빈도의 한발년에 상당하는 해를 선택한다.

[2] 계획 용수량

계획 용수량은 계획기준년의 관개기 중에 나타나는 용수량을 말한다. 또한 설계 용수량은 계획 최대 용수량을 말하는데, 이것은 취수장치의 규모, 양수기의 구경, 용수로의 통수단면의 크기를 결정하는 기준이 된다. 설계 용수량은 논의 경우에는 이앙시나 중간낙수 후의 재관개시기와 같이 짧은 기간 내에 물을 가장 많이 필요로 하는 시기에 나타난다. 특히 설계 용수량을 단위면적당의 유량(m^3/s/ha)으로 표시한 것을 단위 용수량이라고 한다.

[3] 관개방식의 선정

관개사업계획에서 어떤 관개방식을 채택하느냐에 따라 계획 용수량·수원시설 계획, 용수로시설 계획, 관개용수의 절약, 물관리, 작물의 성장 등에 끼치는 영향이 크므로, 관개방식을 선정할 때에는 신중을 기해야 한다.

논의 경우 용배수로의 계획에서 용배수분리를 원칙으로 하지만, 산간부의 논에서는 용배수 겸용수로가 경제적으로나 물관리면에서 볼 때 유리한 점이 많으며, 수원이 부족되기 쉬운 곳에서는 간단관개 또는 순환관개방식을 택하는 것이 좋고, 지역이 광활하여 물의 균등배분이 어려운 곳에서는 윤번관개방식을 계획하는 것이 좋다.

밭의 관개방식으로는 일반적으로 간단관개방식이 채용되고 있지만 토양의 종류, 토지의 기울기 및 등고선의 상태, 수원수량, 관개시설비 및 경상비 등을 종합·검토하여 가장 적합한 방법을 선정해야 한다. 사질토와 같이 보수력이 작고 투수성이 큰 토양 또는 수원수량이 부족한 곳에서는 지표관개는 적당하지 않고 스프링클러 관개 또는 물방울 관개를 계획하는 것이 좋으며, 경사지에서는 원칙적으로 스프링클러 관개가 바람직하다. 또한 관개시기에 5 m/s 이상의 바람이 계속해서 부는 지방에서는 스프링클러 관개가 적당하지 않다.

근래에 와서는 영농의 기업화와 생력화(省力化)를 특히 요구하고 있어 스프링클러 관개가 시설비 및 경상비면에서 불리한 점은 있지만, 어떠한 지형·토양 또는 작물에도 비교적 널리 적용할 수 있어 많은 각광을 받을 것으로 전망된다.

[4] 수원계획

수원계획을 수립하려면 먼저 하천, 호소, 지하수 등의 자연수를 이용할 수 있는가를 확인한다. 이를 위해서는 수질 및 수온 문제를 고려함과 동시에 시기별 이용가능수량을 조사하여 계획구역의 물수요량을 충족시킬 수 있는가를 검토해야 한다. 시기별 이용가능수량이 부족한 경우에는 신규개발수원으로서 저수지에 의한 수원확보를 생각하고, 충분한 경우에는 취입보·양수장·관정 등의 설치를 계획한다.

계획기준년에 있어서의 취수예정지점의 유입량으로부터 하류 쪽으로 보낼 책임방류량(기득수리권수량 + 하천유지 용수량)을 뺀 나머지 이용가능수량과 생육기별 용수량을 비교·검토한 후, 전관개기간에 걸친 부족수량을 파악한다.

저수지는 부족한 수량의 공급원으로서 계획하지만, 저수지계획상 가장 중요한 것은 저수지의 공급수량의 확보, 경제성, 안전성 등과 중대한 관계가 있는 댐터(dam site)를 선정하는 일이며, 계획저수량을 확보하는 데 있어서 자기유역이 부족한 경우에는 간접유역으로부터의 취입을 검토·계획해야 한다.

그리고 취입보, 양수장, 지하수공 등의 취수계획에서 중요한 것은 취수위치의 선정, 취수방법의 결정, 시설용량의 결정 등이며, 하천수를 이용하는 경우에는 하류 쪽에 있는 기득수리권을 침해하지 않도록 유의해야 한다.

하천의 수위를 약간 높임으로써 자연관개가 가능한 곳에서는 취입보의 시설계획을 해야 하고, 농경지가 높게 위치하여 자연관개가 불가능한 곳에서는 양수장 계획을 해야 할 것이다. 시설용량은 일반적으로 계획최대 용수량을 기준으로 하여 결정한다.

[5] 송배수계획

송배수(送配水)계획에 있어서는 i) 관개지역의 구역분할, ii) 수로노선의 선정, iii) 소요수두의 결정, iv) 통수용량의 결정, v) 송수와 배분조작 방법의 선정, vi) 조정지의 배치 등이 계획의 주내용이 된다.

관개지역은 지형 등의 조건으로부터 송배수하기에 적합한 구역으로 분할하고, 계획 용수량을 기준으로 하여 배분할 수량을 정한다. 수로의 노선은 수원의 취수지점과 관개지역과의 관계, 지형, 지질, 지가, 토지이용상황 등을 고려하여 그에 따라 각종 수리구조물의 위치 등을 정한다.

용수를 배분할 때 필요한 수두는 각 포장단지의 입구의 표고와 필요한 수심 또는 수압에 의하여 정해진다. 수리경사는 수원의 취수점의 수두와의 관계로부터 수로 내의 각종 구조물의 손실수두를 고려하여 설정할 수 있지만, 유량의 크기에 따라 변화되므로 계획 용수량에 의한 것을 수리경사의 기준으로 정한다.

또한, 계획 용수량 이외의 통수상태에 대해서도 검토하여 안전성을 확실히 해 둘 필요가 있다. 수로의 각 구간의 통수용량은 계획 용수량, 물의 배분방법, 예상 손실 수량 등으로부터 정한다.

용수의 조작 및 분수(分水)에 있어서는 조작 및 분수 방법에 따른 분수공·수문·밸브의 기능 및 구조 등을 정하고, 이에 대해서는 평상시는 물론 갈수시와 홍수시에 대한 것도 고려해야 하며, 그에 따라 수로물넘이 등의 안전시설과 조정지(調整池)와 팜폰드(farm pond) 등의 조정시설의 필요성을 검토하여 설치장소를 정한다.

조정지는 용수 관리 도중의 손실 수량을 억제하거나 용수 관리를 용이하게 하기 위하여 수로의 중간부 또는 하류부에 설치하며, 그 용량은 최대 또는 최소 사용수량, 유량변경 조작시간의 간격, 수원 또는 상류 쪽 조정지로부터의 용수 도달시간, 허용 무효방류량 등의 요소로부터 산정한다.

각 필지(배미)에 대한 관개의 균일성을 유지하기 위해서는 포장에 대한 적정한 구획을 나누는 것이 필요하며, 특히 이앙 용수의 윤번관개가 원활히 이루어질 수 있도록 분구를 만들어야 한다.

[6] 시설의 운영관리계획

용배수시설의 조직이 그 기능을 충분히 발휘할 수 있게 하려면 계획·설계 및 시공이 잘 되어야 하지만, 이에 못지 않게 운영상태가 면밀해야 하므로 관개사업계획에 있어서는 장래의 구체적인 시설관리의 형태 및 방법을 종합·검토하여 시설조직 전반에 걸쳐 그 기능이 제대로 발휘될 수 있도록 계획해야 한다.

시설의 운영효과는 계획 시점으로부터 상당히 경과된 후에 나타나므로 그 동안의 사회적·과학적·기술적 환경변화에 대처할 수 있도록 관리시설의 계획을 수립해야 한다. 관리시설에 투입할 경비의 많고 적음은 직접 사업비에 영향을 끼치므로 이 점에 대하여 유의해야 하지만, 앞으로 경제성장에 따라 수자원의 종합개발·물이용의 합리화·시설의 근대화 등의 필요에서 보다 발전된 운영관리방법이 검토되어야 할 것이다.

3. 5. 4 수문해석

[1] 장기 유출해석

관개시설계획을 위해서는 신뢰성 있는 홍수유출 및 장기 유출의 추정이 필요하다. 장기 유출량 추정방법으로는 여러 가지가 있으나 여기서는 우리나라에서 사용되고 있는 가지야마식〔梶山式〕, 지역화 물수지 회귀모형 및 탱크모형에 대하여 설명하기로 한다.

(1) 가지야마〔梶山〕의 월유출량 공식

우리나라에서는 저수지의 유입수량을 가지야마〔梶山〕공식에 의하여 계산하고 있는데, 이 공식에 의한 계산법은 다음과 같다.

$$C = \sqrt{R^2 + (138.6f + 10.2)^2} - 138.6f + E \qquad (3 \cdot 24)$$

여기서, C : 월별 유출량(mm), R : 월별 강우량(mm), f : 계수(표 3-17 참조), E : 월별보정계수(표 3-18 참조)이다.

이 공식은 다음과 같은 가정 하에서 유도되었다.

① 우리나라 조사대상 하천에서의 유출률은 40~70%, 평균 55%이다.

② 유역에서의 연평균 유출량은 500 mm이며, 이 때 $f=1.0$, 그리고 600 mm, 700 mm일 때에는 $f=0.8$, $f=0.6$, 400 mm, 300 mm일 때에는 $f=1.2$, $f=1.4$로 각각 변화시킨다.

표 3-17 계수 f의 값

유역의 상황	f의 값
• 유역 내에 농경지와 임야가 많고 경사가 느리며 연평균기온이 높고, 유하 거리가 길어 유역 내의 소비수량이 가장 많아 유출량이 가장 적은 경우	1.4
• 위와 대략 같지만, 유역 내에서의 소비수량이 비교적 많아 유출량이 비교적 적은 경우	1.2
• 유출량이 보통인 경우	1.0
• 유역으로부터의 유출량이 비교적 많은 경우	0.8
• 유역이 황폐되고 경사가 급하며 유로가 짧아 유출량이 가장 많은 경우	0.6

표 3-18 월별보정계수 E의 값

강우량 (mm)	월			별			
	1월	2월	4월	5월	6월	9월	10월
0	−2.5	−2.5	5.0	−	−2.0	6.0	9.0
10	−2.0	−2.0	5.5	−	−3.0	6.4	6.3
20	−1.5	−1.5	6.0	−	−3.0	4.8	5.6
30	−1.0	−1.0	9.5	−	−6.0	7.2	4.9
50	−	−	8.5	−2.4	−9.0	8.0	3.5
70	−	−	7.0	−3.6	−12.0	8.8	2.1
80	−	−	10.5	−6.0	−17.0	9.2	1.4
100	−	−	5.0	−12.0	−20.0	10.0	−
150	−	−	−	−6.0	−26.0	11.0	−
200	−	−	−	−	−30.0	12.0	−
250	−	−	−	−	−22.5	9.0	−
300	−	−	−	−	−15.0	6.0	−

〔주〕: 3, 7, 8, 11, 12월의 보정계수는 없다. 즉, 전부 $E=0$이다.

③ 월강수의 유무를 막론하고 기저유량은 10.2 mm로 한다.

④ 유역 내에서 월평균강우량이 어느 한도 이상이 되면 유역 내에서의 최대 소비한도는 186.6 mm로 한정한다.

⑤ 계절적 또는 월강수량의 다소에 따라 보정값 E를 변화시킨다.

유입량 계산은 관개기와 비관개기의 2기로 나누어서 하고 관개기는 순별유출량, 비관개기는 월유출량을 계산하며, 순별유출량은 식 (3·24)로 계산한 월별유출량을 순별우량의 비로 나누어 산출하고, 순별우량이 없거나 5 mm 이하인 때에는 식 (3·25)로 그 순의 유출량을 보정하여 구한다.

$$C_0 = \frac{10.2 + E_0}{3} \qquad (3 \cdot 25)$$

여기서, C_0 : 보정순별유출량, E_0 : 그 기간의 보정계수(표 3-18에서 강우량이 0인 때의 값)이다.

그 결과 다른 순별유출량은 그 월유출량에서 식 (3·25)로 계산한 보정 순별유출량을 뺀 나머지 순의 강우량의 비로 배분·산출한다. 순별우량이 5 mm 이내인 극소 우량의 순별유출량은 3.4 mm(즉, C_0에서 $E_0 = 0$인 때의 값) 정도 취하면 된다.

(2) 지역화 물수지 회귀 모형

본 모형은 물수지와 회귀분석의 기초이론과 우리나라 33개 수문지점에 대한 월평균 유출심을 사용하여 월유출량을 추정할 수 있는 회귀모형이다. 하천유출량의 물수지를 강우량, 증발산량, 토양수분변화량 등으로 단순화하고, 유역강우량, 증발계증발량, 전월유출량 등을 변수로 하여 회귀모형화한 결과는 식 (3·26)과 같다.

$$Q_i = b_0 + b_1 P_i + b_2 Q_{i-1} + b_3 E_{Pi} \qquad (3 \cdot 26)$$

여기서, Q_i : 월유출량, b_0 : 절편, b_1 : 강우중에서 차단, 지표저류량 및 하도손실량을 뺀 직접 유출성분의 지표, P_i : 유역강우량, b_2 : 토양수분의 변화에 따른 유출지체를 나타내는 기저유출의 지표, Q_{i-1} : 전월유출량, b_3 : 토양수분과 토양피복 상태에 따른 유역증발산에 의한 손실의 지표, E_{Pi} : 증발계 증발량

유역의 수문반응을 대변할 수 있는 이들 회귀계수를 유역의 수문반응이 유사한 몇 개의 군으로 나눈 후, 표 3-19의 식들로 나타냈다.

(3) 탱크모형

탱크모형은 Sugawara(1956)에 의해 단일탱크의 선형시스템모형의 개념에서 출발된 것이다. 그림 3-32는 탱크모형을 나타내는데, 측벽의 구멍은 하천으로의 유출공(流出孔), 하단의 구멍은 하층으로의 침투공(浸透孔)을 표현한다. 탱크모형에서는 1단 탱크로 투입된 강우는 침투공을 통하여 순차적으로 그 아래에 있는 탱크로 전달되는데, 유출공 혹은 침투공으로부터의 유출량은 각 구멍의 높이를 넘는 수심에 비례한다고 가정한다. 강우는 1단 탱크로 투입되고, 2단 탱크는 1단 탱크의 유출공으로부터의 유출량이 투입된다. 그 날에

대한 하천유출량은 각 탱크로부터의 유출량의 합계로 계산된다. 강우가 없는 날에는 증발산량(mm/d)을 부(負)의 강우로 간주하여 1단 탱크로부터 빼는데, 1단 탱크에 물이 없으면 2단 탱크에서 뺀다.

계산은 일반적으로 일단위로 행해지며 유출량은 일유출고(mm/d)로 표시된다. 예를 들면, 1단 탱크에서 상단 유출공으로부터의 유출량은 탱크의 수심(15mm)이 상단 유출공의 높이(30 mm)보다 작기 때문에 $q_1 = 0$이다. 하단 유출공으로부터의 유출량은 유출공을 넘는 수심이 15 − 10 = 5 mm이므로 비례상수 0.15를 곱하여 $q_2 = 0.15 \times (15 - 10) = 0.75$ mm/d가 된다. 또한 침투공으로부터의 유출량은 $q_3 = 0.2 \times 15 = 3.0$ mm/d로 계산된다.

우리나라의 경우 탱크모형은 대청댐, 금강 하구둑 및 영산강 하구둑 등의 유출 해석에 사용된 바 있다.

표 3-19 물수지 회귀모형

군	지 역	회귀계수 공식
Ⅰ	10,000 km^2 이상의 대유역 : 한강하류(고안, 여주), 낙동강하류(진동, 현풍, 왜관)	$b_0 = 10.0$ $b_1 = -2.153 + 0.0201\text{AS} + 0.0738\ \text{ALATI}$ $b_2 = 0.0972 - 8.0 \times 10^{-4}\ \text{EMIN} + 2.4 \times 10^{-5}\text{A}$ $b_3 = -0.1864 + 0.00134\ \text{EMIN} - 0.0475\ \text{AS}$
Ⅱ	200~10,000 km^2의 유역 : 한강상류(충주, 영월, 소양), 금강하류(공주, 송포, 옥천), 낙동강지류(정암), 섬진강하류(송정, 압록)	$b_0 = 8.0$ $b_1 = -2.6988 + 0.0537\ \text{AS} + 0.0896\ \text{ALATI}$ $b_2 = 0.1978 - 8.9 \times 10^{-4}\ \text{EMIN} - 7.8 \times 10^{-6}\text{A}$ $b_3 = -0.335 + 6.3 \times 10^{-4}\ \text{EMIN} + 0.0374\ \text{AS}$
Ⅲ	200~10,000 km^2의 유역 : 한강지류, 금강상류(용담), 낙동강지류(임하, 예안, 영양), 영산강본류(나주, 남평), 섬진강상류(섬진), 안성천(유천)	$b_0 = 6.0$ $b_1 = 1.4069 + 0.0430\ \text{AS} - 10^{-4}\ \text{EMAX} - 0.021\ \text{ALATI}$ $b_2 = 0.11526 - 4.3 \times 10^{-4}\ \text{EMIN} + 1.2 \times 10^{-6}\text{A}$ $b_3 = -0.2079 - 8.4 \times 10^{-5}\ \text{EMIN} + 0.01754\ \text{AS}$
Ⅳ	200 km^2 이하의 유역 : 주요강의 소지류(경안, 고온, 수평, 입교, 이동, 양율교)	$b_0 = 0.0$ $b_1 = 0.7303 + 0.0216\ \text{AS} - 1.2 \times 10^{-4}\ \text{EMAX}$ $b_2 = 0.0919 - 2.8 \times 10^{-4}\ \text{EMIN} + 4.2 \times 10^{-4}\text{A}$ $b_3 = -0.1508 + 0.0027\ \text{EMIN} - 0.624\ \text{AS}$

〔자료〕 : AS − 유역평균경사, ALATI − 위도, EMIN − 최저 표고, EMAX − 최고 표고, A − 지역면적

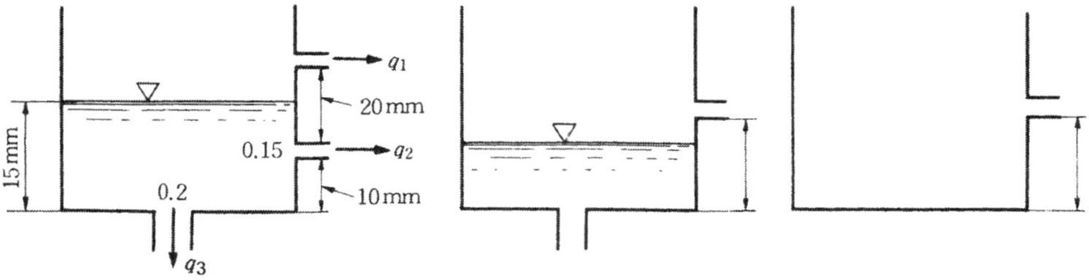

그림 3-32 탱크모형

[2] 한발해석

자연현상의 하나인 한발(가뭄)의 시작과 끝점에 대한 명확한 구분은 어렵다. 우리나라의 관행적인 가뭄대책으로는 지역적으로 지난날 가뭄을 겪은 경험과 기상관측 데이터에 의하여 가뭄의 징후가 나타나면 가뭄 사전대비 조치가 취해지고, 여러 곳에서 물부족이 확산되는 단계에서 본격적인 가뭄대책기구가 가동되기 시작하는데 이 시점을 가뭄에 대한 응급대책 시점으로 보고 있다. 이처럼 우리나라에서는 가뭄이 들었다고 하면 단순히 장기간 강수의 부족으로 이용할 물이 크게 부족할 때를 말한다.

미국 기상국(U. S. Weather Bureau)에서는 한발이란 “어느 지역의 동식물 생육에 저해를 가져올 수 있을 정도로 강수의 부족이 매우 심각하게 장기간 지속되는 상태이거나 생활용수와 수력발전에 필요한 용수를 정상적으로 확보하지 못한 상태”로 정의하고 있다.

그러나, 한발을 규정하는 조건들은 지역이나 강수량에 따라 다양하게 변화하기 때문에 보편적인 기준을 세우기가 어렵다. 관련된 전문분야에 따라 여러 가지 정의가 나올 수 있으며 일반적으로 다음의 다섯 가지 기준을 가뭄으로 정의한다고 알려져 있다.

① 주어진 기간의 강수량이나 연속한발일수 등으로 정의하는 기상학적 강수한발

② 월별 또는 연별 평균값과 당해연도의 월별 또는 연별 강수량과의 백분율로 정의하는 기후학적 강수한발

③ 기온, 바람 및 습도 등에 의해서 정의하는 대기한발

④ 농작물의 생육에 직접 관계되는 토양수분에 의해서 정의하는 농업한발

⑤ 하천, 저수지, 지하수 등의 수위에 중점을 두고 용수 부족에 의해 정의하

는 수문한발

어떤 대상유역의 실측 강우기록값에 대한 한발 분석의 일반적 접근방법은, 기록값으로부터 한계기간(critical period)을 추출하여 분석을 시행한다. 즉, 용수 수요와 수문학적 입력자료의 극한적인 조합에 의해 이루어지는 한계기간을 한발분석의 경계조건으로 사용하는 것이다.

Parlmer 지수(Parlmer Drought Severity Index)는 한발을 평가하는 데는 가장 널리 알려진 지수이다. 이것은 어느 지역의 증발산량, 지하수 보충량, 유역의 유출량 등을 물수지식으로 표현한 것이다.

DRP(Colorado Drought Response Plan, 1981)에서는 표면유출인자(강우, 강설, 하천유출, 저수지 저수량)로 구성된 SWSI(Surface Water Supply Index, 표면유출공급지수)를 개발하였다. 초기의 SWSI는 미국토양보전국(SCS), 지질조사국, Colorado 기상청에서 한발을 수치화함으로써 한발을 대처하기 위한 기초 자료를 얻기 위하여 사용되었다. 본래 SWSI의 목적은 "산악수 의존유역에서 용수 유용성의 지시기가 될 것, 예측할 수 있을 것, 그리고 한해 평가가 가능하도록 유역에서의 용수 공급상태의 비교가 가능할 것"이다(Shafer & Dezmam, 1982).

미국 지질조사국(USGS)은 토양수분과 하천유량 등을 복합적으로 분석하여 가뭄을 D0에서 D4까지 5단계(D0 : abnormally drought, D1 : moderate drought, D2 : severe drought, D3 : extreme drought, D4 : exceptional drought)로 구분하고 미국 전역의 가뭄상태를 실시간으로 인터넷에 공고하고 있다.

미국 서부지방의 경우 용수의 주 공급원은 저수지 저류량과 하천유출인 까닭에, 이러한 지수는 단순히 "젖은 혹은 마른"으로 표현하는 다른 방법들보다 더 특별한 것이다. 이 지수의 기본적인 개념은 각 인자들의 비초과 확률변수를 사용하는 것으로서, 다른 지역들에서도 물공급 능력의 비교를 가능케 하는 것이다. 여기서 비초과 확률(nonexceedance probability)은 변량의 누가확률 $P(X \leq x)$를 의미한다.

용수 공급이 평균 퍼센트로만 표시될 때는 확률적인 판단을 할 수 없다. 시계열상(time series 狀)의 비초과 확률로서 용수 공급의 표시는 모든 지역을 하나의 동일한 지점에 놓는다. 둘 혹은 더 많은 지역들의 동일한 확률이, 심지어 그 평균의 백분율이 다르다 할지라도, 용수 공급이 발생 빈도 기간에 있어서 같다는 것을 가리킨다.

미국 서부지역에서 개발된 SWSI는 4개의 수문인자(설원, 강수, 유출, 저류량)의 비초과 확률을 누적하고, 가중치를 둔 합계로서 수식화되었다.

$$SWSI = \frac{aP_{snow} + bP_{prec} + cP_{strem} + dP_{resv} - 50}{12}$$

여기서 a, b, c, d : 각 수문인자의 가중치(a+b+c+d=1), P : 각 인자의 비초과 확률(%)이다.

위 식에서 50을 빼는 것은 SWSI 값들을 0 가까이 집중시키는 것이고, 12로 나누는 것은 −4.17과 +4.17 사이로 범위를 제한시키는 것이다. 미국 토양보전국(SCS)은 SWSI의 유용성과 콜로라도 이외의 다른 지역에 적용하기 위하여 지수를 재검토하였다. 비초과 확률들은 각 수문인자들의 적절한 확률분포로부터 얻어지며, 설원과 강우와 같은 변수들은 대상유역으로부터 얻은 데이터의 일반적 총계 또는 가중된 총계이고, 유출과 저류량 변수들은 관측점 용량의 총계들이다.

3. 6 관개방식과 관개조직

3. 6. 1 관개방식의 분류

작물의 생장과 관개방식과는 깊은 관계가 있으므로, 어느 관개방식을 이용하는 것이 작물의 생장도 잘 되고 용수량이 절약되며, 시설비 및 노력을 절감할 수 있는지가 중요하다.

일반적으로 논에서는 담수재배를 하기 때문에 담수법을 이용하는 데 비해, 밭작물은 담수상태에서는 자랄 수 없어 습윤관개를 하므로 지형, 기상, 토양, 작물, 물의 침투 속도, 용수 상태, 농촌의 노동 상태, 경제성 등에 따라 그에 알맞은 관개방법을 이용한다.

[1] 논관개

논에 관개하는 방식은 물이용과 관개형태에 따라 다음과 같이 구분된다.

(1) 물의 이용면에서의 관개방법

1) 연속관개

연속관개는 관개기간 중에 계속하여 물을 공급하는 방법으로, 용수원으로부터 물을 충분히 공급받을 수 있는 경우에 이용되며, 누수가 많거나 수온조절이 필요한 시기 또는 산간지의 논에 내리흘림식 관개를 하는 경우에 볼 수 있다. 이 방법은 물관리가 용이하고, 기온이 높은 지방에서의 고온장해를 제거시켜 벼뿌리에 활력을 주는 장점이 있는 반면, 물의 낭비가 많고 비료성분의 용탈 및 유실이 크며, 한랭지에서는 냉수장해를 일으키는 등 많은 단점도 있다.

2) 간단관개

간단관개는 하루 또는 며칠 간격으로 관개하는 방법으로서, 논관개에서는 한번 관개하여 수일간 담수, 수일간 낙수하는 방법이 쓰이며, 밭관개에서는 수일 간격으로 관개하는 방법이 쓰여지고 있다. 이는 관개용수를 절약하고 제한된 수량을 유효하게 이용하며, 작물의 건전한 성장을 기할 수 있는 장점이 있다.

이 방법은 물의 양이 풍부하지 않은 곳은 물론, 풍부한 곳이라도 특히 벼의 다수확을 위하여 많이 이용되고 있다.

3) 윤번관개

간단관개를 조직화한 방식으로, 공동경영 또는 넓은 면적의 농장에서 응용하는 것이다. 윤번관개는 관개 지역을 몇 개의 블록으로 구분하여 순차적으로 A구에 a시간 관개한 다음, B구에 b시간, C구에 c시간을 일정한 간격으로 물을 대 주는 방법이다. 이 방법은 용수원이 풍부하지 못한 지구에서 용수를 절약할 목적으로 오래 전부터 실시하여 온 것이며 이 방식을 채택하려면 먼저 경지정리가 되어 용수로 조직이 각 배미를 통할 수 있어야 효과적이다. 각 블록의 크기는 작물의 소비수량, 간단일수, 관개효율 또는 말단 포장유량에 의하여 결정된다.

4) 순환관개(환원관개)

순환관개는 논지대에서 배수로에 침투해 나온 물이나 재배 관리상 배수로에 버려진 물을 모두 받아서 펌프로 다시 상류의 용수로 쪽으로 보내 이를 다시 관개하든가, 취입보를 설치하여 하류부 용수로로 보내서 다시 이용하는 관개방법이다. 이 방법은 용배수가 분리된 지구에는 적합하나 그렇지 못한 지구에는 적용이 어렵다.

(2) 관개 형태에 의한 관개방식

관개 형태에서 볼 때, 보통 논에서는 담수재배하는 저류법과 완만한 경사지의 논에서 등고선에 평행하게 설치된 급수로를 이용하는 월류식 관개방식이 있지만, 밭에서는 주로 습윤관개의 목적을 지니고 있어 용수량의 절약, 용수관리의 편의, 관개 효과의 증진, 토양의 보존, 재배관리의 편의, 지형 및 기상 조건에 따라 그 관개방법도 여러 가지로 분류할 수 있는데, 각 방법에 대한 자세한 내용은 밭관개에서 설명하기로 한다.

[2] 밭관개

밭의 관개방식은 관개목적, 토양의 종류, 구획의 모양과 크기, 작물의 종류 등의 조건에 의하여 정해지며 다음과 같이 분류된다.

(1) 지표관개

1) 부분관개 : 고랑관개법, 코루게이션법

2) 전면관개 : 수반법, 보더 관개법(월류 관개법), 등고선 월류 관개법

(2) 지하관개

암거법, 개거법, 피처(pitcher)법

(3) 살수관개

이동식(set-move식, continuous-move식), 준이동식, 고정식, 다공파이프식

(4) 물방울 관개

drip법, subsurface법, bubbler법

여러 가지 관개 방식 중 어느 것을 선택하는 것이 좋은지는 지형, 토성, 토지의 기울기, 침입도, 풍향 및 풍속, 용수원의 수량, 관개작업의 능률, 관개효율, 작물의 종류, 재배방법, 영농규모, 관개시설비, 유지관리비 등에 대한 효율성을 감안하여 결정한다.

경사도에 따른 관개방법 및 침입도에 따른 선정기준은 표 3-20 및 표 3-21과 같다.

표 3-20 경사도에 따른 관개방법 선정기준

관개방법	경사도	대상작물
월류법, 수반법	3° 이하	주로 목초, 과수, 밀식작물
등고선법, 코루게이션법	27° 이하	주로 목초
고랑관개법	17° 이하	주로 줄뿌림작물 및 과수
살수관개법	일반적으로 제한 없음.	각종 작물

표 3-21 침입도에 따른 관개방법 선정기준

기준 침입도	관개방법의 종류
50 mm/h 이하	고랑관개 및 그 밖의 지표관개
50~75 mm/h	고랑관개 및 살수관개
75 mm/h 이상	살수관개

3. 6. 2 지표관개

[1] 고랑관개법

고랑관개법(furrow irrigation method)은 고랑을 만들어 옆에서 물을 스며들게 하여 수분을 공급하는 방법으로서 밭벼·밀·보리류·채소류 등의 이랑재배작물이나 줄뿌림작물의 관개에 이용된다. 고랑관개는 전면관개에 비하여 토양이 굳어지거나 터지는 등의 피해를 경미하게 할 수 있다는 점에서 높이 평가되고 있다.

일반적으로 밭관개에 있어서 가장 중요한 것은 물이 한쪽으로 편중됨이 없이 경지 전면에 관개되어 근군역(根群域)에 될 수 있는 대로 많이 저류되도록 계획하는 일이다. 고랑관개의 경우 이와 같은 점을 만족시킬 수 있도록 특히 주의 깊게 설계할 필요가 있다.

일정한 경사를 가진 고랑에 물을 흘려보낼 경우, 고랑의 말단에 도달할 때까지는 시간이 걸리기 때문에 고랑의 초입과 말단에서는 토양으로 스며들기 시작하는 시간이 다르게 된다. 또한 고랑에 공급된 물은 수직방향뿐만 아니라 옆방향으로도 흡수되어 작물의 근군역으로 퍼지게 된다. 이와 같이 퍼지는 양상은 토양에 따라 다르다.

이와 같이 복잡하게 얽혀 있는 조건을 정리하여 그 지역의 농가경영에 잘 맞는 관개법을 결정한다는 것은 어려운 일로서, 구체적으로는 그 지역의 토양조건·대상작물·지형·경영상태 등을 고려하여 개개의 경우에 따라 기술자가 결정해야 한다.

감자나 옥수수밭 또는 과수원과 같은 곳에서는 깊은 고랑을 파고, 곡물이나 사탕무와 같은 작물을 재배하는 곳에서는 얕은 고랑을 판다. 용수로는 콘크리트나 비닐 또는 금속관 등을 매설하고 그것에 일정한 간격마다 수직분기관을 세우며 밸브를 조작함으로써 관개고랑에 급수하는 것도 있다.

그림 3-33에서 보는 바와 같이 용수로는 개수로를 마련하여 그 수로의 측벽을 관통하는 목통이나 토관을 개폐함으로써 고랑에 급수하는 것도 있으며, 또 그림 3-33에서 보는 바와 같이 배수로에 보조수로를 병설하여 일단 보조수로에 유입한 것을 다시 분수관을 개폐하여 고랑에 물을 공급하는 것도 있다.

용수로에서 고랑에 관개할 경우 측벽의 개구시설 대신 그림 3-34에서 보는 바와 같은 플라스틱제 사이펀(siphon)을 이용하기도 한다.

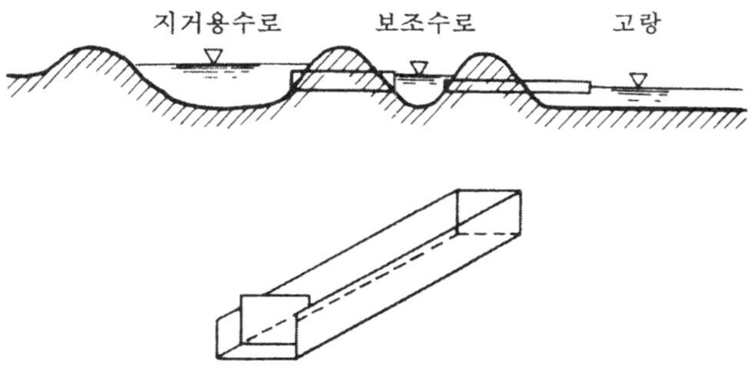

그림 3-33 목통을 이용한 고랑관개

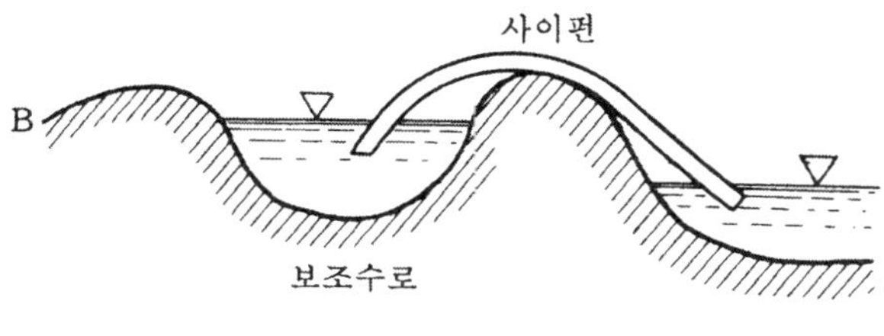

그림 3-34 사이펀을 이용하는 고랑관개

(1) 물의 침입도 측정

토층으로 물이 스며들어가는 속도나 그 시간적 변화는 그 토층의 상태(토성 · 토양구조 · 수분상태)에 따라 결정되며, 물이 단위시간에 지표면에서 토양 속으로 스며드는 비율을 침입도(intake rate)라고 한다. 침입도는 관개방법 · 관개시간 등을 결정하는 경우에 측정하여야 하며, 그 값은 물을 공급하는 방법에 따라 다르다.

침입도를 측정하는 방법에는 다음과 같은 세 가지 방법이 있다.

1) **원통법** 강제 원통(내경 약 40 cm, 높이 40~50 cm)을 깊이 20~30 cm

정도 가만히 때려 박고 그 겉둘레 약 20 cm의 곳에 둑을 만든 다음 원통의 안과 밖을 수심 10~20 cm가 되도록 물을 주어 양쪽 수위가 같게 유지한다. 원통 내의 침입량은 훅게이지(hook gage) 또는 정수두 급수장치로 측정하고, 각 시간에 있어서의 누가침입량과 침입도(intake rate)를 구한다(그림 3-35 참조).

그림 3-29에서 보는 바와 같은 측정결과에 의해 누가침입량 D_c와 침입도 I_c를 다음과 같은 식으로 나타낼 수 있다.

$$\left.\begin{aligned} D_c &= CT^n \,(\text{mm}) \\ I_c &= C \cdot nT^{n-1} \,(\text{mm/hr}) \end{aligned}\right\} \qquad (3 \cdot 27)$$

여기서, D_c : 급수개시 후 T분 동안의 누가침입량(mm), C : 상수(T가 1분간일 때의 누가침입량), n : 상수(직선의 기울기), I_c : 침입도(mm/hr)이다.

침입도는 시간이 경과하면 최종적으로 일정한 값의 침투능에 도달하며, 이에 대신하는 척도로서 기초 침입도(basic intake rate)가 이용되며, 침입도의 감소율이 10%가 되었을 때의 값을 기초 침입도로 한다. 기초 침입도 I_b에 달할 때까지의 시간 T_b는 다음과 같은 식으로 나타낸다.

$$T_b = 600(1-n)\,(\text{min}) \qquad (3 \cdot 28)$$

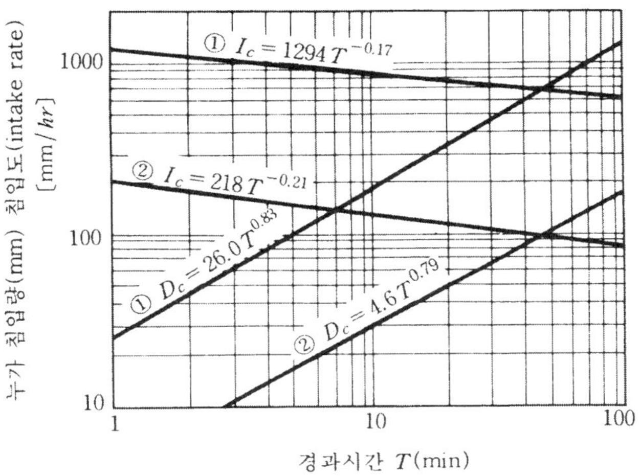

그림 3-35 원통법에 의한 물의 침입 예

2) **고랑법** : 고랑법에는 고랑 사이에 담수한 후 침입도를 측정하는 방법(고랑담수법)과 실제로 고랑에 물을 공급하면서 침입도를 측정하는 방법(유입유출법)이 있다.

① 고랑담수법 : 이 방법은 실제의 관개와 동일한 조건(고랑의 형태 · 수면폭 등) 하에서 고랑을 따라 50 cm 간격으로 차수판을 약 50 cm 깊이까지 묻고 정수두 급수장치에 의해 항상 일정한 수위 (또는 일정한 수면폭)를 유지하면서 각 시간의 침입량을 측정한다.

측정결과는 원통법의 요령에 따라 정리하고, 침입도는 통수폭 · 고랑폭 등을 보정하여 식 (3 · 29)로 계산한다.

$$\left.\begin{aligned} D_f &= \frac{b}{B} C T^{n} \\ I_f &= 60 \times \frac{b}{B} C n T^{n-1} \end{aligned}\right\} \qquad (3 \cdot 29)$$

여기서, D_f : 누가침입량(mm), b : 통수폭(cm), B : 고랑폭(cm), C, n : 상수, I_f : 침입도(mm/h), T : 경과시간(min)이다.

② 유입유출법 : 실제로 고랑을 따라 5 m 간격으로 측정지점을 설치하고, 단위시간당 유입수량과 유출수량을 측정한다. 그 차가 측정구간에서 침입한 수량이며, 이 경우 침입도 I_f는 식 (3 · 30)으로 산출한다.

$$I_f = 10 \frac{Q}{A} \qquad (3 \cdot 30)$$

여기에서 I_f : 측정구간의 침입도(mm/h)
Q : 단위시간당 측정구간의 침입수량(cm^3/h)
A : 고랑의 길이와 폭(인접한 2개 두둑의 정상과 정상의 간격)의 곱(cm^2)

(2) 고랑관개의 소요시간

앞에서 설명한 원통법의 고랑침입도의 측정결과로부터 식 (3 · 29)에서 필요한 관개시간 T를 누가침입량 D_f로 나타내면 다음 식 (3 · 31)과 같다.

$$T = \left(\frac{B}{bC} D_f \right)^{1/n} \qquad (3 \cdot 31)$$

여기서, T : 고랑관개의 소요시간(min), B : 고랑폭(mm), b : 통수폭(mm), C, n : 상수, D_f : 누가침입량(mm)이다.

필요한 관개시간 T는 식 (3・31) 중의 D_f에 대한 관개수심을 대입하면 얻어진다. 실제에 있어서는 고랑침입도의 그림 3-35에서 보는 바와 같이 D_f와 T와의 관계를 써 놓으면 이것을 가지고 필요한 관개수심에 상당하는 관개시간 T를 읽을 수 있다.

(3) 고랑의 길이 및 유량의 결정

고랑관개의 설계에 있어서는 유효토층 아래쪽으로의 침투가 될 수 있는 대로 적게 되도록 고랑의 길이, 유량, 기울기, 관개시간 등을 결정해야 한다.

길이가 l(m)인 고랑에 어떤 양의 물을 관개했을 때 고랑의 방향에 따라 유효토층 이하에 침투한 전손실 수량과 전관개수량과의 비를 심층 손실률(%)이라고 한다.

고랑의 방향에 따라서 침입깊이가 직선적으로 변한다. 보면 그림 3-36에서 보는 바와 같이 전관개량은 ▱ AEDB이고, □ ACDB를 유효근군역 내에 저류된 양이라고 하면 심층 손실 수량은 △ ECD가 된다. 따라서, 심층 손실률 W는 다음과 같은 식으로 나타낼 수 있다.

$$W = \frac{\triangle \text{ECD}}{\square \text{AEDB}} \times 100 \qquad (3 \cdot 32)$$

고랑의 길이 l(m)을 흘러가는 소요시간을 t(min), 침입도의 측정에서 얻은 필요한 관개량을 충당하는 데 소요되는 시간을 T(min)라고 하면 유입구 A점에 있어서의 물의 침입시간은 $(T + t)$, 말단 B점에 있어서의 침입시간은 T(min)이므로 A점과 B점의 누가침입량 D_A와 D_B는 다음과 같은 식으로 나타

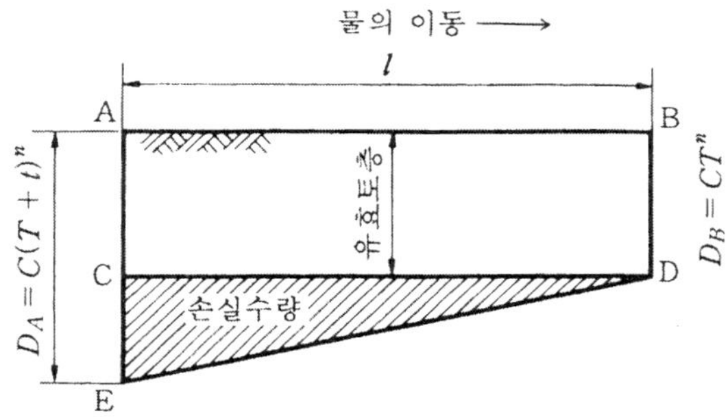

그림 3-36 고랑에서의 물의 침입

낼 수 있다.

$$\left.\begin{aligned} D_A &= \mathrm{AE} = C(T+t)^n \\ D_B &= \mathrm{BD} = CT^n \end{aligned}\right\} \tag{3・33}$$

또한, $T/t = m$이라고 하면 심층 손실률 W는 다음과 같은 식으로 나타낼 수 있다.

$$W = \frac{(m+1)^n - m^n}{(m+1)^n + m^n} \times 100\,(\%) \tag{3・34}$$

이 m을 2, 3, 4, 5, 6으로 했을 경우의 n과 심층 손실률 W와의 관계를 나타내 보면 그림 3-37과 같다.

그림 3-37에서 침입도의 측정에 의하여 정해진 n의 값에 대해 심층 손실률을 가정해 m의 값을 구하고, 그 다음에 $T/m = t$의 관계로부터 고랑을 유하하는 소요시간 t를 계산할 수 있다. 이 t가 결정되면 실제로 포장에서 여러 가지 유량과 고랑의 길이에 대해 시험을 통하여 t(min)로써 고랑의 말단에

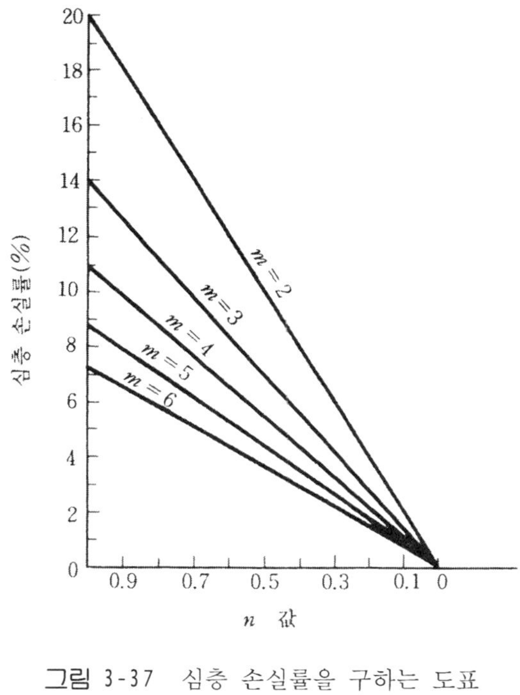

그림 3-37 심층 손실률을 구하는 도표

표 3-22 토양, 기울기 및 관개 깊이에 따른 최대허용 고랑길이(m)

기울기 (%)	평균관개수심(cm)											
	7.5	15	22.5	30	5	10	15	20	5	7.5	10	12.5
	점토(clays)				로움(loams)				모래(sands)			
0.05	300	400	400	400	120	270	400	400	60	90	150	190
0.1	340	440	470	500	180	340	440	470	90	120	190	220
0.2	370	470	530	620	220	370	470	530	120	190	250	300
0.3	400	500	620	800	280	400	500	600	150	220	280	400
0.5	400	500	560	750	280	370	470	530	120	190	250	300
1.0	280	400	500	600	250	300	370	470	90	150	220	250
1.5	250	340	430	500	220	280	340	400	80	120	190	220
2.0	220	270	340	400	180	250	300	340	60	90	150	190

물이 도달할 수 있는 유량과 고랑의 길이를 결정한다.

[2] 보더 관개법

보더 관개법(border method)은 월류 관개법이라고도 하며, 그림 3-38에서 보는 바와 같이 밭을 낮은 두둑으로 길게 구획을 짓는다. 그리고 거기에 일정한 기울기를 붙여 물을 용수로에서 끌어들여 유하시키는 방법으로서 물이 말단에 도달하면 그친다. 이 방법은 논에 있어서의 내리흘림식 관개와 흡사하며, 채소·원예작물 등에는 적당하지 않지만, 일반 밭작물에 있어서는 논을 포함한 관개조직으로서 활용할 수 있다.

이 방법은 밭의 경사면을 따라 물이 흐르기 때문에 비탈이 너무 급하면 유속이 빨라져서 침식을 일으키거나 작물을 손상시킨다. 따라서, 경사의 한계를 1/50 정도로 하고, 물을 일제히 고르게 유하시키기 위해서 구획의 가로방향으로 평탄하게, 세로 방향으로 균일하게 정지작업을 해야 한다. 토양에 있어서는 침입도가 극단적으로 큰 곳이거나 작은 곳에서는 적용하기 어렵다.

보더 관개법에서 가장 문제가 되는 것은 구획의 크기이다. 이것은 유량·기울기·침입도·필요한 관개수심 등과 관계가 있으며, 미국에서 이용하고 있는 토양과 유량·구획의 크기 등의 일반적 관계는 표 3-23에서 보는 바와 같다.

표 3-23에서 보는 바와 같이 토양의 침입도가 작아질수록 유량을 줄이고 구획의 길이를 길게 할 수 있다.

또한, 기울기에 대한 허용 최대유량은 침식 및 과대유속 방지의 관점에서 다음과 같은 식으로 구할 수 있는데, 그 계산 결과를 보면 표 3-24와 같다.

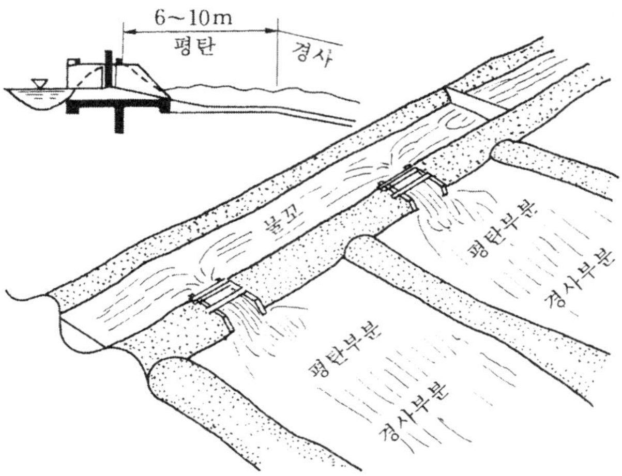

그림 3-38 보더 관개법

표 3-23 보더 관개에서 구획 크기의 표준

구 분	유 량 (l/s)	구획의 나비(m)	구획의 최대 길이(m)	평균 면적(a)
사토(침입도가 대단히 큼)	71.7	6.0	60~90	4
사양토(침입도가 큼)	42.4~71.7	6.0~9.0	90~120	8
미사질양토(침입도가 중간임)	28.3~56.6	6.0~12.0	120~210	16
양토(침입도가 작음)	14.1~42.4	6.0~15.0	210~300	28
식토(침입도가 극히 작음)	14.1~28.3	6.0~15.0	210~390	40

표 3-24 구획의 단위폭(m)당 허용 최대유량

구 분	기 울 기(%)						
	0.3	0.4	0.5	0.6	0.7	0.8	0.9
허용 최대유량(l/sec)	14.0	11.3	9.5	8.3	7.4	6.7	6.1

구 분	기 울 기(%)						
	1.0	1.5	2.0	2.5	3.0	4.0	5.0
허용 최대유량(l/sec)	5.7	4.2	3.4	2.8	2.5	2.0	1.7

$$Q = 0.0017S^{-0.75} \qquad (3 \cdot 35)$$

여기서, Q : 허용 최대유량(m^3/sec), S : 기울기(%)

표 3-23, 3-24에 의하여 일정한 기울기의 토지에 보더 관개법을 적용시킬 경우, 그 구획의 크기와 대략적인 유량을 구할 수 있다.

[3] 구분법(check irrigation) 및 수반법(basin irrigation)

구분법(區分法)은 논과 같이 두둑으로 둘레를 막고 여기에 용수로에서 물을 대어 담수시키는 방법으로서, 침투가 적은 특수한 토양이 아니면 실시하기 곤란하다. 그리고 수반법(水盤法)은 주로 밀생작물을 재배하는 곳이나 과수원 등에서 실시하는 일종의 구분법으로서, 보통 그림 3-39에서 보는 바와 같이 한 그루의 과수마다 1개의 수반으로 구획을 만든다. 그러나 두둑의 위치에 따라 구획의 크기를 가감하여 2그루 이상을 1구획으로 할 수도 있으며, 수령·토성 및 수원의 크기에 따라 결정한다.

일반적으로 투수성인 토양일수록 구획을 작게 해야 하고, 물은 지선수로에서 직접 각 수반에 분수하거나 파이프·호스 등으로 급수하면 된다.

[4] 등고선 월류 관개법

등고선 월류 관개법은 등고선을 따라 기울기가 느린 용수로를 만들고 임의의 위치에서 월류시키는 방법으로서 밀생작물의 관개에 적용된다. 이 방법은 보더 관개나 수반 관개처럼 대규모의 정지작업은 하지 않고 자연기울기를 이용한 전면관개방법으로서, 보통 등고선 도랑을 만들고 그 도랑에서 취수하여 관개한다.

이 방법의 경우에는 경사의 정도에 따라 그 방식이 다르며, 보통 토양에서

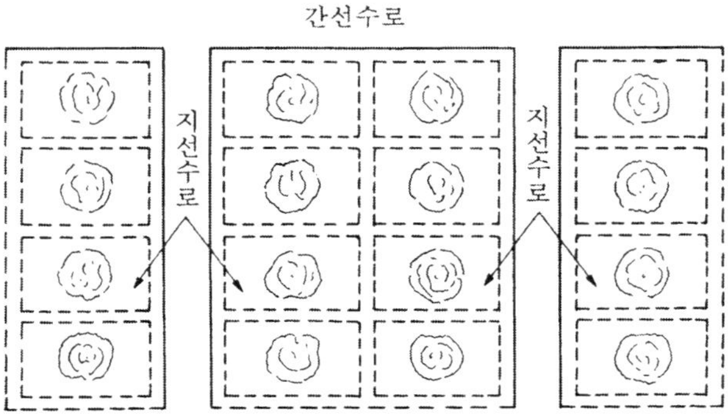

그림 3-39 수반법

는 1/100~1/200의 비교적 기울기가 급한 경우 간선 용수로는 등고선에 직각이 되도록 하고, 지선 용수로는 등고선에 평행하게 한다. 그리고 기울기가 완만한 경우에는 이와 반대로 설치하며, 수로에 설치되어 있는 취수구(또는 취수 파이프)에서 또는 도랑을 막아 수위를 높인 다음 월류시켜 관개한다.

등고선 도랑, 즉 지선 용수로의 기울기는 보통 1/10,000 정도로 균일하게 하는데, 이 경우 그림 3-40에서 보는 바와 같이 지거 용수로를 만들어 등고선 도랑에서 취수구로 일단 지거 용수로에 도입한 다음 지거 용수로에서 경작지에 월류시키는 것이 가장 좋다. 지선 용수로의 간격은 토질과 기울기에 따라 다르지만, 15~45 m가 적당하며 사질토에서는 20 m 이내로 해야 한다.

이 방법에 있어서는 경지면에 균일하게 물이 흘러내리기 어려우므로 항상 물의 분포상태에 유의해야 하며, 관개량은 보다 관개의 단위유량을 표준으로 하면 된다.

3.6.3 지하 관개

지하 관개법(subsurface irrigation)은 지표면 밑으로 물을 공급하여 모세관 작용에 의해 근군역에 스며들게 하는 방법으로서, 개수로식과 암거식의 두 가지 방법이 있다. 개수로식은 일정한 간격으로 용수로를 배치하여 거기에 물을 내려 보내면 수로의 측면과 바닥에서 침투하여 근군역에 물이 공급되는 방법

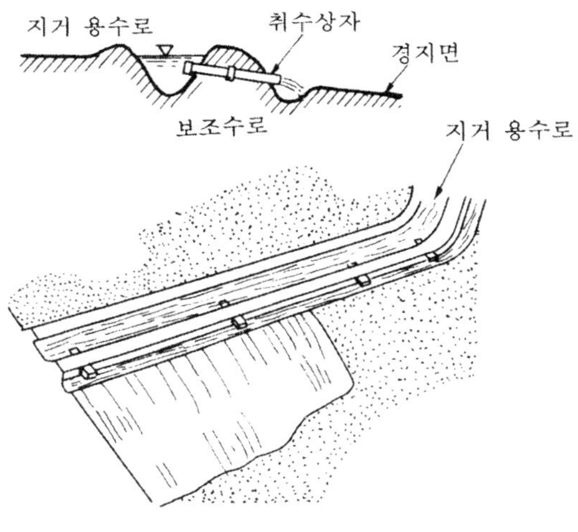

그림 3-40 등고선 월류관개

을 말한다. 암거식은 지하 30~60 cm 깊이에 지름 5~10 cm의 토관이나 PVC 유공관을 토성에 따라 1~10 m 간격으로 매설하여 거기에 물을 보내 관개하는 방법이다.

지하관개를 하려면 토성이 위쪽 및 옆쪽으로 비교적 빨리 수분을 모관 이동시킬 수 있어야 한다. 또한 깊은 곳으로 침투해 버리는 물의 손실을 방지할 수 있도록 지표 밑 2~3 m의 위치에 불투수층이 존재해야 하며, 토양의 배수가 양호해야 하는 등의 조건이 필요하다.

피처(pitcher)관개는 주로 채소밭이나 과수원에서 이용되며 플라스틱이나 흙으로 만든 항아리를 지하에 묻고 항아리에 물을 공급하면 측면의 작은 구멍을 통하여 물이 공급되거나 또는 항아리에 연결된 유공호스를 통하여 근군역에 물을 공급하게 된다.

3.6.4 스프링클러 관개

스프링클러 관개법(sprinkler irrigation)은 압력수를 노즐로 분사시켜 빗방울이나 안개 모양으로 만들어 관개하는 방법으로서 바람의 영향을 받기 쉬운 등의 결점은 있지만, 복잡한 지형조건의 제약을 크게 받지 않기 때문에 우리나라의 전작에 적합한 방법이다.

스프링클러 관개(살수 관개)는 지표관개와는 다른 여러 가지 특성을 지니고 있으며, 이것을 계획하는 데 있어서는 다음과 같은 장·단점을 잘 알고 있어야 한다.

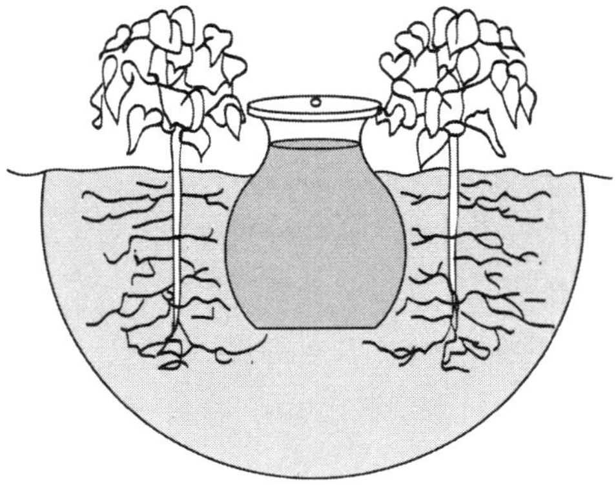

그림 3-41 피처관개

〔장점〕

① 관개량은 지표관개법의 경우보다 적다.

② 침투형태는 강우의 침투와 거의 같다.

③ 토양표면에서 관개로 인한 굳은 표층이 형성되지 않는다.

④ 정지작업이나 지반조성이 필요 없다.

⑤ 정지작업이나 지반 조성시에 생기는 지표토양의 이동이 없으므로 경지의 비옥도가 저하될 염려가 없다.

⑥ 고정식 살수관개의 경우는 물론이고 이동식 관개시설에 있어서도 관로의 고정부분이 지하에 매설되므로 궤폐지가 생기지 않아 경작지를 유효하게 이용할 수 있고, 경운작업이나 농지관리에 지장을 주지 않는다.

⑦ 관개수에 비료분을 혼입시킬 수 있어 별도로 비료를 살포하는 노력과 비용을 절감시킬 수 있다.

⑧ 농약을 살포하는 데에도 이용할 수 있다.

⑨ 비가 오는 경우와 마찬가지로 옆면이나 줄기에 덮여 있는 먼지를 세척하는 역할을 하여 기공을 열어 준다.

⑩ 살수강도를 낮게 할 수 있으므로 표토침식을 방지할 수 있다.

⑪ 용수량을 조절 또는 통제할 수 있으므로 말단 용수로의 배수에 대한 문제 등이 생기지 않는다.

⑫ 고랑관개처럼 사람이 항상 현장에서 작업하지 않아도 되므로 노동력을 절감시킬 수 있다.

⑬ 고랑관개는 토질에 따라 고랑의 길이가 제한을 받게 되지만, 살수관개의 경우에는 그와 같은 제한을 받지 않는다.

〔단점〕

① 스프링클러 관개는 관로시설에 적당한 압력이 필요하기 때문에 시설비 및 경상비가 지표관개의 경우보다 많이 든다.

② 바람의 영향을 많이 받으며, 바람이 강하게 불수록 살포가 불량하게 되고 관개효율이 저하된다.

③ 계단식 밭에서는 비탈면에도 살포하게 되므로 용수 손실이 심하다.

④ 관개수의 일부가 작물의 가지나 잎에 의해 차단되고, 증발됨으로써 용수가 손실된다.

⑤ 병충해방제를 위해 살포한 농약이 씻겨진다.

⑥ 침투가 불량한 토양에서는 약간의 살수로도 지표에 물이 고이게 되어

증발 손실을 증가시키고, 또한 포장이 진창이 되어 작업을 곤란하게 할 때가 있다.

⑦ 병충해의 전파를 조장하는 일이 있다.

[1] 스프링클러 관개 방식

스프링클러 관개는 그 이동성의 정도에 따라 고정식·이동식·준이동식 등으로 구분하고, 관개방법에 따라 고정식 스프링클러를 사용하는 것과 회전식 스프링클러를 사용하는 것으로 구분하며, 또한 스프링클러를 사용하는 것과 분사 관로식 살수기를 사용하는 것으로 구분하기도 한다.

고정식은 모든 시설이 고정되어 있는 것을 말하고, 이동식은 대부분의 시설이 쉽게 운반할 수 있도록 되어 있는 것을 말하며, 준이동식은 시설의 일부가 고정되어 있고 나머지가 이동식으로 되어 있는 것을 말한다.

이동식은 방식에 따라 다시 set-move식(hand-move, tow-move, side-roll, gun-type)과 continuous-move 식(center-pivot, linear-move, traveler)으로 구분된다.

[2] 스프링클러의 종류

(1) 고정식 스프링클러

고정식 스프링클러는 머리부분에 이동부분이 없으며, 지름 3.5~7.5 m의 범위에 거의 균등하게 살수할 수 있는 것으로서, 대부분의 스프링클러는 살수범위가 원형이지만 그 중에는 정방형으로 살포할 수 있도록 설계되어 있는 것도 있다.

고정식 스프링클러를 사용하면 살수범위가 좁기 때문에 간격을 좁히지 않으면 안 되며, 비용도 많이 들고 경운작업에도 방해가 되는 결점이 있다. 또한 살수강도는 18~76 mm/h 정도로서 회전식 스프링클러에 비하여 관개량이 대단히 크기 때문에 극히 경량의 관개를 하는 경우에 곤란하고, 나지(裸地)에서는 침식이 일어난다.

그러나 구조가 단순하기 때문에 침투성이 큰 토양 등을 이용할 수 있는 곳에서는 효과적이다.

(2) 회전식 스프링클러

회전식 스프링클러에는 4~7 kg/cm^{2}의 수압으로 지름 약 60 m의 범위를 살수할 수 있는 것부터 0.5 kg/cm^{2}의 수압으로 지름 10 m 이내의 범위를 살수할 수 있는 소형에 이르기까지 여러 종류가 있다.

회전식 스프링클러에는 회전 속도가 빠른 선회식 스프링클러와 회전속도가 느린 완전식 스프링클러의 두 가지 형식이 있다. 완전식 스프링클러는 보통 매분 1~2회 정도 회전하지만, 더 느린 것도 있으며 회전속도가 느린 것일수록 살수면적이 크다.

완전식은 2.8 kg/cm^{2}의 수압으로 작동할 때 지름 약 36 m의 구역을 살수할 수 있는데 비해, 같은 용량의 선회식은 많은 에너지가 필요하기 때문에 물의 살포거리가 제한되어 지름 15~20 m밖에 살포할 수 없다. 그러므로 같은 수압으로 넓은 구역을 살수할 수 있고, 또한 저회전이기 때문에 수명도 긴 완전식 스프링클러가 많이 이용된다. 같은 완전식 스프링클러도 노즐의 크기를 변경시키거나 수압을 달리하면 살수량과 살수거리를 달리할 수 있다.

스프링클러는 보통 완전히 1회전하지만, 특수한 지형이나 용도에 있어서는 20~340°의 범위 내에서 필요한 각도의 나비만큼 살수할 수 있는 부분회전식도 있다.

(3) 분사관로식 스프링클러

분사관로식 스프링클러에도 고정식과 이동식이 있다. 고정식은 지름이 19~38 mm인 관에 60~120 cm의 간격으로 작은 황동제의 분사구멍이 뚫려 있는 것으로, 이 관을 4~5 m 간격으로 지상 1~2 m 높이의 지주에 가설한다.

관은 관 양쪽의 일정한 범위를 관수할 수 있도록 90°의 범위로 회전(보통 수압식 왕복회전기로 회전시킴)하게 되어 있고, 관의 길이는 150 m 내외를 한도로 한다. 또 분사관로의 간격은 보통 10 m 정도로 하고, 지주는 2~3 m 간격으로 세우며, 높이는 작물이나 토지조건에 따라 결정한다. 분사관로식 스프링클러는 비교적 비용이 많이 들기 때문에 수익성이 큰 특수한 작물 이외에는 별로 사용하지 않는다.

[3] 스프링클러의 구조

스프링클러는 제조회사에 따라 구조가 다르지만 기본 원리는 같다. 그림 3-42에서 보는 바와 같이 특수한 스프링이 달려 있는 반동 간이 노즐로부터 분사되는 수류에 의하여 충격을 받고, 스프링클러의 본체를 때려 그 힘으로 베어링에 의하여 회전하도록 되어 있는 본체는 일정한 방향으로 회전한다. 보통 노즐이 180°의 각도로 양쪽에 달려 있는 복공식이지만, 한쪽에만 노즐이 달려 있는 단공식도 있다.

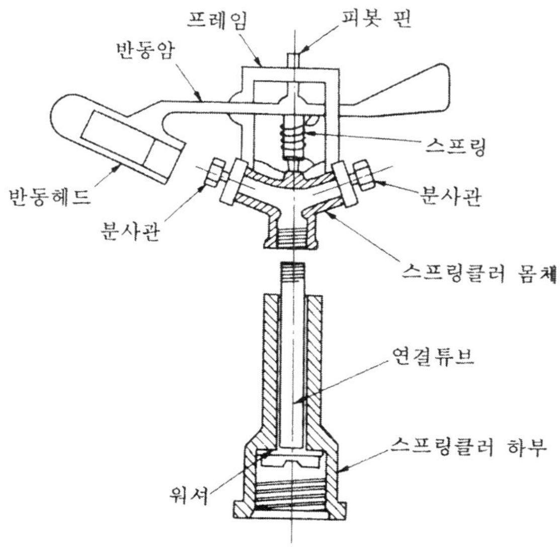

그림 3-42 스프링클러의 구조

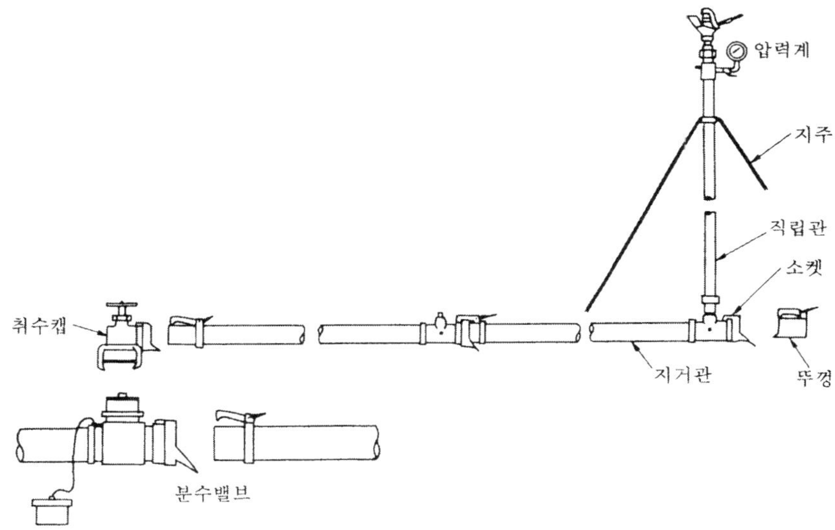

그림 3-43 스프링클러의 설치

노즐은 각 스프링클러마다 몇 가지 종류로 바꾸어 달 수 있도록 되어 있어 유출량과 살수거리를 조절할 수 있다.

회전식 스프링클러는 그림 3-43에서 보는 바와 같이 어느 것이든 소켓부분에서 간단하게 직립관(riser pipe)에 끼울 수 있고, 직립관은 특수한 끼움장치에 의하여 쉽게 관에 맞추어 끼울 수 있으며, 이것을 지주에 의해 받쳐 줄 수 있도록 되어 있다.

[4] 스프링클러의 성능

스프링클러는 수압의 정도에 따라 저압식 · 보통압식 · 중간압식 · 고압식 · 초고압 대용량식 등으로 구분되며, 그 특성과 적용범위는 표 3-25에서 보는 바와 같다.

표 3-25 스프링클러의 종류와 그 특성

구분	수압범위 (kg/cm^2)	유량범위 (l/min)	특성	적용
저압식	0.3~1.0	6~15	실수범위가 좁고, 살수강도가 크며, 저압이기 때문에 물방울이 크고, 살포상황은 약간 양호함.	침입도가 13 mm/h 이상인 토양에서 이용하며, 면적이 작은 밭에 적용할 수 있음.
보통압식	1.0~2.0	7~23	살수지름이 10~25 m이고, 살수강도의 범위가 넓으며, 물방울의 파쇄상황이 양호함.	주로 과수원의 나무밑 관개용으로 이용하며, 면적이 작은 밭작물에도 사용함.
중간압식	2.0~3.5	10~100	살수지름이 20~36m이고, 살수강도의 범위가 넓으며, 물방울의 파쇄상황이 양호하고 살포도형도 양호함.	모든 밭작물과 토양에 적용할 수 있고, 균등계수는 수압 3.0 kg/cm^2에서 최대값을 얻을 수 있음.
고압식	3.5~7.0	40~470	살수지름이 36~70 m이고, 살수강도가 13 mm/h 이상이며, 물방울의 파쇄상황이 양호하고, 풍속 2.0 m/s 이하에서는 살포도형이 양호함.	과수원의 살수관개에 이용하고, 특수한 채소나 사질토에서 이용할 수 있음.
초고압대용량식	5.0~8.0	60~2,000	살수지름이 40~120m이고, 살수강도가 15mm/h 이상이며, 물방울이 공기의 저항에 의해 미세하게 파쇄되고, 살포도형이 바람의 영향을 크게 받음.	면적이 큰 밭의 생력적 관개에 적합하고, 살수강도가 크기 때문에 점질토양에는 적당하지 않음.

살수관개는 스프링클러를 적당히 배치하여 압력수를 살수하기만 하면 효율이 좋은 관개가 될 수 있는 것은 아니다. 효과적으로 살수하기 위해서는 여러 가지 조건이 필요하며, 면밀한 계획 하에 실시하지 않으면 오히려 정확하게 설계된 고랑 관개보다 못한 것이 된다.

살수의 목적은 관개용수를 빗방울 또는 안개모양으로 토양면에 살포해서 그것이 지표면을 흘러내리지 않도록 하고 토양에 흡수되게 하는 데 있으며, 가능한 한 전구역에 균일하게 살포되어야 한다.

스프링클러는 각각 그 고유의 살포도형을 지니고 있으며, 그 살포의 균등성에는 풍속 · 수압 · 회전 속도 등이 크게 영향을 끼친다. 그러므로 스프링클러의 종류에 따른 살포도형과 이에 영향을 끼치는 풍속이나 수압에 대해서는 정확한 시험을 통하여 살포도형을 조사해야 한다.

[5] 스프링클러 관개를 위한 조사

(1) 기초침입도

기초침입도의 값은 관개방법을 결정하는 자료로서 중요하며, 그 값이 50 mm/h 이상인 밭에서 지표 관개법을 이용한다는 것은 실제로 적합하지 않다.

기초침입도 I_b를 구하려면 식 (3 · 27)에 식 (3 · 28)의 T_B를 대입하면 얻을 수 있다.

$$I_b = 60C \cdot n[600(1-n)]^{n-1} \qquad (3 \cdot 36)$$

여기서, I_b : 기초침입도(mm/h), C : 상수(관개개시 후 1분 후의 침입량), n : 상수(직선의 기울기)이다.

(2) 살수분포시험

살수기의 살수분포는 풍향 및 풍속의 영향을 받아 크게 변화되므로 과거의 오랜 기록을 검토하는 것이 좋다. 이 살수시험은 살수관개효율을 분명하게 하고, 또한 적정한 스프링클러의 배치를 정하기 위하여 실시한다.

시험에 있어서는 지름 약 10 cm, 깊이 약 10 cm의 물받이 캔을 2~4 m 간격의 격자형으로 배치하고, 노즐로부터의 살수량을 바람이 거의 없는 상태와 풍속 2 m/s 정도에서 실시하여 살수분포의 변동상황을 조사한다(그림 3-44 참조).

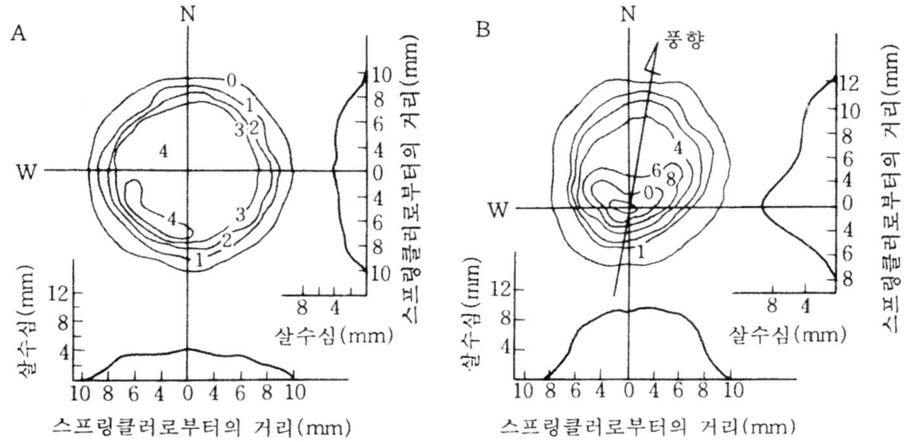

A : 수압 2.2kg/cm^2, 풍속 0~0.8m/s, 살수깊이 2.2mm, 살수시간 30분
B : 수압 2.2kg/cm^2, 풍속 4~5m/s, 살수깊이 2.5mm, 살수시간 30분

그림 3-44 바람에 의한 스프링클러 살포형의 변화(중간압식)

표 3-26 물방울의 증발 · 비산 및 엽면차단에 의한 손실

구분	증발 손실 조건		비산 손실 조건		엽면차단 손실 조건		*hr*
최대치	8%	수압 : 큼 전체 물방울의 평균입경 : 0.5~1.0 mm 토양면증발 : 약 10 mm/d	15%	풍속 : 3 m/s 이상 수압 : 큼	5%	밭벼생육후기 살수량 : 30 mm	28%
최소치	2%	수압 : 작음 전체물방울의 평균입경 : 약 2.0 mm 토양면증발 : 약 3 mm/d	2%	풍속 : 0~1.0 m/s 수압 : 작음	2%	밭벼생육후기 살수량 : 30 mm	6%

〔주〕 *hr* : 물방울의 증발 · 비산 및 엽면차단에 의한 손실

(3) 스프링클러 관개의 효율

스프링클러 관개의 경우에는 고랑 관개의 경우와 달라서 송수중의 손실을 고려할 필요가 없지만, 노즐로부터 분사되어 땅속으로 들어가기까지의 증발 · 비산 및 엽면차단 등에 의한 손실을 고려하지 않으면 안 된다. 그 밖의 스프링클러 관개에서는 살수분포의 불균일에 의한 손실이 있다(표 3-26 참조).

1) **증발 및 비산 손실** : 노즐에서 분출된 물방울의 크기 · 기온 · 상대습도 · 직립관의 높이 등에 따라 다르며, 노즐의 분사량과 지상 낙하량을 측정하여

그 차로써 구할 수 있다.

2) 엽면차단 손실 : 노즐에서 분출된 물이 작물에 의하여 차단되는 양은 작물체의 표면적에 대략 비례하지만, 어떤 양에 달하면 그 이상의 물방울은 잎의 줄기를 따라 땅 위에 떨어져서 부착수량이 크게 달라지지 않게 된다.

3) 살수분포의 불균일에 의한 손실 : 살수기의 배치가 아무리 적당하게 되었다 하더라도 살포분포가 완전히 균일하게 되기는 어렵다.

그림 3-45는 살수한 물의 흙 속에 침입한 상태를 나타낸 것으로서, 파도형의 실선이 침입선이고 빗금부분이 심층침투 손실을 나타낸 것이다.

물배분효율(water distribution uniformity)은 살수시험에 있어서 지상에 도달한 평균 살수심(h_a)과 최소 수심(h_m)의 비로 나타낸다. 단, 최소 수심은 측정오차를 적게 하기 위하여 전체 물받이통의 25%수의 살수심의 평균값을 채용한다.

$$E_d = \frac{h_m}{h_a} \times 100 \qquad (3 \cdot 37)$$

여기서 E_d : 살수배분효율(%), h_m : 최소 살수심(mm), h_a : 평균 살수심(mm)이다.

살수관개에서는 E_d가 80% 이상 되도록 설계해야 한다. 또한 살수의 균등성을 나타내는 지표로서 다음과 같은 균등계수(c_u)가 이용되기도 한다.

$$c_u = 100 \times \left(1 - \frac{\Sigma \chi}{h_a n}\right) \qquad (3 \cdot 38)$$

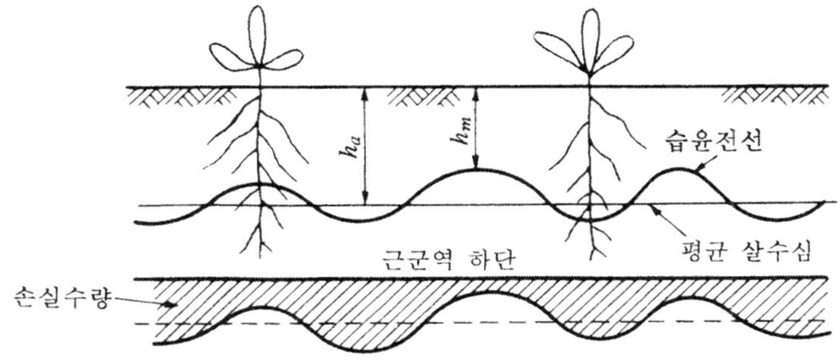

그림 3-45 살수한 물의 침입상태

여기서 $\sum x$: 각 살수심의 관측치의 평균값 h_a와 각 점의 살수심과의 차를 총합계한 것, h_a : 살수심의 평균값, n : 관측점의 수이다.

살수배분효율 E_d와 균등계수 c_u는 모두 풍속과 풍향의 영향을 받기 때문에 여러 가지 조건하에서의 시험결과를 보아 지거 간격, 스프링클러 간격, 배치 등을 결정한다. 그리고 가장 높은 효율이 될 수 있는 살수조직이 되도록 해야 한다.

4) 스프링클러 관개의 적용효율 : 스프링클러의 관개효율은 앞의 세 가지 손실을 총괄한 형식을 나타내며, 이것을 스프링클러 관개의 물적용효율이라고 한다.

$$E_a = \frac{h_m}{h_n} \times 100 = \frac{h_a}{h_n} E_d \qquad (3 \cdot 39)$$

식에서 E_a : 물의 적용효율(%), h_m : 지표면에 도달한 최소 살수심(mm), $h_n(=h_a+h_r)$: 노즐로부터의 평균 살수심(mm), h_a : 지표면에 도달한 평균 살수심(mm), h_r : 증발, 비산 및 입면차단에 의한 손실의 합계(mm)이다.

여기에서 h_a와 h_m은 물받이통으로 실측하지만, h_r는 조건에 따라 다르며, 표 3-19에서 보는 바와 같이 6~28%라고 생각된다.

[6] 스프링클러 관개의 설계

스프링클러 관개의 설계는 살수기 간격 및 지거관의 간격을 결정하고, 살수기 용량 결정, 살수기 살수형상 조사, 살수기 기종선정 및 간격 결정, 지거관과 간선관 지름결정, 펌프와 동력의 결정 순으로 한다.

(1) 살수기 간격 및 지거관의 간격 결정

풍향·풍속 및 살수시험결과에 따라 가장 관개효율이 좋은 지거관과 살수기의 간격 및 지거관의 방향을 결정하고 물배분효율 E_d를 결정한다.

(2) 살수기 용량

살수강도와 살수기 간격 및 지거관의 간격이 결정되면 살수기 용량은 식 (3·40)으로 계산한다.

$$q = \frac{1}{60} S_1 S_2 d \qquad (3 \cdot 40)$$

여기서 q는 각 살수기의 용량(l/min), S_1은 살수기 간격(m), S_2는 지거관 간격(m), d는 살수강도(mm/h)이다.

살수기 노즐의 이론유량은 오리피스 공식을 사용하여 계산한다.

$$q = aC\sqrt{2gh} \qquad (3 \cdot 41)$$

이 식을 변형하면 다음과 같다.

$$q = 0.0667 C d_n^{\,2} P^{0.5} \qquad (3 \cdot 42)$$

여기서, q : 노즐 유량(l/min), a : 노즐 단면적, C : 유량계수, d_n : 노즐 오리피스 지름(mm), P : 노즐에서의 압력(kPa)이다.

유량계수는 잘 설계된 소구경의 경우 0.95 내지 0.98이지만 어떤 노즐은 0.80까지 된다. 일반적으로 노즐이 클수록 유량계수는 작아지며, 1개의 살수기에 2개의 노즐이 부착되어 있을 때는 그 합이 용량이 된다.

(3) 살수강도

지거관과 살수기의 배치가 살수강도로 보아 적정한가를 검토한다. 살수강도가 토양의 최종 침입도 이내에서 값이 큰 경우에는 1회의 관개시간이 짧아지므로 1일의 관개면적을 크게 할 수 있다.

(4) 적용효율

앞에서와 같이 적용효율(E_a)은 보통 70% 이상이 되도록 설계한다. 살수배분효율 E_d를 80%, 적용효율 E_a를 70%로 하면 식(3 · 39)에서 h_a / h_n의 값은 87.5%가 되므로 증발 · 비산 및 엽면차단에 의한 손실의 합계는 12.5% 이하가 되지 않으면 안 된다.

(5) 살수기 기종 선정 및 간격결정

살수기 기종은 대상작물 · 영농 · 지형 등을 고려하여 그에 알맞는 살수범위, 요구압력, 살수기 용량을 가진 기종을 선정한다. 일반적으로 제조회사의 제품설명서에 의존하여 선정한다. 1개 노즐 살수기는 작은 살수범위를 갖는 소형살수기에 사용되며, 보통 2개 노즐 살수기가 사용된다. 풍속에 따른 만족스러운 적용효율을 확보하기 위하여 최대 살수기 간격은 표 3-27을 기준한다.

(6) 지거관 및 간선관의 지름

지거관 및 간선관의 지름은 적정한 수두 손실하에서 설계유량을 통수할 수 있도록 선정하여야 한다. 지거관은 말단으로 갈수록 유량이 감수하기 때문에 관경이 작아도 되나 여러 가지 지름의 파이프를 연결하여 사용하는 복잡성 때문에 보통 동일한 관경을 사용한다. 미국농공학회(ASAE)는 지거관의 실용적

표 3-27 중수압, 저수압 살수기의 최대간격 기준
(살수기의 살수 지름에 대한 비율)

풍속(km/h)	살수기 간격(S_1)	살수지거 간격(S_2)
0	50%	65%
6 이하	45%	60%
7~12	40%	50%
13 이상	30%	30%

인 총압력의 변동은 설계 압력의 10%를 초과하면 안 된다고 하였다. 지거관이 상향 또는 하향으로 설치될 때의 수두 계산은 표고차이를 고려하여야 한다.

살수기의 설계용량은 평균운전압력에 의하여 결정된다. 지거관의 마찰 손실이 평균압력의 20% 이내인 경우 살수관의 평균수두는 다음 식으로 구한다.

$$H_a = H_0 + 0.25H_f + 0.4H_e \tag{3・43}$$

여기서 H_a : 노즐에서의 평균 수두, H_0 : 살수관의 말단 노즐 수두, H_f : 살수관의 마찰 손실, H_e : 살수관 상하류단의 표고차이다.

간선관과 지거관의 접합부에서의 필요수두 H_n은 다음과 같다.

$$H_n = H_0 + H_f + H_e + H_{rp} \tag{3・44}$$

식(3・43)에서 H_0를 풀어서 식 (3・44)에 대입하면

$$H_n = H_a + 0.75H_f \mp 0.6H_e + H_{rp} \tag{3・45}$$

여기서 H_{rp}는 직립관의 높이이다. 지거관이 하향경사로 설치된 때에는 표고항의 부호는 −이다. 계수 0.6은 살수기 개수가 1개일 때 1.0에서부터 100개일 때 0.5까지 변한다. 계수 0.75는 어떤 지점까지의 마찰 손실의 비율을 나타낸다. 식 (3・43)에서 (3・45)까지의 관계는 그림 3-46에서와 같다.

(7) 살수기의 배치 및 설계기본 원칙

센터 피벗 시스템을 제외한 스프링클러 시스템의 일반적인 설계 원칙은 다음과 같다.

① 살수기와 지거관의 간격은 넓게 할수록 노동력을 절감할 수 있다.

② 간선관은 상향이나 하향으로 설치할 수 있다.

③ 지거관은 경사방향 또는 이에 직각방향으로 설치할 수 있다.

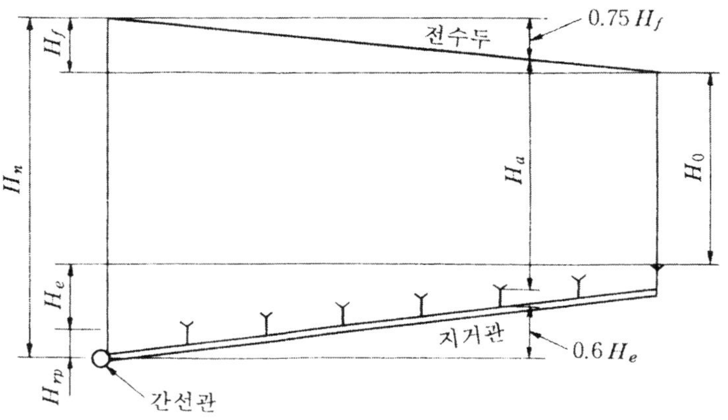

그림 3-46 상향의 살수관 내의 수두 변화

④ 지거관 지름은 최대로 두 가지로 사용할 수 있다.

⑤ 우물은 구역의 중앙부에 있어야 한다.

⑥ 이동식 시스템의 배치는 장비의 이동이 최소가 되도록 한다.

⑦ 구역 내 극히 일부에서 큰 펌프압력이 필요한 때에는 부스터 펌프를 고려할 수 있다.

⑧ 설계구역 내에서 토성이 상이한 때에는 살수심을 변화시킬 수 있도록 수정한다.

(8) 펌프와 동력

펌프를 선정할 때에는 필요 최대 전양정을 결정하여야 한다.

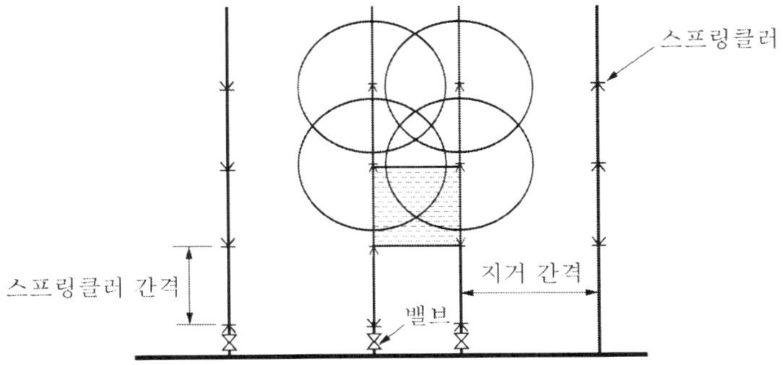

그림 3-47 직사각형 배열의 스프링클러 배치도

$$H_t = H_n + H_m + H_j + H_s \qquad (3 \cdot 46)$$

여기서 Ht = 전양정(m)

H_n = 식 (3・45)로 계산된 간선과 지거 연결부에서의 최대 필요수두

H_m = 간선관과 흡입관의 최대 마찰 손실에 펌프의 NPSH를 더한 값

H_j = 펌프와 간선관과 지거관 연결부 사이의 표고차

H_s = 지하수면(수면 저하 후)과 펌프의 표고차

전용수량은 동시에 가동되는 살수기 용량의 합과 같다. 총수두와 소요 압력이 결정되면 펌프 제작회사의 펌프특성 곡선으로부터 펌프를 선정할 수 있다. 선정된 펌프를 구동시키는 데 필요한 동력은 뒤에 자세히 설명되어 있다.

예제 3-10 가로 400 m 세로 360 m인 사질토양의 밭에서 알팔파를 재배하려고 할 때 바퀴 이동식(wheel move) 스프링클러 시스템의 노즐 크기, 간격, 압력 및 유량과 지거관의 지름 및 간격을 구하여라. 단 근군역 깊이 1.2 m, 용이이용수분량 6.25%, 최대 일증발산량 6.5 mm이다.

풀이 바퀴 이동식(wheel move) 스프링클러 시스템은 관개 중에는 바퀴가 고정되어 있으며, 관개하지 않을 때에는 지거관의 중앙부에 설치된 동력장치에 의하여 다음 위치로 이동한다. 바퀴 이동식에서 일반적으로 채택하는 스프링클러의 배치는 12 m × 18 m이고 적용효율은 72%이다.

유효토층 내의 최대수분 부족량 : 1.2 m × 0.0625 × 1,000 = 75 mm

최대 간단일수는 최대수분 부족량를 최대 일증발산량으로 나누어서 구한다.

최대 간단일수 : 75 ÷ 6.5 = 11.5일

사질토양의 밭에서 알팔파를 재배할 때 최대 살수강도는 참고문헌(B. C. Sprinkler irrigation manual)에서 구하면 11 mm/h이다.

관개시간을 하루에 11.5시간으로 하면 셑을 하루에 두 번 옮길 수 있고, 한번 이동시키는 데 0.5시간을 사용할 수 있다.

지거관 간격을 18 m로 하면 하루에 두 번 이동하면 길이 36 m를 관개할 수 있으며, 400 m 길이의 밭에 필요한 셑의 설치회수는 400 m ÷ 18 m = 22.2회이므로 23회가 필요하다.

하루에 2회씩 이동시킨다면 전 면적을 관개하는 데 소요되는 시간은 23 ÷ 2 = 11.5일이다.

이는 앞에서 구한 최대 간단일수 11.5일을 초과하지 않으므로 만족스럽다.

1회 순관개량은 11.5일 × 6.5 mm/일 = 74.8 mm

1회 총관개량은 적용효율을 고려하면 74.8 mm ÷ 0.72 = 103.8 mm

살수강도는 103.8 mm ÷ 11.5 h = 9.0 mm/h

이는 앞에서 구한 최대 살수강도 11 mm/h보다 작으므로 만족스럽다.
이상의 계산결과와 참고문헌의 표를 이용하면
스프링클러 간격 : 12 m × 18 m, 살수강도는 9.0 mm/h,
노즐 사이즈 4.76 mm × 2.38 mm, 노즐압력 338 kPa
노즐 한 개당 유량 34.0 l/min
지거관 시점의 압력 393 kPa
지름 100 mm 알루미늄 지거관 한 개당 최대 스프링클러 개수는 30개
지거관 길이는 12 m × 30개 = 360 m
포장의 폭이 360 m이므로 이 지거관 길이는 만족스럽다.
지거관의 길이가 더 긴 경우에는 지름 12.7 mm 관을 사용하여야 한다.

예제 3-11 가로 세로가 각각 400 m(16 ha)인 목초지를 set move 스프링클러 시스템으로 관개하고자 한다. 최대 살수강도는 15 mm/h이고, 58 mm의 살수심을 하루에 2 ha씩 8일 동안에 공급한다. 풍속이 6 km/h이고, $H_a = 276$ kPa(28.2 m), $H_j = 1.0$ m, $H_e = 0.6$ m, $H_s = 5.0$ m, $H_{rp} = 0.8$ m, 펌프 NPSH $= 2.0$ m, $S_1 = 12$ m, $S_2 = 18$ m, 허용압력변화는 평균압력의 20%, 우물은 포장의 중앙에 위치한다.

풀이 간선과 지거관의 배치는 그림 3-48과 같다. 지거관의 첫 번째 살수기는 간선에서 12 m 떨어져 있고, 마지막 살수기는 구역경계에서 8 m 떨어져 있다고 하면, 한 지거에 16개의 살수기가 필요하다.

(a) 하루에 필요한 지거관로 개수

$$\frac{2.0\,\text{ha}\times 10,000}{16\times 12\,\text{m}\times 16\,\text{m}} = 5.8 \text{ 반올림하여 } 6$$

즉, 하루에 6개의 지거를 설치(또는 이동)하여야 한다. 매일 한꺼번에 6개를 설치(이동)시키거나, 한번에 2개씩 하루에 3회에 이동시킬 수 있다. 장비 비용을 고려하여 하루에 3회 이동시키는 것이 유리하다. 즉, 동시에 2개의 지거관을 통하여 관개한다.

(b) 살수기 한 개당 유량은 식 (3·40)에서

$$q = \frac{12\,\text{m}\times 18\,\text{m}\times 15\,\text{mm/h}\times 10,000}{10\,\text{mm/cm}\times 1000\,\text{cm}^3/l\times 3600\,\text{s/h}} = 0.90\,l/\text{s}$$

이 때 1회당 관개시간은

$$T = \frac{S_1 S_2 D}{q} = \frac{12\times 18\times 58}{0.9\,l/s} = 3.87\,\text{h}$$

(c) 지거관 1개당 유량은 $0.90 \times 16 = 14.4\ l/s$,

펌프나 시스템 용량은 $q_s = 2\times 14.4 = 28.8\ l/s$

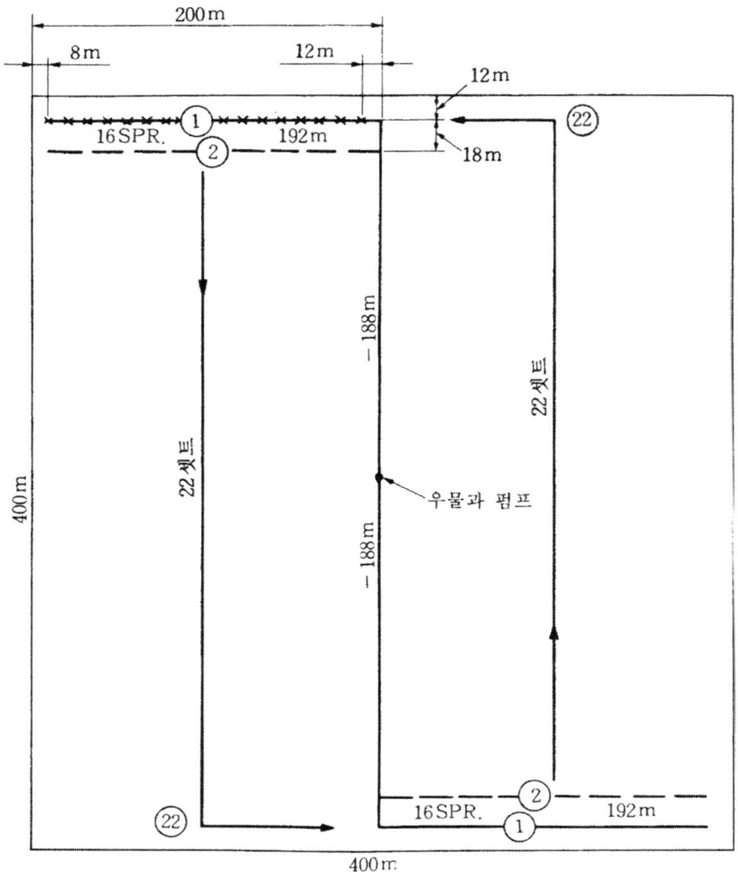

그림 3-48 Set move 스프링클러 관개 시스템 배치

(d) 노즐지름이 6.35 mm와 3.97 mm이고 유량계수가 0.95이고 노즐압력이 276 kPa라면 살수기 한 개당 이론유량은 식(3 · 42)에서

$$q = 0.0667 \times 0.95(6.35^2 + 3.97^2) \times 276^{0.5} = 58.8\ l/\text{min}$$

(e) 표 3-27에서 풍속이 6 km/h일 때 살수범위는 지거관에서 12 m/0.45 = 27 m이고, 지거간격에서 18 m/0.60 = 30 m이다. 위에서 선택한 살수기의 제작자 사양에서 살수범위는 31 m로 충분하다.

(f) 간선과 지거관의 구경

지거의 허용 압력변화량은

$$0.20 \times 276 = 55.2\ \text{kPa}(= 5.6\ \text{m 수두})$$

허용 마찰 손실량은

$$5.6 - H_e = 5.6 - 0.6 = 5.0\ \text{m}$$

간선과 지거관의 지름은 허용 마찰 손실을 고려하여 결정한다. 마찰 손실은 Darcy-Weisbach 공식으로 계산할 수 있다. 지거관과 같이 일정한 간격마다 분기관이 있을 때는 분기관의 수에 따른 보정계수(16개의 경우 0.38)를 곱하여 계산한다. 몇 가지 지름에 대하여 반복계산한 결과 지거와 간선의 지름이 각각 10 cm와 15 cm가 적정한 것으로 나타났다. 이 때 마찰 손실수두를 계산하면 다음과 같다. 여기서 유량은 지거 14.4 l/s이고 간선 28.8 l/s이며, 마찰 손실 계수는 10 cm 관은 0.026, 15 cm 관은 0.024로 가정하였으며, 관의 길이는 지거 192 m, 간선 188 m이다.

지거 : $h_l = c \times f \times l / D \times v^2 / 2g$

$$= 0.38 \times 0.026 \times \frac{192}{0.1} \times \frac{1}{2 \times 9.8} \times \left(\frac{0.0144}{\frac{\pi(0.1)^2}{4}} \right)^2 = 3.25\ \text{m} < 5.0\ \text{m}$$

간선 : $h_l = f \times l / D \times v^2 / 2g$

$$= 0.024 \times \frac{188}{0.15} \times \frac{1}{2 \times 9.8} \times \left(\frac{0.0288}{\frac{\pi(0.15)^2}{4}} \right)^2 = 4.08\ \text{m}$$

여기서 Scoby 식을 이용하면 지거 2.9 m 및 간선 3.9 m로 나타난다.
간선과 지거관의 선정과 마찰 손실은 지거관은 내경 100 mm 길이 192 m에 대하여 마찰 손실 3.2 m가 발생하였고, 간선관은 내경 124 mm 길이 188 m에 대하여 마찰 손실 2.7 m가 발생하였다.

(g) 제일 높은 위치의 가장 원거리에 있는 지거와 간선의 연결부에서의 소요압력을 식 (3 · 45)로 구한다

$$H_n = 28.2 + 0.75(3.2) + 0.60(0.6) + 0.8 = 31.8\ \text{m}$$

(h) 펌프용량과 전수두를 식 (3 · 46)으로 구한다.

$$Ht = 31.8 + 2.0 + 4.1 + 1.0 + 5.0 = 43.9\ \text{m}$$

펌프는 28.8 l/s의 용량을 전수두 43.9 m를 양수할 수 있는 것 중에서 효율이 높은 것을 선정한다.

(i) 펌프효율을 70%로 가정하고 축동력을 구하면 다음과 같다.

$$\frac{9.8\text{QH}}{\eta} = \frac{9.8 \times 0.0288 \times 43.9\ \text{m}}{0.70} = 17.7\ \text{kW}$$

(9) 윤번방법

소비수량이 최대가 되는 시기에 있어서의 1회 순용수량을 d mm, 간단일수를 N이라고 하면, 면적이 A인 지구의 관개사업계획을 세울 경우 전체 지구를 N개로 나누어 그 분할된 구획을 1일에 관개하고 순차적으로 돌아가게 한다.

1) 윤번구획의 결정법

밭관개는 간단관개이기 때문에 전체 면적을 한 번에 관개하는 방법은 피하고, 윤번제로 하여 순차적으로 관개한다. 이 경우의 용수 배분에는 다음과 같은 두 가지 방법이 있다.

① 말단의 일정한 면적까지는 연일 통수하고, 그 면적의 $1/N$(N은 간단일수)씩 매일 순번으로 관개한다. 예를 들어 그림 3-49에서 보는 바와 같이 전체 면적 500 ha, 간단일수를 5일로 할 경우 1일에 100 ha를 관개하면 된다. 이 경우 a지선에서는 50 ha이므로 이 중에서 10 ha가 1일에 관개해야 할 대상 면적이 되며, 이 1/5의 면적을 어떻게 배치할 것인가는 지형·영농형태·관개방식 등에 따라 정하면 된다.

이 방법에서는 말단까지 연일 통수하게 되는데, 말단에 송수할수록 지배면적이 작아지게 되므로 간선수로의 단면을 작게 할 수 있다. 따라서 시설비는 절감되지만, 그 대신 분수관리는 면적이 크면 번잡하게 된다.

② 각 지선을 그 지배면적이 A/N가 되도록 N조로 하여 각 조의 전체 면적을 1일에 관개한다. 이 방법에서는 각 지선마다 지배면적이 100 ha가 되도록 하기 때문에, 예를 들어 제1일은 a지선과 h지선, 제2일은 b, i, j 지선으로 하여 관개하기 때문에 이 경우의 분수(分水)관리는 ①의 방법보다 간단하지만, 간선수로의 말단까지 동일한 유량으로 통수하게 되므로 시설비가 많이 든다.

윤번구획은 구획 내의 1회 용수량, 간단일수, 관개방법, 포장 손실 등이 정

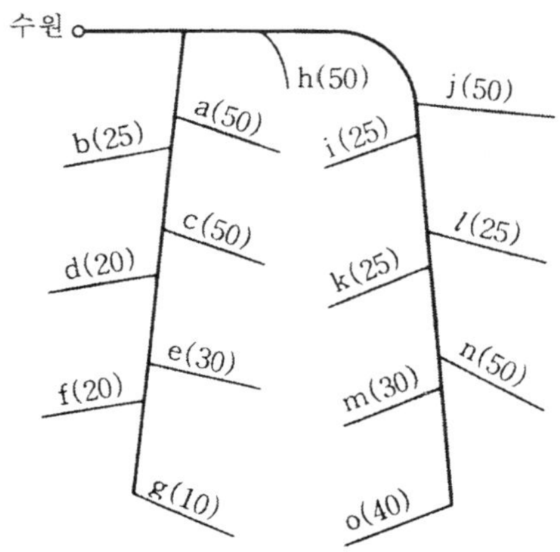

그림 3-49 용수 배분 방법

해지면 일반적으로 다음과 같은 조건을 고려하여 결정한다.

① 윤번구획 내의 최대 통수량(수로 내 손실, 포장 손실 포함)은 말단 지선 수로의 통수능력과 일치하거나 그 이하이어야 한다.

② 윤번구역의 크기는 관개 최성기의 통수량으로 최단 간단일수 내에 1회 관개할 수 있는 면적보다 크게 해서는 안 된다.

③ 윤번관개의 최대 통수량은 관개방법과 노동력면에서 요구되는 유량을 만족시켜야 한다.

④ 윤번구획의 구분은 지선 용수로 내의 말단에서부터 상류 쪽으로 향하여 될 수 있는 대로 수계별로 한다.

⑤ 윤번구역 내의 통수량은 용수 관리상 될 수 있는 대로 일정하게 하고, 밭의 간단관개로 발생하는 수량의 조절은 지구 내의 논과 조정지 등을 이용하도록 계획한다.

3. 6. 5 물방울 관개

물방울 관개(drip irrigation, trickle irriqation)는 0.2～0.5 kg/cm^{2}의 낮은 압력수를 이미터(emitter)로부터 지면에 배치한 플라스틱 급수관을 통하여 장시간 동안 연속적으로 물방울을 떨어뜨리는 관개 방식이다. 이 방법은 토양수분을 항상 포장용수량 가까이 유지시켜 주어 작물이 성장하는 데에 가장 알맞은 수분환경을 제공할 수 있다. 그리고 다른 관개 방식에 비하여 다음과 같은 장점이 있다.

① 작물의 뿌리에 느린 속도로 연속적인 물 공급을 하기 때문에 증발, 침투 등으로 인한 손실이 적어서, 적은 용수량으로 생산성을 높일 수 있다.

② 건조 지역의 경우, 연속적인 급수를 함으로써 근권역 내의 염분 집적을 적게 하여 염해를 경감시킬 수 있다.

③ 살수관개와 마찬가지로 농약 살포, 시비 등에까지 다목적 이용을 하면 노동력을 크게 경감시킬 수 있다.

④ 과일의 품질을 높일 수 있을 뿐만 아니라 조기성숙 및 유년생산이 가능하다.

⑤ 토양 침식이 생기지 않고 제초작업이 용이하다.

⑥ 흙다짐이 별로 생기지 않아 중경횟수를 줄일 수 있다.

⑦ 어느 정도의 염분이 섞인 물도 관개에 이용할 수 있다.

물방울 관개의 가장 큰 단점으로는 이토(泥土)나 조류(algae)에 의한 이미터(emitter)의 막힘이다. 이를 방지하기 위하여는 침전지를 설치하여 부유물질을 제거시키든지, 화학약품을 사용하여 조류를 제거시켜야 한다. 또 이미터 오리피스를 크게 만들고 통수용량을 50% 이상 크게 설계하여야 한다. 높은 시설비와 염류의 축적 등도 물방울 관개의 단점이다.

물방울 관개는 과수원, 포도원, 밭작물, 시설하우스 등에서 광범위하게 사용되고 있다. 물방울 관개의 기본적인 시스템은 여과장치, 유량계, 감압장치, 간선과 지선, 지거 및 이미터로 구성된다.

물방울 관개시설의 종류에는 drip 법, subsurface 법, bubbler 법이 있다. Drip 법은 점원이나 줄원에 설치된 이미터로부터 물방울 형태로 물을 지표면에 연속적으로 공급하는 방식이다. 살포량은 점원의 경우 12 *l*/h 이하이고 줄원의 경우 미터당 12 *l*/h 이하이다. Subsurface 법은 점원이나 줄원과 이미터가 지표면 아래에 묻혀 있는 것을 제외하고는 drip 법과 같다. Bubbler 법은 tube를 이용하여 물을 지표면에 작은 개울형태로 공급하는 방법이다. Tube의 지름은 10 mm 또는 그 이상으로 하는데, 지름이 크기 때문에 막힘문제는 일어나지 않는다. 살포율도 커서 225 *l*/h까지이며, 높은 살포율로 인한 지표면 유출방지를 위하여 둑이나 고랑이 필요할 경우도 있다.

[1] 수원과 관개조직

물방울 관개를 위한 수원은 살수관개 조직과 같이 하천수, 저수지 용수 및 지하수 등이 있고, 어떤 것이든 수원시설로부터 도수로를 거쳐, 팜 폰드(farm pond)에 이끌고, 팜 폰드의 위치에 따라 펌프로 가압하거나 자연압으로 지구 내에 매설된 관을 통하여 급수한다. 용수 공급관의 용량은 포장 내에서의 관개량, 관개 시간 및 필요 수압으로 결정되며, 이 때 필요한 수압은 약 1 kg/cm^{2}가 적당하다.

일반적으로 이미터(emitter)에서 물방울이 떨어지는 양은 시간당 2~4리터 정도의 느린 속도로 되게 하며, 매일 관개하는 것이 좋다. 이미터 장치는 다음 세 가지로 구분할 수 있다.

① 선형 테입(linear tape)　저렴한 플라스틱 호스에 일정한 간격으로 오리피스가 설치되어 있다.

② 점원 이미터　점원에 물을 공급할 수 있도록 드립(drip)호스에 이미터가 장치되어 있다.

③ **스프레이 이미터** 점원 이미터보다 큰 유량을 스프레이하는 이미터가 드립호스에 장치되어 있다.

[2] 관개조절 장치

그림 3-50과 같은 물방울 관개를 위한 관개조절 장치는 포장의 한쪽에 설치하며, 주압력 조정밸브는 1 kg/cm^{2}의 저압으로 유지하고, 전자밸브는 타이머로써 개폐 지시를 하는 데 필요하다. 미동 조절밸브는 수압을 1 kg/cm^2 이하로 저하시켜 이미터로부터의 유량을 변화시킬 필요가 있을 때 수압을 조절하기 위하여 설치되는 것인데, 이는 압력계의 바늘을 보면서 조절하게 되어 있다.

그리고 필터는 이미터 내에 있는 나선 모양의 매우 가는 유로를 관개수가 통과할 때, 미소한 먼지 등에 의하여 유로가 막히고 통과유량이 저하되는 것을 방지하는 데 필요하다.

[3] 말단 급수조직

지거관은 대상작물에 따라 그 위치가 다르며, 지거관에 연결된 이미터는 한 포기 내지 여러 포기의 작물을 관개하도록 한다. 일반적으로 이미터의 간격은 밀식작물에서는 80 cm, 수목에서는 6 m까지 간격을 두게 된다(그림 3-51 참조).

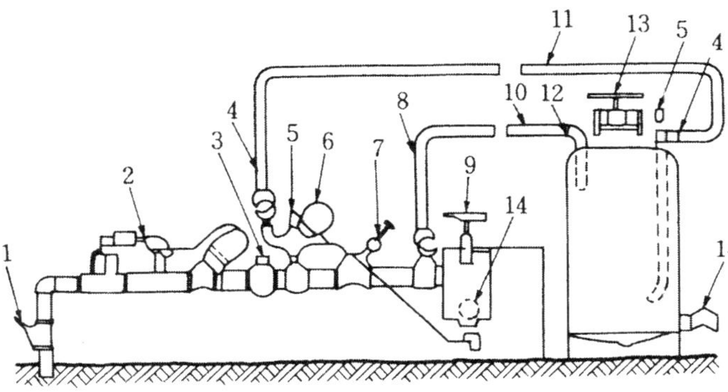

1. 조직망에 연결된 밸브 2. 유량계 3. 일반 밸브 4. 시비용 급수장치 5. 진공밸브 6. 이동 압력계 7. 주압력 조절밸브 8. 비료투입 장치 9. 필터 10. 11. 급수관 12. 비료배출구 13. 비료통 14. 세척밸브

그림 3-50 물방울 관개의 급수조절 장치

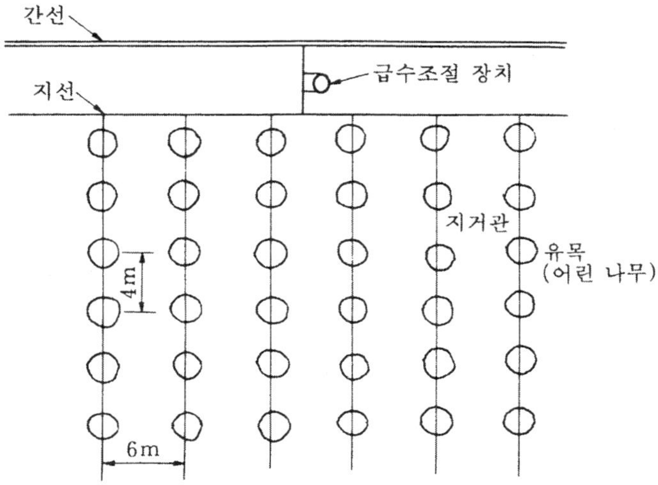

그림 3-51 과수원에서의 물방울 관개조직

어떤 수목에서는 급수관 간격을 6m로 유지할 때 이미터는 나무 앞뒤 0.5 m 지점에 설치하며 관개 용량이 큰 것을 사용한다. 이때 시간당 관개량은 4 리터를 기준으로 한다.

물방울 관개는 저압 요구로 인하여 표고 차이나 과다한 마찰 손실은 적용 균등성을 크게 나쁘게 만들 수 있다. 적당한 균등성 확보를 위하여 물방울 관개의 균등성은 90%가 되어야 한다.

물방울 관개 조직은 이미터의 구멍 지름이 1mm 이하로 매우 작고, 시간당 1~4리터밖에 되지 않는 매우 느린 흐름에 기초를 두고 있으므로 특별히 주의하지 않으면 쉽게 막히게 된다. 이 현상은 흔히 오수를 관개용수로 하는 경우에 자주 발생하며, 이로 인하여 전체 조직이 완전한 기능을 발휘하지 못하여 작물에 큰 손실을 주게 된다.

따라서 이미터 내부가 막히지 않게 하기 위해서는 유기물, 고체입자, 미생물체 등을 여과 장치로 차단하여 이미터 속에 들어가지 않도록 해야 한다.

[4] 과수원, 포도원, 줄작물의 물방울 관개

물방울 관개 시스템은 작물의 최대 증발산량을 충족시키도록 설계하여야 한다. 물방울 관개 시스템은 하루 20시간 이내만 작동하도록 설계하여야 한다. 또 근 군역에서의 염분집적을 방지하기 위하여 설계시에 10%의 용탈 용수를 포함하여야 한다. 물방울 관개 시스템의 관개효율은 90%로 설계한다.

물방울 관개의 작물 1주당 필요수량(PWR)은 다음 식으로 계산한다.

$$PWR = ET \times S \times A \times K(l/\text{plant}/\text{day}) \quad (3 \cdot 47)$$

여기서, PWR 작물 1주당 필요수량(m^3/plant/day), ET는 작물의 최대 일 증발산량(mm/d), S는 표층의 유효 저류량을 고려한 계수(0.75~0.95), A는 작물간격으로 계산한 주당 면적(m^2), K는 지면중 작물의 잎이나 뿌리로 덮여 있지 않은 면적을 고려하는 계수(0.60~1.0)이며 작물 간격이 커지면 감소한다.

물방울 관개 시스템 요구량(TC)은 최대 작물 필요수량과 용탈 용수량 및 적용효율을 고려하여 다음 식으로 구한다.

$$TC = PWR \times L/E \quad (3 \cdot 48)$$

여기서 L은 용탈계수이고 E는 적용효율이다.

물방울 관개의 적용효율은 90%이며, 염분집적 방지를 위한 용탈 용수량을 10%로 보면 L은 1.10이고 E = 0.90이다.

예제 3-12 양토의 사과원에서 사과가 3.05 m × 6.10 m 간격으로 식재되어 있을 때, 토양저류능이 17.5%, 군근역 깊이 1.2 m, 생장유효수분 40%, 최대 일 증발산량 6.1 mm일 때 최대 한주당 필요수량(PWR)과 물방울 관개 시스템 용량(TC)을 구하여라.

풀이 유효저류능 : 0.175 × 1.2m × 0.4 × 1.000 = 84 mm

참고문헌(B. C. Trickle Irrigation Manual)의 표에서 계수 K = 0.90, S = 0.75이다.

주당 작물면적은 A = 3.05 × 6.10 = 18.6 m^2

작물 1주당 최대 필요수량은

$$PWR = ET \times S \times A \times K = 6.1\text{ mm} \times 0.75 \times 18.6\text{ m}^2 \times 0.90 = 76.6\ l/\text{plant}/\text{day}$$

물방울 관개 시스템 용량은

$$TC = PWR \times L/E = 76.6 \times 1.1/0.90 = 93.6\ l/\text{plant}/\text{day}$$

[5] 시설하우스의 물방울 관개

시설하우스 관개시스템의 설계와 선정은 시설의 구조에 따라 다르다. 공기가 밀폐된 시설일수록 하우스 내의 습도가 높으며 이는 잡초와 병해충을 증가시키고, 비닐 내면에 수분이 응축하여 빛 투과를 감소시키고, 지붕에 응축된 물이 떨어질 때 화훼를 훼손시킨다.

시설하우스에서도 염분집적을 방지하기 위하여 작물 1주당 최대필요수량에 10%의 용탈 용수를 더해 준다. 시설하우스 내의 물방울 관개 시스템의 관개 균등계수는 90% 이상이어야 한다. 한 지역에서의 지거 내의 압력 변동은 이미터 작동 압력의 10%를 초과하면 안 된다.

이미터는 무토양 재배에서는 한 주에 두세 개씩 설치하고, 토양 포트재배에서는 포트당 한두 개를 배치한다. 보통 이미터 유량은 2~8 l/hr이다. 그림 3-52는 시설하우스 내의 이미터 배치도를 보여주고 있다.

표 3-28 시설하우스 작물의 주당 일 최대필요수량

작 물	식재밀도	최대 필요수량
오 이	1.1~1.5주/m^2(톱밥재배)	3.79~5.68 l/주/일
토마토	2.2주/m^2(톱밥재배)	2.84 l/주/일
장 미	Bed	28.5 l/주/일

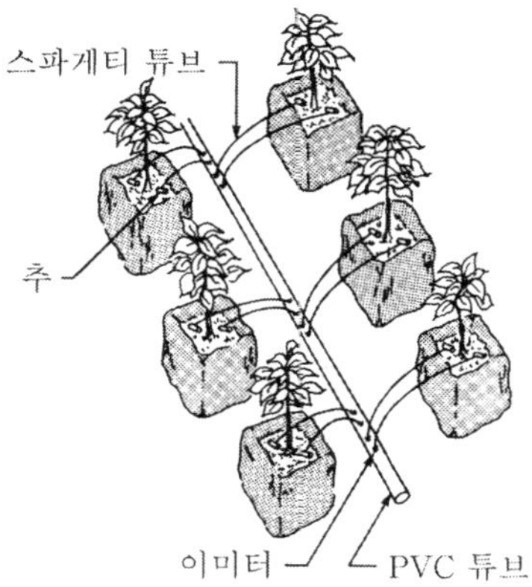

그림 3-52 시설하우스 내의 이미터 배치도

풀이 ① 관개회수 및 관개량

$$\text{재식밀도} : \frac{47 \times 76}{7,500} = 0.47\ m^2/\text{plant}$$

표 3-28에서 토마토의 최대 필요수량은 2.84 l/주/일이다. 설계자가 최대 작물 필요수량을 0.76 l/hr로 정하고, 한 주당 1.9 l/h의 이미터를 두 개씩 배치하였다. 토마토 작물은 1회 관개시 0.19 l를 공급받으며 한 시간에 4회 공급받는다.

② 저류탱크

저류탱크는 보통 2일간의 관개용량을 확보하도록 하며, 최소한 1일 동안 관개할 수 있는 용량이어야 한다. 2일간의 저류탱크 용량은 다음과 같다.

$$7,500\text{주} \times 2.84\ l/\text{주}/\text{일} \times 2\text{일} = 42,600\ l$$

콘크리트 탱크를 사용한다면 규격은 5.5 m × 3.2 m × 2.4 m(깊이) 이상이어야 한다.

③ 구역의 구분

각 구역의 1회 관개시간은

$$\frac{0.19\ \ell/1\text{회관개}}{2\text{개} \times 1.9\ \ell/hr/\text{이미터}} = 0.05\ hr$$

각 구역의 한 시간당 관개시간은

$$0.05\ hr \times 4\text{회} = 0.2\ hr = 12\ \text{min}$$

$$\text{최대 구역개수} = \frac{60\ \text{min}/hr}{\text{각 구역당 1시간당 관개시간}} = \frac{60}{12} = 5\text{개 구역}$$

그러나 시설운전의 유연성 확보를 위하여 구역 개수를 4개로 한다.

그러면 각 구역별 토마토 수는

$$\frac{7,500}{4} = 1,875\text{주}$$

각 구역별 유량은

$$1,875\text{주} \times \frac{2\text{이미터}}{\text{주}} \times \frac{1.9\ l/hr}{\text{이미터}} = 7,125\ l/hr = 118.7\ l/\text{min}/zone$$

이상의 계산결과를 이용하여 만든 시설하우스의 배치도는 그림 3-53과 같다.

3.6.6 자동 관개 장치

살수형, 물방울형, 미스트형(mist type)의 관개장치를 자동화하면 관개효율이 높아지며, 소요 노동력도 절약되고, 필요한 시간에 필요한 만큼의 관개가 가능해져서 생산성을 향상시킬 수 있다. 그러나 작물의 생육단계별 수분요구 정도가 정확하게 판명되지 못한 단계에서 자동화하기는 어렵다.

자동화 방식으로서는 시간 제어방식, 전기저항 제어방식 및 수분장력 제어

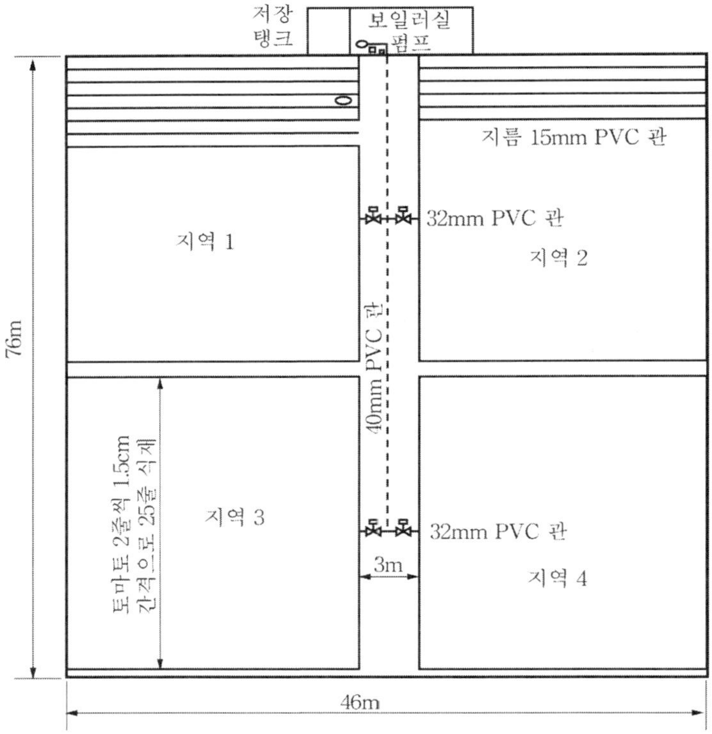

그림 3-53 시설하우스 배치도

방식 등이 있으며, 수분장력 제어방식에 의한 수분관리 장치의 모식도는 그림 3-54에서 보는 바와 같다.

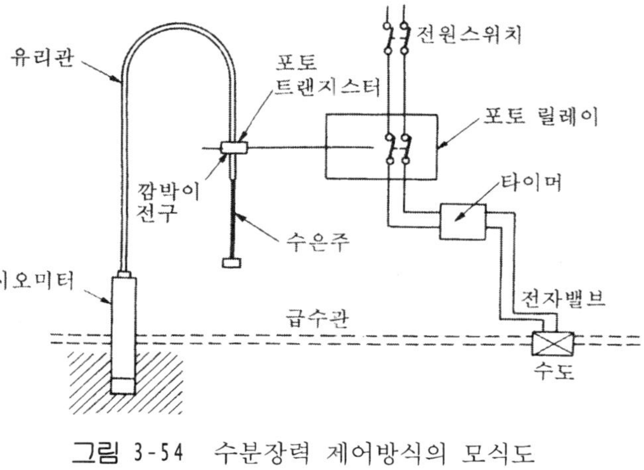

그림 3-54 수분장력 제어방식의 모식도

3.7 용수시설

3.7.1 용수시설의 종류

하천, 호수, 지하수, 저수지 등의 수원(水源)으로부터 취수되어진 용수는 용수시설에 의해서 관개지구로 보내진다. 용수시설은 용수로시설, 분수 및 조절시설, 보호보안시설, 부대시설, 관리시설 등을 포함하여 수로조직을 형성한다.

그림 3-55 용수로(미호천 연동지구)

3.7.2 용수로의 종류

수로가 수행해야 할 기본적인 역할은 물의 운송·배분(용수로) 및 집합이며, 이에 대한 구성과 기능면에서 수리구조물(hydraulic structures)을 다음과 같이 분류한다.

① **도수로** 수원에서 전관개면적에 소요되는 수량을 직접 또는 조절지를 통하여 간선시점까지 공급하는 기능을 갖는 수로이다.

② **간선 용수로** 수원으로부터 시작되거나 도수로로부터 분기되는 수로로서, 주로 지선 용수로에 용수를 공급하는 기능을 갖는다.

③ **지선 용수로** 간선 용수로에서 분기되는 수로로서, 주로 간선 용수로로부터 유입되는 용수를 용수지거에 공급하는 기능을 갖는다.

④ **지거 용수로** 간선 용수로에서 직접 분기되거나 지선 용수로에서 분기되는 수로로서, 용수를 직접 경지에 공급하는 기능을 갖는다.

수로 단면을 결정하는 데는 수리상 유리한 단면, 침투상 유리한 단면, 수로의 안정성, 굴착이 쉽고 경제적인 단면, 침식되지 않는 단면, 침전되지 않는 단면 등의 원칙이 있다. 이들은 깊은 단면이 유리한 경우와 얕은 단면이 유리한 경우가 있어 서로 상반되는 조건이 될 수도 있으나, 수로의 종류, 목적 및 지형에 따라 조정, 결정하여야 한다.

용수로의 종류별 표준 수로기울기는 표 3-29와 같다.

표 3-29 용수로 종류별 수로기울기 표준

구 분	간 선	지 선	지 거
기울기	1/3,000～1/5,000	1/1,000～1/3,000	1/300～1/1,000

[1] 환경친화적 용수로

농촌의 대내외 여건 변화로 인해 용수로의 기능과 가치가 새롭게 인식되고 있다. 또한 농촌공간의 문제와 가치개발을 위한 방안으로서 지속가능개발, 생태복원, 그린투어리즘, 환경보전 등의 패러다임과 함께 농촌 어메니티에 대한 논의가 이루어지고 있다.

농업용 수리시설 중에 사람들이 자주 대하고, 그 특질을 다면적으로 활용해 온 것은 농지나 마을을 흐르는 수로망이었다. 이들 수로는 관개지에 도달하기까지 마을의 수리이용행위를 고려하고, 지형의 특성과 주변 생물환경의 측면도 고려하여 통수되고 있다. 이에 용수로의 정비방향도 홍수 등 재해예방과 농업용수 확보의 중요성만 강조되던 것에서 주민이용의 편의와 농촌경관 개선, 그리고 환경보전 등을 고려하는 다목적 기능이 요구되고 있다.

(1) 환경친화적 용수로의 기본기능

자연환경은 생태환경과 자연경관으로 대별되므로 용수로가 설치되는 지역의 자연환경뿐만 아니라 생활환경, 생산환경과 이들이 만들어낸 경관까지도 보전하고 개선해야 한다. 또한 용수로 본래의 기능인 물을 흘려보내는 특성을 살리고, 활용·계획에는 친환경적 용수로 계획의 기본기능을 갖도록 하여야 한다.

1) 용수로의 기능과 특성

용수로 기능은 농경지에 필요한 물을 공급하고 잉여수 등을 적기에 배제하는 것이며, 이러한 목적과 기능을 항상 만족할 수 있는 상태를 유지해야 한다. 용수로는 하류로 갈수록 단면이 축소되는 특성이 있으나 규모가 축소되고 지형이 변화해도 용수로 본래의 기능은 유지되어야 한다. 용수로에는 물이 흘러간다는 특성을 활용하여 생태환경, 생활환경, 어메니티를 보전하고 새롭게 창출한다는 기본자세를 유지해야 한다.

2) 자연환경의 보전과 조화

(a) 마을 앞 수로의 접근로(일본 고라쪼 용수로)

(b) 마을 앞 정자와 주차시설(영광 오동지구 용수로)

그림 3-56 친환경 용수로의 친수시설

용수로를 조성하는 경우에는 가능하면 자연생태환경을 보전하고 피해를 극소화하며, 부득이한 피해에 대하여는 빠른 시일에 복원되도록 조치한다.

3) 농촌생활환경의 개선과 어메니티의 창출

용수로의 기능을 달성하면서 지역주민 생활에 보탬이 되도록 배려하는 계획이 되어야 한다. 흘러가는 물이 있으므로 이를 직·간접적으로 이용하는 수단을 강구하거나 주변에 수변환경을 창출하여 휴식의 장소, 교육의 장소로 활용하는 등 다양한 이용형태의 창출로 지역주민의 생활에 편리함과 활력을 제공하는 수단을 고려할 필요가 있다.

4) 농촌관광과 연계되는 용수로

농촌체험, 생태체험 등을 매개로 한 농촌관광의 활성화를 도모하는 차원에서 새로운 사회적 요구 및 변화를 수용하는 용수로 설치방안을 고려한다. 또한 용수로가 입지한 지역의 여건을 감안하여 다양한 친수시설 및 수변정비를 실시하며, 용·배수로 겸용수로로서 소하천의 기능을 가진 수로의 경우 주변 농촌관광지와 연계하여 계획한다.

(2) 환경친화적 용수로의 계획

용수로는 해당 지역의 농경지보다 높은 곳에서 등고선방향으로 유하하면서 가능한 높은 지대의 농경지에도 자연급수가 되도록 설치하는 것이 일반적이다.

용수로의 경우 하천 상류에 설치된 수원공(저수지, 양수장, 보 등)에서 하류의 평야부에 송수되기까지는 산지의 경사면을 통과하는 구간, 하천변 또는 경지를 통과하는 구간, 마을을 통과하는 구간, 기타 여러 경우를 생각할 수 있으며 노선별로 구분할 경우 다음과 같이 계획할 수 있다.

1) 용수 간선

용수 간선을 계획할 때에는 지구별, 용수 간선의 노선별로 지형 등 자연환경 여건과 마을, 역사유적 등 인문·사회적 여건 또는 경제적 여건 등에 따라 전체 노선을 몇 개의 특성 있는 구간으로 나누고 각 구간에 대하여 특성을 살릴 수 있는 계획을 수립하여야 한다.

구릉이나 산지의 경사면을 따라 등고선 방향으로 용수로가 지나가야 하는 경우에 수로의 구조적 안전성과 기능을 고려하여 콘크리트 개거 등 구조물을 계획한 구간에는 다음과 같은 조치를 취한다.

① 수로 공사를 위하여 절·성토한 부분을 가능한 한 원상태에 가깝도록 완전하게 복구하여 수로의 구조적 안정성을 유지함은 물론 생태계의 변화를

(a) 상류(식생블록 공법) (b) 중류(곤충서식블록 공법) (c) 하류(식생매트 호안 공법

그림 3-57 용수로의 친환경공법 적용사례(영광 오동지구 친환경 정비 용수로)

최소화하고 경관이 좋도록 한다.

② 수로가 산 중턱의 비탈면에 등고선을 따라 설치되므로 수로에 의해 생태계가 단절될 소지가 있으므로 생물이 이동할 수 있는 생태통로를 조성하여 생물을 보호하고 생태계의 변화를 최소화하도록 한다.

③ 수로에 들어갔던 동물들이 안전하게 빠져나올 수 있는 탈출로를 설치하며, 탈출로의 구조와 개수는 생태계의 특성을 고려하여 결정하도록 한다.

환경친화적 용수 간선을 계획함에 있어 환경 용수 확보를 통해 연중 물이 흐르는 지구의 경우 수중 생태계의 보전을 위하여 물 흐름의 연속성을 유지하도록 계획한다. 지형여건과 수로의 치수안전성 등을 고려하여 설치하는 낙차공은 완만한 기울기의 전단면 어도구조(계단공 등)로 하여 어류 등의 생물이동이 가능하도록 한다.

2) 용수 지선 및 지거

① 경지정리의 용수로망을 계획할 때는 수로의 형식과 구조에 있어 먼저 관수로 및 암거화에 의한 수로망으로 계획하는 것을 검토하여야 한다.

② 용수 지선을 관수로 또는 암거화로 하지 않고 개수로로 할 경우 수로 단면의 형식은 수리적, 구조적 안정성과 수로의 기능성, 물관리의 생력화 등을 고려하여 구조형식으로 한다.

③ 용수 지선을 환경친화적으로 계획할 시에는 병행하는 농로의 옆이나 수로 둑을 이용하여 꽃나무, 정원수, 과일나무 등을 심어 Biotope을 연결하는 녹지선의 구축을 검토하고 콘크리트 수로 안에 들어갔던 동물이 빠져나올 수 있도록 탈출로를 검토한다.

④ 용수 지거를 관수로 또는 암거가 아닌 개수로로 계획할 경우에는 물관

리의 생력화를 고려하여 생태계의 영향을 최소로 하는 구조물 형식으로 계획한다.

3) 용수로에서의 생태계 고려 사항

용수로는 생태적 요소, 경관적 요소, 수질정화 요소 등의 요소를 고려하여 환경친화적으로 만든다. 어류, 양서류, 파충류 등이 서식할 수 있는 생태적 공간을 조성하고, 생태 이동통로를 설치하여 생태의 연속성을 유지한다.

① **어류 생태계** 하천을 대상으로 자연친화적 공법이 적용되고 있으나 농촌지역의 많은 소규모 농업수로에 대해서도 생물 서식장소로서 보존이 요구되고 있다. 자연하천과 농업수로는 이용 상황이 다르고 생물서식 양상도 같지 않아 자연하천과 동일한 생태계를 용수로에 적용하기는 곤란하다. 하지만 대부분의 농업용 수로는 인접하천과 연계되어 있으며 농경지는 하구부터 상류 계곡까지 분포하고 있어 다양한 종의 이동이 가능하므로 하천과 능업수로는 각각의 역할에 대해 보완적인 관계에 있다.

② **수서곤충** 침수식물이나 뜬 돌, 벽면 호안을 곤충의 왕래가 가능할 수 있는 구조로 조성한다. 또한 용배수로 못 주위의 습지 부분에 매년 조금씩 식생을 제거하여 열린 물가를 만들어서 여러 천이 단계의 얕은 물가가 항상 존재하여, 여러 종의 곤충이 필요로 하는 다양한 물가 환경이 존재하는 상태로 유지하는 것이 필요하다.

③ **양서·파충류** 현행 용수로의 설치 및 개보수는 수로 손실을 줄이고 유지관리의 효율성을 높이기 위해 콘크리트 현장타설 및 수로관으로의 구조물화에 역점을 두고 있다. 이에 따른 양서류 및 파충류 등이 수로 내에서의 탈

그림 3-58 생태 용수로에 시공한 등선로 예(여주 구양지구 용수로)

출이 어려워 비 급수기에는 고사하는 경우가 빈번히 발생하고 있다. 구조물 수로의 대부분은 측벽이 수직으로 되어 있어 뱀과 개구리 등의 양서류와 오소리, 너구리 등 소동물은 측벽의 높이가 일정 이상(양서류는 20 cm, 소동물은 50 cm로 판단)일 경우 수로 밖으로 탈출할 수 있는 등선로 시설이 필요하다.

[2] 통수시설

수로조직에 주요부를 차지하는 부분으로서, 그 시설의 양부(良否)는 수로조직의 기능을 좌우하고, 수로 공사비에 커다란 영향을 끼친다. 통수시설은 형식에 의해 개수로 및 관수로로 구분된다. 용수로가 산지나 구릉을 가로지르는 경우에는 터널, 철도·도로 및 제방 등을 가로지르는 경우에 암거, 하천이나 함몰지역을 가로지르는 경우에 역사이폰 또는 수로교, 급경사지를 통과하는 경우에 급류공, 낙차공 등의 시설로 구성되어진다.

(1) 개수로와 관수로

수로의 규모, 목적, 입지조건, 유지관리, 사회조건 등에 의하여 수로의 형식을 비교 검토한다. 개수로는 대유량을 안전하고 경제적으로 유송할 수 있고, 손실수두가 작으며, 유지보수가 용이하다. 반면에 관수로는 관리조작이 용이하고 손실 수량이 적으며, 용지비가 적게 들고 오수의 유입이 어려우며, 지형에 불문하고 필요한 수압을 확보하는 것이 가능하다.

일반적으로 유량변동이 적고 연속해서 대유량을 유송하는 경우에는 개수로가 유리하지만 용지비가 많이 들고, 수질오염, 물관리조작의 용의성, 노선의 자유성 등으로부터 최근 관수로의 채용이 많아지고 있다.

1) 개수로

수로의 목적 구조물의 안전성, 사회적 제약, 공사비, 유지관리 등으로부터 흙수로(unlined earth canal), 라이닝수로(lining canal), 플륨(flume)으로 구별된다.

① 흙수로 : 자연지반을 굴삭 또는 성토해서 형성한 라이닝을 하지 않은 수로로 일반적으로 누수방지를 생각할 필요가 없고, 유수에 대해 충분히 저항할 수 있는 토질로서 침식의 염려가 없는 장소에 채용한다.

② 라이닝수로 : 누수를 방지하고, 유수에 의한 침수를 막는 것과 함께 수로 비탈면의 평활화를 도모하기 위해서 표면피복제로 라이닝한 수로이다. 재료의 종류에 따라 i) 콘크리트라이닝(concrete lining), ii) 콘크리트 블록라이닝(concrete block lining), iii) 아스팔트라이닝(asphalt lining), iv) 점토라이닝

(clay lining) 등의 공법이 있지만 각각의 지형, 지질, 토질, 지하수 등의 입지조건을 고려해서 수로의 안전성 경제성 시공상의 견지로 가장 유리한 공법을 채용한다.

③ **플륨** : 수로의 벽자체가 내수압 또는 배면수압을 지지하고 구조적 안정성을 갖는 개수로이다. 일반적으로 i) 통수단면이 작은 경우, ii) 기초공이 저렴한 가격으로 시공이 가능하고 라이닝수로에서는 토공비가 고가가 되는 경우, iii) 용지비가 비싼 경우 등에 채용할 때 경제적이다.

2) 관수로(pipeline)

수압조정의 기구로부터 개방형(open type)과 폐쇄형(closed type)으로 구분되어, 폐쇄형에는 중간적 형식의 반폐쇄형(semi-closed type)이 있다. 또한 배관방식으로부터 분류하면 수지상배관과 관망태관이 있다.

① **개방형** : 수로중의 수두가 저하해도 분수위가 확보 가능하도록 하고 관수로 도중의 일정한 구간마다 분수스탠드를 배치하고, 이것을 분수공 또는 방류공으로 한다. 개수로에 준한 수로형식으로서 분수스탠드의 월류보 게이트 밸브를 사용해서 수위 유량을 조절하지만 여수는 모두 방류되어진다. 분수스탠드의 2차 수조의 용적이 작고 1차 수조와의 낙차가 클 때는 관로 내의 혼입공기가 유입해서 압력 및 유량 변동을 일으키고 불안정한 유황이 되어 관체를 파손하는 경우가 있다. 유황(流況)을 안전하게 하기 위해서는 분수스탠드 2차 수조의 용적이 1차 수조의 3배 이상으로 되게 하든가 공구에 의해 유량을 조절하는 것이 좋다. 파이프스텐드는 구경 설치위치가 적절치 못하면 혼입공기 발취에 효과가 거의 없다.

② **폐쇄형** : 상류로부터 말단까지 폐관로로 용수가 흐르고 말단의 취수밸브 급수전의 조작에 의하여 용수를 급수하는 형식이다.

③ **반폐쇄형** : 개방형과 폐쇄형의 중간적 형식으로서 플로트 밸브류를 연속적으로 배치한 형식이다. 하류측의 밸브를 열지 않는 한 물은 흐르지 않는다.

(2) 수로터널

수자원의 개발기술이 발전됨에 따라 그 수원을 하천의 상류부에서 구하게 되었으며, 따라서 산악지대는 수로터널(aqueduct tunnel)을 통하여 송수하는 경우가 많아졌다. 뿐만 아니라, 수로의 노선(路線)을 개수로로 우회하는 것보다 터널에 의하여 연장을 단축시킴으로써 총공사비와 수두(水頭)를 절약하는 것이 유리한 경우가 있다.

터널의 설계·시공상 가장 중요한 요소는 그 지역의 지질조건이며, 이를 위해서는 충분한 지질조사가 선행되어야 한다. 터널 단면의 크기는 시공상의 최소 단면인 경우 내단면(內斷面)에서 나비 1.2~1.5 m, 높이 1.5~1.8 m까지이고, 터널의 단면형은 원형이 역학적(力學的)으로 가장 유리하지만, 시공의 편의상 보통 말굽형〔馬蹄形〕이 많고, 때로는 직사각형(直四角形)이나 또는 그와 비슷한 단면으로 한다.

(3) 암거

수로가 철도·도로·둑 등의 아래를 횡단할 경우 또는 지반의 높이, 용지취득 등의 사정에 의하여 개수로는 곤란하고 터널도 설치하기 힘든 곳에서 암거(暗渠, culvert)를 설치한다.

암거의 단면형에는 직사각형·말굽형·원형·사다리꼴·알(卵)모양 등 여러 가지가 있지만, 일반적으로 직사각형과 원형이 많다. 직사각형과 말굽형은 유량이 많은 곳에서 적용하며, 현장타설이 대부분이다.

(4) 잠관 및 수로교

수로가 하천이나 계곡 같은 곳을 횡단할 경우에 잠관(潛管, 逆사이펀, inverted siphon)이나 수로교(水路橋, aqueduct bridge)를 설치한다. 일반적으로 잠관은 계곡이 깊고 넓은 곳이나 얕은 도로 또는 철도를 가로 건너가게 되는 경우에 설치하고, 수로교는 가통(架樋; flume)이라고도 하며 계곡이 얕고 좁은 경우에 설치하고 통수량이 비교적 적은 경우에 적용한다. 또한 지형이나 토질에 따라서는 잠관의 최저 부문만을 관수로교로 하는 경우도 있다.

잠관의 단면형은 비교적 유량이 적은 잠관의 관체로서는 프리캐스트관(precast pipe)이 사용되고, 연장이 길며 내수압이 클 경우에는 직사각형단면의 철근콘크리트를 사용한다.

수로교에는 철근콘크리트 수로교·PS빔 수로교·강제수로교 등이 있으며, 이들 형식은 각각 적합한 스팬(span)의 범위가 있으므로 가교(架橋) 지점의 입지조건에 따른 형식과 스팬의 크기를 종합적으로 검토하여 결정해야 한다.

(5) 낙차공 및 급류공

수로노선의 자연비탈이 너무 급한 경우 그것을 조절하여 수로의 비탈을 느리게 하고 유수로 생기는 침식을 방지하여 수로의 안전을 꾀하는 한편, 토공량을 조절하기 위하여 높은 위치의 수로에서 낮은 위치로 옮기기 위해 수직으로 낙하하도록 하는 낙차공(drop structure)과 높은 곳에서 얕은 곳으로 비탈면을 따라 사류(jet flow)로 흐르게 하는 급류공(急流工, chute structure)이 있다. 이들 중에서 어느 것을 택할 것인가 하는 것은 지형이나 물에 함

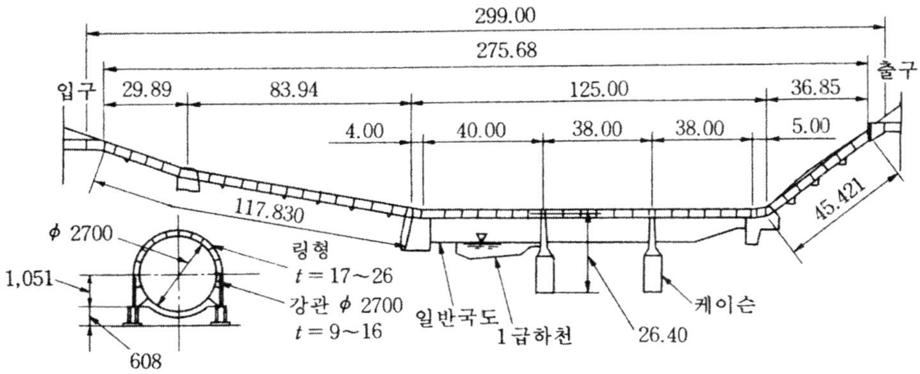

그림 3-59 강관 잠관

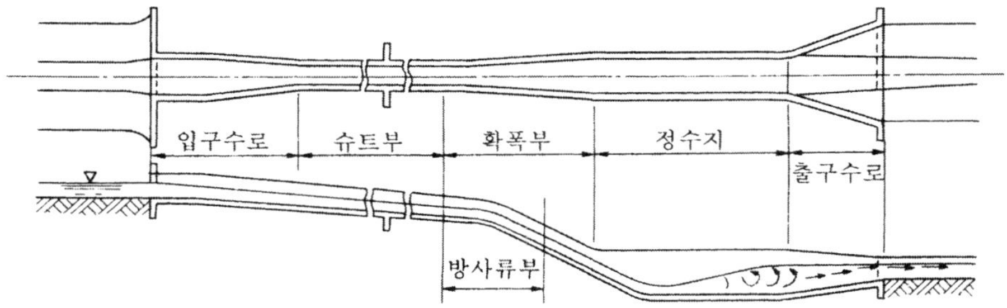

그림 3-60 급류공

유되어 있는 토사량에 따라 결정하는데, 토사가 많이 함유되어 있는 경우에는 급류공이 적당하지 않다. 낙차공에는 수직낙차공(vertical drop)·경사낙차공 등이 있으며, 급류공은 그림 3-60에서 보는 바와 같이 입구접속수로(入口水路, inlet)·슈트수로(chute channel)·방사류부(trajectory)·정수지(stilling basin)·출구수로 등으로 구성되어 있다.

[3] 분수 및 조정시설

수로상호간 또는 수로로부터 용수를 배분하는 시설 및 분수·배수량 조정을 위하여 수로 내의 수위 유량을 조정하는 시설이다. 용수를 적당하게 배분하기 위하여, 용수로의 분수지점에 설치하는 분수공(diversion work), 분수량에 정확을 기하기 위해서 양수장치 수우수량조정장치, 수로의 안전과 유지관리를 위하여 남는 물을 수로밖으로 배재하기 위한 수로물넘이(spillway), 긴급시에 통수량 전부 또는 일부를 수로 밖으로 방류해서 수로의 안전을 도모하는 방수공(waste way) 등을 설치한다. 또는 취수량과 통수량 및 용수량이 시간적으로 크게 변동하는 수로조직 중에는 조정지를 설치하고, 밭관개를 주체로 하는 지선수로에서는 말단 용수로의 변동유량을 조정하기 위해서 팜폰드를 설치한다. 관수로에서는 수위 수압을 조절하기 위해서 분수 스탠드, 파이프 스탠드를 설치한다.

(1) 분수공

분수공(diversion devices)은 간선수로에 보내진 용수를 소정의 지구로 그 필요량에 따라 조정·배분하기 위하여 마련하는 시설을 말하며, 따라서 용수로의 종별·규모·물의 이용형태·용수 관행 등에 따라 적합한 형식을 선택해야 한다. 분수공을 그 기능에 따라 대별해 보면 다음과 같다.

1) 유량을 조절하는 분수공

게이트(gate)·밸브(valve) 등의 유량조절장치가 있는 것으로서 그 대표적인 것은 게이트식 분수공이며, 이것은 게이트의 조작에 의해 각 지선으로 분수되는 것으로서 합리적인 배분조작을 하기 위해서는 파샬플륨(parshall flume)과 같은 양수장치(measuring structure)를 붙이는 것이 바람직하다.

다음으로 이중 오리피스게이트 분수공(double orifice gate devices)이 있다. 이것은 정수두형 분수공(constant-head orifice structure)이라고도 하며, 전면의 제1게이트로 오리피스의 면적을 조절하고 후면의 제2게이트로서 간선수로와 조정수조의 수위차 H가 일정하게(5~6 cm) 되도록 필요한 수량을 취입하는 것이 있다(그림 3-61 참조).

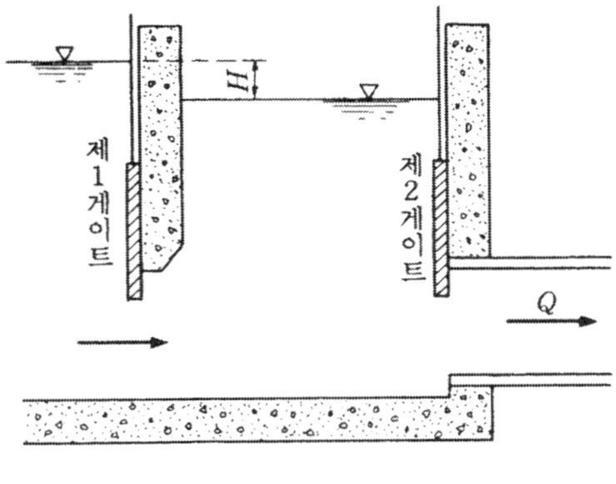

그림 3-61 이중 오리피스게이트 분수공

2) 비율분수공

간선수로의 유량의 증감과는 관계없이 항상 일정한 비율로 분수되는 것으로서 일반적으로 개방식이며 관리하기는 용이하지만, 물수요의 변동에 맞추어 배분하기가 힘들다.

그 대표적인 형식으로서는 다음과 같다.

① 수로식 분수공 : 간선수로의 흐름을 칸막이벽〔隔壁〕으로 일정한 비율로 나누어서 분수

② 월류보식 분수공(over flow weir type devices) : 물이 넘쳐흐르는 웨어(weir)의 마루부를 일정한 비율로 나누어서 분수

③ 사류식 분수공(jet flow type devices) : 수로에 광정웨어(broad crested weir)를 마련하여 사류(jet flow)가 생기게 하고 그 초임계류부를 칸막이로 일정한 비율로 나누어 분수

④ 원통분수공(circular overflow type devices) : 간선수로에서의 유수를 잠관(역사이펀)을 사용하여 원통분수탱크의 중앙부로 나오게 하여 분수비에 따라 분할된 원호 위로 월류

(2) 수로물넘이

수로를 계획·설계할 때 여유고를 취하므로 계획수면보다 다소 높은 수위가 되어도 안전하다. 하지만, 홍수시 또는 취입수문의 고장으로 유입하는 물을 조절할 수 없는 경우에는 여유고 이상으로 물이 많아져 둑이 넘쳐흐르게 되어 수로의 안전을 유지할 수 없게 되는 경우가 있으므로 수로물넘이(canal waste way)를 마련하여 물을 배제해야 한다.

(3) 방수공

수로의 안전과 유지관리를 위하여 계획통수량이나 유입홍수량이 가산된 유량의 전량 또는 상당량을 수로 밖으로 배제하는 방수공을 마련하고, 그 직하류의 간선수로 내에도 제수문(check gate)을 설치한다.

3.7.3 중간저류시설

[1] 조정지(regulating reservoir)

조정지는 취수량과 통수량 및 용수량 등이 크게 변동하는 용수로에 설치한다. 조정지는 수로조직 내에서 취수량, 통수량, 용수량의 불균형을 조정하므로서 배수운영상 발생하는 수량 손실을 방지하고 용수 수요에 부응할 수 있다.

조정지를 설치하면 다음과 같은 장점이 있다.

① 상류부 간선수로의 단면을 축소할 수 있다.
② 수로의 조직을 단순화시킬 수 있다.
③ 하천의 여유수를 유효하게 이용할 수 있다.
④ 배수조작이 원활하게 되어 조작 손실 수량을 적게 하는 것이 가능하다.
⑤ 수로의 유지보수가 용이하게 된다.

조정지의 위치는 간선수로에 있어서는 그 중간 및 말단부분에, 수혜지 내의 수로에서는 경제성을 고려하여 짧은 구간에 많은 수의 조정지를 설치하는 것이 좋다.

조정지의 규모는 기술적, 경제적 및 사회적으로 종합적인 관점에서 검토하여 결정하지만, 물관리가 곤란한 야간에 저수할 수 있는 용량 및 수로의 보수와 청소 등 관리적인 면을 고려하여 저수지로의 유입량 7~10일분 정도의 저수용량으로 한다.

[2] 팜폰드

팜폰드는 지선의 지배구역에 대하여 통수량과 용수량의 시간적 변동을 조정하는 시설로 지선의 분수점 아래에 지선수로 최상부의 지형상 유리한 지점에 설치한다.

그림 3-62 팜폰드

팜폰드의 용량은 다음과 같이 결정한다. 평상시의 피크시 1일 조용수량과 관개시간을 각각 D(mm/d), T(h), 및 D_p(mm/day), T_p(h)라면 다음의 식이 성립된다.

$$D = \frac{D_P}{T_P} \times T \tag{3·55}$$

관개면적을 A(ha)라면 1일 조정용량 V(m^3/day)는

$$V = 10AD(24 - T)/24 \tag{3·56}$$

식 (3·55)를 (3·56)에 대입하면

$$V = 10A\frac{D_P}{T_P}\frac{(24T - T^2)}{24} \tag{3·57}$$

이 식에서 최대 1일 조정용량은 T = 12일 때 발생하며

$V_m = 60AD_p/T_p$ 이다.

피크시, 24시간 동안 관개를 한다면 위 식에서 $T_p = 24$를 대입하면

$V_m = 2.5AD_p$ 가 된다.

3.7.4 기타 시설

[1] 온수로(water warming facility)

온수로는 수로폭 5~20 m, 수심 20~40 cm 규모의 완구배 광폭수로로서 수로연장 1 km 이상, 관개면적 100~700 ha의 것이 많고 1~4℃의 수온 상승을 도모하는 온수시설이다. 온수로는 상류설치 수로, 승온부, 하류설치 수로로 구성되어진다. 승온부의 설계유속은 보통 수로의 최소허용유속 정도로 하고, 파랑, 편류를 막아서 균등한 흐름이 될 수 있도록 유도벽(guide wall) 등을 배열한다. 낙차를 감소시키기 위해 많은 낙차공을 설치하지만 낙차는 1m 정도, 낙차공입구는 10~20 cm의 보를 올린 전폭월류형으로 하고 상하류의 수문부의 흐름에 영향을 주지 않도록 고려한다.

[2] 양수시설

양수시설(water measuring structure)은 통수량을 계측·기록하는 시설을

말하며, 파샬플륨(parshall flume) · 양수표 · 관로용 유량계 등으로 구성되어 있다.

[3] 보호 · 보안 시설

계류 등의 외수가 수로에 유입하는 것을 방지하기 위하여 설치하는 횡단배수구조물(사면배수구 · 횡단암거 · 오버슈트 · 유입공 등)이 있고, 수로시설을 보호하는 시설 및 공공 안전시설로서 배수구, 펜스 등이 있다.

[4] 관리시설

관리시설로서 수로관리자의 경계 · 순회, 자재운반용 도로, 관리기구를 보관하기 위한 관리건물, 통신 · 제어 · 기록 시설 등이 있으며, 부대시설로서는 수로를 횡단하는 교량 등이 있다.

3. 8 수원시설

3. 8. 1 수원의 종류

관개의 수원은 크게 하천, 저수지, 호소 및 지하수의 4가지로 구별한다. 관개용수원으로서 적당한 조건은 다음과 같다.

① 이용가능수량의 총량 및 최소치가 클 것
② 수온 및 수질이 양호할 것
③ 취수하기 쉽고 안정되어 있을 것
④ 관개지역에서 가까울 것

[1] 하천

하천(river)은 수량 · 수질면에서 일반적으로 가장 적당한 수원이다. 관개용수원으로서 가장 경제적이고, 수온도 알맞으며, 수위가 높고 수량이 풍부하면 보(洑)나 양수장과 같은 간단한 시설로서도 하천수를 이용할 수 있다. 우리나라에서도 옛부터 보(洑)를 이용하여 하천수를 취수해 왔는데, 현재 농업용수 수원의 30% 정도를 차지하고 있다.

[2] 저수지

저수지(reservoir)는 하천으로부터 안정한 관개용수를 얻을 수 없을 지역에서 이용되는 수원으로서, 관개기간 중 강우량이 적은 지방에서는 중요하다. 용수를 주로 하천에 의지하는 경우에도 갈수량을 증가시키기 위해 저수지를 설치할 필요가 있다. 저수지는 하천에 비하여 시설비가 많이 들고 수질이 떨어지는 결점이 있는 반면에, 풍부하고 계획된 수량을 확보할 수가 있다. 우리나라의 농업용수의 수원 중에서 60% 이상을 차지하는 중요한 시설이다.

[3] 호소

호소는 기본적으로 저수지와 같고 취수가 안정되어 있으며, 수원으로서 양호한 특성을 지니고 있다. 우리나라에는 천연호소는 거의 없으나, 하구(河口)나 천해(淺海)를 체절(締切)하여 인공적으로 조성된 하구호나 담수호(淡水湖)는 비교적 많이 있다. 하구호나 담수호는 유역의 하류에 위치하여 수량은 충분하나 수질이 악화될 우려가 있어 수질관리에 대한 대책이 필요하다.

[4] 지하수

관개를 위한 지하수(groundwater)의 이용은 하천, 저수지, 호소 등의 수원에 대하여 보조적인 역할을 한다. 지하수는 관정과 같은 비교적 간단한 시설로서 취수할 수 있는 장점이 있지만, 수온이 낮고 수량이 적은 단점이 있다. 수량은 연간 변화가 비교적 작고 갈수기에도 안정된 취수를 할 수 있다.

3.8.2 저수지

[1] 개발유량과 저수용량

하천의 자연유량은 계절적인 변동이 심하여 농업수리면에서 필요한 시기에 필요한 수량이 항상 흐르고 있는 경우가 적다. 저수지는 변동하는 하천유량을 인공적으로 저류함으로써 인위적으로 유량을 조절하고 기준갈수량(기준계획년의 갈수량)을 증강시켜 이용유량을 증가시키는 것이다. 그림 3-63에서와 같이 하천자연유량의 기준갈수량을 넘어 증가시킨 유량을 개발유량이라고 한다. 개발유량을 만들기 위해서는 하천자연유량의 부족분을 보충할 저수용량이 필요하다. 어느 개발유량에 대한 저수용량의 산정이 저수지계획의 출발점이다.

[2] 저수지의 위치선정

저수지의 위치선정에 있어서 고려해야 할 사항으로는 i) 필요한 수량을 집수, 저류할 수 있고, ii) 누수가 없고 구조의 안정이 얻어지는 지질이어야 하며, iii) 단위 저수량당의 건설비가 저렴해야 한다. 따라서 댐터와 저수역의 관점에서 그 적지조건을 살펴보면 다음과 같다.

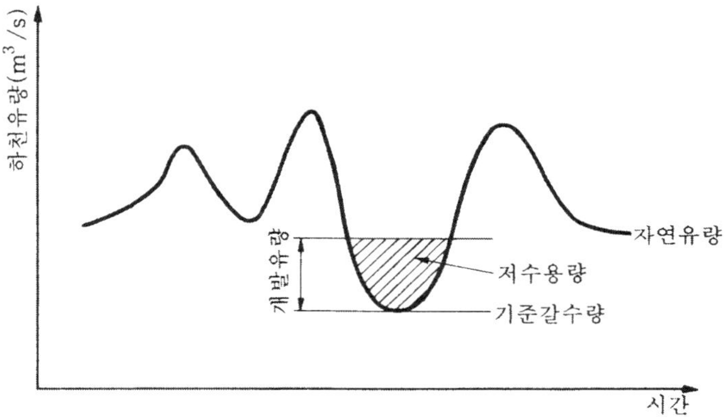

그림 3-63 개발유량과 저수용량

(1) 댐터의 적지조건

만일 저수지의 구조물이 결괴(決壞)될 경우에는 그 손실이 막대하므로 댐터의 선결조건은 구조물의 안전이다. 따라서 누수·활동 등이 절대로 생기지 않는 지질을 엄선해야 하고, 가능한 한 저수지 하류에 민가 등이 가까이 있지 않은 지점을 선정하도록 해야 한다. 특히, 소규모 저수계획시에 이것을 소홀히 하여 실패하는 경우가 많으므로 유의해야 한다.

1) 댐터의 지질

댐터는 반드시 불투수성의 지반이어야 한다. 지층에 단층·균열·공동 등이 있어 활동이나 누수가 생길 가능성이 있으면 아무리 지형적으로 유리한 지점이라 하더라도 피해야 한다. 따라서 댐터는 불투수성의 지반 (또는 균열이 없는 양호한 암반)이 비교적 얕은 곳에 있고 지하수가 낮은 위치에 있는 곳이 적지이다.

이때 불투수성층이 지표면에 노출되어 있지 않더라도 불투수성의 지반에 달하는 깊이와 그 지반의 지지력·지하수위 등을 조사하여 공사의 쉽고 어려움을 비교해서 결정하면 된다.

2) 댐터의 지층

지질과 병행하여 지층의 배열상태도 조사해야 하는데, 지층은 보통 수평하게 퇴적된 것은 지각변동에 따라 횡압력에 의하여 물결모양으로 구부러진 습곡을 이루고 있다.

이 지층의 봉우리에 해당하는 부분을 배사라 하고, 골짜기부분에 해당하는 부분을 향사라고 하는데, 지반이 불투수성층인 경우에는 특히 향사가 저수역으로서 가장 좋고, 배사일 때에는 누수 등의 위험성이 있다.

3) 물넘이의 설치

저수지에서는 만수 후의 과잉수(過乘水)를 배제시키기 위해 물넘이(餘水吐, spillway)를 설치하는데, 이것의 설치위치 때문에 고심하는 일이 많이 있다. 예를 들어 그림 3-64의 B, C에서 보는 바와 같이 둑마루부에 설치하여 제체(提體) 침하로 인한 사고를 초래하는 일이 많이 있다.

따라서 물넘이는 제체와 떨어져 있는 장소로서 자연산지를 굴착하여 단단한 암반 위에 설치해야 한다(그림 3-65 A 참조).

(2) 저수역의 적지조건

저수역은 저수능력이 충분하고, 특히 경제적인 저수지가 건설되어야 하므로 이를 위해서는 정확히 조사한 후에 결정해야 한다.

1) 저수지의 집수량

필요한 저수량을 집수할 만한 유역이 있어야 한다.

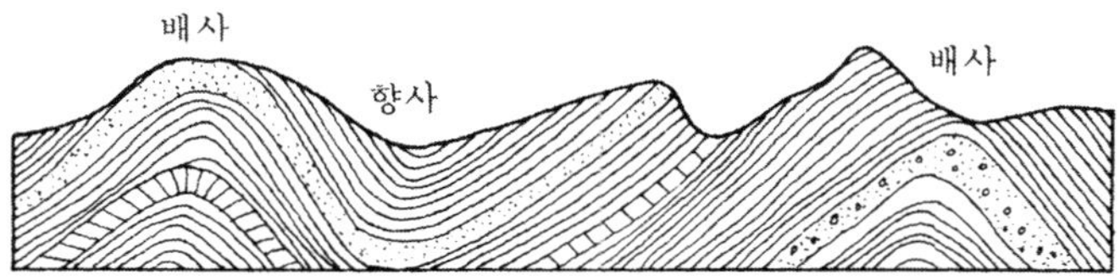

그림 3-64 지층의 습곡

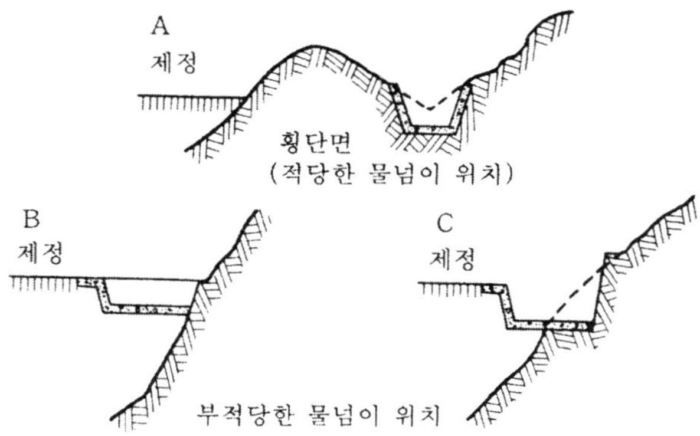

그림 3-65 물넘이의 설치위치

2) 저수지구역의 토지이용상황

시가지·택지 등이 없고 농업에 이용할 수 없는 토지가 가장 적합하다.

3) 저수지의 용적과 지형

저수지는 관개대상지역에 관개기간 중 공급해야 할 필요수량을 저류해 둘 필요성과 지형적으로도 댐터 상류 하천의 종단기울기가 느린 구역(같은 높이의 댐을 축조한 경우에도 기울기가 느리면 저수용적이 커지므로 보통 1/350보다 느린 것이 좋다)을 선정해야 한다. 특히, 축제지점은 계곡이 좁고 그 상류쪽의 골짜기가 평탄하며 면적이 넓고 작은 계류가 수많이 유입되는 지역, 즉 댐의 길이가 짧아도 큰 저수용적을 가질 수 있는 지역이 가장 좋다.

4) 저수역의 지층

저수역에서도 지층은 향사층이 바람직하다.

5) 기 타

관개지역에 되도록 가까우며, 유지관리가 용이하고, 수몰지의 보상비가 적게 들며, 축제공사에 필요한 재료의 운반이 편리한 곳 등을 고려하여 결정한다.

[3] 저수용량의 산정

관개용수로서 저수지의 물만을 이용하는 경우가 있지만, 대개의 경우에는 우선 관개용수를 하천에서 취수하고, 이것만으로써는 관개용수가 부족할 경우에 저수지를 축조하게 된다.

관개기간 중에 필요한 용수량은 생육기별로 다르므로 보통 관개기간을 10일 또는 5일씩 구분하여 산정한다. 그러나 발전용과 같은 다른 종류의 수리(水利)를 따를 경우 및 정밀을 요하는 경우에는 매일의 필요수량을 계산해야 한다.

(1) 계획의 순서

일반적으로 저수계획은 다음과 같은 순서로 행해진다.

① 저수지점의 하천유량을 파악한다.

② 하천유량으로부터 기득수리권수량과 하천유지유량 등을 빼서 이용가능수량을 명확히 한다.

③ 관개지역에 대한 조용수량(혹은 광역 용수량)을 산출한다.

④ 조용수량과 이용가능수량의 관계로부터 계획기준년과 계획저수용량을 결정한다.

⑤ 저수지의 위치 및 저수시설의 형식을 결정한다.

(2) 하천유량의 산정

저수지점의 하천유량(유입량)을 산정하는 방법에는 실측법과 간접법의 두 가지 방법이 있다.

1) 실측법

저수지점의 하천유량(유입량)은 원칙으로서는 실측치를 이용하지만 장기간의 유량자료를 얻을 수 있는 경우는 매우 드물다. 따라서 수년 정도의 비교적 짧은 기간중의 유량관측을 실시하여 그것을 토대로 장기간의 자료를 추정한다. 하천유량의 추정에는 다음과 같은 방법을 이용한다.

① 근방에 있는 장기간 관측자료를 이용하여 유역면적의 비에 의하여 해당 지점의 유량을 추정한다.

② 근방에 있는 장기간 관측자료를 이용하여 비유량(比流量)에 의하여 해당 지점의 유량을 추정한다.

③ 장기 유량자료가 있는 관측지점과 해당지점의 유량과의 상관식을 이용하여 장기 유량을 추정한다.

④ 강우와 유량과의 관측자료로부터 탱크모형을 설정하여 그 탱크모형과 장기 강우자료에 의하여 장기 유출량을 추정한다.

2) 간접법

우리나라에서는 저수지점의 하천유량은 식 (3・65)와 같은 한국하천유출량공식(가지야마〔梶山〕식)에 의하여 계산하고 있다.

(3) 시기별 조용수량의 산정

시기별 조용수량은 계획기준년의 증발산량과 강우량에 의거하여 표 3-30과 같이 산정한다.

(4) 계획저수용량의 산정

계획기준년의 저수용량은 일반적으로 저수지점의 조용수량(혹은 광역 용수량)과 하천유량(유입량)의 누계치를 구하고, 양자의 차이에 저수지에서의 손실량을 더한 값 중에서 최대값으로 한다. 일반적으로 저수지에서의 손실량은 최대 부족수량의 5%를 취한다.

$$\begin{aligned} \text{계획저수량} &= \max\{\sum \text{부족수량} + \text{저수지 손실량}\} \\ &= \max\{\sum[\text{조용수량(혹은 광역 용수량)} - \text{하천유량(유입량)}] \\ &\quad + \text{저수지 손실량}\} \end{aligned} \tag{3・69}$$

지구 내 이용가능수량이 있는 경우는 광역 용수량(= 조용수량 − 지구 내

표 3-30 시기별 조용수량 산정 예(mm)

구 분	증발산량 ①	침투량 ②	재배관리 용수량 ③	필지 용수량 ④ = ① + ② + ③	유효우량 ⑤	순용수량 ⑥ = ④ − ⑤	조용수량 ⑦ = ⑥/(1 − 0.2)
5월 하순	52.0	60.0	40.0	152.0	92.0	60.0	75.0
6월 초순	55.3	60.0	20.0	135.3	52.0	83.3	104.1
중순	56.5	60.0	20.0	136.5	125.5	11.0	13.8
하순	57.2	60.0	20.0	137.2	76.0	61.2	76.5
7월 상순	68.3	60.0	10.0	138.3	55.0	83.3	104.1
중순	59.2	60.0	10.0	129.2	80.0	49.2	61.5
하순	75.7	60.0	10.0	145.7	82.0	63.7	79.6
8월 상순	73.1	60.0	20.0	153.1	15.0	138.1	172.6
중순	64.3	60.0	20.0	144.3	27.0	117.3	146.6
하순	66.9	60.0	10.0	136.9	83.5	53.4	66.8
9월·상순	49.7	60.0	10.0	119.7	80.0	39.7	49.6
중순	45.2	60.0	10.0	115.2	85.2	30.0	37.5
계	723.4	720.0	200.0	1,443.4	853.2	790.2	987.8

〔주〕 조용수량 = 순용수량 / (1 − 시설관리 손실률)

이용가능수량)을 이용한다. 조용수량과 하천유량이 주어지면 저수지용량은 표 3-31과 같이 산정할 수 있다.

그림 3-66과 같이 저수지에서의 취수량(조용수량) 누가곡선과 유입량(하천유량) 누가곡선을 그리면 최대 부족수량은 SQ가 된다. 종축상에 SQ와 같도록 OR을 취하면, 이 곡선은 취수량누가곡선과 S점에서 만난다. 양곡선에 끼어 있는 수직선의 높이 OR(= SQ)가 저수용량을 나타낸다. 농업용 저수지에서는 일반적으로 종축의 OR점에 상당하는 양을 비관개기간 중에 저수하여 관개기의 직전에 만수(滿水)해 놓는다.

[4] 저수지의 수위와 저수량 및 저수면적

저수부지 내의 등고선측량결과에 따라 저수부지 내의 표고 h_1, h_2, h_3, …… 에 대응하는 저수지의 용량을 산출하여 횡축에 취하고 수위를 종축에 취하면 수위 − 저수량 곡선(H − V 곡선)이 구해지며, 각 수위에 대응하는 저수량을 구할 수 있다.

따라서 계획조용수량이 결정되면 만수면의 수위가 결정된다. 그리고 각 수위에 대응하는 저수면적을 산출함으로써 수위 − 저수면적 곡선(H − A곡선)이

표 3-31 저수용량의 산정(mm)

구 분	조용수량 ①	하천유량1) ②	부족수량 ③=①-②	조용수량의 누계 ④=Σ①	하천유량의 누계 ⑤=Σ②	부족수량의 누계 ⑥=Σ③
5월 하순	75.0	68.0	7.0	75.0	68.0	7.0
6월 초순	104.1	45.4	58.7	179.1	113.4	65.7
중순	13.8	86.7	−72.9	192.9	192.92	0.02
하순	76.5	29.9	46.6	269.4	222.8	46.6
7월 상순	104.1	13.6	90.4	273.5	236.4	137.1
중순	61.5	26.2	35.3	435.0	262.6	172.4
하순	79.6	34.5	45.1	514.6	297.1	217.5
8월 상순	172.6	8.0	164.6	687.2	305.1	382.1
중순	146.6	12.5	134.1	833.8	317.6	516.2
하순	66.8	32.8	34.0	900.6	350.4	550.23
9월 상순	49.6	71.0	−21.4	950.2	421.4	528.8
중순	37.5	55.4	−17.9	987.7	476.8	510.9

〔주〕 1) 하천유량은 실측법이나 간접법에 의하여 산정한다.
2) 부족수량의 누계가 0보다 작을 때는 0으로 하며, 이것은 저수지의 만수에 따른 무효방류를 나타낸다.
3) 저수용량은 부족수량 누계의 최대값으로서 550.2 mm가 된다. 수혜면적이 200 ha인 경우에는 550.2 × 200 × 0.1 = 1100.4(만m^3)이 된다.

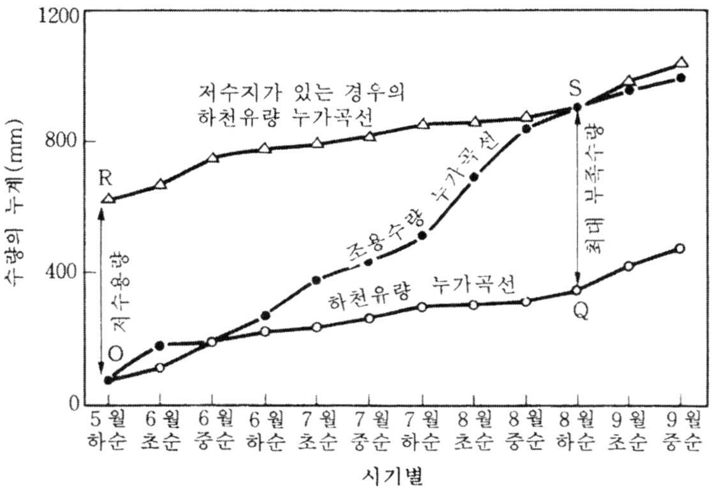

그림 3-66 저수용량의 결정

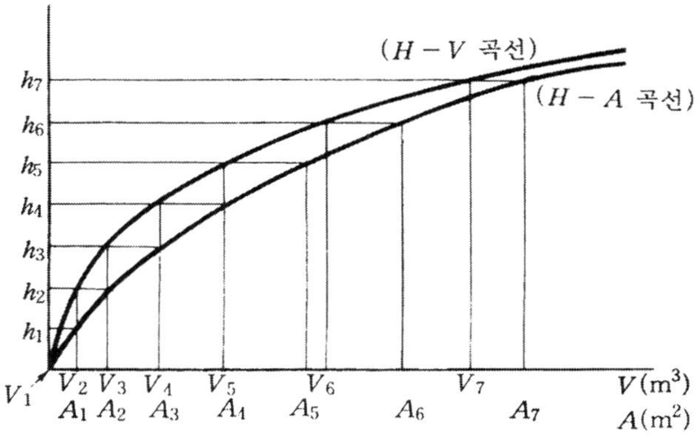

그림 3-67 수위－저수량 곡선(H－V곡선)과 수위－저수면적 곡선(H－A곡선)

구해지고, 각 수위에 대응하는 저수면적이 결정된다(그림 3-67 참조).

[5] 저수지의 환경친화적 계획

저수지는 자연 호소와 달리 물 공급의 필요에 따른 인위적인 조작에 의해 수위의 연간 주기가 크게 변동하는 특징을 갖는다. 여기에 지속적인 유지관리 등 인간의 활동에 의해 환경에 대응하는 여러 식물, 수생곤충, 어류, 양서류, 조류 등이 서식하는 양호한 2차적 자연공간으로 형성되어 있다.

최근 농정정책의 변화에 따라 농촌을 중심으로 하는 농촌관광사업이 크게 대두되고 있다. 이러한 정책은 농촌에서 필요로 하는 용수 공급과 농업용수의 공급을 목적으로 하는 농업용 저수지의 기능과 역할의 일부를 더욱 더 강화해 주는 것이라 할 수 있다.

농촌자원의 개발과 효율적인 활용을 위한 방안으로 농업용 저수지의 신설 또는 개수에 있어서 지역 환경과 조화를 이룰 수 있도록 배려한 사업 실시를 추진하기 위하여 조사 계획, 설계의 기본적인 사고 및 구성, 유의 사항에 관해 접근할 수 있다.

(1) 기본 계획

저수지 환경친화적 계획은 주변 환경의 기본조사 결과를 기초로 하여 지역의 환경특성을 파악하고 그에 맞는 보전 대상종을 설정하여 구체적인 대책을 검토한다.

보전 대상종의 선정에는 조사 결과에서 얻어진 지역의 생태계에 주목할 만한 종중에서 정비에 따른 생태적 안정화 효과가 기대되고 현실적으로 보전이 가능한 대상종을 설정하여 서식환경 특성에 적합한 구체적인 환경 대책을 검토한다.

구체적인 환경 검토에는 친환경정비사업실시에 의한 대상종의 서식환경에 미치는 영향을 최소화하며 이를 경감시킬 수 있는 종합적 대책을 수립하여야 한다. 뿐만 아니라 부수적으로 얻을 수 있는 다른 동·식물 생육의 활성화를 통해 생태 네트워킹(환경요소의 연결)이 가능하도록 하는 것도 유효한 대책이 된다.

단, 네트워크의 검토에 있어서는 다른 환경에서 생물의 이동이 이전 생태계에 영향을 미치지 않는지 등 관련 기관과 전문가 등의 지도와 조언을 받아 신중하게 검토하며, 보전 대상종에 미치는 영향 감소 대책을 검토하여 시설정비계획, 유지관리계획을 책정한다.

(2) 저수지와 주변 환경의 네트워크

저수지를 이용한 생물은 그 생활사에 따라 주위의 논, 농업용 용·배수로, 잡목림, 습지 등을 이용하며 저수지와 그 주변 환경과의 네트워크가 형성되어 있는 곳일수록 종의 다양성 유지가 가능하다. 생태계의 안정성은 각각의 생물

표 3-32 저수지계획에 있어서 환경에 미치는 영향의 검토

<table>
<tr><th>환경영향요소</th><th>환경에 미치는 구체적인 영향</th></tr>
<tr><td rowspan="3">〔1차적 영향〕
(개수공사에 의한 직접적 영향)
① 제체의 개수, 호안</td><td>제체 상하류 비탈면의 식생 소실</td></tr>
<tr><td>누수장소 개수에 의한 습지의 소실</td></tr>
<tr><td>수위변동에 의한 식생·생물 서식장소의 소실</td></tr>
<tr><td rowspan="3">② 연안지대의 호안</td><td>연안지대 비탈면의 급경사화 등에 의한 식물 군락의 소실</td></tr>
<tr><td>배후지와의 연속성의 분단(블럭 호안 등)</td></tr>
<tr><td>어류, 수생곤충 등의 서식과 생육장소의 소실</td></tr>
<tr><td rowspan="2">③ 준설</td><td>유기 오염의 제거</td></tr>
<tr><td>수생식물 군락의 소실
수질변화에 의한 식생변화</td></tr>
<tr><td>〔2차적 영향〕
(개수공사 후의 간접적 영향)
① 불충분한 유지관리</td><td>누수 개소의 발생
수질오염, 부영양화</td></tr>
<tr><td>② 이용자의 이용형태, 폐기물 투기</td><td>생물의 소실, 서식과 생육환경의 악화</td></tr>
<tr><td>③ 주변 개발 등에 의한 생활 잡배수 등의 유입</td><td>수질오염, 부영양화</td></tr>
</table>

이 필요로 하는 환경요소의 네트워크 및 다른 개체군과의 관계가 확실할수록 높다. 저수지가 여러 개 배치되어 있는 경우 저수지간의 생태계 네트워크가 형성되어 종의 다양성 유지가 가능해진다. 따라서 보전 대상종 특성에 대응한 건전한 네트워크를 검토하고 그것에 맞는 영역설정을 하는 것이 중요하다.

(3) 제체시설계획

저수지 사업의 시설계획은 제체의 보수, 취수시설과 물넘이의 정비, 호안공, 준설 등에 대하여 계획을 정하는 것이다. 그 때 각 영역에 대해 검토한 구체적인 환경고려 대책에 대하여 시설기능의 유지, 장래의 유지관리, 지역 영농과의 관련 등을 토대로 실현 가능성의 관점에서 검토를 실시하고 적절한 환경고려대책을 결정하고 시설계획에 반영한다.

표 3-33 영역별 환경 고려 대책

영역 명칭	환경 고려 대책
산림보전영역	배후지와의 연속성을 고려하고 현황의 자연환경을 그대로 보전
습지보전영역	보전 대상종의 산란장으로 있는 습지를 현황 그대로 보전 산란을 위한 이동을 고려하는 대책(완경사 호안 등)
습성 식물대 영역	습성식물의 생육을 고려한 호안 소동물의 배후지로의 이동을 고려
친수영역	자연 재료의 이용, 현황식생을 고려한 녹화
귀중한 숲 보전영역	귀중한 숲을 현황 그대로 보전
제체영역	제체 하류 비탈면은 녹화 물넘이 공사에 있어서는 나무 벌채 범위를 축소화

(4) 유지관리

유지관리계획에는 환경고려 대책에 관한 합의형성을 충분히 검토한 후에 앞으로 어떠한 체제와 방법에 의해 유지관리를 할 것인가에 대해 검토한다.

이를 위해서는 계획의 검토 단계에서부터 관리 주체를 중심으로 시·군과 읍·면, 농가 등의 지역 관계자와 충분한 협의 조정을 실시하여 합의형성을 도출한다. 생태계를 보전하기 위한 활동, 농가 이외의 주민 참가의 촉진 등에 대해서도 검토할 필요가 있다. 또한 앞으로도 적절한 유지관리가 될 수 있도록 계속적으로 지역의 합의형성에 기초한 유지관리 계획을 실시하는 것이 바람직하다.

1) 유지관리 계획

유지관리 계획 결정에는 지역의 환경배려 대책에 관해 충분히 검토하고 고려하여 합의를 거쳐 앞으로 어떠한 체제, 방법으로 할 것인가에 대해 검토한다. 계획 결정에 있어서는 보전 대상종에 관해 충분한 지식이 필요하기 때문에 유경험자나 전문가 등의 지도와 조언을 들어 책정하는 것이 필요하다. 또한 준설로 인한 인위적 기반에 의해 종의 다양성이 확보될 수 있다는 점에서도 준설토를 비료 등으로 이용하는 것만이 아니라 저수지 연안대에 옮겨 종의 다양성 확보를 검토하는 것이 중요하며, 재래종 이외의 식물과 어류 등의 도입은 가능한 한 피하고 물빼기 등을 실시할 때 이입종 구제를 실시하는 등의 검토가 필요하다.

표 3-34 항목별 유지관리 검토

항 목	내 용
풀베기	제체, 취수시설에서의 누수 발견, 병해충 발생 방지
쓰레기 제거	수질악화의 방지, 병해충 발생의 방지
물빼기	저수지 바닥의 각반에 의한 생태계의 유지, 쓰레기 등의 발견
준설	부영양화 방지, 저수량의 유지
취수시설 등에 퇴적된 토사 제거	취수시설 등의 기능회복
수질조사	농업용수로서의 수질유지

2) 수질 조사

농업용수로서 적정한 수질을 유지하기 위해 공사 전후에 저수지의 수질에 관해 조사를 실시한다. 그 때 간이 수질분석 기구 등에 의해 대응하는 것으로 하고 수질오염이 염려되는 경우는 농업용수 수질기준으로 설정된 항목 등을 참고로 필요한 수질분석을 하는 등 지역 관계기관 등을 구성원으로 하는 수질 보전을 위한 조직을 구성하는 것도 검토한다.

3) 주민참여 활성화

유지관리 계획 결정에는 체제 정비를 하는 것도 중요하나 종래 유지관리에 관여하고 있는 시·군과 한국농촌공사, 농업인을 감안하여 계획 책정 단계에서부터 목적별로 분류한 시설에 대응하여 지역주민과 NPO, NGO 등도 유지관리에 참여 활성화를 검토한다. 특히 친수를 위한 저수지는 지역 주민 참여 이벤트 장소로서 활용하기도 하고, 생태계를 배려한 저수지는 지역의 환경 학습장으로 활용하며, 수질 모니터링에 협력을 구하는 등 지역 주민이 저수지에 대해 친근감을 가질 수 있도록 유지관리에 대한 주민참여를 활성화한다. 또한 주민이 참여할 때에는 사고방지 등의 관점에서 안전성 확보에 충분히 유의할 필요가 있다.

3.8.3 취입보

하천수를 농지에 끌어들이는 방법에는 자연취수방식과 보취수방식이 있다. 자연취수방식은 하천 유량이 풍부하고 농지에 비해 수위가 높은 경우에 가능하다. 농지의 위치가 높은 경우에는 하천을 횡단하는 보를 설치해서 수위를 높여야 취수가 가능한데 이 방식을 보취수방식이라 하고 이 때의 설비를 총칭하여 취입보시설(head work)이라고 한다.

취입보에는 취수보(diversion weir), 취수구(intake gate) 및 부대시설 등으로 구성되어 있다.

[1] 취수보

취수보를 설치하는 위치는 하천의 상황, 수익지역의 위치, 공사비 및 유지관리 등을 고려하여 결정해야 한다. 위치의 선정은 다음 사항들을 종합적으로 고려하여 결정한다.

① 갈수시에도 소요수량의 확보가 가능한 지점일 것

② 하상이 고정되어 있어 유심이 이동하지 않는 지점일 것

③ 수혜지역으로부터 가급적 근거리에 위치하여 공사비가 저렴하고 유지관리가 용이한 지점일 것

④ 보설치에 의해 상・하류에 미치는 영향이 적은 지점일 것

⑤ 많은 토사가 유입되지 않는 지점일 것

⑥ 시공이 편리한 지점일 것

취수보에는 고정보와 가동보가 있다. 고정보는 하상에 고정시켜 물이 보마루 위를 월류하도록 되어 있고, 가동보는 가동부를 조절함으로써 수위를 조절할 수 있도록 되어 있다. 취수보의 형식은 기초암반의 깊고 얕음, 지수의 필요성 여부 및 세굴상황 등을 고려하여 선정한다.

[2] 취수구

취수구의 형식에는 통관식(orifice type)과 월류식(weir type)이 있다. 통관식 취수구는 하천의 상태가 양호하여 홍수 때 토사의 유입이 적은 곳에 알맞은 것으로서 그 구조가 간단하고, 조작하기 쉽다. 월류식 취수구는 토사가 많이 흐르는 하천에 알맞다.

취수구의 위치 선정에 고려하여야 할 사항은 다음과 같다.

① 원칙적으로 취수보의 직상류에 설치하며, 물길로부터 취수가 가능한 지점이어야 한다.

② 양안취수는 가급적 피한다.

[3] 부대시설

취입보의 부대시설에는 배사구, 어도, 통선로 및 침사지 등이 있다.

(1) 배사구

배사구는 취수구 쪽에 설치하여 물길을 유지하고 취수구 앞에 퇴적하는 토사를 배제하는 동시에 홍수량의 일부를 방류하기 위하여 설치한다.

(2) 어 도

어도는 어족의 통행을 위해 만들어 주는 통로이다. 원칙적으로는 배사구에 접하여 설치한다. 보에 채용되는 어도의 구조에는 사면식과 계단식의 두 종류가 있다.

(3) 통선로

뗏목이나 선박이 다니는 하천에 보를 설치하려면 이를 위한 통로를 만들어야 하는데, 이것을 통선로라고 한다. 통선로는 보를 설치한 후 물길을 형성하는 배사구에 인접하여 설치하며, 그 크기는 뗏목 또는 취항하는 선박의 크기에 따라 정해진다.

(4) 침사지

토사함량이 많은 하천에서 취수할 경우에는 토사가 퇴적되어 유수 소통이 악화되거나 또는 수로의 바닥과 구조물이 손상되므로 이들 토사를 침전시켜 배제해야 하는데, 이를 위하여 설치하는 설비를 침사지라고 한다.

[4] 보시설의 환경친화성

생태환경의 중요한 인자로서의 하천의 기능은 하천의 수량, 수질, 생물이 서로 최적의 조건을 만족할 때 잘 발휘될 수 있을 것이다. 우리나라는 강수량의 계절적 변화가 심하기 때문에 하천의 하상계수가 대단히 크고 하천개발 및 관리에 어려움이 많다. 하천에서 댐이나 취수용 보와 같은 수공구조물의 건설은 필연적으로 수생생태 환경의 교란을 초래하게 된다. 경제 성장과 급속한 산업화는 이러한 수공구조물 건설의 필요성을 증대시켜 왔으며, 이에 따라 하천 생태계도 급격히 파괴되고 있다. 하천에서의 보시설에 대한 환경친화적 정비는 곤란한 부분이 많으며 기본적으로 보를 이루고 있는 부대시설에 대한 환경친화적 방안에 관해 살펴볼 수 있다. 하천은 크게 해안과 산지 계류의 연속성을 유지해 주는 것이 무엇보다 중요하며 이 모든 것을 하나의 연속적인 네트워크로 생각할 수 있다. 따라서 환경친화적인 보시설은 이러한 수생생태계의 연속성을 유지시켜 주며 그 통로를 열어 줄 수 있는 어도로 시야를 좁힐 수 있다.

특히 중소하천에서 상류에 댐이나 보를 건설하게 되면 하류의 하천유지유량이 급격히 감소하게 되어 회유성 어류의 회유가 불가능해질 수도 있으며, 하구에서의 어류유인이 곤란해질 수도 있다. 따라서 이와 같은 하천 수생생태 환경의 파괴를 최소화하기 위하여 하천 횡단 구조물 건설시 수산업법 제79조와 수산자원 보호령 제12조에 의하여 어도 설치를 의무화하고 있다.

우리나라는 어도설치와 관련한 하천의 수리, 수문학적 연구가 미흡한 실정이어서, 어도의 수리학적 특성이 명확히 밝혀져 있지 않을 뿐만 아니라 어류의 소상(遡上)시기에 필요한 하천유지유량 결정기준도 연구가 되어 있지 않다. 이는 하천에서 유량이 부족하거나 유속이 너무 커 어도로의 어류 회유가 거의 불가능하게 되는 결과를 초래하고 있다. 또한 갈수시 하천의 저수로단면 및 그 형태에 대한 고려 없이 어도를 하천 횡단 수공 구조물의 중앙 또는 좌우안에 설치하여 어류의 유인에 실패한 경우도 많다.

소상(遡上)어류의 생태학적 특성을 면밀히 파악하고 이를 토대로 어도형태 등이 결정되어야 하나 우리나라에서는 이에 대한 연구가 미흡한 실정이다. 기존에 설치되어 있는 어도가 충분한 연구검토를 통하여 설계되었다 하더라도 하천 자체가 정적 평형상태에 있는 것이 아니라 유역특성의 변화에 부응하여 지속적으로 변화하는 동적 특성을 지니고 있으므로 이를 고려한 어도 운영 및 유지관리를 하지 않으면 어도의 기능이 저하되거나 마비된다. 이와 같이 하천의 변화에 대응하는 어도를 고려한 하천수계 운영관리체계의 확립이 필요하다. 따라서 하천의 수리, 수문학적 특성과 어류의 생태학적 특성을 고려한 표준 어도모형에 대한 연구와 이를 운영 및 유지 관리할 체계의 확립에 관한 연구가 필요하다.

(1) 어도설계의 고려사항

어도설계는 하천의 특성이 일관되지 않고 시간적으로나 공간적으로 변화하기 때문에 매우 어려운 문제가 아닐 수 없다. 따라서 하천에 서식하는 다양한 어류가 이용할 수 있는 어도를 실제 하천에 대하여 설계하기 위해서는 다음과 같은 점이 신중히 고려되어야 한다.

① 어도설치 하천의 유황과 하상의 변동

② 어도를 이용할 어류의 생태

③ 어도 내 유속분포와 소상 어류의 휴식공간

첫째, 어도설치 하천의 유황은 어도설계에서 가장 기본적인 자료인 어도의 설계유량을 설정하는 데 필수적인 요소이다. 하상변동은 어도설치 후 발생한 홍수에 따른 어도 하류부 하상 저하로 인하여 어도입구와 하상 사이에 심한 낙차가 발생되거나 하천에서 회유성 어류의 소상경로인 저수로 위치가 변화될 수도 있기 때문에 어도설치 위치결정 및 어도와 저수로부의 연결구간 설계에 고려되어야 할 중요한 사항이다.

둘째, 어도를 이용할 어류의 생태는 하천에 서식하는 회유성 어류의 종류, 회유시기, 회유시기 어류의 크기 및 유영력, 선호하는 소상방법 등과 같은 특성이 달라지기 때문에 어도의 형식선정과 설계유량 결정에 큰 영향을 미친다.

셋째, 어도 내의 유속과 휴식공간은 어류의 종류에 따라 돌진속도나 순항속도 같은 유영력이 달라지므로 다양한 형태의 유속분포와 소상중에 있는 어류가 완전한 휴식을 취할 수 있는 공간이 어도설계에 충분히 반영되어야 한다.

(2) 어도의 설계 절차

어도에서 기본적으로 고려하여야 할 사항을 바탕으로 설계 절차를 단계별로 정리하면 5단계로 요약될 수 있다. 즉, 어도설계의 주요 절차는 기본자료의 수집 및 분석, 어도 설계조건의 설정, 어도 기본설계, 어도 상세설계, 어도 유지관리계획 설계로 대별할 수 있다.

1) 제1단계

기본자료의 수집 및 분석(어도설치 대상 수공구조물에 관한 자료, 하천의 수문량 및 수리량, 하천의 수생동물 자료, 어도설치 지점의 하천이용 및 기타)

2) 제2단계

어도의 설계조건 설정(하천생태유지 기본유량, 어도의 설계유량 및 어도의 수, 수공구조물 하류부의 어도설계 기본하상고, 수공구조물 상류부 및 하류부의 어도설계 기본수위, 회유성 수생동물의 한계유영속도, 어도 건설비용

3) 제3단계

어도 기본설계(어도의 기본형식 선정, 어도의 평면배치 설정, 어도의 입구부 및 출구부 설계, 어도 제원의 개략 설계)

4) 제4단계

어도 상세설계

5) 제5단계

어도 유지관리계획 설계

(3) 어도의 유지관리

어도의 유지관리는 기능발휘를 위하여 그 설계만큼이나 중요하다. 하천유역은 그 스스로가 시간에 따라 변화하는 역동성을 지니고 있을 뿐만 아니라 하천을 이용하는 사람의 활동에 따라서 타율적으로 변화하기도 한다. 하천에 설치된 어도의 기능이 최대한 발휘되기 위해서는 어도 및 하천의 구조적인 유지관리와 하천수계를 이용하는 측면의 유지관리로 대별할 수 있다.

1) 어도 및 하천수계의 구조적 유지관리

구조적 유지관리는 공학적인 측면에서 어도와 하천의 기능을 유지하기 위한 것으로서 하천의 유로변경, 하상변동, 유황변화, 하천식생 변화 등과 같은 하천에 관한 것과, 어도 및 보시설의 파손, 어도 내의 토사, 자갈, 돌, 유목 등의 퇴적과 같은 사항에 관한 것이다. 어도가 설치되어 있는 보 하류부는 하상저하가 발생하기 쉬운 곳이다. 이는 어도 및 보의 파괴로 연결되기 때문에 보 하류부 하상보호공의 유지관리를 위하여 홍수 전후에는 현장 확인을 통하여 발생된 문제에 대한 적절한 대책을 강구하여야 한다. 어도의 시공 후에는 일정기간 동안 홍수를 겪을 때까지 하상의 안정여부를 확인하여야 하며 그 세부항목들은 다음과 같다.

① 홍수 전후의 하천의 유로변화 여부

② 하천의 유황변화 정도

③ 하천식생 변화와 원인

④ 하천 상류 및 하류의 인간에 의한 간섭행위

⑤ 홍수 후에 어도 내에 토사, 자갈, 전석, 유목 등의 퇴적 여부

⑥ 어도 내 격벽구조물의 파손 여부

⑦ 어도설치 수공구조물 하류부 하상변동 정도

⑧ 수공구조물의 파손이나 안전 여부

⑨ 어도 출구부 폐쇄 여부

⑩ 어도 입구부 웅덩이 및 낙차의 변화

⑪ 어도에서 사람이나 조류에 의한 어류의 포획행위 여부

2) 어도 및 하천수계의 체계관리 방안

현재 우리나라의 하천에서 어도를 고려한 하천체계의 관리가 이루어지지 않고 있기 때문에 어도 계획, 어도 설계, 어도 운영관리가 수계 및 관리의 일관성이 취약하고 과학적 근거가 매우 약한 실정이다. 즉, 하천 및 어도에 대한 유지관리의 가장 큰 문제점은 어도 설계기준의 미비, 어도 관리체계의 인식 부족, 관리자의 어도 및 하천생태 인식 부족, 관리자의 지속적인 사후 교육 미비 등이라고 할 수 있다. 따라서 어도의 운영 및 관리의 적절한 체계를 위한 방안으로 다음 사항을 제시할 수 있다.

① 어도 관리대장 활용

② 어도 고유명칭 부여

③ 어도 관리부서의 일원화

④ 어도 관리의 현지화

⑤ 하천 및 어도 관리자의 정기적인 교육

3. 8. 4 양수장

자연취수시설이나 보취수시설을 이용해서 하천과 호소 등지에서 농지로 물을 끌어들이기 어려운 경우와 우물 · 집수암거 · 집수지 등의 지하수를 모아 이것을 관개용수로 이용하는 경우에는 동력을 이용하여야 한다. 이와 같은 경우에는 양수 펌프 · 원동기 등 양수에 필요한 시설을 해야 한다.

수익지역, 용수량, 양수장의 위치, 시설규모 등 시설의 유지관리와 경제적 관계 등을 충분히 검토하여 기술적 · 경계적으로 가장 알맞는 펌프의 형식 · 크기 · 대수 · 양수설비 등을 결정해야 하는데, 이 때의 기본조건은 용수원시설로서의 양수 펌프장의 위치와 양수 펌프에 따른 양수량과 양정의 관계 등이다.

[1] 양수장의 위치선정

양수시설의 위치는 수익지역의 지형과 면적, 필요양수량 등에 따라 결정되는데, 하천에서 양수하여 관개하는 경우에는 자연관개를 할 수 없는 지역을 대상으로 한다.

양수장의 위치선정에 고려하여야 할 사항은 다음과 같다.

① 하상이 고정되어 있고 유심에 변동이 없는 지점일 것

② 갈수기에도 소요수량을 얻을 수 있는 지점일 것

③ 수익지역에서 되도록 가까운 지점일 것
④ 양정이 비교적 얕은 지점일 것
⑤ 시공관리가 용이한 지점일 것

[2] 양수량

양수량은 계획 용수량과 펌프의 운전시간에 따라 정해진다. 계획 용수량은 관개기별 용수량을 산정하여 그것을 기초로 한다. 펌프의 운전시간은 논관개의 경우에 1일 16~22시간, 밭관개에서는 8~12시간을 표준으로 한다.

[3] 양 정

펌프의 양정이란 펌프로 양수되는 높이를 말하며, 흡수면에서 토출수면까지의 연직거리를 실양정이라 하고, 물이 흡입관에 들어와서부터 토출관으로 나갈 때까지의 각종 손실수두를 가산한 것을 전양정이라고 한다.

[4] 펌 프

사용되는 펌프의 종류에는 축류펌프, 사류펌프, 원심펌프 등이 있다. 이들은 양수량, 양정, 회전수, 원동기의 종류, 전달방식, 사용목적 및 가격 등을 고려하여 선택한다.

[5] 원동기

펌프를 가동시키는 원동기에는 전동기, 석유 엔진이나 디젤 엔진을 사용하는데, 이것들을 선정하려면 각 원동기의 성능을 바로 이해하고 경제성과 신뢰도를 검토하여 펌프의 사용조건, 현지상황 등에 적합한 것을 택하여야 한다.

3. 8. 5 집수암거

집수암거는 갈수기에도 지하수위가 높고 투수계수가 큰 토층을 갖고 지하수위의 이동이 활발한 곳에 설치하여 지하수를 집수하는 시설이다. 하천부지에 매설하는 경우에는 물길에 가깝고, 하상의 변동이 적고, 경지에 매설하는 경우에는 기설 관정의 영향이 없고 지상의 장애물이 없는 곳을 택한다.

집수거는 집수명거와 집수암거로 구분하고, 설치 방향은 지하수 유동방향과 평행하게 설치하는 것이 유리하다. 도수는 지표면과 지하수면의 기울기가 급한 경우에는 자연유하시키지만 기울기가 완만하거나 양수할 필요가 있는 경우에는 집수조를 설치한다. 집수관은 유공 흄관이나 철근콘크리트관을 사용한다.

연습문제

1. 논토양과 밭토양의 차이점을 들어라.
2. 논관개와 밭관개의 차이점을 들어라.
3. 논과 밭에서의 필요수량의 차이점을 들어라.
4. 어느 포장의 감수심이 20 mm/d인 경우, 30 a의 1개의 취수구로부터 8시간에 걸쳐서 취수하여 40 mm의 담수심을 얻으려면 매초 몇 l의 물을 취수하면 좋은가?
5. 1 m^3/s의 용수로서 감수심이 20 mm/d인 논을 몇 ha 정도 관개할 수 있는가?
6. 배분관리 용수량의 종류를 들고 각각을 설명하여라.
7. 논관개에서 필지 용수량의 개념에 대하여 설명하여라.
8. 논관개에서 순용수량과 조용수량의 차이점을 들어라.
9. 등수량 방식에서 이앙기의 용수량과 r일째 이앙면적을 유도하여라.
10. 밭관개에서 유효토층과 제한토층에 대하여 설명하여라.
11. 토양수분소비형(SMEP)을 설명하여라.
12. 밭관개에서 1회 용수량의 결정방법을 설명하여라.
13. 관개일정계획의 결정요소 2가지를 들고 설명하여라.
14. 밭 관개시기 결정에서 생장저해수분점에 의한 관개일정계획의 관개시기 결정에 대하여 그림을 그리고 설명하여라.
15. 밭 관개시기 결정방법을 열거하여라.
16. 논 관개시기 결정과 밭 관개시기 결정방법의 차이를 설명하여라.
17. 논 관개량 결정방법과 밭관개량 결정방법의 차이를 설명하여라.
18. 상해(霜害)방지를 위한 스프링클러 관개에 대하여 설명하여라.
19. 관개사업계획을 수립하는 절차를 설명하여라.
20. 관개사업계획 수립에 필요한 지식에는 어떤 것들이 있는가?
21. 장기 유출해석을 위한 탱크 모형의 기본개념을 설명하여라.
22. 관개방식을 분류하여라.
23. 자동관개장치가 필요한 이유를 설명하여라.

24. 용수로의 종류를 들고 각각을 설명하여라.

25. 개수로와 관수로의 특징 및 장점을 설명하여라.

26. 관개용 수원시설의 종류를 들고 각각의 특성을 설명하여라.

27. 취입보의 위치선정에 고려하여야 할 사항을 설명하여라.

28. 취입보시설의 구성요소를 열거하여라.

29. 양수장의 위치선정 조건을 열거하여라.

참고문헌

(1) 김시원 외, 신고 농업수리학, 향문사, 1972.

(2) 박기중·정상옥, 우리나라의 환경영향평가 제도 및 농촌개발사업, 한국관개배수 9(2), pp.94~105, 2002.

(3) 정상옥, Turbo-tape을 이용한 배추의 點滴灌漑 효과 분석, 한국농공학회지 Vol. 35, No. 4, pp.31~37, 1993.

(4) 정하우·최진용, 토양수분이동모형을 이용한 관개계획, 한국농공학회지 Vol. 38, No. 1, pp.98~106, 1996.

(5) 農業土木學會農業水利學實習ガイド編集委員會, 農業水利學實習ガイド, 農業土木學會, 1987.

(6) 農林水産省構造改善局, 土地改良事業計劃設計基準 計劃 農業用水(水田), 農業土木學會, 1994.

(7) 農林水産省構造改善局, 土地改良事業計劃設計基準 計劃 畑地かんがい, 農業土木學會, 1982.

(8) 四方田穆 外 14人, 畑地灌漑の新展開, 社團法人 畑地農業振興會, 1993.

(9) 地域環境工學概論編輯委員會編著, 豊かで美い地域環境をつくる-地域環境工學概論, 農業土木學會, 1995.

(10) 志村博康 外 9人, 新農業水利學, 朝倉書店, 1987.

(11) ASAE, *Drip/Trickle Irrigation in action*, Proceedings of the Third International Drip/Trickle Irrigation Congress. ASAE, 1985.

(12) Bralts, V. F. & Kesner, C., *Drip irrigation field uniformity estimation*, Trans, ASAE 24(5), pp.1369~1376, 1983.

(13) Hillel, D., *Fundamentals of soil physics*, Academic Press, 1980.

(14) Hillel, D., *Applications of soil physics*, Academic Press, 1980.

(15) Hansen, V. E. & Israelsen, O. W. & Stringham, G. E., *Irrigation principles and practices*, 4th Edition, John Wiley & Sons, 1979.

(16) Hoffmann, G. J. & Howell T. A. & Solomon, K. H., *Management of Farm Irrigation System*, ASAE, 1990.

(17) Irrigation Industry Association of British Columbia, *B. C. Trickle Irrigation Manual*, Canada, 1987.

(18) Irrigation Industry Association of British Columbia, *B. C. Sprinkler Irrigation Manual*, Canada, 1989.

(19) James, L. G., *Principles of farm irrigation system design*, John Wiley & Sons,

1988.

(20) Jensen, M. E., *Design and Operation of Farm Irrigation Systems*, American Society of Agricultural Engineers, St. Joseph, Michigan, USA, 1983.

(21) Kim, J. S. & Oh, S. Y. & Oh, K. Y. & Cho, J. W., Delivery management water requirement for irrigation ditches associated with large-sized paddy plots in Korea, *Paddy and Water Environment*, 3(1), pp.57~62, 2005.

(22) Miller, R. W. & Donahue, R. L., *Soils*, Prentice Hall, 1990.

(23) Stewart, B. A. and D. R. Nielsen, *Irrigation of Agricultural Crops*, ASA, CSSA, SSSA, 1990.

제 4 장

농지배수

4.1 농지배수의 개요

4.1.1 농지배수의 정의

농지배수란 관개와 반대 개념으로서 농경지의 과잉 수분을 인공적으로 배제시키는 것을 말한다. 농지배수는 홍수로 인하여 하천제방이나 수로 둑이 무너져 홍수범람으로 농경지와 농작물이 매몰되거나 침수되는 피해를 방지하기 위한 것이다. 또한 높은 지하수위나 과습한 토양수분으로 인해 작물생육에 적합하지 못한 환경을 최적의 상태로 만들기 위해 지하수위를 저하시키고 과잉 토양수분을 감소시켜 농업 생산성을 높이는 것이다.

4.1.2 농지배수의 목적

농지배수의 목적은 다음과 같다.

① 파괴적 피해의 방지　홍수의 범람으로 인하여 하천, 저수지 또는 수로의 둑이 터지면 그 시설물 자체가 파괴됨은 물론, 농지와 작물을 휩쓸게 되어 농작물이 전멸하거나 농경지가 유실되는 등의 피해를 입게 되는 것을 방지한다.

② 침수피해 방지　홍수로 인해 농지가 침수되는 피해를 방지한다.

③ 토양수분 조절　지하수위가 높은 농지에서는 농업생산과 농기계의 작업에 지장을 주게 되는데 지하배수를 통하여 토양수분을 조절하여 작물생육과 농작업에 최적의 조건을 유지시킨다.

④ **토양침식 방지** 강우시 비옥한 표토가 유실되는 경우가 많은데 적정한 배수시설을 이용하여 이를 방지한다.

⑤ **제염** 간척지대나 건조지대에서 증발산에 의하여 지하로부터의 수분 상승과 함께 작토층에 알칼리염류가 집적하여 작물생육에 지장을 주는 것을 방지한다.

4.1.3 건토 효과

배수개량의 효과는 농경지 재해방지, 침수피해방지 및 건토효과 등이 있다. 건토효과는 지하수위가 높은 배수불량지구에서 지하수위를 낮추면 얻을 수 있는 것으로, 이에는 다음과 같은 것이 있다.

① **지력증대** 배수불량인 과습지가 건조해지면 하층토양이 산화되어 유기물이 분해되고, 그 결과 뿌리의 활력이 커져서 다수확과 품질 향상을 기대할 수 있다.

② **토양물리성 개량** 지하수위가 저하되면 작토는 강우와 증발산에 의해 습윤과 건조가 반복되어 투수성과 통기성이 좋은 입단구조가 형성된다. 그 결과 토양 유효수분량이 증대되고 작물의 뿌리가 심근성이 될 뿐만 아니라 토양 속에서 발생하는 유해물질을 희석 또는 용탈시킬 수 있다.

③ **토양온도 상승** 토양입자의 비열은 약 0.2 cal/g 물의 비열은 1.0 cal/g 이기 때문에, 비열이 큰 토양수분이 제거되면 토양온도의 상승이 촉진된다.

④ **지내력 증대** 배수로 인하여 지하수위가 저하되고 함수량이 감소하면 지반의 지내력이 증가하게 되어 농기계작업이 원활하게 된다.

⑤ **논밭윤환 가능성 증대 및 토지이용도 증대** 배수시설이 완비되면 지하수위의 조절이 가능해져서 논밭윤환이 가능하게 되어 토지 이용도를 높일 수 있다.

한편, 배수개선에 따라 지하수위가 내려가서 건토화가 이루어지면 용수량이 증가하는 경우가 많다. 따라서 건토화될 때에는 토양투수성, 배수로의 수위, 지하수위, 용수 이용형태 등의 변화에 대하여 조사하여 배수개선에 따른 환경변화 후의 용수량 변화에 대한 대책을 강구하여야 한다.

4. 1. 4 농지배수불량의 원인

농지배수불량의 원인에는 지형, 지질, 토성, 지하수위 및 주변조건 등이 있다. 농지배수불량이 발생하는 원인과 그에 대한 대책은 다음과 같다.

① **하천 또는 해면 수위가 농경지보다 높고 지구 내로부터의 자연배수가 불가능한 경우** 이런 경우에는 외수위가 내수위보다 높으므로 하천이나 바다로부터 경지로 물이 역류하는 등 농지배수불량 상태가 된다. 이것을 개량하기 위해서는 배수문을 설치하거나 기계배수방법을 이용한다.

② **인접지구로부터 지표수나 지하수의 유입이 있는 경우** 유입수를 차단하기 위하여 지표수는 승수로, 지하수는 승수로나 승수암거를 등고선에 평행하게 설치해서 유입수를 지구 밖으로 흘려 보낸다.

③ **지형이 오목한 분지모양으로 된 경우** 비가 오면 낮은 곳에 물이 고여서 농지배수불량이 되는 경우가 많은데, 이를 해결하기 위하여는 개거를 등고선에 나란히 설치하여 높은 곳의 빗물을 지구 밖으로 보내고 기계배수시설을 설치하여야 한다.

④ **지형이 평탄하여 배수를 위한 충분한 기울기를 확보할 수 없는 경우** 이는 낮은 평지의 논지대나 큰 하천의 말단부에서 많이 볼 수 있는데, 이 때에는 적절한 기울기를 가진 배수로를 설치하여 기계배수를 한다.

⑤ **지구 내의 하천, 배수로 또는 배수펌프의 능력이 부족한 경우** 통수단면이 너무 작거나 배수시설이 노후되고 유지관리가 나빠서 농지배수불량이 되는 경우에는 배수로 통수단면 확장, 배수로 노선과 위치의 변경, 펌프의 증설과 교환 등으로 농지배수불량을 해결할 수 있다.

⑥ **지하수위가 높은 경우** 지하수위가 높아서 농지배수불량이 된 때에는 암거배수를 설치하여 지하수위를 저하시킨다.

이 밖에도 불합리한 배수관행으로 인한 농지배수불량이 있을 수 있다. 농지배수불량의 근본적인 원인은 강우로 볼 수 있다. 농지배수계획을 세울 때에는 좁고 경사진 유역을 가진 지역에서는 짧은 시간의 강우량을 대상으로 하고, 넓고 평평한 유역을 가진 지역에서는 태풍이나 불연속선 등에 의해 내리는 연속 강우량을 기준으로 하는 것이 원칙이다. 농지배수불량이 되는 원인이 어디에 있는가를 파악하여야만 배수계획을 올바로 수립할 수 있다.

4.1.5 논배수와 밭배수

[1] 논배수

논배수와 밭배수는 근본적으로 다르다. 논에서는 담수재배를 하기 때문에 일반적으로 큰 강우로부터의 배수가 주가 되며, 그 밖에 중간낙수나 농약살포를 위한 배수가 있다. 따라서 홍수시의 논배수는 어느 정도의 담수를 허용할 수 있다. 즉, 배수계획은 허용담수심과 허용담수시간을 감안하여 수립한다.

논배수는 논의 담수를 빨리 배제하는 것이 벼 재배의 첫째 필요조건이다. 논밭전환이 도입되었을 때에는 지표배수의 완비가 더 한층 강조된다.

[2] 밭배수

논에서와 달리 밭배수에서는 원칙적으로 담수는 허용되지 않는다. 따라서 강우를 비교적 단시간 내에 밭에서 배제시켜야 한다. 밭배수는 고랑이나 승수로 등을 이용해서 신속하게 지표배수를 하고, 지하 과잉수는 주로 암거배수를 한다.

밭의 지표배수의 주목적은 작물의 생육환경 개선과 토양침식 방지이다. 앞의 것은 물이 정체되지 않게 지형을 이용하여 배수로를 적절하게 배치하면 된다. 그래도 충분히 배수시키지 못할 때에는 지하배수를 고려하여야 한다. 그러나 파상지형에서는 포장정비시에 낮은 곳을 메워서 정지하는 경우에는 종래의 자연배수의 물 흐름이 차단되어 습해가 발생할 수 있으므로, 배수로의 배치에 유의하여야 한다.

밭의 지표배수에서 문제가 되는 것은 토양침식 방지이다. 일반적으로 밭은 경사지에 있는 경우가 많으므로, 강우강도가 큰 경우에는 토양침식에 대한 고려가 필요하다. 사면의 길이가 긴 경우에는 우적침식(raindrop erosion), 면상침식(sheet erosion), 세류침식(rill erosion)과 걸리(gully)침식이 생길 수 있으므로, 사면길이가 60~100m의 경우에는 등고선에 연하여 승수로를 설치하고, 상부의 경지로부터의 유출수와 유하토사를 차단하도록 하여야 한다. 그러나 유입토사로 인해 배수로가 매몰되고 기능이 저하되면, 하류측 포장에 큰 피해를 줄 수 있으므로 배수로의 토사퇴적을 방지하기 위한 유지관리가 중요하다.

4. 1. 6 농지배수불량의 피해

[1] 홍수범람 피해

홍수의 범람으로 인하여 저수지, 하천, 또는 수로의 둑이 터지면 인명과 재산에 막대한 피해를 가져올 수 있다. 가옥이나 농경지가 매몰되고 시설물이 파괴됨은 물론, 농경지가 유실되고 농작물이 전멸하는 등의 막심한 피해를 입을 수 있다.

[2] 침수피해

작물이 침수되었을 때 그 피해 정도는 작물의 종류와 생육시기, 침수의 깊이, 시간 및 탁도, 침수 전의 작물의 상태 등에 따라 다르고, 또 물이 빠진 후의 작물의 손상이 같다고 하더라도 품종의 특성과 사후관리 및 경지의 이화학적 특성에 따라 다르게 된다. 그림 4-1은 침수로 인한 벼의 감수율을 보여주고 있다. 벼는 수잉기와 출수기 때의 침수피해가 가장 심하다. 탁수관수의 경우 수잉기 때 2일간 완전히 침수되면 70%가 감수되며, 5일 이상 침수되면 80% 이상 감수된다. 청수관수의 경우 피해가 상대적으로 작으며, 수잉기 때 2일간 완전히 침수되면 25%가 감수되며, 7일 이상 침수되면 90% 이상 감수된다.

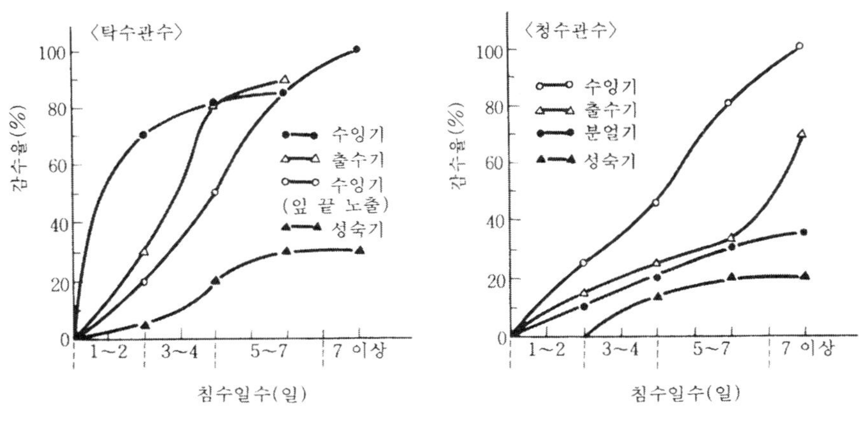

그림 4-1 침수로 인한 벼의 감수율(관수 : 벼가 물 속에 완전 침수된 경우의 잎 끝, 노출 : 잎 끝 10~15 cm가 수면 위에 노출된 경우)

[3] 과잉 토양수분 피해

토양의 과습에 의한 피해는 작물에 따라 큰 차이가 있다. 습해는 수분의 과다에 의한 뿌리의 썩음 등의 피해뿐만 아니라, 통기불량에 의한 산소의 결핍, 이산화탄소 등의 유해가스의 축적 등으로 인하여 작물생육이 지장을 받게 된다.

4.1.7 밭작물의 침수피해

농작물 경작지가 집중호우나 홍수범람에 의해 침수되거나 과습 상태가 오래 지속되면 밭작물도 논의 벼와 같이 침수피해를 입게 되는데 일반적으로 벼보다 그 피해 정도가 더 심하고 그 피해 수준은 밭작물의 종류, 생육시기, 침수심, 침수시간, 수질 및 혼탁도, 수온, 유속 등에 따라서 차이가 크게 나온다. 또한 밭작물의 손상 정도가 같다고 하더라도 배수처리 후의 관리, 작물품종의 특성, 경작지의 이화학적 성질에 따라서 다르다. 토양 과습에 의한 피해는 대상작물에 따라 다르지만 주로 지하수위가 높음으로써 발생되며 이로 인하여 공기의 소통, 비효분의 분해, 영양분의 흡수를 저하시킬 뿐만 아니라 때로는 유해물질을 발생시켜 작물의 생육을 저해하기도 한다.

밭작물을 경작하고 생산하는 데 있어서 가장 큰 비중을 차지하는 기상요인은 수도작에서와 마찬가지로 강우이다. 우리나라의 기상환경은 해마다 계절적으로 불안정하여 기상재해의 발생이 높고 여름철의 집중호우로 인해 하천이 범람하여 빈번한 홍수 피해를 입고 있는 실정에 있다. 부식물로서 필수적인 채소 재배는 대부분 하천부지, 강변저지대에서 주산단지가 형성되어 있으므로 집중호우시 침수피해를 입기 쉬운 여건에 놓여 있다.

실험연구 결과를 살펴보면 무우와 배추의 생존율은 12시간까지 관수처리의 피해가 없으나, 수량은 무우는 63% 배추는 73%로 저감하는 것으로 나타나 12시간 이내의 시간에서 배수처리가 필요한 것으로 나타났다.

표 4-2에서 고추는 개화기 전기는 6시간 처리가 수행되지 않았으나 12시간 처리결과를 살펴보면 생존율 및 수량이 각각 88%, 69%까지 줄어 각각 12%, 31%가 감소하였고, 특히 유묘기에는 6시간 처리에서 수량이 25%나 감소되어 6시간 이내의 배수처리가 필요하다.

마늘과 참깨는 각각 중기와 개화기에 있어서 24시간 침수처리 결과 29%, 33% 감수되어 24시간 이내의 시간에서 배수처리가 요망된다.

표 4-1 무우와 배추의 관수에 따른 생존율과 수량(단위 : %)

관수(일)	생존율(%)		수 량	
	무 우	배 추	무 우	배 추
0	100	100	100	100
0.5	100	100	87~63	106~73
1	100~91	100	97~51	99~65
2	100~86	100	82~58	99~45
4	84~20	59~71	61~20	14~21
6	60~0	7~22	16~0	3~8

표 4-2 고추의 침수 영향(단위 : %)

처리 (시간)	유묘기		이식기		개화기	개화전기		비고
	생체중	총과중	생체중	총과중	총과중	생존율	수량	
0	100	100	100	100	100	100	100	침수 10~20 cm
6	61~75	75~98	65~98	83~99	95~102	–	–	
12	37~52	49~98	59~95	77~99	84~102	88~100	69~97	
24	30~44	25~84	38~8	59~5	66~91	58~90	46~74	
48	0~44	0~76	25~68	38~87	55~88	5~15	0~7	
120	0~40	0~69	8~30	12~79	18~77	0	0	

표 4-3 마늘의 침수 영향(단위 : %)

침수(일)	생체중	생구중	비 고
0	100	100	침수심 0~10 cm
1	71~100	–	
3	82~106	81~102	
5	95~92	–	
6	–	62~79	
9	–	25~49	
12	–	24~50	
15	–	18~55	

표 4-4 참깨의 침수 영향(단위 : %)

침수 (시간)	생존율		종실수량		비 고
	침수심 3 cm	침수심 15 cm	침수심 3 cm	침수심 15 cm	
0	100	100	100	100	
24	43~86	61~91	31~92	67~84	
48	26~81	54~84	18~77	50~74	
72	10~71	3~91	14~9	0~61	

토마토는 6시간 침수에 의해 발아기, 개화기의 생체중 및 총과중이 93% 이상이나 유묘기 및 이식기의 총과중, 즉 수량이 31%, 30%씩 감소하여 6시간 이내의 시간에서 배수처리가 요망되며, 땅콩은 홍수에 의한 40시간의 침수로 수량이 47%나 감소되어 40시간 이내의 시간에서 배수처리가 요구되었다.

표 4-5 토마토의 침수처리 결과(단위 : %)

침수 (시간)	발아기		유묘기		이식기		개화기		비고
	발아율	생체중	생체중	총과중	생체중	총과중	생체중	총과중	
0	100	100	100	100	100	100	100	100	
6	93~94	94~95	92~100	69~91	75~90	70~76	94~99	96~98	
12	88~92	94~100	86~97	97~89	63~94	58~75	93~99	85~96	
24	85~92	94~100	82~88	74~82	58~92	48~62	73~83	79~88	
48	70~92	67~78	9~87	68~79	22~90	37~49	50~79	67~81	
120	9~72	33~78	0~77	0~68	4~87	0	47~63	4~76	

표 4-6 땅콩의 침수피해(단위 : %)

침수(시간)	생체중	주당협수	수 량	비 고
0	100	100	100	
40	72	75	53	
60	48	74	45	
75	16	41	2	

4.2 농지배수 방식

농지배수는 광역배수와 필지배수로 나누어 생각할 수 있다. 광역배수는 지역 전체에 대한 홍수시의 배수이며, 필지배수는 경구나 포구 등 포장블록에 대한 배수를 말하며, 평상시나 홍수시에 전답에 내린 강우의 배제를 말한다. 광역배수에는 자연배수, 배수문배수 및 기계배수가 있으며, 필지배수에는 지표배수와 지하배수가 있다.

4.2.1 광역배수

광역배수는 농지뿐만 아니라 부락이나 산지로부터의 유입수를 포함하는 지역 전체에 대한 배수를 말한다. 광역배수 방식의 선정은 먼저 중력에 의하여 배수할 수 있는 자연배수의 가능성을 검토하고, 그것이 어려울 경우는 지구 전체나 일부에 대하여 배수문 배수나 기계배수를 고려한다. 자연배수는 기계배수에 비하여 시설비와 유지관리비가 적게 소요되므로, 가능한 한 자연배수로 하는 것이 당연하다.

배수 계획시에 지구 내외의 여러 가지 조건들을 고려해서 지역적으로나 시간적으로 최대한 자연배수를 할 수 있어야 한다. 경우에 따라 평상시에 자연배수가 가능한 지역에서 어떤 특정기간에 자연배수가 불가능하게 되는데, 이 기간 동안에는 기계배수를 병용할 수 있도록 하는 것이 좋다.

내수위와 외수위의 관계는 배수방식 선정의 중요한 판단자료가 되므로 정확하게 파악하여야 한다. 평상시 배수에서 발생하는 내수위는, 외수위에다 수로와 수문을 통해 배출되는 과정에서 생기는 손실수두를 더한 것과 같다. 그러나 홍수시의 내수위는 앞의 내수위에 지구 내의 저류에 의해 발생하는 담수심을 더한 것이 된다. 이 담수심은 시간에 따라 변하기 때문에 내수위가 어디까지 상승하는가를 알기 위해 담수가 시작되기 전부터 내외수위가 어떻게 변해 가는가를 추적하여야 한다.

내외수위 관계는 배수조건에 따라 여러 가지로 나누어진다. 즉, 지구 내의 최저 논바닥높이를 기준으로 하여 최대외수위를 Ho, 최대내수위를 H, 허용담수심을 Ha, 담수시간을 T, 허용담수시간을 Ta로 하면, 배수방식 선정의 기준은 다음과 같다.

① Ho ≤ H, H ≤ Ha, T ≤ Ta인 경우 배수문이나 배수펌프가 불필요한 자연배수

② Ho ≥ Ha, H ≤ Ha, T ≤ Ta인 경우 배수문만 필요한 배수문 배수

③ Ho ≥ Ha, H ≥ Ha, T ≥ Ta인 경우 배수문과 배수펌프가 필요한 기계배수인데, 이때 배수펌프의 용량은 조건 ②를 만족시킬 수 있어야 한다.

위의 세 가지 경우에 대한 내외수위관계를 도시하면 그림 4-2와 같다. 즉, 배수로를 통하여 중력에 의한 흐름으로 충분한 경우 자연배수를 실시하고, 외수위가 내수위보다 높을 때에는 제방으로 외수의 침입을 막는다. 그리고 배수구에 수문을 설치하여 외수의 역류를 방지하고, 외수위가 내수위보다 낮아지면 배수문을 개방하여 배수하는 배수문 배수를 실시한다. 만약, 최대 담수심이 허용 담수심을 초과할 때에는 자연배수나 배수문 배수로는 충분한 배수가 불가하므로 기계배수를 고려하여야 한다. 기계배수를 할 때에는 수문이 닫혀져 있어도 펌프로 지구 내의 물을 배출시키므로 내수위를 내릴 수 있다.

[1] 자연배수

일반적으로 자연배수는 경제적이지만 배수가 지형기울기에 좌우되기 때문에 안전하게 배수할 수 있는 배수조건의 폭은 좁다. 자연 배수의 안전성을 좌우하는 가장 중요한 요점은 외수조건과 배수구이다. 자연배수시의 내외수위관계는 그림 4-2 (a)와 같다. 자연배수의 배수량은 내외 수위차의 평방근에 비례하므로, 외수위의 작은 상승에도 배수량에 큰 변화를 주는 경우가 많다. 그리고 외수위의 상승은 내수위의 상승을 가져온다. 따라서 자연배수에서 계획배수위 결정은 확실한 자료에 근거하여야 한다.

자연배수계획은 배수구의 규모와 구조를 결정하는 것이 주목표가 될 경우가 많다. 배수구의 규모는 계획기준 우량과 계획 외수위 하에서 여러 가지 크기의 배수구를 가정하고 담수해석을 한 후, 그 결과로부터 얻은 최대 담수위가 허용 내수위를 초과하지 않도록 하는 것이다.

[2] 배수문 배수

제방으로 외수의 침입을 막고 배수구에 수문을 설치하여 외수의 역류를 방지해 배수문 배수를 하는 경우인데, 이 때의 내외수위 관계는 그림 4-2 (b)와 같다. 이 경우 외수위가 내수위보다 높을 때에는 수문이 닫혀 있으므로 내수위를 내릴 수 없으며, 내수위가 외수위보다 높을 때에만 수문을 열어 배수함

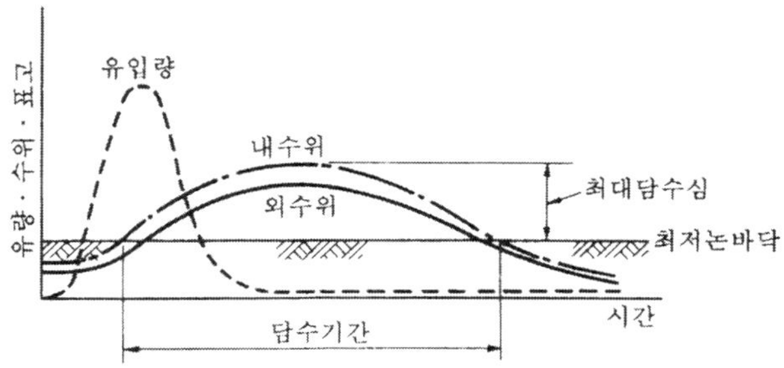

(a) 자연배수

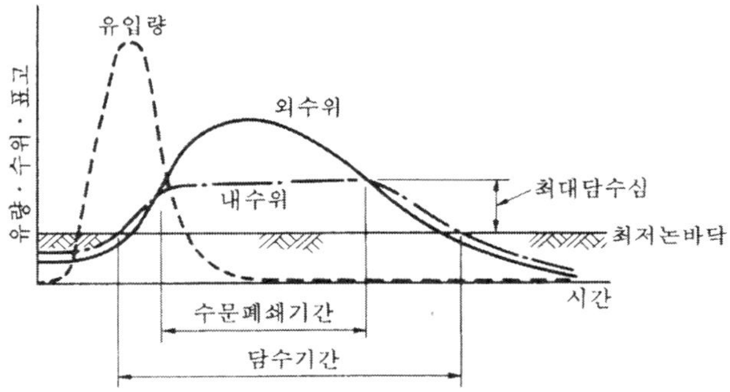

(b) 배수문 배수

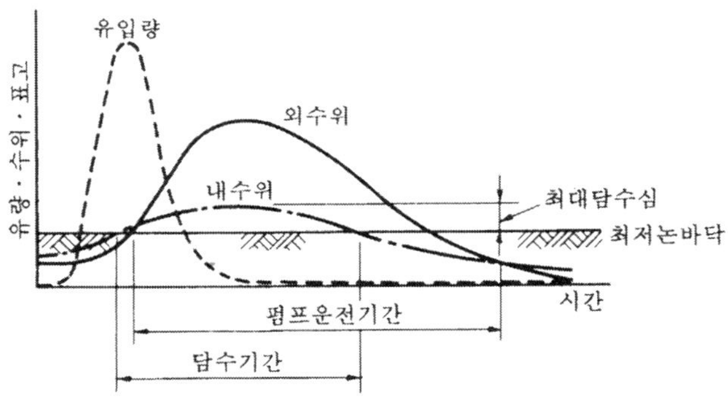

(c) 기계배수

그림 4-2 광역배수시의 내외수위

으로써 내수위를 내릴 수 있다.

[3] 기계배수

기계배수는 동력으로 과잉수를 배제하는 것이므로 이론적으로는 대단히 광범위한 배수개량을 수행할 수 있다. 그러나 실제로는 비용과 편익의 균형 때문에 사용할 수 있는 배수펌프의 용량은 제한되고, 배수의 효과도 그에 따라 한정된다. 기계배수는 자연배수에 비하여 많은 시설비와 유지관리비가 필요하기 때문에 비용과 편익의 균형에 대하여 많은 주의를 기울여야 한다. 이 균형은 일반적으로 펌프의 용량을 어떻게 정하는가에 좌우된다. 따라서 기계배수를 계획할 때 배수펌프 용량의 결정은 기계배수의 채택에 대한 가부와 함께 가장 중요한 작업이다.

기계배수의 채택을 결정할 때는, 우선 이것이 없을 경우에 생기는 침수피해를 추정해서 기계배수로 그 피해를 제거할 수 있다는 것을 증명하고, 이 밖에는 더 효과적인 방법이 없다는 것을 명시해야 한다. 그리고 피해를 제거하는데 필요한 펌프의 용량을 명시해야 한다. 이와 같이 하여 기계배수의 유효성과 규모를 나타낸 다음 비로소 배수계획을 작성하는 세부작업을 진행시킨다. 기계배수시의 내외수위 관계는 그림 4-2 (c)와 같다. 이 때 최대 담수심은 허용 담수심의 범위 이내가 되도록 한다.

기계배수는 그 본질상 배수능력의 상한이 뚜렷하다. 그러므로 계획기준을 상회하는 큰 강우가 있을 경우에 그 시설이 어떠한 역할을 할 수 있을 것인가에 관해 생각해 두어야 한다. 또 예상치 않은 사고로 동력원이 단절되는 경우의 취급에 대해서도 계획단계에서 고려해 두어야 한다. 기계배수는 자연배수와 달리 동력으로 내수를 배제하기 때문에 배수구역의 과잉수가 배수 펌프장으로 집결되는 유입량과 배수펌프에 의해 지역 밖으로 물을 배제하는 유출량 사이에 균형을 잡기가 힘들다.

구역 내의 상류부와 중류부에 상당한 담수가 남아 있는데도 불구하고 펌프 흡수조의 수위가 저하하여 펌프의 운전을 계속할 수 없게 되는 일이 있다. 이와 같은 현상을 일으키지 않고 배수능력을 최대한으로 발휘하기 위하여 구역 내의 물을 지체없이 흡수조에 모을 수 있도록 충분한 통수능력을 가진 배수로를 배치해야 한다.

간선배수로에 어떤 통수능을 부여하는가는 배수펌프 용량의 결정과 더불어 기계배수 계획에서 중요한 사항이다. 그 밖에 배수펌프의 운전조작을 원할하게 하기 위하여 흡수조 가까이에 될 수 있는 대로 충분한 저류수위를 확보해 두어야 한다.

기계배수의 장점은 다음과 같은 것이 있다.

① 농경지의 배수불량이나 배수가 곤란한 것을 해소시킨다. 배수펌프를 사

용함으로써 자연배수가 어렵거나 불충분한 지구의 배수를 완전하게 할 수 있다.

② 배수계획이 쉬워진다. 자연배수에만 의존하는 경우에는 지형의 기울기에 따른 제약을 많이 받으나 기계배수는 그렇지 않으므로 지구 전체의 배수계획이 쉬워진다.

③ 담수시간을 단축시킬 수 있다. 자연배수에 의할 경우에는 담수시간이 길어지는 지구에도 기계배수를 하면 담수시간을 단축시켜 작물피해를 줄일 수 있다.

④ 자연배수와 조합하여 배수효과를 높일 수 있다. 자연배수의 경제성과 기계배수의 능률성을 조화시켜 배수효과를 높일 수 있다.

⑤ 대규모 배수가 가능하게 된다. 몇 개 지구의 배수계통을 통합하면 대규모 배수가 가능하게 되고 효율적이 된다.

4. 2. 2 포장배수

포장배수란 작물생육환경 개선과 농기계의 주행성 개선을 위하여 평상시 또는 홍수시에 필지의 과잉수를 빠른 시간 내에 배제하는 것이다. 포장배수에는 지표배수와 지하배수가 있다. 포장배수는 포장에서의 물수지를 고려하였을 때 작물생육 환경에 과잉한 물을 감소시키는 것이다. 이를 위하여는 i) 지표수와 지하침투수의 차단, ii) 지표유출의 촉진, iii) 지하유출의 촉진 등이 필요하다. 여기서 ii)가 지표배수이고 iii)이 지하배수이다.

지표면의 균평도와 낙수구의 위치에 따라 종종 지표배수로는 배제 불가능한 지표잔류수가 토양 속으로 침투하게 되었을 때, 이를 증발산으로 배제할 수 없을 경우가 있다. 이는 증발산량이 비교적 작기 때문에 기상조건과 연관하여 지하배수로 배제하여야 한다.

배수방식은 먼저 지표의 과잉수를 지표배수하고, 다음에 지표의 잔류수와 토양 중에 있는 과잉수를 지하배수시킨다. 과잉수의 배제는 지표배수와 지하배수로 분류되는데, 지표수와 지하 정체수는 서로 관련이 있으므로 엄밀하게 양자를 구별한다는 것은 어렵다.

대상지역 내의 과잉수의 집적은 강우특성과 지역특성에 관계되므로 단순하지 않다. 일반적으로 지표수는 유출과 정체 시간이 지하정체수에 비해 빠르고, 지표 잔류수는 작물에 주는 피해가 지하정체수에 비하여 크다. 따라서 배수계획에서 배수량과 배수위가 중요한 요소가 된다.

그림 4-3은 강우 후에 발생한 지구 내의 과잉수 배제에 대한 시간적 변동을 나타낸 것으로, 지표배수와 지하배수의 관계를 보여 준다. 강우가 있은 다음에 지구 내의 과잉수는 조기에 많은 양이 배수되는데 이를 지표배수 단계라 한다. 이러한 지표수는 시간이 경과함에 따라 급속히 감소하고 지하배수가 많아진다. 이 때를 지하배수 단계라 하며 주로 암거배수로 배수한다. 여기서 다시 시간이 지나면 지하 배수량이 감소하고 증발산량이 지배하는 증발산 단계가 된다.

일반적으로 지표배수는 지하배수에 비해 단위 시간당 배수량이 크며 배수효율이 높다. 지표배수로 배수할 때 포장면에 지표잔류수가 남게 마련인데, 이는 지하배수로 배제하도록 하여야 한다. 종래에 포장에서는 암거를 이용한 지하배수를 중심으로 고려하였다. 그러나 지표배수가 지하배수에 앞서서 행해져야만 한다. 따라서 지표배수의 양부가 지하배수의 능률과 밀접한 관련이 있기 때문에 지표배수에서 이 점을 충분히 고려하여야 한다.

[1] 지표배수

지표배수는 홍수시를 주대상으로 하여 계획배수량을 배제할 수 있도록 계획한다. 홍수시는 내부 유역에서 유출하는 유량도 많고 배수본천의 수위도 높으므로 홍수시 배수량을 대상으로 지표배수계획을 수립한다.

포장의 계획배수량은 원칙적으로 20년에 1~3회 정도 발생하는 예상호우

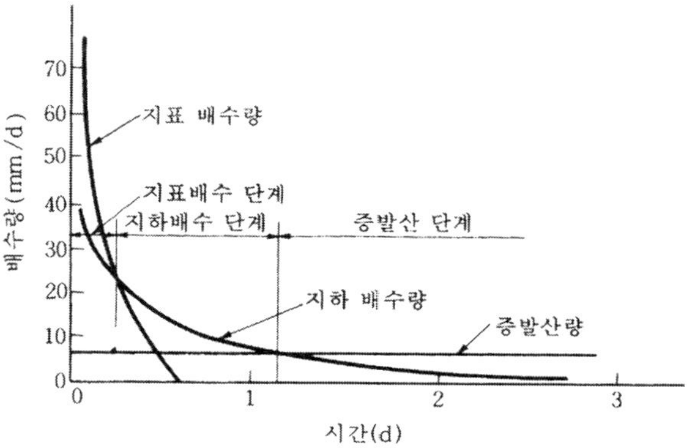

그림 4-3 배수량의 시간적 변동

규모를 대상으로 하여, 벼 단일작일 때는 '1일 우량을 1일 배제'로 하고, 답리작이나 밭의 경우는 '4시간 우량을 4시간 배제'의 기준으로 결정한다.

지표배수를 촉진하는 방법에는 경지면에 배수도랑을 설치하는 방법과, 경지면 경사법과 장변 단축법을 강구할 수 있다. 경지면 경사법은 지표기복의 영향이 경사의 영향보다 크기 때문에 지면을 평탄하게 해야 그 효과가 크고, 장변 단축법은 장변을 20 m 정도로 짧게 하여야 효과가 있으므로 논에서는 실제로 적용하기 어렵다. 그러나 단변 방향에도 경지면 배수도랑을 설치하면 그 효과를 기대할 수 있다.

배수로의 계획수위는 경지면보다 낮게 하지만, 저습답지대는 경우에 따라 피해 정도를 감안하여 일시적인 담수를 허용한다.

배수로의 경사를 조절할 때는 표토의 유실이나 침식방지에 주안점을 두어야 한다. 배수로는 초생과 콘크리트로 내면을 피복하여 수로 자체가 침식되지 않아야 하고, 배수로의 도중에 낙차공이나 침사지를 설치하여 유수의 파괴력을 흡수하도록 한다.

논의 구획면적이 클 경우에는 필지 내의 담수를 전부 배제하는 데 오랜 시간이 걸리므로, 필지 내의 얕은 배수도랑 외에 논두렁 안쪽을 따라 가배수로나 낙수구 근방에 반원형의 낙차부를 설치하면 배수효과가 더욱 좋아진다.

[2] 지하배수

지하배수는 지표배수를 한 다음에 남는 지표의 잔류수와 토양 속의 중력수를 개거나 암거에 침출시켜 경지 밖으로 배제하는 것이다. 또 지하수위의 저하를 위하여도 지하배수를 실시한다. 점질토의 논에서는 지표잔류수가 오랫동안 소멸되지 않아 작물에 해를 줄 수 있기 때문에, 이 때에는 지표잔류수를 토양 속으로 침입시킨 후 포장 밖으로 배제한다.

개거배수(open ditch drainage)는 지상에서 보이는 배수로를 통해 배수하는 것이다. 토양의 투수성이 좋은 경우에는 개거배수가 공사비가 싸고 배수관리가 용이한 장점이 있으나, 궤폐지가 발생하며 경작기계의 운행에 지장을 주는 단점이 있다.

토양의 투수성이 나빠 개거배수가 효과적이지 못할 때에는 암거배수를 고려하여야 한다. 암거배수의 보조수단으로 심경과 심토파쇄로 토층을 개량하여 투수성을 개선하는 것도 지하배수에 포함된다. 암거배수는 지하배수의 수단으로서 광범위한 조건 아래에서 그 효과를 기대할 수 있는 표준적인 방법이다. 암거배수를 실시할 때는 그 효과에 대하여 충분한 검토가 있어야 하고, 또 그 시행에 따른 배수개량과 경제적 이익에 대한 손익을 검토한 다음에 실시해야 한다.

지하배수는 흙의 투수도와 경지 주변의 지하수면의 높이에 따라 좌우되는데, 투수계수가 작거나 지하수위가 높을수록 배수가 곤란하다. 지구가 지표수의 일시적인 담수로 물이 고이거나 토양의 투수성이 충분히 큰 경우에는 개거배수가 유리하다. 암거배수 계획을 수립할 때에는 지표 잔류수가 있을 때와 없을 때를 고려하는 것이 좋다.

(1) 지표잔류수가 있는 경우

배수일수가 논에서는 1~2일 정도이고, 밭에서는 재배되는 작물의 종류, 비관개기의 이모작 등에 따라 다르므로 이에 따른 배수량을 배제할 수 있어야 한다. 다만, 습해 등을 해결할 경우에는 영농면에서도 경지의 정지(땅고르기), 배수구, 심토파쇄, 보조암거 등을 시공하여 배수를 촉진하는 것이 중요하다.

(2) 지표잔류수가 없는 경우

강우시에 투수성이 큰 토양에서는 암거에 충분한 조직배수량을 주어서 허용시간 안에 잔류수가 배제되게 한다. 허용시간도 극단적으로 단축할 필요가 없다. 계획 초기에 암거배수의 효과를 예측하지 못할 경우에는 본암거와 보조암거를 이용해서 어느 단계까지 배수효과를 얻을 수 있는 방법을 실시하고, 그 실적을 본 다음에 기능을 보충하는 수단을 강구하는 단계적인 방법을 택한다.

계획 지하수위는 토지이용 구분에 따라 표 4-7과 같이 예상하는데, 배수로의 계획수위는 경지에서 요구되는 지하수위보다 낮게 취하는 것이 보통이다.

표 4-7 토지이용별 계획 지하수위

토지이용 구분	강우 후 2~3일의 지하수위	평상시 지하수위(강우 후 7일 이후)
벼 단일작	30~40 cm	40~50 cm
목초	40~50 cm	50~60 cm
밭윤환 일반 밭작물	40~50 cm	50~60 cm
다년생 작물	50~60 cm	60~100 cm

[3] 지표배수와 지하배수의 조합

배수방식을 결정할 때에는 지표배수와 지하배수를 서로 연관해서 계획해야 한다. 지표배수와 지하배수는 계획의 대상을 다르게 하고 있지만, 어느 배수방식을 채용하건 항상 양자를 조합하여 계획하여야 한다. 왜냐하면, 배수가 하는 일은 작물의 생육환경을 양호하게 하며, 토지의 이용도를 높이고, 농작업의 환경개선과 능률을 향상시키는데 있으므로, 한 지구의 배수는 단일배수 방식만으로는 그 목적을 달성하기 어렵다. 그러므로 개거의 단면을 깊게 하면 지표수와 지하수의 일부를 배제할 수 있지만, 부분적으로 병용하면 배수효과를 높일 수 있어서 더욱 유리하다. 지구 외부로부터 침투해 들어오는 지하수가 있을 때는 이를 차단하는 시설을 설치해야 한다. 앞으로는 논의 범용화가 가능하도록 배수계획을 수립하는 것이 바람직하다.

4. 2. 3 농지배수 관리

농지배수는 홍수시 배수와 평상시 배수로 구분할 수 있으며, 홍수시 배수는 광역배수이며 평상시 배수는 포장배수에 해당한다. 배수계획을 세울 때는 홍수시 배수와 평상시 배수의 양자를 고려해야 한다. 홍수시 배수는 홍수시에 범람과 침수를 방지하여 재해를 가급적 경감토록 하는 것을 목적으로 한다.

평상시 배수는 평상시에 중소규모 강우나 지구 내의 지하수위를 낮추어서 토지생산성과 노동생산성을 향상시키고, 물 이용의 합리화를 도모하는 것을 목적으로 한다.

[1] 홍수시 배수

홍수시 배수는 홍수시의 계획기준 강우로 내부 유역에서 발생한 유출수를 계획기준 외수위 아래에서 가능한 한 배수구역 내에 담수하지 말고, 빨리 배수할 수 있도록 계획한다. 다만, 배수구역 내에서 재배되는 작물이 담수를 허용하는 경우에는, 피해 정도를 감안하여 어느 정도 담수하게 할 수 있다.

홍수시에는 내부 유역에서 유출하는 유출량이 증가할 뿐 아니라, 외수위도 높아져서 지구 밖으로 배수하는 것이 곤란하게 되므로 배수구역 안에 담수가 생긴다. 배수계획을 수립할 때 대상으로 하는 내부 유역에서 배수구역으로 유입하는 유량은, 계획기준 강우를 유출 해석법으로 계산한다. 배수구역 내부에서 물의 저류현상을 고려하지 않을 경우, 예를 들면 승수로를 계획할 때에는 첨두유량을 구하고, 이것을 사용하여 배수해석 또는 수로단면 설계를 한다.

한편, 배수구역 내부에서 물의 저류현상을 고려해야 하는 경우, 예를 들면 배수구나 배수펌프 계획을 할 때에는 유입수문 곡선을 구해야 한다. 이 경우에 유입수문 곡선과 배수구의 배출량에 따르는 유출량과 저류를 고려하여 담수해석을 하고 내수위의 추이를 계산한다. 그리고 이렇게 계산된 내수위가 계획 내수위를 초과하는지 어떤지를 검토해서 배수계획의 효과를 판정한다.

담수해석에서 계획기준 우량, 계획기준 외수위 및 계획 내수위는 모두 배수시설의 규모를 결정하는 데 큰 영향을 미치는 중요한 인자이다. 홍수시 배수에서 특히 계획 내수위를 결정하는 방법이 배수사업의 소요경비와 담수 피해액을 결정하는 중요한 요점이 된다. 계획 내수위를 어떻게 결정하는가는 지구 내의 토지이용 현황에 따라 다르므로, 홍수시 배수계획의 규모도 토지이용 현황에 따라 변하게 된다. 이와 같이 토지이용과 배수는 서로 밀접한 관계를 가지므로 토지이용 현황과 배수계획이 서로 연관하여 계획되어야 한다.

[2] 평상시 배수

평상시 배수는 중소규모 강우나 지하수로부터의 유출, 농지로부터의 배수, 주택지 등으로부터의 배수 등을 포함한 배수량을 계획기준 외수위 아래에서 정상적으로 배수구역 밖으로 배제하도록 할 때, 그 배수로 수위가 계획기준 내수위를 유지하도록 계획한다.

평상시는 배수구역 안에 배수로의 수위가 필요에 따라 여러 가지 수위로 조절된다. 그리하여 조절하는 수위를 어디까지 내릴 것인가에 주안점을 주고 배수계획을 작성해야 한다. 평상시 배수로의 수위나 유량은 계절에 따라 변동되지만, 평상시 배수계획에서는 지구 내의 지하수위를 가장 낮게 유지하고 싶은 시기, 예를 들면 논에서는 비관개 기간의 평균적인 상황을 고려해서 계획 기준치를 선정한다.

평상시 배수계획에서는 배수지구 내의 전역에 걸쳐서 배수로의 수위를 요구되는 높이로 유지할 것을 목표로 정하여 배수로 내의 정상류에 대해서 수리계산을 하며, 배수로 단면과 수로바닥 높이를 결정한다.

평상시 배수의 계획 내수위는 지구 내의 암거배수와 밀접한 관계를 가지고 있으므로, 배수계획을 수립할 때는 지구 내의 암거배수 계획과 연관이 잘 되게 하는 것이 중요하다.

4.2.4 전답혼용지대의 유출 및 배수 특성

[1] 전답혼용지대의 지표배수 방법

논에 밭작물을 재배할 경우에는 경지의 배수조건을 고려하여 수박, 참외 등 바닥 덩굴작물과 오이, 메론, 참깨 등 위로 크는 작물을 신중하게 선택해야 한다. 전답혼용지대의 지표배수의 기본방침은 그 규모에 따라 영농배수, 블록배수 및 지역배수로 나누어진다.

배수개선사업의 기본 조사단계에서 전답혼용현황 및 계획을 조사하여 어느 지표배수방법을 택할 것인가를 결정한다.

(1) 영농배수

전답혼용지구에서 전 전환율이 적어 산발적이고 소규모인 경우에 농가 수준에서 실시하는 배수를 영농배수라 한다. 고랑재배, 높은 두렁재배, 포장 내 배수소구(트렌치) 등에 의한 담수를 방지하는 지표배수이다. 배수가 양호한 선상지 논, 산록의 경사진 논 등에서 적은 경비로 제일 먼저 검토해야 할 배수방식이다. 전환밭의 경우 고랑에 담수하면 작업능률이 현저히 저하되며, 일시적이라도 이랑 위까지 침수되면 결정적인 타격을 입게 되므로 가급적 빨리 지표배수 처리되어야 한다. 영농배수에는 트렌치에 의한 배수와 고랑에 의한 배수가 있다.

1) 트렌치에 의한 배수

포장 내에 적절한 간격(10～20 m)으로 트렌치를 배치하여 고랑의 잔유수를 배제한다.

2) 고랑에 의한 배수

논을 밭으로 사용하는 경우에 고랑은 일종의 트렌치로 작용하므로 두둑을 높게 하는 방법, 고랑을 고르게 하는 방법, 고랑길이를 짧게 하는 방법 등으로 지표배수를 촉진할 수 있다.

그림 4-4 집단화된 전답혼용지구

① **두둑을 높게 하는 방법** 고랑의 토양을 이랑 위로 쳐올림으로 고랑과 이랑면적 및 토양의 체적은 같고 두둑을 돋울 때 25~35 cm 정도로 높게 함으로써 호우시 강우가 고랑에 일시 저류되어 두둑 위까지 침수되는 일이 없도록 하는 방법이다. 논의 경우보다 낙수구가 정비되므로 고랑에 집중한 우수의 유출이 용이하게 된다.

② **고랑을 고르게 하는 방법** 전환밭의 이랑길이는 보통 100 m 정도 되므로 고랑의 기복이 있으면 저류된 강우가 스며들므로 기울기를 고르게 하여 원활하게 배수가 이루어지는 방법이다.

③ **고랑길이를 짧게 하는 방법** 고랑과 직교되도록 적당한 간격(20 m 이내)으로 포장 내 트렌치를 설치하여 지표배수를 촉진하는 방법이다.

(2) 블록배수

홍수시 지구 외로부터의 침입수 차단과 지구 내 배수처리를 위하여 승수로를 설치하여 펌프배수로 지구 외로 배수하는 것을 블록배수라 한다. 평상시 부분적으로 수도작 이외의 밭작물을 도입함에 따라 지하수 조절이 필요한 경우에도 소형 펌프를 이용하는 블록배수조직을 검토한다.

전답혼용 및 지내력 강화, 적정침투 등을 위해서는 포장 내의 배수로 수위를 낮게 할 필요가 있고 이에 따라 배수간선, 지선을 다시 깊게 굴착할 필요가 있어 배수조직과 시설에 과다한 개수공사비가 요구된다. 또한, 종래에는 자연배수하던 곳이라도 펌프배수를 하게 되면 양정을 증가해야 한다. 이를 피하기 위하여 평상시 배수를 소형 펌프를 이용하여 몇 ha 정도의 소블록마다 하는 블록배수조직이 필요하며 홍수시 배수에도 적용할 수 있다.

블록배수는 지구배수가 본격적으로 이루어지지 않은 지구, 즉 전답혼용이 어느 정도 집단화된 저지대의 배수조건이 나쁜 지역에 적용되며 단위블록크기는 30~50 ha 정도이며 평탄지에서는 양정이 낮아 1 hp/ha로 가능하다.

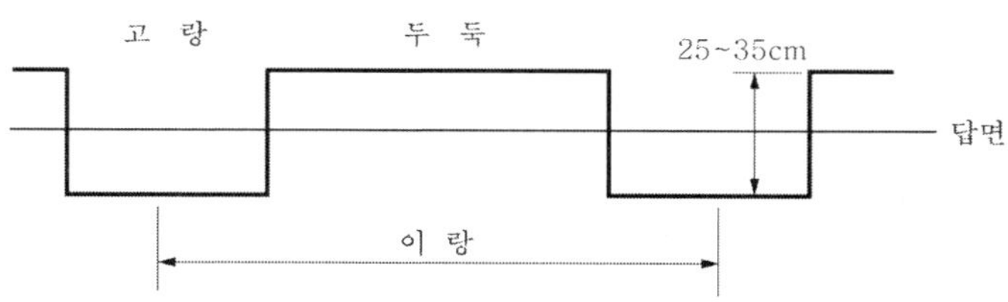

그림 4-5 두둑을 높게 하는 방법

1) 인접지역으로부터의 지표침입수

전환밭지역 주변에 승수로를 설치하여 인접지역으로부터의 지표수 침입을 방지할 수 있다.

2) 인접지역으로부터의 지하침입수

전환밭지역 주변에 개수로나 암거를 설치하여 인접지역에서의 지하수 침입을 방지할 수 있다.

3) 인접 용수로에서의 침입수

용수로가 흙수로인 경우에는 용수로로부터 침입된 용수에 의하여 용수로측이 과습하게 되는 경우가 있으므로 이를 피해야 한다.

(3) 지구배수

지구배수는 전답혼용이 집단화된 지구, 범용화지구에 배수로의 확대, 펌프의 증설 등 본격적인 배수개선과 포장정비사업으로 시행된다. 논과 밭이 혼용지대의 계획배수량은 이 지역의 장래 전 전환율과 도입작물에 따라 결정된다. 지역 전체의 배수량은 논과 전환 전의 비율에 따라 결정된다. 예를 들면, 1/3이 밭으로 전환되어 2/3가 논으로 남아 있는 경우에는 이 비율을 고려하여 배수량을 결정한다.

즉, 밭전환율 α, 밭전환 계획배수량을 Q_1(mm/hr), 논의 계획배수량을 Q_2(mm/hr)라 하면 계획배수량을 Q(mm/hr)는 다음 식 (4·1)로 구한다.

$$Q = \alpha Q_1 + (1-\alpha) Q_2 \tag{4·1}$$

[2] 전환밭 고랑에서의 배수

전환밭은 고랑이 있는 경우가 보통으로 고랑에서 유출을 다음과 같이 모형화 하고 있다.

이랑과 고랑에서의 물수지식, (4·3), (4·4)과 고랑수위 H와 배수로의 유출량 Q_1과의 관계식 (4·2)로부터 유출고 및 포장 내 침수심을 구한다.

$$Q_1 = \alpha H^{\beta} \tag{4·2}$$

$$\frac{dS_W}{dt} = R - Q_2 - P \tag{4·3}$$

$$\frac{dH}{dt} = R + Q_2 - P - Q_1 \tag{4·4}$$

여기서, SW : 이랑의 수분량

Q_2 : 이랑에서 고랑으로의 배수량(mm/day)

Q_1 : 고랑에서의 배수량(mm/day)

R : 강우강도(mm/day)

P : 침투량(mm/day)

H : 고랑수위(m)

α, β : 계수

전환밭에서의 이랑과 고랑의 형상에 따라 밭이랑에서의 배수형태가 다르게 된다. 수박은 넓은 이랑(B=2.20 m), 딸기와 가지는 보통 정도(B=0.7 m), 무와 콩은 좁은 이랑(B=0.2 m)으로 재배되는 것이 보통이다.

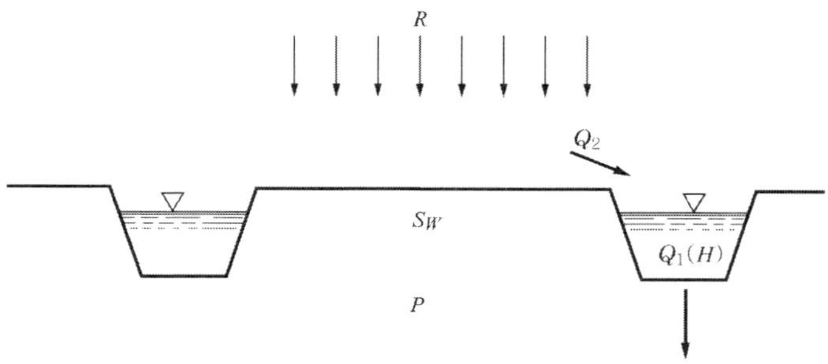

그림 4-6 전환밭의 고랑배수

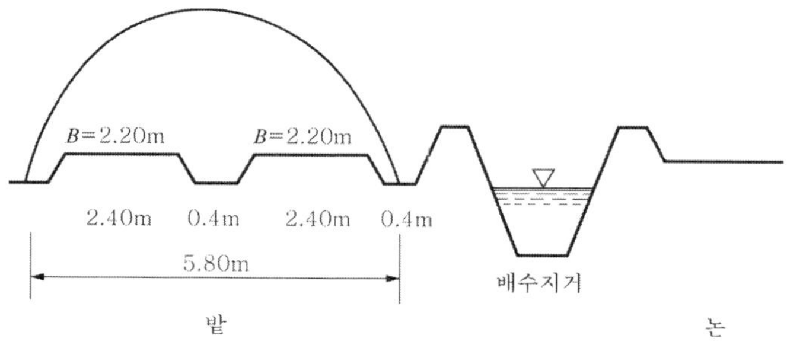

그림 4-7 논과 전환답의 배수조직

4.3 농지배수 사업계획

농지배수 사업계획을 수립하기 위해서는 우선 지역현황을 조사하고, 배수구역을 설정해서 배수불량의 원인을 구명해야 한다. 그리고 계획기준 강우량, 홍수시 및 평상시의 계획기준 내수위, 계획기준 외수위, 허용 담수심(許容湛水深) 등 계획 기준값을 정하고, 배수방식·계획배수량 등을 종합적으로 검토해서 배수시설을 계획한다. 배수개량, 건답화(乾畓化)에 따른 용수량의 증대를 예측하여 대책을 검토해 두는 것도 필요하다. 이 밖에 토양조건의 변화에 대응하는 재배 기술상의 배려, 새로운 병충해 발생에 대한 주의 등이 중요하다. 마지막으로 사업 효과면에서 계획의 타당성을 확인한다.

4.3.1 현황조사

현황조사는 배수개량의 필요성을 밝히기 위해 유역면적 및 수혜면적(受惠面積)을 결정하고, 과거의 피해상황과 그 원인을 구명해서 계획수립에 적용할 제원을 설정하는 데 필요한 자료를 수집하는 것을 말한다. 가능한 한 기존의 자료를 수집토록 노력하고, 기존 자료가 부족하거나 없는 경우에는 현지에서 조사, 관측을 실시한다.

현황조사의 항목과 내용은 다음과 같다.

① **답사** 유역 및 수혜지구의 하천, 배수시설, 주택이나 농지의 상황 등에 대한 개요

② **지형** 배수유역 전체의 지형도, 저평지(低平地)에서는 등고선 간격 0.5m의 정밀한 지형도

③ **면적** 수혜농지의 작목별 면적, 유역 전체의 작목별 면적

④ **토양** 토양통, 토성 등

⑤ **지하수위** 관개기 및 비관개기의 지하수위, 용출수(湧出水)의 상황

⑥ **강우량** 월강우량, 강우일수, 연최대 일강우량, 지속 기간별 강우강도, 연속 강우량

⑦ **유출량** 지구 내 배수로와 배수하천의 수위기록, 배수펌프 운전기록 등

⑧ **외수위** 배수하천의 홍수위, 홍수량, 홍수지속 기간

⑨ **배수상황** 현재의 배수계통, 배수시설의 규모와 구조, 담수면적, 담수상황

⑩ **피해상황** 10년 빈도 정도의 홍수피해, 상습적 과습피해

⑪ **배수관행** 구역별 배수순위, 수문조작 규정, 특히 용배수 겸용시설의 조작, 관리 상태

⑫ **다른 사업과의 관련성** 용수 개발, 하천개수, 농지개발, 택지조성 등 제계획

4. 3. 2 농지 배수계획 기준

농지배수사업계획 대상지구에서는 여러 가지 환경조건에 따라 농지배수불량의 정도가 변한다. 그 중 특정한 환경조건을 예상하고, 그 조건하에서 지구내의 배수상태가 목표로 정한 조건값을 만족시킬 수 있도록 농지배수사업계획을 작성하게 된다. 이처럼 계획작성의 기초가 되는 조건값들을 계획기준값이라 부르며, 사업의 규모, 효과, 소요경비 등을 직접적으로 좌우하는 요인이 되므로, 그 결정은 대단히 중요한 작업이라 할 수 있다.

농지배수계획의 기준값으로서는 기상, 수문 등 환경조건에 관계되는 것과, 배수 정도를 기준으로 하는 목표조건에 관계되는 것이 있으며, 어느 것이나 그 배수사업 효과의 수준, 즉 계획의 안전도를 나타내는 값이다. 환경조건에 관계되는 기준값으로서는 계획기준 강우량, 계획기준 외수위 등이 있다. 일반적으로 수문 통계학적 빈도개념(頻度概念)을 도입하여 몇 년 중에 한 번 발생할 가능성이 있는 계획 기준값를 추정하고 여기에 견딜 수 있는 계획을 작성해야 한다.

배수 정도에 대한 목표조건은 일반적으로 지구 내수위의 상태로서 나타낼 수 있다. 그리고 내수위 상태의 지표로서는 목표 상한수위와 담수 계속시간 등을 들 수 있다. 이 기준값을 홍수시의 계획기준 내수위라 부르며, 논의 경우 허용담수위로 표시할 때도 있으나, 밭은 담수가 허용되지 않는다. 평상시 배수와 홍수시 배수에서 각각 적용하는 계획기준값은 각기 그 성격과 수치가 전혀 다르다. 평상시 배수의 목표수위는 담수위가 아니며, 이 값은 지하수위를 저하시키는데 필요한 수위와 수질 보전상 필요한 평상시 수위를 고려해서 설정한다. 이렇게 설정된 기준값을 평상시의 계획기준 내수위라 한다.

[1] 계획기준 강우량

(1) 빈도기준

계획기준 강우량은 배수시설의 규모결정에 필요한 계획 배수량을 좌우하는 기본량으로서, 본래는 경제적 최적규모의 개념을 기초로 정하도록 되어 있다. 그러나 현재로서는 이것의 일반화된 추정방법이 확립되어 있지 못하고, 제안된 여러 방법들도 추정절차의 수행에 많은 시간을 요한다. 따라서 실용적 입장에서 추정절차를 간략화하여 20년 빈도 정도의 발생확률을 갖는 강우량을 기준으로 하고 있다. 그러나 이것은 하나의 목표일 뿐으로, 인명의 피해가 예상되는 공공적 성격이 강한 배수계획의 경우에는 안전성을 중시하고, 더 큰 강우를 기준으로 할 수도 있다. 또 주위의 유출수가 모여드는 구역 내의 저지대처럼 외수의 영향을 받기 쉬운 경우에는, 외수위와 강우의 관계를 검토해서 담수량이나 담수위 등의 피해요인에 의해 10년 빈도 상당의 피해량이 발생하는 경우, 이때의 강우를 계획기준 강우량으로 할 수도 있다. 우리나라에서는 20년 빈도의 강우가 계획기준의 1차 목표이지만, 승수로(承水路), 공공배수로 등은 20년 빈도 이상의 큰 값을 기준값으로 정할 수도 있도록 하고 있다.

(2) 지속 기간별 계획기준 강우량

수혜지구의 배후산지와 같이 높은 지대에 내린 강우로 인한 유출수의 지구 내 유입을 차단해서 지구 외로 배제하는 승수로의 경우에는, 첨두(尖頭)유출량의 대소가 배수로 규모를 좌우한다. 이 때는 홍수도달시간 내의 유효 강우강도가 첨두 유출량을 좌우하므로, 단시간의 강우강도가 중요하다.

한편 홍수조절 댐이나 논의 배수계획 등과 같이 지구 내의 저위부에 일시적으로 담수시켜서 배수펌프나 배수문에 의해 배수하는 계획에서는 유출량 또는 내수위 등의 수문곡선이 필요하다. 이 경우에는 상당히 장시간의 연속강우를 계획기준 강우량의 대상으로 검토할 필요가 있다. 우리나라에서는 소규모 홍수조절 댐에서는 1일 강우량, 대규모 홍수조절 댐에서는 2일 강우량, 평야지대의 기계배수계획에서는 1~3일 강우량을 적용토록 하고 있다.

지속 기간별 확률 강우 강도를 추정하는 방법에는 대상 지역의 강우자료 유무에 따라 여러 가지가 있다. 우선, 강우의 자기기록이 있는 경우의 개략 추정 방법으로서는 확률지법을, 그리고 보다 정밀하고 이론적인 값의 추정이 필요한 경우에는 확률분포형을 고려하는 빈도계수법을 이용할 수 있다. 구체적인 방법에 대해서는 수문학 교과서나 농업생산기반정비사업계획설계기준(배수편, 관개편 등)을 참고하도록 한다.

대상 지역의 강우자료를 구할 수 없는 경우에는 각 지역별 확률강우강도식이나 확률강우량도 등을 이용할 수 있다. 지속 기간별 확률강우 강도는 식 (4·5)에 의해 추정할 수 있다.

$$\text{Talbot형} \quad i_t = \frac{a}{t+b}$$

$$\text{Sherman형} \quad i_t = \frac{a}{t^b} \qquad (4 \cdot 5)$$

$$\text{Japanese형} \quad i_t = \frac{a}{\sqrt{t}+b}$$

여기서, i_t : t시간 확률강우강도(mm/h)

t : 강우지속기간(min)

a, b : 확률별, 지점별로 달라지는 상수

우리나라 주요 지점에 대한 빈도별 확률강우 강도식은 표 4-8과 같다.

표 4-8 주요 관측 지점별 확률강우 강도식과 계수

관측지점	빈도(년)				
	2	10	20	50	100
서 울	289/ $(\sqrt{t}+0.22)$	497/ $(\sqrt{t}+0.15)$	529/ $(\sqrt{t}+0.15)$	660/ $(\sqrt{t}+0.05)$	727/ $(\sqrt{t}+0.02)$
추풍령	$351/t^{0.59}$	5,376/ $(t+39)$	6,064/ $(t+40)$	6,929/ $(t+40)$	7,559/ $(t+40)$
대 구	$282/t^{0.49}$	5,656/ $(t+42)$	6,394/ $(t+42)$	7,319/ $(t+41)$	7,968/ $(t+41)$
부 산	289/ $(\sqrt{t}+0.02)$	550 $(\sqrt{t}+1.28)$	641/ $(\sqrt{t}+1.40)$	757/ $(\sqrt{t}+1.51)$	848/ $(\sqrt{t}+1.58)$
광 주	$378/t^{0.57}$	$465/t^{0.53}$	436/ $(\sqrt{t}-0.21)$	496/ $(\sqrt{t}-0.15)$	$539/\sqrt{t}$

〔비고〕 : 단, t : 분(min), 확률강우강도 : mm/h임.

예제 4-1 추풍령 지점에 적합한 확률강우 강도식을 이용하여 지속기간 1시간인 경우의 20년 빈도 확률강우 강도를 구하라.

풀이 표 4-8에서 추풍령지점의 20년 빈도 확률강우 강도식은 $i_t = \dfrac{6,064}{(t+40)}$ (단, t

: 강우지속기간(min), i_t : t시간 확률강우강도(mm/h)임)

$$\therefore\ i_{60} = \frac{6,064}{(60+40)} \approx 61\ \text{mm/h}$$

일강우량 자료를 사용하여 24시간 이내의 지속 기간별 강우강도를 추정하는 방법으로는 Mononobe〔物部〕의 공식을 이용한다. 식 (4·6) 는 Mononobe의 공식이다.

$$i_t = \frac{R_{24}}{24}\left(\frac{24}{t}\right)^n \qquad (4\cdot 6)$$

여기서 i_t : t시간 강우강도(mm/h)

R_{24} : 일강우량(mm)

t : 강우지속 기간(h)

n : 지역에 따른 계수

우리나라의 각 지역별 n값은 표 4-9와 같다.

표 4-9 Mononobe 공식의 지역별 n값

지역	n	지역	n	지역	n
강릉	0.500	서산	0.572	목포	0.518
춘천	0.576	전주	0.600	여수	0.530
속초	0.492	군산	0.554	진주	0.578
서울	0.591	이리	0.480	제주	0.504
인천	0.586	대구	0.557	서귀포	0.493
수원	0.597	추풍령	0.527		
대전	0.548	광주	0.556		

예제 4-2 수원 지점의 20년 빈도 일강우량은 310 mm이다. 지속기간 2시간에 대한 20년 빈도 확률강우 강도를 구하라.

풀이 식 (4·6)에서 $R_{24} = 310$ mm, $t = 2\ h$, 그리고 표 4-9에서 $n = 0.597$

$$\therefore\ i_t = \frac{R_{24}}{24}\left(\frac{24}{t}\right)^{0.597} = \frac{310}{24}\left(\frac{24}{2}\right)^{0.597} \approx 57\ \text{mm/h}$$

이상의 방법 이외에도 우리나라 임의의 지점에 대한 확률 강우량을 구하기 위해서는 건설부(1988)의 확률 강우량도나 농수산부(1982)의 시간별 강우분포 등을 참고하도록 한다.

(3) 우량주상도(雨量柱狀圖)의 결정

홍수조절 댐, 유수지의 배수문 기계배수계획 등의 계획 수립에 필요한 유출량수문곡선을 추정코자 하는 경우에는, 임의의 지속기간에 대한 확률 강우량을 추정한 후 이를 다시 단위시간마다 우량 배분을 하여 우량주상도를 결정할 필요가 있다. 여기서 확률 강우량이란 강우 지속기간 동안의 총확률 강우량을 말한다. 따라서 확률강우 강도는 확률강우량을 지속기간으로 나눈 단위 시간당의 평균 확률 강우량에 해당한다.

연속강우의 우량배분 방법은 아직 이론적으로 확립되어 있지는 않으나, 경험적으로 다음과 같은 방법들이 사용되고 있다.

① 단봉(單峰) 강우를 대상으로 하는 적당한 식 또는 그림을 이용한 최대강우를 첫 시작으로 순서대로 분포를 합성하는 방법

② 과거에 나타났던 여러 종류의 호우분포(豪雨分布)를 고려하여 계획기준 강우량을 비례 배분함으로써 강우파형을 합성하는 방법

③ 과거에 출현한 많은 호우분포의 통계적 성질을 추출하여 확률적으로 모의 발생시키는 방법

[2] 계획기준 내수위

홍수시의 배수계획에 있어 계획기준 내수위는 첨두 홍수량 발생시의 허용상한수위(許容上限水位)로서, 수혜지구 내의 가장 낮은 포장면 표고로서 하는 것이 원칙이다. 그러나 수혜지구 내에서 담수를 허용하는 경우에는 지구 내 가장 낮은 포장면의 표고에 허용담수심을 더한 높이를 계획기준 내수위로 정한다.

평상시 배수의 계획기준 내수위는 평소의 배수목표인 배수로 수면표고로서, 수혜지구의 지하수위를 필요한 깊이까지 낮추는 데 소요되는 높이로 한다. 계획지하수위는 단작의 경우 지표면 아래 40～50 cm, 밭의 경우 50～60 cm로 한다. 토지이용 구분에 따른 계획 지하수위는 4.2절의 표 4-7을 참조토록 한다.

[3] 계획기준 외수위

내수(內水)가 배출되는 하천이나 바다의 수위를 외수위(外水位)라 부른다. 어떤 조건하에서도 내수위(內水位)가 항시 높은 경우에는 자연배수가 가능하며, 외수위를 검토할 필요가 없다.

기계배수를 계획하는 경우에는 외수위와 그 시간적 변화상황이 중요하다. 배수구가 직접 바다로 연결되는 경우, 자연배수시에 소조(小潮) 때의 평균조

위곡선(平均潮位曲線)의 최대값을 적용하고 기계배수시에는 대조(大潮) 때의 평균조위곡선의 최대값을 적용한다. 외조위는 일정한 주기성을 가지고 있기 때문에 계획상 취급이 비교적 용이하다.

하천관리자가 지정한 하천의 계획 고수위는 50~100년 확률의 홍수에 대한 것이므로, 이것을 농지배수의 계획기준 외수위로 채용하는 것은 그 값이 과대하므로 적당하지 않다.

하천에 배수하는 경우, 배수하천(排水河川)의 10~20년 빈도 홍수량과 홍수위에 대한 수문곡선 자료를 수집하고, 대상지구로부터의 배수량과 지구 내의 담수심 등을 종합하며, 이들의 시산결과(試算結果)를 분석하여 계획기준 외수위로 정하는 방법이 좋다.

[4] 허용 담수

논지대의 배수계획에 있어서는 배수경비의 절감을 위해 어느 정도 담수를 허용한다. 일반적으로 수잉기(穗孕期)에 담수피해가 크고, 이 시기의 초장은 30 cm 이상에 달해 있으며, 홍수피해는 7~9월에 많이 발생한다. 그러므로, 이를 종합적으로 고려하여 담수피해의 경감과 배수경비의 절감을 위한 허용 담수심을 30 cm로 하고 있다. 또한, 담수심이 30 cm를 초과해도 1~2일의 담수(수잉기에도 잎끝이 노출되어 있으면)라면 피해율이 30% 이하로 되므로, 허용 담수심을 초과하는 담수의 계속시간, 즉 허용담수시간을 24시간으로 제한한다.

이상의 조건들 이외에 담수허용면적은 수혜면적의 10% 이내로 하고, 그 최대면적은 100 ha를 초과하지 않도록 계획하고 있다. 또, 논밭 전환이나 논밭혼용에 의해 밭작물이 도입되는 경우에는 원칙적으로 담수가 허용되지 않는다.

[5] 계획배수량

계획 배수량은 배수시설의 용량을 결정하는 근거가 되는 값으로서, 계획수립의 1차적 기준값이 아니고, 오히려 계획기준 강우량이나 계획기준 외수위에 따라 산출되는 2차적인 기준값으로 생각할 수 있다. 다만, 평상시 배수계획에서는 계획 배수량을 강우로부터 산출하지 않고, 지하수 유출, 관개용수, 택지 등으로부터 배출되는 배수량 등을 기초로 하여 산출한다.

계획 배수량은 배수의 상황에 따라 다음과 같은 방법으로 산정 한다.

(1) 담수가 생기지 않는 경우

4.4절에서 설명하는 각종 유출해석 방법들 중 적절한 것을 사용하여 구한 첨두 유출량을 계획배수량으로 한다.

(2) 담수의 허용으로 저류현상이 따르는 경우

유출량 그 자체가 바로 계획 배수량이 되는 것은 아니다. 배수유역에 있어서 강우와 유출량의 관계는 배수로의 부정류 계산에 의한 유출량 계산 또는 기타의 유출해석 방법으로 구한다. 이렇게 산정한 지구 내 유출량을 기준으로 외수위의 변동, 허용담수위, 배수구・배수펌프의 용량 등을 고려하여 적절한 계획 배수량을 결정할 수 있다. 특히 외수위가 높은 경우에는 i) 지구 내 유출량의 수문곡선, ii) 담수량~담수위 곡선, iii) 외수위 수문곡선 등을 사용해서 시산을 하여 소요계획 배수량과 배수펌프 용량을 결정해야 한다.

(3) 논지대 경지정리에 따른 지거 배수로(支渠排水路)의 경우

말단 포장에서 벼를 단작으로 재배하는 경우에는 어느 정도 담수를 허용해서 계획 1일 강우량을 1일에 배제하고, 또 밭작물을 도입하거나 답리작을 하는 경우에는 계획 4시간 강우량을 4시간에 배제할 수 있도록 계획배수량을 정한다. 말단시설 경비와 홍수 피해액과의 균형을 꾀해야 하므로, 일률적으로 1일 또는 4시간만을 기준으로 적용할 수는 없다. 단, 건답화를 위한 배수로 부지의 표고가 그다지 낮지 않은 경우에는 더 큰 배수량을 적용할 수도 있다. 지거 배수로의 단위계획배수량은 다음 식 (4・7), 식 (4・8)로 구한다.

$$\text{논의 경우의 배수량} = \text{24시간 확률강우강도} \times \text{유출률} \qquad (4\cdot7)$$

$$\text{밭의 경우의 배수량} = \text{4시간 확률강우강도} \times \text{유출률} \qquad (4\cdot8)$$

식 (4・7) 및 식 (4・8)의 유출률은 각각 0.6~0.8 사이에서 적정한 값을 채용하면 좋다.

(4) 암거배수(暗渠排水)의 경우

20~50 mm의 지표잔류 수량을 1~2일간에 배제하는 것으로 하여, 경지의 구획, 균평도(均平度), 토양의 투수성, 토지이용 형태 등에 따라 10~50 mm/d를 계획암거 배수량의 기준으로 한다.

4.3.3 농지배수개량 방식의 선정

농지배수개량을 위해서는 배수불량의 원인을 구명하여 균형이 잡힌 적절한 대책을 강구해야 한다. 예를 들어, 배수펌프 능력이 부족하여 배수가 불량함에도 불구하고, 배수로 단면만을 확대한다면 과잉수가 하류에 집중하게 되어 도리어 피해 증대를 초래할 수 있다. 따라서 효과적인 배수계획을 수립하기 위

해서는 배수개량 방식의 선정방법을 알아야 한다. 올바른 배수개량 방식의 선정에는 배수개량의 기본 방침과 개개의 배수방식에 대한 이해가 필요하며, 대상지구의 현지사정에 적합한 배수방식의 선정원칙을 이해해야 한다.

배수개량의 기본적 방침으로서는 다음의 세 가지를 들 수 있다.

(1) 외수의 침입방지

여기에는 하천제방을 높이는 방법이 있다. 주변으로부터의 지표 유입수는 승수로에 의해, 지하로부터의 침입수는 승수거(承水渠)로 각기 차단해서 지구 밖으로 유도하기도 한다.

(2) 내수배제의 촉진

배수로망의 정비, 배수펌프나 배수구의 개수, 암거배수 시공 등이 있다.

(3) 배수피해의 분산

이 방법에 의하는 경우에는 종래의 배수관행을 존중하는 것이 중요하다. 구체적으로는 가능한 한 자연배수를 우선 채용해야 하며, 이러한 원칙하에서 배수로의 신설, 개수, 노선위치의 변경 등을 검토한다. 외수위의 영향을 받아 담수를 해야 하는 경우에는 내외수위의 시간적 경과, 담수량, 배수경비 등을 감안해서 배수문 배수나 기계배수를 검토한다.

대상지구의 현황별로는 다음의 경우에 대하여 각각 순차적으로 검토해서 배수방법을 선정한다.

1) 내수위가 항시 외수위보다 높은 경우

이 조건하에서도 배수가 불량한 것은 배수로 또는 배수구 중 어느 한쪽의 배수능력 부족 때문이라고 생각할 수 있다. 배수로의 통수능력(通水能力)이 부족한 경우에는 배수계통의 변경, 배수로의 신설 또는 개수〔수로단면의 확대, 호안공(護岸工) 등〕, 지구 밖으로부터의 유입수 차단을 위한 승수로의 설치 등을 계획한다. 배수구의 능력이 부족한 경우에는 배수계통의 변경, 배수구의 확대 혹은 위치의 변경을 고려한다. 특히 바다로 배수하는 경우, 배수구가 퇴사(堆砂) 때문에 막히는 수가 있으므로 도류제(導流堤)를 설치하거나, 배수구를 암거형식으로 바다 가운데로 돌출시키는 등의 공법이 필요하다.

2) 외수위가 일시적으로 내수위보다 높아지는 경우

이 기간의 담수가 허용한도 이내이면 1)과 같다. 이것을 초과하는 경우에는 유수지(遊水池)를 설치하여 일시저류를 하도록 하고, 허용범위 이상이 되면 기계배수를 계획한다. 이 경우에는 외수의 역류방지를 위한 배수문의 설치가 필요하다.

3) 고위부만 자연배수가 가능한 경우

방수로를 설치하여 고위부의 유출수를 자연배수한다. 이 때에 방수로는 아주 낮은 쪽을 통과하지 않고도 배수하천과 연결되도록 해야 한다. 저위부에서는 역류방지 배수문을 설치함과 동시에 필요에 따라 기계배수를 행한다.

4) 내수위가 외수위보다 낮은 경우

외수위가 내수위를 초과하는 시간이 장기간이고, 지구 내 담수가 허용한도를 초과하는 경우에는 기계배수를 계획한다. 이 경우에도 유수지를 설치하여 배수펌프 용량을 축소하는 방안을 검토한다.

4.4 농지 배수량의 산정

농지 배수량이란 강우에 의하여 유역으로부터 흘러나오는 유출량 또는 전답에 침수되는 수량 중에서 공작물의 안전과 작물의 건전한 생육을 위하여 배제되어야 할 지표 배수량과 지하수위가 높은 농경지의 토층 중에서 지하를 통하여 배제되어야 할 지하 배수량을 말한다. 지구 전체에 걸친 홍수시의 배수는 광역배수라 부르며, 전답에 직접 내린 중・소강우의 배제와 평상시의 지하배수는 포장배수라고 부른다.

4.4.1 광역 배수량

광역배수의 주대상은 홍수시의 지표배수이며, 유출해석을 하여 그 양을 추정한다. 홍수량은 그 유량이 대단히 크기 때문에 대상지구의 기간배수시설(배수로, 배수문, 배수펌프 등) 규모를 결정하는 데 사용된다.

농지 배수량을 이론적으로 결정하는 것은 매우 어려운 일이나, 실측값을 이용하여 유도한 단위도 또는 유량 배분률 등이 있으면 매우 정확하게 결정할 수 있다. 또 특성이 다른 여러 지역의 단위계획 배수량을 알고 있으면, 대상지구의 배수량을 개략적으로 계산할 수 있음은 물론, 이미 구해 놓은 배수량의 적정성 여부를 판단하는 데도 도움이 된다. 대상지구의 배수량 실측자료가 없을 경우에는 농지에서의 강우~유출 관계를 나타내는 각종 수문학적 유출모형을 사용하여 계획기준강우량에 대한 유출량을 산정하게 된다.

유역 유출량의 산정이나 관측은 유역의 지형을 분석해서 기준이 되는 지점을 정하고, 이 지점을 기준으로 실시한다. 홍수시 배수량을 구할 때의 기준점은 유역경계가 명확하게 설정되어 있고, 홍수시에 유역 내의 범람으로 인하여 저류가 생기지 않는 지점으로서 유량관측에 적당한 곳으로 한다.

최근에는 농지의 도시화, 용・배수 개량이나 포장정비 등의 환경변화, 그리고 지역개발의 진전에 따른 지역특성의 변화 등 때문에, 배수계획에 있어 현황조사만이 아니고 장래의 변화양상까지도 고려하여 계획을 수립하는 것이 매우 중요한 것으로 인식되고 있다.

[1] 농지유출의 특성과 해석

농지유역의 유출량은 대상 지역의 강우특성과 지역특성에 의해 지배된다. 강우특성에는 총강우량, 강우강도, 지속기간, 강우의 시간적 및 공간적 분포 등이 있으며, 홍수량의 크기와 홍수양상에 영향을 준다. 농지의 경우에는 산지유역의 경우보다 저류효과가 크기 때문에 강우 강도보다는 총강우량이 홍수량에 더 큰 영향을 준다.

지역특성인 수혜지구의 넓고 좁음이나 형상, 지형, 지질, 토양, 지표면의 피복상황, 논의 비율, 배수로의 방향 등은 홍수량의 크기나 첨두, 홍수량의 발생시각에 영향을 미친다. 유역 안의 호소, 습지 등이 점유하는 면적비율이 큰 경우나, 화산・산록과 같이 퇴적물이 두터운 지역에서는 유출이 완화되고, 유역의 경사가 크고 투수성이 적은 토층에서는 홍수량이 증대한다. 논에 있어서는 특히 저류효과가 현저하고, 홍수 조절기능이 크기 때문에 지역 안에서 논이 차지하는 비율이 크면 홍수의 최대값은 완화된다.

농지유역은 경사가 급한 일반 산지는 물론 경사진 지형의 논이나 밭, 그리고 낮고 평탄한 지형의 논 등을 포함하고 있다. 따라서 특정한 수문학적 유출해석 방법을 일률적으로 모든 농지유역에 적용하는 것은 바람직하지 않다. 일반적으로 농지 배수량을 추정하기 위해서는 배수유역을 그림 4-8과 같이 구분하여 각기 유역에 적합한 유출해석방법을 적용토록 하는 것이 좋다.

(1) 배후의 산림유역

산림유역으로부터의 유출수가 농지로 유입하는 경우에 대한 농지배수 계획을 수립하기 위해서는, 유출량에 대한 수문곡선을 추정할 필요가 있다. 이 경우의 유출량 계산에는 단위도법, 우수류 모형 등이 사용된다. 만약 산림유역의 유출량을 승수로를 통해 직접 지구 밖으로 배수하는 경우에는 합리식을 사용하여 승수로의 용량을 결정한다.

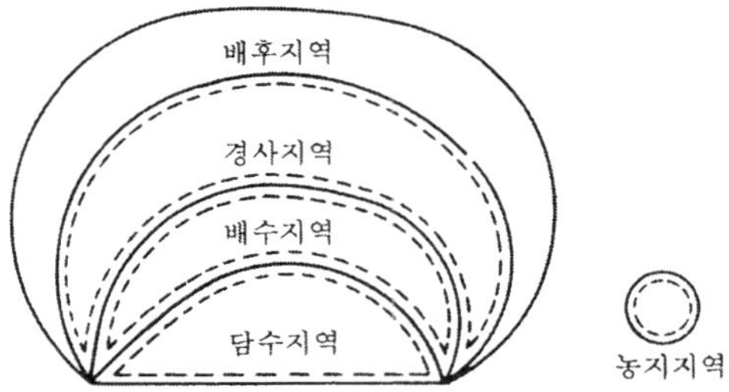

그림 4-8 유역구분의 개념도

(2) 경사진 농지유역

배수로에서 배수현상(背水現象)이 생기지 않을 정도로 경사진 유역에서의 배수시설 용량결정을 하기 위해서는, 합리식을 적용하여 첨두 홍수량을 추정한다. 그러나 유출량이 하류유역에 영향을 미치는 경우에는 수문곡선을 필요로 한다. 이 경우에는 우수류(雨水流) 모형을 사용한다. 우수류 모형을 논지대에 적용하는 것은 이 모형을 성립하게 하는 이론의 전제조건이 다르므로 바람직한 것은 아니나, 정확한 지형경사와 적절한 등가조도(等價粗度)를 적용함으로써 정밀도가 높게 유출량을 추정할 수 있다.

(3) 낮고 평탄한 농지로서 배수현상이 생기는 유역

주로 논에서 배수로에 배수현상이 생겨 부정류 해석이 필요한 유역이다. 논지대의 유출량을 구하는 방법으로서 수문학적 방법이 몇 가지 제안되고 있으나, 아직은 배수계획 기법으로서 확립되어 있지는 않다. 특히, 배수 펌프장을 설치하는 경우에는 정밀도가 높은 수문곡선이 필요하다. 이 경우에는 유역과 배수로망을 가능한 한 정밀하게 수학적으로 모형화하여 유황에 대한 시산을 실시한다.

(4) 낮고 평탄한 농지로서 담수현상이 생기는 유역

주변의 유출에 의해 담수, 범람이 생기는 논지역이다. 일반적으로 기계배수가 필요하며, 주변의 유입량이 주어지면 부정류 모형에 의한 담수해석에 의해 기계 배수량을 결정한다.

[2] 유출해석 모형

강우량으로부터 배수량을 추정하기 위한 유출해석 모형에는 여러 가지가 제안되고 있으나, 농지 배수계획에 흔히 사용되고 있는 것들은 다음과 같다.

- 유출모형
  - 선 형 모 형
    - 합리식
    - 단위도법
  - 비선형모형
    - 저류함수법
    - 우수류모형
    - 탱크모형

이 밖에도 여러 가지 유출모형이 제안되고 있으며, 이들 모형을 적절하게 적용함에 있어서는 적용 대상지의 특성과 모형 자체의 특성이 잘 조화되도록 해야 한다. 본절에서는 비교적 널리 사용되고 있는 합리식, 단위도법, 우수류법 등에 대하여 설명하기로 한다.

(1) 합리식(rational formula)

유역 내의 토지이용 조건이 대개 같을 경우, 이 유역으로부터의 첨두 홍수량은 식 (4・9)로 추정할 수 있다.

$$Q_p = \frac{1}{3.6} r_e A, \qquad r_e = f_p \cdot r \tag{4・9}$$

여기에서 Q_p : 첨두 홍수량(m^3/s)

A : 배수유역면적(km^2)

r_e : 홍수도달 시간 t_p(min) 내의 유효 강우강도(mm/h)

r : 홍수도달 시간 t_p(min) 내의 강우강도(mm/h)

f_p : 첨두 홍수량에 대한 유출계수

합리식을 사용하는 경우에는 홍수도달 시간(t_p)의 추정이 매우 중요하다. 홍수도달 시간이라 함은 유역의 최원점에 내린 빗물이 유역 하류단에 도달하는 시간으로 정의된다. 따라서 유역의 지형, 지표면의 피복, 표층토의 성질, 유로망 구성 등의 유역특성과 유효강우의 파형이나 유량 등의 수문특성에 의해 좌우되며, 유역고유의 특성값은 아니다.

첨두 홍수량에 대한 유출계수 f_p는 유역의 표층 조건(토양, 토지이용)이나 선행강우조건(토양수분)에 따라 크게 변동하며, 그 값은 표 4-10과 같다. 이 값을 배수계획에 이용하는 경우에는 관측지 지형상태에 따른 f_p값의 최대값을 사용하는 것이 일반적이다.

홍수도달 시간은 대상유역에서 충분한 관측을 실시하고 그 결과를 분석하여 추정하는 것이 원칙이다. 관측자료가 있는 경우에는 홍수도달 시간 및 유효강우 강도를 다음의 순서에 따라 추정하는 것이 실용적이다.

① 그림 4-9 (a)와 같이 같은 시간축상에 우량 주상도와 관측 수문곡선을 각각 그린다.

② 첨두 홍수량의 발생시각 t_2에서의 강우강도 r_p를 구한다.

③ 강우의 최대값이 발생하기 이전에 r_p와 같은 값이 되는 시각 t_1을 추정한다.

표 4-10 첨두 홍수량에 대한 유출계수

지형의 상태	f_p
급하고 험한 산지	0.75~0.9
3기층 구릉지	0.7~0.8
기복이 있는 토지 및 수림지	0.5~0.75
평탄한 경지	0.45~0.6
관개중인 논	0.7~0.8
산지 하천 유역	0.75~0.85
평지 소하천 유역	0.45~0.75
반 이상이 평지인 대하천 유역	0.5~0.75

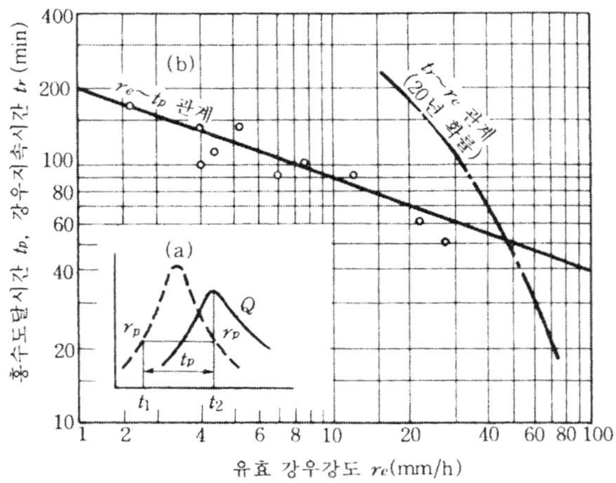

그림 4-9 홍수도달 시간곡선과 확률강우 강도곡선

④ 양시각의 차 $t_p = t_2 - t_1$이 유효 강우강도 $r_e = 3.6\,Q_p/A$에 대응하는 홍수도달 시간 t_p이다.

⑤ 첨두 홍수량에 대한 유출계수 f_p는 t_p 내의 평균 강우강도 r를 구하여 $f_p = r_e/r$로 산정한다.

⑥ 이상의 방법으로 여러 개의 t_p, r_e를 구하여 그림 4-9 (b)와 같이 양대수지에 플롯하고, 대표선을 삽입하면 대상유역의 $r_e \sim t_p$의 관계직선을 얻는다.

⑦ 이 직선에 의해 위에서 구한 t_p에 상응하는 r_e를 읽어낸다. 또는, 같은 축상에 10년 또는 20년 빈도의 지속 기간별 확률유효 강우강도를 플롯하여 두 선의 교점에서의 t_p와 r_e를 읽는다.

일반적으로 홍수도달 시간은 유역이 넓으면 길게 되고, 같은 유역의 경우에는 유효강우강도가 크게 되면 반대로 짧아진다. 후자의 관계는 그림 4-9와 같이 양대수지상에서 대개 직선관계를 보인다.

관측값을 충분히 얻을 수 없는 유역에서는 식 (4・10)과 같은 Kadoya・Fukuzima〔角屋・福島〕 공식을 이용해서 홍수도달 시간을 구한다.

$$t_p = C \cdot A^{0.22} \cdot r_e^{-0.35} \tag{4・10}$$

여기서 t_p : 홍수도달 시간(min)

A : 유역면적(km^2)

r_e : 평균 유효 강우강도(mm/h)

C : 홍수도달 시간계수

홍수도달 시간계수 C는 토지이용상태에 따라 달라지며, 그 값은 표 4-11에 나타나 있다. 표 4-11에서 소규모 면적의 개간지의 경우는 가장 작은 값을 취하도록 한다.

이 밖에 지형인자만을 이용하여 홍수도달시간을 구하는 데는 Rziha, Kirpich, Kraven 등의 식을 이용할 수 있으며, 자세한 사항은 수문학 교과서를 참조토록 한다.

표 4-11 홍수도달 시간계수 C의 값

표층 조건	C의 값
자연산지	250～350 ≒ 290
방 목 지	190～210 ≒ 200
골 프 장	130～150 ≒ 140
개간지(수로, 도로정비)	90～120 ≒ 100
시 가 지	60～ 90 ≒ 70

예제 4-3 면적 650 ha의 밭에 대한 배수계획을 수립하려고 한다. 20년 빈도 확률강우강도가

$$i = \frac{5,000}{t+40} \text{ mm/h}, \quad t : \text{min}$$

로 주어져 있다. 합리식을 사용하여 첨두홍수량을 구하라. 단, 첨두유출 계수 f_p=0.7, 식 (4・10)의 계수 C=140이다.

풀이 합리식을 사용하기 위해서는 홍수도달 시간 내의 강우강도를 구해야 한다. 도달시간은 유효 강우강도와 함께 변화하므로, 소요 배수량을 구하기 위해서는 강우 강도식과 도달 시간식을 동시에 만족시켜야 한다.

(a) 강우강도를 가정하고 이 값에 첨두유출 계수를 곱해서 유효 강우강도를 구한다.

$$i = 60.0 \text{ mm/h}, \quad r_e = 60.0\times0.7 = 42.0 \text{ mm/h}$$

(b) 따라서, 홍수도달 시간은 $t_p = 140\times6.50^{0.22}/42.0^{0.35} = 57.1$ min

(c) 강우강도는 $i = 5,000/(57.1+40) = 51.5$ mm/h가 된다.

이 값은 처음에 가정한 값과 일치하지 않으므로, 다시 강우강도의 가정 값을 51.5 mm로 하여 (a)～(c)의 과정을 반복한다.

(d) 즉, $i = 51.5$ mm/h, $r_e = 51.5\times0.7 = 36.1$ mm/h

(e) 그러므로 $t_p = 60.2$ mm/h, $i = 49.9$ mm/h로 되어 두 값이 대개 일치해 간다.

(f) 계속 같은 방법으로 반복계산하면 $t_p = 61.1$ mm/h, $i = 49.46$ mm/h, $r_e =$ 34.62 mm/h가 되어 두 식을 동시에 만족시키는 값을 얻게 된다.

(g) 따라서 첨두홍수량 Q_p를 다음과 같이 계산할 수 있다.

$$Q_p = (1/3.6)\times34.62\times6.5 = 62.5 \text{ m}^3/\text{s}$$

(2) **단위도법**(Unit Hydrograph Method)

단위도법은 1932년에 미국의 Sherman에 의해 제안되었던 유출 해석법으로, 이 모형은 다음 세 가지의 기본 가정을 전제로 하고 있다.

① 같은 유역에서는 같은 유효우량에 대하여 항상 같은 파형의 유출을 발생시킨다(시간불변의 원리).

② 유효강우의 강도가 변화해도 유출량의 시간적 배분비율은 변하지 않는다. 또 수문곡선의 종거는 강우강도에 비례한다(선형원리 또는 비례법칙).

③ 긴 지속기간의 유효강우에 의한 유출은 단위시간으로 분할한 각 유효강우에 상응하는 유출량을 산술적으로 더한 것과 같다(중첩의 원리).

단위도법은 다음 식 (4・11)과 같이 나타낼 수 있다.

$$Q(t) = \sum_{\tau=0}^{t} u_{\tau} r_e (t-\tau) \Delta\tau = \sum_{\tau=0}^{t} u_{\tau} R_{t-\tau} \qquad (4 \cdot 11)$$

여기서 $Q(t)$: 시점 t의 유량 $Q(t)$(m^3/s)

u_{τ} : τ번째 단위시간의 단위도 종거(m^3/s)

$\Delta\tau$: 단위시간(h)

r_e : 평균유효강우강도(mm/h)

$R_{t-\tau}$: 유효우량(mm)

단위도의 작성 및 적용상 유의해야 할 점은 다음과 같다.

① 단위도의 결정에는 여러 개의 강우와 유량에 대한 관측자료가 필요하다.

② 단시간 강우에 의한 유량자료를 이용할 때에는 강우가 전 유역에 걸쳐 균일하게 내렸는지를 확인한다.

③ 단위도법에서는 범람의 영향을 고려하지 않기 때문에 유량 관측점의 선정에 유의한다.

④ 단위도는 유효강우를 기초로 하여 작성한다.

⑤ 단위도는 유출 규모에 따라 변화할 가능성이 크므로, 구릉산지 유역에서는 강우강도에 따라, 저평지에서는 총강우량에 따라 단위도를 작성한다.

⑥ 단위 강우의 중심위치와 단위도의 첨두홍수 시각과의 시간차를 지체시간이라 부르며, 연속강우에 대한 우량 주상도의 첨두값과 첨두 홍수량이 나타나는 시각의 시간차로부터 근사적으로 추정한다. 단위도의 단위시간은 보통 지체시간의 반 정도를 취한다. 예를 들면 구릉산지 하천에서는 1~2시간 정

도, 저평지에서는 4~8시간 정도로 충분한 경우가 많다고 한다.

단위도의 유도와 그 응용방법에 관하여는 지금까지 여러 가지의 실용적 방법들이 제안되어 사용되고 있다. 유역에서의 강우와 유출에 대한 계측자료가 있는 경우에는 Collins의 유량배분 도법을 사용할 수 있다. 또 단위도를 유역 특성과 결부시켜서 무계측(無計測) 유역의 홍수예측에 사용하는 합성단위 도법으로는 Snyder의 방법, Nakayasu〔中安〕의 방법 등을 사용할 수 있고, 우리나라의 낙동강, 금강 등 대하천에 대한 기존의 연구결과를 이용할 수 있다.

예제 4-4 어느 유역에서 시간에 따른 강우량과 유출량이 표 4-12와 같았다. 단위도를 유도하라. 단, 기저유량은 20 m^3/s, 유역면적은 386 km^2이다.

풀이 수평직선 분리법에 의하여 상승부 시점을 기준으로 20 m^3/s를 빼면 각 시간별 직접유출량이 얻어진다(표 4-12의 ⑤란). 그리고 직접유출의 총량을 용적으로 환산한 후 유역면적으로 나누면 총직접 유출심, 즉 유효우량 깊이를 구할 수 있다.

$$\text{유효우량 깊이} = \frac{1001.3\,m^3/s \times 3h \times 3,600\,s/h}{386 \times 10^6 m^2}$$

$$= 0.028\,m$$

$$= 2.8\,cm$$

표 4-12 〔예제〕 4-4의 계산표

① 시간 (h)	② 평균강우강도 (mm/h)	③ 총유출량 (m^3/s)	④ 기저유출량 (m^3/s)	⑤ 직접유출량 (m^3/s)	⑥ 단위도 종거 (m^3/s)
0	2.7	20.0	20	0	0
3	14.7	174.0	20	154.0	55
6	1.8	263.6	20	243.6	87
9		202.0	20	182.0	65
12		157.2	20	137.2	49
15		137.6	20	117.6	42
18		104.0	20	84.0	30
21		73.2	20	53.2	19
24		42.4	20	22.4	8
26		27.3	20	7.3	2
28		20.0	20	0	0
합계				1,001.3	

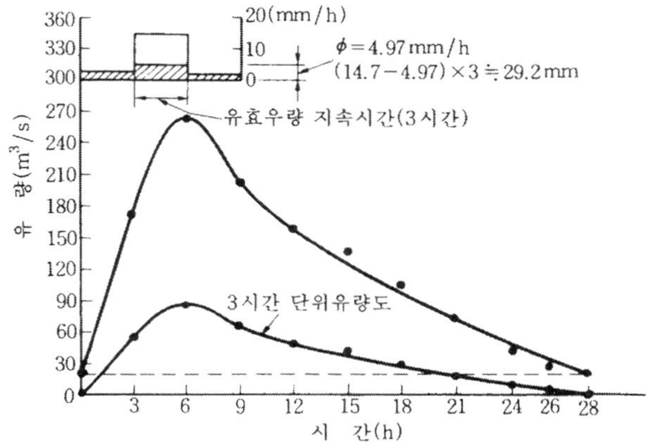

그림 4-10 단위도 유도

단위도는 1 cm의 유효우량에 의한 수문곡선이므로 비례가정에 의하여 ⑤란의 직접유출량을 2.8로 나누면 ⑥란에서 각 시간별 단위도 종거가 구해진다. 단위도의 단위시간은 유효우량의 지속기간과 같으므로 이것을 구하면 된다. 본 예의 경우 총강우량은 (2.7+14.7+1.8)×3=57.2 mm가 되며, 손실량은 57.2−(2.8×10)=29.2 mm가 된다.

그림 4-10에서 보는 바와 같이 ϕ지표법을 적용하면, 유효우량의 지속기간은 3시간이 되고, 따라서 본 예의 단위도는 3시간 단위도라 불러야 한다.

(3) **우수류법**(Kinematic Wave Method)

우수류법(雨水流法)을 적용하기 위해서는 먼저 유역을 지형의 변화, 하도의 분기점 또는 합류점, 토지이용의 차이 등을 고려해서 몇 개의 소유역으로 분할한다. 그 후 그림 4-10과 같이 각각의 소유역을 하도와 그에 상응하는 사면(斜面)으로 모형화하고, 사면 및 하도의 우수류를 다음 식 (4·12), 식 (4·13)에 의해 추적한다.

$$\text{사면류}: \quad h = kq^p, \qquad \frac{\partial h}{\partial t} + \frac{\partial q}{\partial x} = r_e \tag{4·12}$$

$$\text{하도류}: \quad W = KQ^P, \qquad \frac{\partial W}{\partial t} + \frac{\partial Q}{\partial x} = I \tag{4·13}$$

여기에서 t : 시간(h)

x : 거리(m)

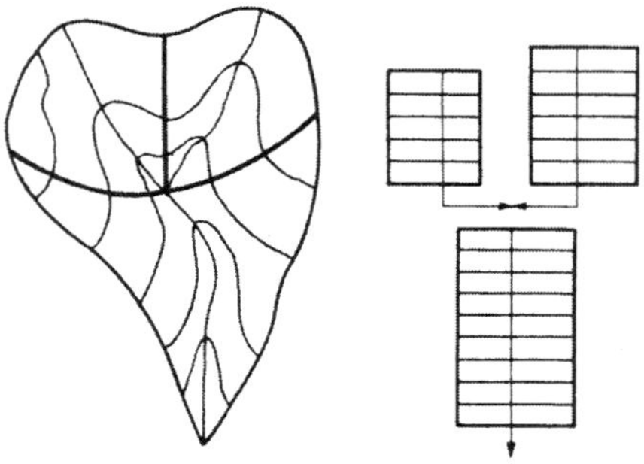

그림 4-11 우수류법 적용을 위한 유역모형

h : 사면류의 수심(m)

q : 사면 단위폭당 유량(m^2/s)

r_e : 평균 유효강우 강도(mm/h)

W : 하도유수 단면적(m^2)

Q : 유량(m^3/s)

I : 하도 단위길이당 유입량($m^3/s/m$)

k, p, K, P : 상수

사면류에는 지표를 흐르는 표면류와 표층 내를 흐르는 중간류가 있으며, 양자를 동시에 고려하는 것이 이상적이다. 그러나 실용적으로는 표면류만으로도 충분하므로 이것을 표면유출모형이라 부르고 있다. 따라서 특별하게 지정하지 않는 한 우수류법은 표면유출 모형을 의미하는 것이 보통이다.

표면유출 모형은 난류흐름을 가정하여 다음 값을 많이 사용한다.

$$k = \left(\frac{N}{\sqrt{S}}\right)^p, \quad p = \frac{3}{5}$$

여기서 N : 등가조도계수 S : 사면의 기울기이다.

N값의 개략치는 표 4-13과 같다.

빗물흐름을 추적하는 데 있어서는 기초식에 대한 특성곡선, 즉 식 (4·14)과 식 (4·15)을 사용한다.

$r_e \neq 0$인 경우

표 4-13 등가조도계수 N의 개략치

지　목	N	지　목	N
산　지	1.0∼2.0	시 가 지	0.01∼0.04
구릉임지	0.6∼1.2	논 지 대	2∼3
목장, 골프장, 밭	0.3∼0.5		

$$dx = \left(\frac{1}{pk}\right)q^{1-p}dt \quad (4 \cdot 14)$$

$$r_e dt = pkq^{p-1}dq, \quad r_e dx = dq \quad (4 \cdot 15)$$

$r_e=0$인 경우 식 (4 · 14)만 성립

실제해석에 있어서는 Δt 동안에 r_e가 일정하다고 생각하여 위 식을 적분한 식 (4 · 16)∼식 (4 · 18)에 의해 계산을 진행시킨다.

$r_e \neq 0$인 경우

$$(r_e)_j \Delta t = k(q_j^p - q_{j-1}^p) = h_j - h_{j-1} \quad (4 \cdot 16)$$

$$(r_e)_j \Delta x_j = q_j - q_{j-1} \quad (4 \cdot 17)$$

$r_e=0$인 경우

$$q_j = q_{j-1}, \quad \Delta x_j = \left(\frac{1}{pk}\right)q_j^{1-p}\Delta t \quad (4 \cdot 18)$$

여기서 j, $j-1$: 시간번호

Δx : Δt의 사이에 사면류가 유하하는 거리(m)

식 (4 · 16)∼식 (4 · 18)에 의해 사면류를 추적하려면 다음의 순서를 따른다(그림 4-12 참조).

① 지금 시각 t_i의 사면 상류단을 출발하는 빗물을 생각한다. 식 (4 · 16)에서 $j=1$, $q_0=0$로 놓고 r_1, Δt를 사용해서 q_1을 구한다. 이 q_1을 식 (4 · 17)에 사용하면 Δx_1이 구해진다. 이것은 시각 $t_i+\Delta t$, 상류단에서 Δx_1 떨어진 지점의 유량이 q_1임을 의미한다.

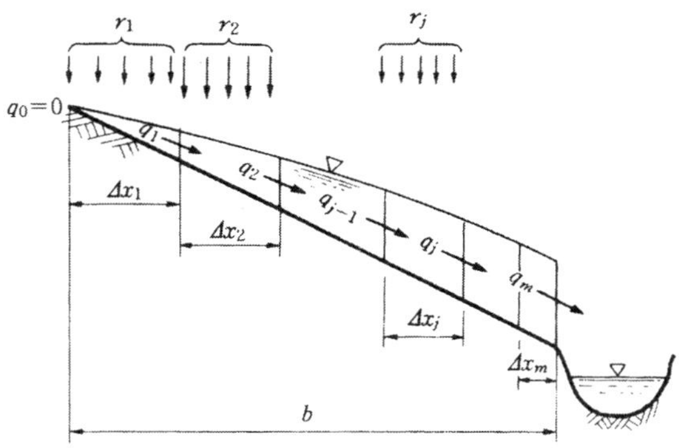

그림 4-12 사면류 추적의 설명도

② 다음에 $j=2$로 두고 $r_2 \neq 0$이라면 식 (4·16)에서 q_2, 식 (4·17)에서 Δx_2를 구한다. $r_2=0$라면 식 (4·18)로부터 $q_2=q_1$으로 하고 Δx_2를 구한다.

③ $\sum \Delta x_j < b$(사면장)라고 하면 $j=3, 4, \cdots$으로 두고 $r_j \neq 0$이라면 식 (4·16)에서 q_j, 식 (4·17)에서 Δx_j를, 그리고 $r=0$이라면 식 (4·18)에서 Δx_j를 구해 간다.

④ $\sum_{j-1=0}^{m} \Delta x_j > b$로 되면, $b - \sum_{j=1}^{m-1} \Delta x_j = \Delta x_m$를 구한 후, $j=m$으로 하여 다음과 같이 q_m, Δt_m을 구한다.

$r_m \neq 0$의 경우

$$q_m = q_{m-1} + r_m \Delta x_m, \quad \Delta t_m = \frac{k(q_m^p - q_{m-1}^p)}{r_m} \tag{4·19}$$

$r_m = 0$의 경우

$$q_m = q_{m-1}, \quad \Delta t_m = \frac{pk\Delta x_m}{q_m^{1-p}} \tag{4·20}$$

q_m이 시각 $t_i+(m-1)\Delta t+\Delta t_m$에 있어서 유로의 한쪽 편 사면 유입량이다.

⑤ 사면 상류단에서의 출발시각 t_i를 겹치지 않도록 하면서 ①, ②, ③, ④의 계산을 반복한다. 유로의 유입량 수문곡선은 양쪽 사면의 유출량을 합하여 구한다. 또 강우개시 시각 t_0로부터 $t_0+(m-1)\Delta t+\Delta t_m$ 사이의 사면하류단 유량은 ①, ②,

③, ④의 각 단계에서 구한 q_j와 같은 값이다.

하도류의 기초식은 사면류의 기초식과 같은 형이기 때문에 하도류의 추적 계산은 전술한 설명에서 $h \to W$, $q \to Q$, $r \to I$로 하여 같은 순서로 진행하게 된다. 이를 위해서는 유로의 유입량 수문곡선을 적당한 시간간격으로 주상도화(柱狀圖化)해 둘 필요가 있다. 이 조작은 하천 합류점이나, 다음 블록 유입점에서의 유량을 구하는 경우에도 필요하다. 또 지류하천 유량 Q_1, Q_2의 합류 후 유량은 단순히 Q_1+Q_2로 해서, 이것을 다음 블록 상류단의 유량으로 하면 된다. 다만, 범람이 수반되는 경우에는 담수계산을 하는 것이 계산 정밀도를 높여 주어 좋다.

예제 4-5 사면장 $b=200$ m, 사면 기울기 $s=0.3$, $N=1.5$인 사면에서의 시간별 표면 유출량을 우수류법에 의해 계산하라. 단, 여기에서는 계산시간 단위 $\Delta t=3600$ s, 유효강우강도 r_j를 매시각마다 임의로 선정하는 것으로 한다.

풀이 이 사면에서의 $k=(N/\sqrt{s})^{0.6}=1.8303$이다. 계산기를 사용해서 기계적으로 계산을 진행하는 경우에는, Δt를 강우단위 시간의 1/2 내지 1/6로 하는 것이 편리하다. 이렇게 하면 사용자료나 계산결과의 주상도를 그리는 데 편리하기 때문이다.

(a) $t=0\sim1$시 : $j=1$, $r_j=2.3$ (mm/h)

$$q_j=\left(\frac{r_j\Delta t}{k}\right)^{1/p}=\left[\frac{2.3\times(1/3.6)\times10^{-6}\times3600}{1.8303}\right]^{5/3}$$

$$=1.463\times10^{-5}\,(\mathrm{m^3/s})$$

$$\Delta x_j=\left(\frac{q_j}{r_j}\right)=\frac{1.463\times10^{-5}}{2.3\times(1/3.6)\times10^{-6}}=22.91\,(\mathrm{m})$$

(b) $t=1\sim2$시 : $j=2$, $r_j=4.5$ (mm/h)

$$q_j=\left(q_{j-1}^{p}+\frac{r_j\Delta t}{k}\right)^{1/p}$$

$$=\left[(1.463\times10^{-5})^{3/5}+\frac{4.5\times(1/3.6)\times10^{-6}\times3600}{1.8303}\right]^{5/3}$$

$$=8.912\times10^{-5}\,(\mathrm{m^3/s})$$

$$\Delta x_j=\frac{q_j-q_{j-1}}{r_j}=\frac{(8.912-1.463)\times10^{-5}}{4.5\times(1/3.6)\times10^{-6}}=59.59\,(\mathrm{m})$$

$$\Delta x_1 + \Delta x_2 = 22.91 + 59.59 = 82.50\,(\text{m})$$

(c) $t = 2\sim3$시 : $j=3$, $r_j = 0$ (mm/h)

$r_j=0$이므로 식 (4 · 17)으로부터

$$q_j = q_{j-1} = 8.912\times10^{-5}\,(\text{m}^3/\text{s})$$

$$\Delta x_j = \frac{q_j^{1-p}\Delta t}{pk} = \frac{(8.912\times10^{-5})^{2/5}\times3600}{0.6\times1.8302} = 78.64\,(\text{m})$$

$$\sum\Delta x_j = \Delta x_1+\Delta x_2+\Delta x_3 = 22.91+59.59+78.64 = 161.14\,(\text{m})$$

(d) $t = 3\sim4$시 : $j = 4$, $r_j = 10.2$ (mm/h)

이 사이에는 $r_j \neq 0$이어서 (b)와 같은 방법으로 계산을 하면, $\sum_{j=1}^{4}\Delta x_j =$ 274.53 > 200 (m)로 되므로, 특성곡선은 4시간 안에 하류단에 도달하는 것이 된다. 그래서 $m=j$로 하면

$$\Delta x_m = b - \sum_{j-1}^{m-1}\Delta x_j = 200 - 161.13 = 38.87\,(\text{m})$$

$$\begin{aligned} q_m &= q_{m-1} + r_m\Delta x_m \\ &= 8.912\times10^{-5} + 10.2\times(1/3.6)\times10^{-6}\times38.87 \\ &= 19.924\times10^{-5}\,(\text{m3/s}) \end{aligned}$$

$$\begin{aligned} \Delta t_m &= \frac{k(q_m^p - q_{m-1}^p)}{r_m} = \frac{1.8303(19.924-8.912)\times10^{-5}}{10.2\times(1/3.6)\times10^{-6}} \\ &= 1489\,s = 24\text{분 }49\text{초} \end{aligned}$$

즉, $t = 0$시에 출발한 특성곡선은 3시 24분 49초에 사면 하류단에 도달하며, 그 때의 유량은 $q_m = 19.92\times10^{-5}\,(\text{m}^3/\text{s})$이다.

(e) 최초의 특성곡선이 사면 끝에 도달할 때까지의 q값은 각각의 시간단계마다 계산한 결과 값을 그대로 사용한다. 즉,

$t = 1h$: $q=1.46\times10^{-5}(\text{m}^3/\text{s})$

$2h$: 8.91×10^{-5}

$3h$: 8.91×10^{-5}

$3h24'49''$: 19.9×10^{-5}

(f) 이상의 계산은 $t = 0$시에 사면 상류단을 출발한 빗물에 대한 것으로서, $t=$ 1, 2, …에 출발하는 빗물에 대해서도 같은 방법으로 계산을 실시하면 된다.

[3] 담수해석

홍수시 유출수를 배수하천으로 배제하는 경우, 자연 배수시의 배수구 규모

나, 기계 배수시의 배수펌프 용량을 첨두 홍수량에 맞추면 그 시설이 과대하게 된다. 이러한 경우, 일정한 조건하에 담수를 허용함으로써 계획 기준이 되는 첨두 홍수량의 크기를 완화시키면, 작은 시설규모로 배수가 가능하게 된다. 이런 경우의 시설규모를 결정하기 위해서는 담수심과 담수시간이 허용범위 안에 들게 해주는 배출량의 크기를 시산에 의해 추정하면 된다. 이처럼 배수방식이나 배수규모를 결정하기 위하여 내외수위와 담수의 관계를 추적하는 것을 담수해석이라 부른다.

배수구 크기와 구조도 배수량에 영향을 미치므로 중요하다. 특히, 담수해석에 의하여 배수위를 설정하는 경우에는, 배수구의 수리특성, 예를 들면 수문의 유량계수와 개폐도가 최고 내수위를 좌우하는 중요한 인자가 된다. 자연배수에서의 담수해석은 그래프를 사용하는 것이 편리하며, 다음 4종류의 자료가 필요하다.

① **유입량(Q) 수문곡선** 내부 유역의 계획기준 강우량에 대한 수문학적 유출해석을 하여 얻는다.

② **지역 내의 담수면적(A)과 담수위(H)와의 관계** $A=f(H)$, 이는 배수지역의 지형도에 의해 작성한다.

③ **외수위(H_0) 수문곡선** 배수구가 있는 배수본천의 수문조사에서 얻을 수 있다.

④ **배수구에서 내수위 · 외수위 차($H-H_0$)와 배수량(q)과의 관계** 이는 배수구의 수리특성 $q(t)=f_1(H-H_0)$에서 얻는다.

이상의 Q, H, H_0는 모두 시간 t의 함수이므로 다음 연속 방정식이 성립한다. 즉, 논지역을 하나의 저수지로 생각하면 배출량과 담수위의 시간적 변화는 식 (4 · 21)과 같으며, 이는 논지역의 담수해석을 위한 연속 방정식이다.

$$\frac{dH}{dt} = \frac{Q(t)-q(t)}{A(H)} \tag{4 · 21}$$

여기서 H : 담수심(m)

$Q(t)$: 배수구 또는 배수펌프장 지점의 유입량(m^3/s)

$q(t)$: 자연 배수시는 배수구 배출량, 기계 배수시는 배수펌프의 배수량(m^3/s)

$A(H)$: 담수면적(m^2)

t : 시간(s)

위 식을 수치적으로 풀기 위해서는 먼저 담수량(湛水量)~담수위~담수면적의 관계를 구해 둘 필요가 있다. 배수펌프 배수량은 엄밀히 말하자면 내외수위가 변동하므로 일정한 것은 아니나, 계산상 배수능력이 대개 일정하다고 보아도 좋다. 단, 여러 대의 배수펌프(排水 pump)를 운영하여 조건에 따라 운전대수가 변하는 경우에는 배수량의 변화를 고려해야 한다.

수치계산을 하는 경우 시각 n과 Δt 후의 시각 $(n+1)$에 있어서 배수 펌프장 지점의 유입량, 배수펌프 배수량, 담수심을 각기 n, $(n+1)$의 아래첨자로 표시하면, 식 (4・21)은 식 (4・22)과 같이 된다.

$$H_{n+1} = H_n + \frac{\Delta t}{A(H_n)}\left[\frac{1}{2}\{Q_n - Q_{n+1}\} - \frac{1}{2}\{q_n + q_{n+1}\}\right] \qquad (4 \cdot 22)$$

여기서 H_n, H_{n+1} : 시각 n, $(n+1)$에서의 담수위(m)

Δt : 시간의 증분(s)

$A(H_n)$: 담수위 H_n 때의 담수면적(m^2)

Q_n, Q_{n+1} : 시각 $n, n+1$에서의 유입량(m^3/s)

q_n, q_{n+1} : 시각 $n, n+1$에서의 배수량(m^3/s)

지금 허용 담수심을 H_{max}라 하면 $H_{n+1} \leq H_{max}(n = 1, 2, 3 \cdots t,\ t$: 배수펌프의 배수시간)을 만족시키는 최소의 q가 배수구 또는 배수펌프의 용량이 된다.

그림 4-13 및 표 4-14는 각기 배수펌프 용량결정 개념과 그 계산 예를 보인 것이다. 실제 계산 순서는 배수펌프의 용량을 여러 가지로 가정하여 이에 상응하는 배수량을 구한 후, 가정된 배수량 하나하나에 대하여 표 4-14와 같이 시산을 한다. 모든 시산이 끝나면 허용조건(담수위, 담수시간, 담수면적 등)을 충족시켜 주는 가상 배수량들 중 가장 작은 것을 택하여 이를 배수펌프 용량으로 한다.

4.4.2 포장 배수량

지구 전체에 걸친 홍수배제를 주대상으로 하는 광역배수에 대해 논, 밭 등의 농경지상에 내린 평상시 강우로 인한 지표의 과잉수나, 높은 지하수위로 인한 땅속의 과잉수를 배제하여 포장 내의 토양수분 조절을 목적으로 실시하

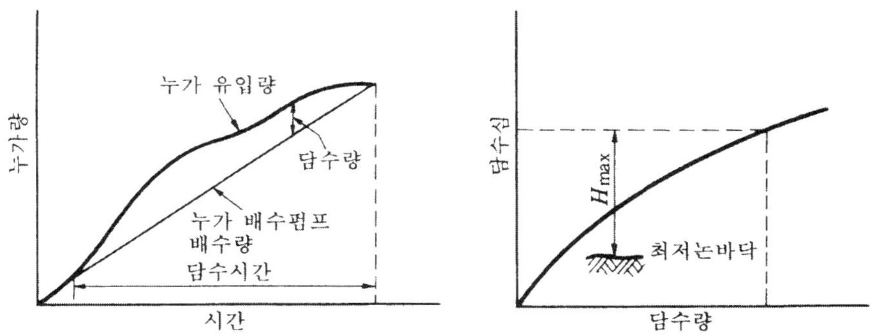

그림 4-13 배수펌프 용량의 결정법

표 4-14 담수해석에 의한 배수펌프 용량결정 계산표의 예

시각 (h)	유입량 (m^3)	배출량 (m^3)	담수량 (m^3)	누가담수량 (m^3)	담수위* (m)	담수면적* (ha)
0	73,400	67,300	6,100	6,100	0.01	48.2
6	74,500	66,700	7,800	13,900	0.02	53.5
12	86,300	67,800	18,500	32,400	0.02	54.0
18	88,600	68,500	20,100	52,500	0.03	64.3
24	91,200	68,800	22,400	74,900	0.04	77.6
30	109,100	69,100	40,000	114,900	0.05	90.3
·	·	·	·	·	·	·
·	·	·	·	·	·	·

〔비고〕 : 담수위, 담수면적은 미리 준비한 담수량~담수위, 담수위~담수면 관계 자료로 구함.

는 배수를 포장배수라고 한다.

포장배수량은 평상시 지구 내의 지하수 유출, 농경지의 지표 및 지하배수(地下排水), 택지의 하수 등을 고려하여 추정한다. 관개기의 배수량은 주로 배수펌프의 설치대수를 계획하는 데, 그리고 비관개기의 배수량은 주로 지하배수에 적합한 배수로의 바닥 높이를 결정하는 데 사용한다.

[1] 평상시 배수량

관개기 및 비관개기의 평상시 배수량은 각 기간중의 배수량에 대한 도수분포를 조사하여, 이들 기간 안에 확률적으로 가장 기대가 되는 유량을 말한다. 그러므로 통계량으로서는 최빈값(mode)을 택하여 계산할 수가 있다. 관개기 및 비관개기의 평상시 배수량에 대한 도수분포곡선의 한 예를 보이면 다음 그림 4-14와 같다.

이들 평상시의 배수는 배수하천의 외수위가 수리적 경계조건이 되기 때문에, 그 조건에 따라 자연배수 또는 기계배수의 방법을 선택하여 처리한다.

논지역에서의 평상시 배수량 범위와 이를 배제하기 위한 암거 배수량의 예를 보이면 표 4-15와 같다.

표 4-15에서 암거 배수량은 엄밀히 말하면 배수의 대상으로서는 평상시 배수와는 다르지만, 배수의 성격상으로는 평상시 배수에 포함시키는 것이 좋기 때문에, 평상시 배수량의 상한값은 암거 배수량의 상한값과 대개 일치하는 것으로 생각한다.

[2] 계획암거 배수량

계획암거 배수량이란, 지표 잔류수가 있는 경우에는 이것을 허용시간 안에 배제하고, 지표잔류수가 없는 경우 또는 지표 잔류수를 배제한 후에는 토양

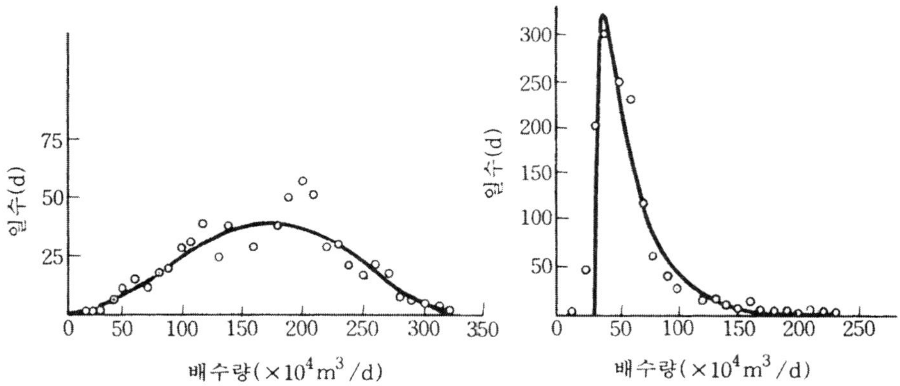

(a) 관 개 기 (b) 비 관 개 기

그림 4-14 평상시 배수량의 도수분포곡선

표 4-15 평상시 배수량의 기준치 예

배수의 대상	관개기	비관개기
광역논의 평상시 배수	$0.2 \sim 0.5\ m^3/s/km^2$ ($2.0 \sim 5.0\ l/s/ha$)	$0.05 \sim 0.1\ m^3/s/km^2$ ($0.5 \sim 1.0\ l/s/ha$)
논의 지표 잔류수(암거배수)	$10 \sim 50$ mm/d($1.2 \sim 5.8\ l/s/ha$)	

중력수를 허용시간 안에 계획지하수위까지 저하시키도록 하는 양을 말한다.

(1) 지표 잔류수 배제시의 단위계획 암거 배수량

범용농지(凡用農地)에서 밭작물을 대상으로 하는 경우에는 지표수가 포장 안에 정체하지 않도록 신속하게 배제하는 방법을 택한다. 따라서 지표 잔류량과 잔류허용 일수에 따라 계획암거 배수량을 결정한다.

논의 지표 잔류수의 배제에 요하는 허용일수는 관개기에서는 1～3일 이내, 비관개기에서도 같은 정도로 생각하면 좋으나 일반적으로 논에서의 지표 잔류수의 허용일수는 1일 정도로 볼 수 있다. 일반적으로 계획 암거배수량은 20 mm/d이며 최대값은 50 mm/d가 된다. 지표 잔류수를 배제하기 위한 단위계획 암거 배수량은 식 (4・23)에 의해 계산한다.

$$q_1 = \frac{D \times 10^{-3} \times 10^4 \times 10^3}{N \times 8.64 \times 10^4} = 0.1157 \frac{D}{N} \qquad (4 \cdot 23)$$

여기서 q_1 : 단위계획 암거 배수량(l/s/ha)

D : 지표잔류수심(mm/d)

N : 배제일수(d)

$N=1$로 하면 $q_1 = 0.1157D$로 된다.

예제 4-6 $N=1$, $D=50$ mm의 경우의, 지표 잔류수에 대한 단위계획암거 배수량을 구하라.

풀이 $q_1 = 0.1157 \times 50 = 5.79$ l/s/ha

(2) 토양 중력수 배제시의 단위계획 암거 배수량

지표 잔류수 소실 후에 강우에 의한 토양 중력수를 N일에 배제하는 것으로 생각하여 식 (4・24)에 의해 구한다.

$$q_2 = \frac{R \times P \times 10^4 \times 10^3}{N \times 10^3 \times 86,400} = 0.1157 \frac{R \cdot P}{N} \qquad (4 \cdot 24)$$

여기서 q_2 : 단위계획 암거 배수량(l/s/ha)

R : 유효토층 두께(mm)

N : 배제일수(d)

P : 유효 공극률(유효토층의 공극률에서 포장용 수량을 뺀 값)

예제 4-7 유효토층 두께 500 mm, 유효 공극률 0.10, 배제일수 2일인 경우의 단위계획암거 배수량을 구하라.

풀이 $q_2 = 0.1157 \times \dfrac{500 \times 0.1}{2} = 2.891\ l/\mathrm{s/ha}$

4.5 농지배수 시설

농지배수를 위한 주요 시설에는 배수로, 승수로, 배수문, 배수펌프장, 매립, 하구처리시설, 암거배수조직이 있으며, 기타 관련 시설로는 제방, 방수공, 유수지, 침사지 등이 있다. 이러한 시설 중에서 자연배수시설에 속하는 것은 배수로, 승수로, 배수문 등이며, 기계배수와 관계되는 시설은 배수문, 배수펌프장, 유수지, 침사지 등이다.

농지배수 시설은 각 시설의 기능을 명확하게 파악한 후 지형, 배수본천 등 현장여건을 고려하여 배수목적에 알맞은 시설을 선택하여 조합함으로써, 그 지구의 배수가 가장 효율적으로 이루어질 수 있도록 계획하여야 한다. 즉, 배수시설의 종류, 규모, 배치 등은 물론 배수방식, 배수계통, 계획배수량 등을 종합적으로 검토하여 계획한다. 이 때 평상시 및 홍수시의 배수상황을 고려해야 하고, 배수시설을 전체 지배지역에 걸친 계통조직으로 보아 종합적으로 검토하는 것이 중요하다.

배수시설의 용량은 홍수시 계획배수량과 평상시 계획배수량을 안전하게 처리할 수 있게 계획한다. 농지배수시설의 대상 홍수량은 경제적 타당성에서 볼 때 20년에 1~3회 정도의 최대 홍수량으로 정하고 있으나, 이것을 초과할 경우도 충분히 고려되어야 한다. 배수시설계획을 수립할 때는 계획홍수량을 초과하는 홍수에 대한 각 배수시설의 기능이 어떻게 발휘할 것인가에 대하여 점검해 둘 필요가 있다.

배수펌프장은 계획을 초과하는 홍수시에도 배수펌프의 운전이 가능하도록 설계하여야 하고, 수로 내의 공작물들은 홍수의 흐름에 장애가 되어 큰 피해를 가져오는 원인이 되지 않도록 주의할 필요가 있다. 하천 부지 안에 설치되는 구조물은 하천법의 기준에 합치되도록 해야 한다.

4.5.1 농지배수시설의 배치

배수시설의 배치에는 충분한 검토가 필요하다. 간척지의 경우는 지구(地區) 유출수를 배수로에 의해 한 곳으로 모이게 한 후 배수펌프장이나 배수문을 통하여 바다로 배출시킨다. 그러나 일반 농지의 경우에는 반드시 이러한 방식만이 가장 좋다고 할 수는 없다. 전체 지구를 가능하면 자연배수방식으로 처리하는 것이 좋지만, 자연배수처리가 불가능할 때에는 자연배수가 가능한 한 고위부와 기계배수를 실시하는 저위부로 나누어 계획한다. 저위부에 대해서도 배수계통을 적당히 분할하여 배수펌프장과 배수로의 규모를 비교, 검토하여 경제적인 배수시설을 배치하도록 한다. 또 사업 완료 후의 유지관리를 고려하여 이들 시설이 하나의 배수조직으로서 충분히 기능을 발휘할 수 있도록 계획한다. 그림 4-15는 배수시설 배치에 대한 모식도이다.

4.5.2 배수로

배수용 수로에는 기능에 따라 배수로(排水路), 승수로(承水路), 방수로(放水

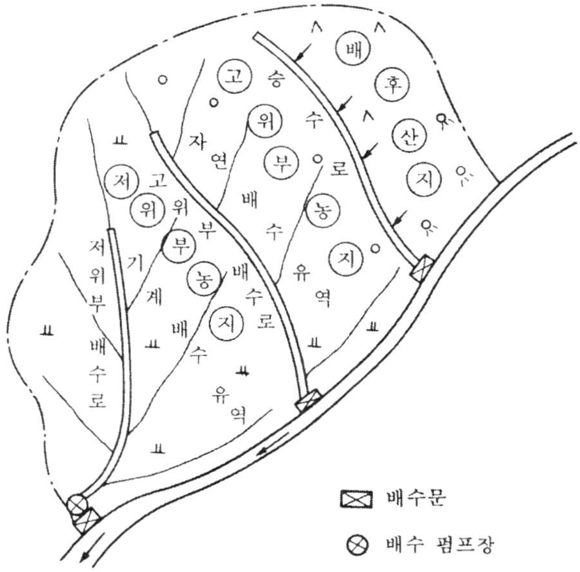

그림 4-15 배수시설 배치 모식도

路)의 세 가지 종류가 있다. 배수로는 지구 내의 배수를 모아서 배수구를 통하여 배수지구 밖으로 유도하기 위해 배치하는 수로이다. 승수로는 지구 밖의 배후지로부터 유출수나 용출수가 배수지구 안으로 유입하는 것을 방지하기 위하여, 그 경계에 설치하는 수로를 말한다. 또한 하천제방이나 해안제방의 안쪽에 설치하여 하천수나 해수의 침투수를 받아서 처리하기 위한 배수로는 승수로에 속한다.

방수로는 승수로로 유입된 유량이 계획유량을 초과하는 경우 이 초과유량을 배수지구 밖의 배수구로 연결시키는 수로를 말한다. 또 배수로와 하천을 첩수로(捷水路, cut off)로 연결하여 홍수를 안전하게 배제하기도 하는데, 이 첩수로도 방수로의 한 종류이다. 그 밖에 방수공으로 연결되는 방수로도 있다.

[1] 배수로의 종류와 배치

(1) 배수로의 종류

배수로는 지표수나 지하수를 모아서 지구 하류 끝 부분의 배수구로 유도하는 수로로서, 개수로가 일반적으로 이용되고 있다. 배수로의 종류는 보통 배수로의 크기나 형태가 아닌 배수조직 내의 기능에 따라 다음과 같이 구분한다.

① 지거배수로(支渠排水路)　포장에 인접하여 설치하며 포장의 낙수, 암거로부터의 배출수를 받아들이는 수로이다.

② 지선배수로(支線排水路)　지거배수로로부터의 배출수를 받아 간선배수로로 유도하는 수로이다.

③ 간선배수로(幹線排水路)　지구 전체의 배출수를 모아서 배수지구 밖으로 배제하기 위한 수로이다.

(2) 배수로의 배치

배수로의 배치는 기술적으로 가능한 몇 가지 안을 세워서 수혜구역 내외의 지형, 배수 목적과 방법, 용지취득의 난이, 배수관행, 유지관리비 등 기술·경제·사회적 제 조건을 고려하여 가장 좋은 위치를 선정하도록 한다. 간선배수로는 다음과 같이 설치한다.

① 자연배수가 가능한 지구 또는 지하수 배제가 필요한 지구에서는 가능한 한 낮은 지대에 설치한다.

② 일부를 기계배수해야 하는 지구에서는 평상시의 자연배수가 가능한 고위부 배수로〔상단(上段)배수로〕와 기계배수를 필요로 하는 저위부 배수로〔하단(下段)배수로〕로 구분하여 설치한다.

③ 전체가 기계배수를 해야 하는 지구에서는 배수펌프의 용량(양정, 양수량)을 절감하기 위하여 고위부, 중위부, 저위부 등으로 나누어 배수로를 상, 하 2단식 혹은 상, 중, 하 3단식으로 설치한다.

④ 될 수 있는 대로 용지매수비, 토공비, 유지관리비가 저렴하고, 또 인가나 교통에 위험을 초래하지 않을 곳을 선정한다.

지거배수로 및 지선배수로는 농지의 구획형상, 도로, 용수로의 배치 및 간선배수로의 위치 등을 고려하지만 일반적으로는 다음과 같이 배치한다.

① 평탄한 논 지대에서의 지거배수로는 용수 지거와 교대로 평행하게 배치하고, 지선배수로는 지거배수로에 직각으로 교차시킨다.

② 경사지에서 지거배수로는 경사방향으로 하고, 지선배수로는 등고선방향으로 한다.

③ 용수로와 배수로를 겸용할 경우에는 논을 밭으로 전환하여 이용하거나, 용배수 관행 등을 충분히 고려하여 정한다.

(3) 밭에서의 배수로조직

밭의 경우에는 배수로가 방재 기본시설 중의 하나임을 충분히 고려하여 그 단면, 배치 등을 검토해야 한다. 승수로는 등고선에 대하여 대략 평행으로 설치하고, 승수로의 물을 모아서 배수하는 집수로(지선배수로)는 등고선에 대하여 대략 직각방향으로 간선배수로에 연결시킨다. 승수로나 지선배수로의 배치는 그림 4-16에 보이는 바와 같이 계곡에 지선배수로를 설치하고 승수로는 산등성이로부터 계곡 쪽으로 향해서 배치하는 계곡부 지선배수로 방식과 승수로를 산등성이로 향하여 배치하는 산등성이부 지선배수로 방식이 있다.

(4) 배수구의 위치

배수로 조직의 말단에 설치하는 배수구의 위치는 지형에 따라 가장 경제적으로 지구 내 배수를 할 수 있는 곳이 바람직하고, 가능한 한 자연배수가 될 수 있는 곳, 배수문이나 배수펌프장을 설치하는 경우에는 기초가 양호한 곳, 유사(流砂)나 비사(飛砂) 등으로 배수구가 폐쇄되지 않을 곳, 홍수・고조(高潮) 등에 대하여 안전한 곳, 부근에 허용담수를 실시할 유수지(遊水池)의 설치 가능성이 있는 곳 등이 적당하다.

[2] 배수로의 수리

(1) 종단기울기

배수로의 종단기울기는 수혜구역의 지형, 배수로 노선의 배치 및 배수구의

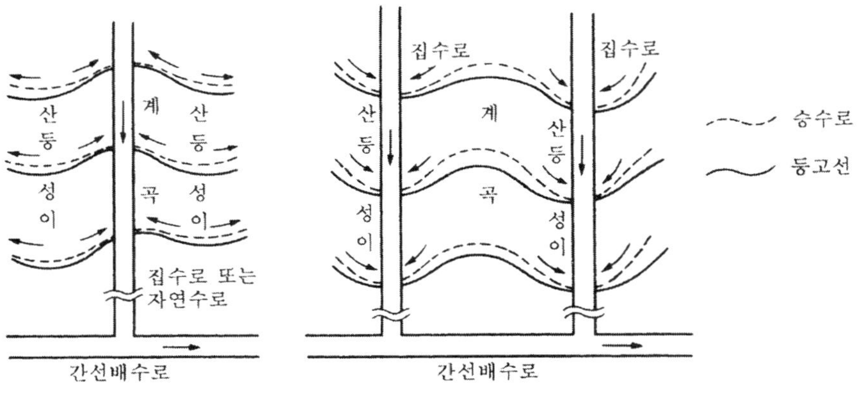

(a) 계곡부 집수로 방식 (b) 산둥성이부 집수로 방식

그림 4-16 밭 배수로의 조직

위치로부터 허용 최대유속 및 최소유속을 고려하여 가장 유리한 것으로 결정한다. 배수로의 단면 형상은 수리적으로 유리한 단면으로 하되, 생태계 보전을 고려해야 한다. 또한, 배수로의 단면은 원칙적으로 Manning의 평균유속공식을 사용하여 계산한 설계유량을 통수시킬 수 있도록 결정한다.

배수로의 종단기울기는 수혜구역의 지형과 배수구의 위치와의 관계에 따라 제약되는 경우가 많은데, 일반적으로는 최대허용유속 이내에서 급경사일수록 유리하다. 또 경사가 너무 급하여 최대허용유속을 초과할 경우는, 낙차공(落差工), 급류공(急流工) 등을 삽입하여 기울기를 완화하거나, 라이닝으로 최대허용유속을 증가시키도록 한다. 반대로 기울기가 너무 완만할 경우는 유출토사의 퇴적이나, 수초의 번무로 통수능력을 크게 저해하는 일이 있으므로, 통수장해물을 쓸어 내려 갈 정도의 유속을 갖도록 설계한다. 표 4-10은 배수로의 종류에 따른 종단기울기이고, 표 4-11은 토질에 따른 배수로의 종단기울기를 나타낸 것이다.

표 4-10 배수로별 종단기울기

배수로의 종류	기울기
간선 배수로	1/3,000 ~ 1/5,000
지선 배수로	1/1,000 ~ 1/3,000
지거 배수로	1/300 ~ 1/1,000

표 4-11 토질에 따른 배수로 종단기울기

미사	부식토	모래	자갈	중점토
1/6,000	1/1,000	1/800	1/250	1/150

표 4-12 배수로의 조도계수

배수로의 재료 및 상태	조 도 계 수		
	최소값	표준값	최대값
1) 호안이 되어 있는 배수로			
콘크리트(강제 패널 거푸집)	0.012	0.015	0.016
콘크리트(거친 목재 거푸집)	0.015	0.017	0.020
콘크리트(기성제품 플륨)	0.012	0.014	0.016
콘크리트 블록쌓기(매끄러운 이음매)	0.014	0.016	0.017
콘크리트(거친 이음매)	0.015	0.017	0.018
돌쌓기(깬 돌 찰쌓기)	0.017	0.025	0.030
돌쌓기(깬 돌 메쌓기)	0.023	0.032	0.035
초생 피복(떼)	0.030	0.040	0.050
2) 굴삭 또는 준설 배수로			
흙, 일직선(잡초 없음, 완공 직후)	0.016	0.018	0.020
흙, 일직선(잡초 없음, 야외방치 후)	0.018	0.022	0.025
흙, 일직선(잡초 없음, 모래, 자갈)	0.022	0.025	0.030
흙, 일직선(짧은 풀 있음)	0.022	0.027	0.033
흙, 불규칙 만곡(식물피복 없음)	0.023	0.025	0.030
흙, 불규칙 만곡(약간의 잡초)	0.025	0.030	0.033
흙, 불규칙 만곡(바닥은 돌, 측면은 잡초)	0.025	0.035	0.040
Drag line 굴삭, 준설(식물피복 없음)	0.025	0.028	0.033
Drag line 굴삭, 준설(비탈에 약간의 관목)	0.030	0.050	0.060
3) 자연 유로			
평야의 작은 유로(잡초가 없고 직선, 균열 ·웅덩이가 없음)	0.025	0.030	0.033
평야의 작은 유로(사행, 약간의 여울, 돌, 잡초)	0.035	0.045	0.050
평야의 작은 유로(사행, 약간의 여울, 많은 돌, 잡초)	0.045	0.050	0.060
대규모 하천(큰 돌이나 관목이 없는 규칙적 단면)	0.025	−	0.060
대규모 하천(거칠고 불규칙적 단면)	0.035	−	0.100

배수로의 단면 결정에 사용되는 Manning의 평균유속공식은 식 (4 · 25)와 같다.

$$Q = A \cdot V, \quad V = \frac{1}{n} R^{2/3} I^{1/2} \tag{4·25}$$

여기서 Q : 유량(m^3/s)
V : 평균유속(m/s)
A : 유수 단면적(m^2)
I : 동수 기울기
R : 동수 반지름(m)
n : 조도계수

배수로의 상태에 따른 조도계수 n의 값은 표 4-12와 같다.

(2) 허용 최대유속

배수로의 **허용 최대유속**이란 수로표면에 침식이나 세굴이 일어나지 않을 범위 안에서 최대로 허용되는 유속을 말한다. 효과적인 배수로는 가급적 좁은 통수단면으로 계획 배수량을 배제할 수 있어야 하므로 유속이 빠를수록 좋다. 그러나 유속이 너무 빠르면 수로의 표면에 침식이나 세굴과 같은 손상이 일어날 수 있기 때문에 유속을 제한하여야 한다. 표 4-13은 배수로 축조 토양의 종류별 허용 최대유속을 보이고 있다.

(3) 허용 최소유속

배수로에 토사가 침전되거나 잡초가 무성하면 통수능력이 저하되므로 이들 요인을 제거시킬 유속(허용 최소유속)이 필요하다. 허용 최소유속은 토사를 유하시키는 데 필요한 소류유속을 하나의 기준으로 할 수 있으며, 일반적으로 Kennedy가 발표한 식 (4·26)으로 구한다.

$$V_o = CH^m \tag{4·26}$$

여기서 V_0 : 이토(泥土)를 유하시키는 최소유속(m/s)
H : 수로의 수심(m)
C, m : 토양이나 수로단면형에 관계되는 계수

C의 값은 토질에 따라 가벼운 세사양토 0.46, 무거운 세사질토 0.51 사질양토 0.56, 거친실트 경실토 0.60 등으로 각각 다르다. m의 값은 유수가 탁수(濁水)인 경우 0.64, 청수(淸水)인 경우는 0.5이다. 한편, C와 m이 각각 0.415 및 0.64일 때 이 식으로 구한 실트질토양 배수로의 수심에 따른 허용최소유속은 표 4-14와 같다.

표 4-13 배수로의 허용 최대유속

종 별	유속(m/s)	종 별	유속(m/s)
사 질 토	0.45	얇은 콘크리트(두께 10 cm 이하)	1.50
사질양토	0.60	두꺼운 콘크리트	3.00
양 토	0.70	아스팔트	1.00
점질양토	0.90	호박돌 메쌓기(뒷길이 30 cm 이하)	1.50
점 토	1.00	호박돌 메쌓기(뒷길이 30 cm 이상)	2.00
모래질 점토	1.20	호박돌 찰쌓기	2.50
연 암	2.00	연결식 콘크리트 블록깔기	1.50
중 연 암	2.50	측면블록, 저면바닥 보호공	3.00
경 암	3.00		

[주] "연결식 콘크리트 블록 깔기"의 경우는 중량에 따라서 할증할 수 있다. 그러나 최대는 2.0 m/s로 한다.

표 4-14 실트질 토양 배수로의 수심별 허용 최소유속

수심(m)	0.3	0.6	0.9	1.2	1.5	1.8	2.1	2.4	2.7	3.0
유속(m/s)	0.19	0.30	0.39	0.47	0.54	0.60	0.67	0.73	0.78	0.84

[3] 배수로의 단면형상

배수로의 단면형상은 축조재료, 지형, 기능 등에 따라 다양하다. 그림 4-17은 전형적인 사다리꼴 배수로 단면의 형상이다.

흙수로의 옆비탈 기울기는 토양이나 기상조건에 따라 다르기 때문에 현황에 따라서 적절히 결정한다. 그 대표적인 값은 표 4-15와 같다.

배수로의 바닥높이는 경지의 지반높이보다 낮을수록 배수기능이 확보되지만 토공비가 많아진다. 계획 수로의 깊이는 계산에 의하여 구한 필요 최소 절토 깊이와 현지 포장암거의 매설깊이 등에 의하여 구해진 현황 최소 절토깊이를 비교하여 원칙적으로 큰 쪽을 채용한다.

$$\text{현황 최소 절토 깊이} = \text{포장암거 매설깊이} + \text{평상시 수심}$$

이상의 경우, 포장 암거 매설깊이는 보통 1.0 m 정도이며, 평상시 수심은 평상시 배수량에 해당하는 수심을 취한다.

배수로의 단면계획은 홍수시 계획유량을 배제할 수 있는 충분한 능력을 가질 수 있도록 고려한 다음, 사면 및 구조적 안정, 경제적 효율성과 함께 친환경적인 단면계획을 해야 한다. 또한, 배수로 주변의 토양배수불량에 대비한 복

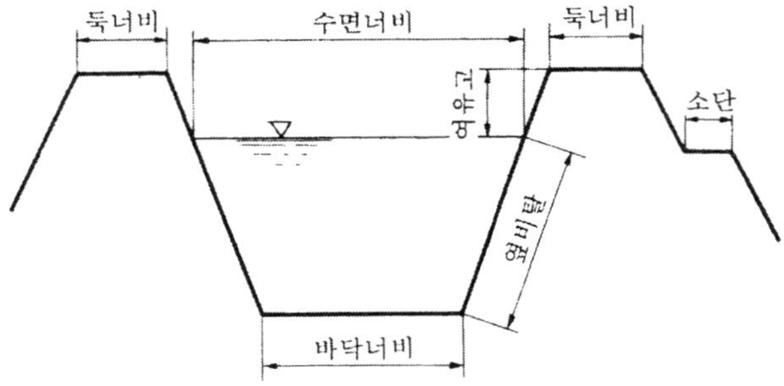

그림 4-17 사다리꼴 배수로 표준단면형상

표 4-15 수로의 옆비탈 기울기 1 : n(수직 : 수평)

토 질	절 토	흙쌓기(안비탈)		흙쌓기(바깥비탈)	
		3 m 미만	3 m 이상	3 m 미만	3 m 이상
사 질 토	1.5~2.0	2.0~2.5	2.5	2.0	2.5
사 력 토	1.0~1.5	1.5~2.0	2.0	2.0	2.0
양 토	0.5~1.0	1.0~2.0	2.0	1.5	2.0
자갈혼입점토	0.5~1.0	1.0~2.0	2.0	1.5	2.0
암	0~0.5	—	—	—	—

합단면(저위부 개거)과 생태계 파괴 최소화를 위한 자연형 하천공법의 도입을 검토하여야 한다.

배수개선지구에 흔히 적용하고 있는 복합단면(저위부 개거)으로 계획시에는 환경친화적 계획수립을 위해 낙차부에 어도나 동물보호측구(등선로)를 설치하는 것을 고려해야 한다.

한편, 배수로는 수리상의 안전을 확보하기 위하여 계획최대유량에 대한 설계 수면상에 여유고를 더하여 통수허용단면을 결정한다. 흙수로 및 콘크리트 라이닝수로에서의 여유고는 식 (4・27)로 산정하며 최소여유고는 0.15 m로 한다. 또한, 옹벽형 수로(플륨, 옹벽수로, 수로교, 기성품 수로 등)의 여유고는 식 (4・28)로 구한다.

$$F_b = 0.05d + h_v + (0.05 \sim 0.15) \qquad (4 \cdot 27)$$

$$F_b = 0.07d + h_v + (0.05 \sim 0.15) \qquad (4 \cdot 28)$$

여기에서 F_b : 여유고(m)

d : 계획최대유량에 대한 수로의 수심(m)

h_v : 속도수두(m)

예제 4-8 토질이 사질양토인 부지에 굴착한 배수로에서 허용최대유속이 0.60 m/s, 옆 비탈 기울기 1 : 1.5, 조도계수(n) 0.025, 수로바닥의 기울기가 1/2,500인 사다리꼴 단면의 수로에 유량 4.50 m^3/s를 흐르게 할 수 있는 바닥너비(b)와 수심(H)을 구하여라.

풀이 유량 $Q = A \times v$에서 $4.50 = 0.60 \times A$ $\quad \therefore A = 7.50\ m^2$

또 $v = \frac{1}{n} \times R^{2/3} \times I^{1/2}$에서

$$0.60 = \frac{1}{0.025} \times R^{2/3} \times \left(\frac{1}{2,500}\right)^{1/2}$$

$$\therefore R^{2/3} = 0.750,\ R = 0.750^{3/2} = 0.650\ m$$

따라서

$$A = (b + mH)H = (b + 1.5H)H = 7.50 \qquad ①$$

$$R = \frac{A}{P} = \frac{(b + mH)H}{b + 2\sqrt{(1 + m^2)}H} \qquad ②$$

①식과 ②식을 연립하여 풀면

$$R = \frac{7.50}{b + 2\sqrt{1 + 1.5^2}H} = \frac{7.50}{b + 3.606H} = 0.650 \qquad ③$$

③식에서 $0.650b + (0.3606 \times 0.606)H = 7.50$

$$\therefore b = 11.538 - 3.606H \qquad ④$$

식 ④를 ①식에 대입하면

$$(11.538 - 3.606H + 1.5H)H = 7.50$$

이것을 정리하면

$$2.106H^2 - 11.538H + 7.50 = 0$$

$\therefore H = 4.725$ 혹은 0.754이다.

이 중 $R = 0.650$ m를 만족시키는 것은 $H = 0.754$ m이므로

이것을 ④식에 대입하면

$$b = 11.538 - 3.606 \times 0.754 = 8.819\ m$$

즉, 구하고자 하는 바닥너비는 $b = 8.819$ m, 수심은 $H = 0.754$ m이다.

[4] 배수로의 수로구조물

호안공(護岸工)은 흐르는 물의 작용으로부터 배수로의 비탈을 보호하기 위하여 필요할 경우에 배수로의 안쪽비탈 또는 안쪽 소단(小段)에 설치한다. 설치위치는 현지의 실정에 맞추어 계획하되, 친환경 설계를 고려해야 한다.

호안 높이(護岸高)는 배수로 설치 지점의 토질, 배수로 내의 최대유속, 담수에 의한 수위변동 또는 수위 급강하에 의한 영향, 융설, 동결 때의 영향 등을 검토한 다음, 필요한 범위까지로 한다. 배수로와 배수하천에 대한 호안공법의 종류는 표 4-16에서 보는 바와 같이 라이닝형, 옹벽형, 시판형 호안 및 자연형 하천공법 등이 있는데 현지상황에 따라 결정한다.

표 4-16 호안공법의 종류

구 분	종 류	
라이닝형 호안	• 콘크리트 라이닝 • 섬유대 호안공	• 아스팔트 라이닝
옹벽형 호안	• 콘크리트 블록쌓기 • 콘크리트 옹벽	• 돌쌓기, 돌붙임 • Gabion 옹벽공법
시판형 호안	• 콘크리트 시판	• 강 시판
자연형 하천공법	• 사면녹화 공법 - 돌매트공법 - 앵커스톤 공법 - 환경블럭(조경형, 자연석형, D형, Earth Box) • 하천생물 서식처 복원공법 - 동물보호 측구 - 야자섬유망 공법 • 저수로 호안공법 - 개비온 공법 - 나무수재 공법 - 자연석 계단공법 - 버드나무 가지법 - 생이용법 • 자연형 식생공법 - 사주부 호안공법 - 하중도 호안공법	 - 통나무상자 공법 - 쇄석쌓기+갯버들식재 공법 - 섶나무 가지법 - 경고한 재료 이용법식 - 갈대 군락 조성법 - 수충부 호안공법 - 얕은만 호안공법

기 타	• 떼붙임 • 돌망태공 • 돌채움	• 사석공 • 블록붙임 • 비탈방틀공

표 4-17 배수로 호안공법의 장단점

종 류	장 점	단 점
토공	• 공사비 저렴 • 환경, 생태학적으로 유리	• 잡초, 갈대번성으로 통수단면 확보 곤란 • 유지관리비용 과다
돌망태	• 공사비 비교적 저렴 • 굴요성(屈橈性)이 좋아 지형의 변화에 적응 좋음	• 조도계수가 큼 • 종이, 비닐 등이 걸려 미관을 해침 • 인근에서 석재 구하기 곤란한 지역에서는 시공 곤란
섬유대	• 수중시공이 용이 • 배면과 부착력이 좋음 • 시공속도 빠름 • 물푸기나 가물막이 필요 없음	• 연약지반상에서 시공부실로 인한 조악(粗惡)한 시공이 될 수 있음 • 구조물 연결부위 시공이 어려움
콘크리트 라이닝	• 잡초나 갈대 등의 식생 억제효과 좋음 • 유지관리 용이	• 배수공을 설치하더라도 토양수분 배제 곤란 • 결빙기 빙압에 파손되기 쉬움
블 록	• 유지관리, 보수가 용이 • 미관이 좋음.	• 수중시공이 곤란 • 배면토압이나 수압에 의해 부풀림 풀림 현상이 생김
콘크리트 개거	• 유지관리 용이 • 통수단면 확보용이 • 내구연한 길다 • 잡초, 갈대 등의 식생억제 효과	• 지하배수 곤란 • 공사비 과다 • 생태계 보호 미약

최근에는 환경친화적인 호안재료의 사용이 권장되고 있으며, 양서류와 파충류 등의 이동통로를 확보하여 생태계를 보전하는 것도 적극 검토되고 있다. 표 4-17은 배수로 호안공의 장단점을 비교하여 나타낸 것이다.

낙차공은 배수로의 안전한 기능유지를 위하여 수로의 기울기를 적정하게 배분하면서 생기게 되는 잉여낙차(剩餘落差)를 조정하는 구조물이며, 수로 중에서 큰 에너지가 집중하는 곳이므로 위치 및 구조에 충분히 주의할 필요가 있다. 다단식 낙차공으로 된 경우는 지형조건에 따라 급류공이 유리한 경우도 있으므로 비교, 검토할 필요가 있다. 낙차공의 위치는 직선부로 흐름이 안정된 지점을 선정하며, 직상류나 직하류에 굴곡이 있는 지점을 피한다. 낙차공은 잠류(潛流)상태로 되면 감세(減勢) 효과를 크게 상실케 되므로 가급적 잠류하지 않도록 하류수위를 취한다. 부득이 잠류상태로 될 경우는 하류 쪽 보호구간의 길이를 충분히 길게 하여야 한다. 낙차공의 규모는 상류쪽 개수로의 수면 폭을 축소하지 않도록 해야 한다. 한편, 낙차공과 급류공은 단락 등에 의해 어류의 소상(遡上)을 방해할 우려가 있으므로, 어도의 설치를 검토해야 한다.

이 밖에 지구 내 배수지거로부터 배수하는 시설인 **유말공**과 승수로의 흐르는 물을 배수로로 안전하게 합류시키기 위한 **합류공**이 있다. 유말공과 합류공의 배치와 구조는 상세한 현지답사를 하여 유입위치, 유입배수로의 상태 등을 고려하여 가장 효과적이고 경제적이 되도록 결정한다.

4.5.3 배수문

배수시설로서의 수문은 그 기능상 배수문과 조정수문의 2종으로 나눈다. 배수문은 지구의 말단 저위부에 설치하는 것으로서, 홍수시 외수위가 내수위보다 높아져 외수가 지구 안으로 역류할 때는 문을 닫아 외수의 침입을 막고, 반대로 내수위가 높아지면 문을 열어 내수를 배출시킨다. 제방의 일부를 완전히 절단하여 설치한 것을 일반적으로 수문이라 하고, 제방에 매설된 관에 붙여 설치한 것을 **통관(桶管)** 또는 **통문(桶門)**이라 한다. 조정수문은 지구 내의 배수로망 중의 적당한 장소에 설치하여 지구 내의 수로계통마다 첨두 홍수량의 차이에서 오는 배수(背水)의 영향을 방지하고, 또 평상시 배수를 하는 경우는 지하수위를 포함한 지구 내 수위를 조절하기 위하여 설치하는 수문을 말한다. 본절에서는 배수문을 중심으로 상술키로 한다.

[1] 위치의 선정

배수문의 위치는 될 수 있는 대로 넓은 면적의 배수가 가능하도록 다음과 같은 조건을 만족시키는 장소에 선정하는 것이 좋다.

① 수혜지역의 최저부에 위치하여 배수능력이 클 것
② 공사가 용이하며 기초지반은 지지력이 양호하고 불투수성일 것
③ 풍파나 조류 등의 충격을 받지 않는 곳일 것
④ 유사퇴적으로 모래톱(砂洲)이나 얕은 여울이 부근에 생기지 않는 곳일 것

배수를 필요로 하는 지구의 최저위부는 일반적으로 기초지반이 불량하므로, 기초의 조사설계 시에는 신중한 배려가 있어야 한다. 또 배수지구가 아주 넓을 경우는 수문을 2개소 이상으로 나누어 설치하는 것을 비교, 검토할 필요가 있다.

갑문(閘門)으로부터 직접 바다에 배수할 경우 및 부득이 사주가 형성될 염려가 있는 곳에 갑문을 설치하여야 할 경우는, 하구개량 등의 특별한 대책이 있어야 한다.

[2] 배수문 턱의 표고 및 단면결정

배수문 턱의 표고는 배수로의 필요 표고와 외수위간의 관계로부터 결정한다. 일반적으로 낮을수록 효과적이다. 그러나 너무 낮으면 건설비가 높아지고 또 배수문을 통한 유출수의 유세가 감퇴하여 하류부에 토사를 집적시키기 쉽고, 수문의 개폐를 방해하게 되므로 주의해야 한다.

수문의 단면(폭)은 계획배수량에 따라 결정한다. 그 요령은 수문을 폐쇄하고 있는 동안 지구 안에 담수 되는 수위가 허용담수위 이하가 되거나 허용담수시간 이내로 머무는지 여부를 검토하는 것으로서 보통은 시산에 의한 반복계산으로 적정한 값을 결정한다. 즉, 먼저 단면을 가정하여(문짝 하나의 크기를 정하고, 문짝의 수를 정함) 외수위곡선과 지구 안으로의 유입량을 사용해서 적당한 시간간격(보통 0.5~1.0시간)으로 구획을 하여 유출량을 시산하고 내수위 곡선을 구하여 담수위와 담수시간을 검토한다.

수문 및 갑문의 단면결정에 있어, 계획 외수위, 평상시 외수위 및 기계배수 계획의 유무 등의 조건에 따라 그 기본적인 값은 다음 세 가지가 있다.

① 계획외수위일 때 계획 최대홍수량을 배출시킬 수 있는 단면

② 평상시 외수위일 때 계획 최대홍수량을 배출시킬 수 있는 단면

③ 지구내 담수 또는 저수지나 유수지를 고려하고 허용담수심(30 cm) 이하 및 허용 담수시간(24시간) 이내에 배출시킬 수 있는 단면

위의 세 가지 경우에서 ①과 ②는 외수위를 정하면 계산에 의해 산출할 수 있지만, ③의 경우는 몇 개의 단면을 가정하고 각각의 단면에 대하여 외수위 곡선과 유입량, 배출량을 대응시켜 지구내수위 곡선을 그려서 계획내수위 및 허용담수시간과 비교하여 결정하게 된다.

기계배수 계획이 없는 경우로서 지구내 담수를 허용하지 않고 유수지도 없는 경우에는 ①의 단면이 적용되지만, 지구 내의 담수를 허용하고 또 유수지

가 있을 경우에는 ② 또는 ③의 단면 중에서 큰 것을 적용한다. ②와 ③에서는 일반적으로 ②의 단면이 큰 것으로 생각된다. 이것은 지구 내에 홍수가 발생하였을 경우 언제나 외수위가 높다고는 볼 수 없으나, 이 단면으로는 첨두 홍수량을 배출시키는 것이 타당하다고 여겨지기 때문이다.

그러나 평상시 외수위가 높고, 따라서 ①의 단면이 ③에 비하여 극단적으로 크게 되는 경우에는 지역의 실정과 경제적 측면에서 고려하여 타당하다고 여겨지는 규격으로 조정한다.

기계배수 계획이 있으나 그 내용이 자연배수와 기계배수를 병용하는 것일 경우에는 ②로 산출되는 단면을 기초로 하여 지역의 실정과 경제적 측면을 고려한 후 시설규격을 결정하면 된다.

[3] 배수문 유량

배수문의 유출은 내외수위의 시간적 변화에 따르는 비정상류이므로 매우 복잡한 흐름이 된다. 그러나 실용적으로는 문비의 개방시간을 적당한 시간간격(보통 0.5~1.0시간)으로 구분하여 그 시간동안에는 내외수위 모두를 일정하다고 보고, 각 시간간격 처음과 끝의 각 수위 평균값을 채용한다. 그리고 문비를 통하여 유출하는 비정상류를 각 시간간격 동안은 정상류로 생각하여 근사적으로 계산한다.

따라서 각각의 경우에 적용할 유량 계산식은 문비의 구조, 단면과 내외수위의 변화에 따라서 선정해야 한다. 수리 계산상으로 분류하면 개수로, 보, 수문 및 관수로 등으로 구분할 수 있으므로 각각 해당 공식을 적용하면 된다.

[4] 환경친화적 고려 사항

배수문을 증설하거나 신설할 경우에는 어류생태계를 보전하기 위하여 어류의 이동통로인 어도(魚道)를 설치하는 방법을 강구해야 한다.

4.5.4 암거배수(暗渠排水)

토양이 너무 습윤해서 생산성이 낮은 농지의 땅속에 암거를 매설하여 유해한 과잉수를 배제하는 것을 암거배수라 한다. 암거배수를 실시하면 농지의 토양수분환경 개선, pF의 상승, 균열의 발생 등이 유발되므로 토양조건이 개선되고, 지내력이 증강되며, 영농조건도 개선된다. 이 같은 암거배수의 효과는 시간이 흐르면서 서서히 토양을 개선시키면서 나타나는 것이 특징이다. 이들

이외의 암거배수의 또 다른 효과로서는 건조지대에서 자주 볼 수 있는 토양 중의 염분배제, 지온의 상승, 동상해 방지 등을 들 수 있다.

[1] 계획시의 고려사항

암거배수를 합리적으로 계획하는 데는 우선 포장의 배수불량을 일으키는 원인을 밝혀서 이것을 해소하도록 한다. 암거배수가 충분히 그 기능을 발휘하기 위해서는 그것을 구성하는 각 시설의 기능이 완전해야 할 뿐만 아니라, 포장을 포함한 지거배수로의 조직 전체가 잘 구비되어 있어서 집수된 물이 완전하게 지구 밖으로 배수될 수 있게 해야 한다.

1) 지구배수와의 관계

암거배수의 기능이 손상되지 않도록 지구내 배수로의 통수능(通水能), 배수위의 제어기능, 배수관리조직이 목적한 대로인가 아닌가를 검토해야 한다. 또한, 암거의 배수구의 높이는 수리계산에 의해 가정한 배수로의 계획 수위로부터 적어도 5~20 cm 이상 높게 한다.

2) 포장의 영농형태와 환경조건

범용농지에서는 충분한 배수기능과 필요시 지하수위를 수갑(水閘)에 의해 제어할 수 있는 기능이 겸비되어야 한다. 밭이나 과수원의 경우는 과수의 근군역(根群域)을 고려하여 암거를 매설해야 하지만 지하수위를 조절하는 수갑은 필요치 않다.

이렇게 논, 밭, 범용화 논, 과수원 등에서는 농지의 암거배수시설에 각기 약간씩의 차이가 있다. 환경조건으로서는 토양(토성), 지형, 외수, 기상 등을 들 수 있으나, 이들 중에서 토성에 대한 고려가 가장 중요한 일로 사질토양, 중점질 토양(난투수성 토양), 이탄질토양, 간척지 토양은 그 밖의 보통 토양과는 달리 특별한 배려가 필요하다.

또 경사지에서는 지형에 따라 암거간격을 수정할 필요가 있다. 기상 조건도 건조한 지역과 그렇지 않은 지역에서는 암거배수효과에 영향을 주므로 유사한 지역에서의 조사결과를 참고하는 것이 좋다.

3) 보조암거의 필요성 검토

포장의 투수계수가 1×10^{-5} cm/s인 난투수성토양의 경우에는 본암거만으로는 배수효과가 불충분함으로 보조암거를 이용하여 효과를 높일 필요가 있다. 보조암거로서는 두더지암거, 소수재(疎水材)포설암거 혹은 심토(心土) 파쇄 등을 들 수 있다. 또 이들을 병용하는 방법도 검토할 필요가 있다.

4) 계획 지하수위의 검토

지하수위와 작물 생육과의 관계 혹은 지하수위와 지내력과의 관계에 대한 기존의 연구결과를 종합 검토해 보면 논밭 윤환(輪換)의 범용농지에서는 계획 암거배수량을 50 mm/d로 하고, 강우 후 2~3일의 계획지하수위를 40~50 cm, 평상시 지하수위(강우 후 7일)을 50~60 cm로 낮추는 것을 목표로 하면 좋다고 한다. 따라서 흡수거의 깊이는 얕은 부분에서도 60 cm 이상, 깊은 곳에서는 100 cm 정도가 필요하다고 볼 수 있다.

[2] 암거배수의 조직

(1) 보통 논의 암거배수 조직

일반적으로 흡수거(吸水渠), 집수거(集水渠), 수갑 및 배수구로 구성되며, 지구 외에서 유입하는 침투수를 제거하기 위한 승수거가 포함될 때도 있다. 필요에 따라 흡수거 선단부에는 통기구(通氣口), 집수관로에는 맨홀 등을 설치할 수가 있다. 암거배수조직의 구성도를 보면 그림 4-18과 같다.

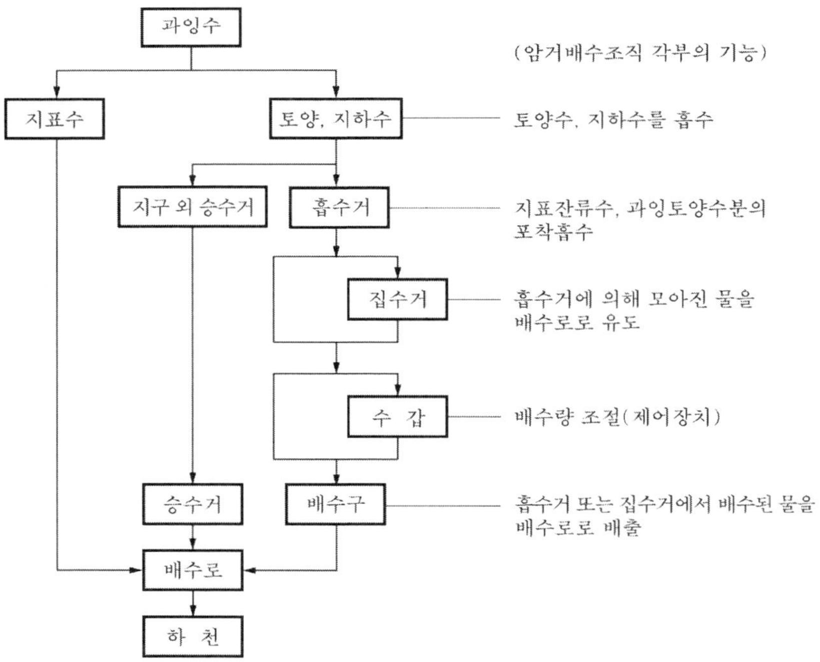

그림 4-18 암거배수조직 구성도

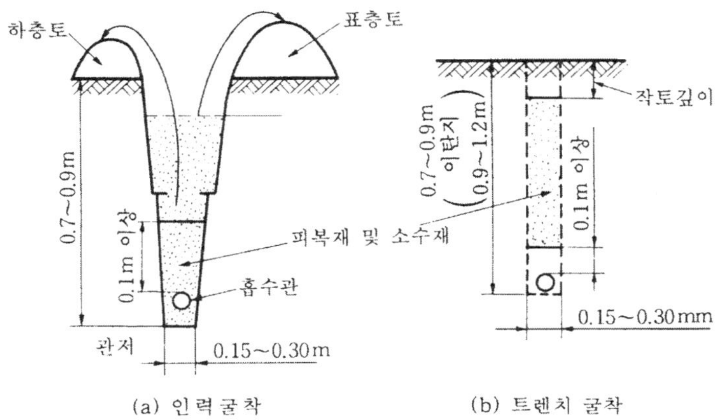

그림 4-19 흡수거의 단면형상

1) 흡수거

배수구역의 지표잔류수나 토양 중의 중력수를 직접 흡수하여 흘려보내는 흡수관과 토층으로부터의 과잉수를 쉽게 또 연속적으로 흡수거에 유입시키기 위한 소수재 또는 피복재로 이루어져 있다. 흡수거는 관암거, 간이암거, 그리고 무자재(無資材)암거 등이 있다.

관암거는 토관, 도관(陶管), 콘크리트관, 플라스틱관 등의 원형단면관으로서 통수량의 산정이 비교적 용이하고 지속성이 길다는 것, 설계시공 및 관리가 쉬우며 또한 자재를 구하기가 쉽다. 간이암거로서는 섶, 나무, 대, 석력(石礫) 등을 사용하여 지중에 통기공을 만드는 공법이지만, 통수량의 산정이 곤란하고 내용연수도 짧아서 최근에는 별로 사용되고 있지 않다.

무자재 암거에는 탄환암거가 있다. 일명 두더지암거라고도 부르며, 점토질 토양 특히 간척지나 이탄지에서 단독 또는 보조암거로 사용하는 공법이다. 자재는 사용하지 않고 지중에 탄환모양의 물체를 트랙터로 견인해서 통기공을 만들고, 이것이 흡수거의 역할을 하게 하는 것으로서 관암거와 조합시공을 하면 효과가 크다. 일반적으로 시공되고 있는 흡수거의 매설방법은 그림 4-19와 같다.

2) 집수거

흡수거에 의해 모아진 물을 배수구까지 도수하는 암거로서 흡수거의 연직하방에 설치한다. 집수거로는 관암거가 주로 사용된다.

3) 수갑, 맨홀

수갑은 주로 논에 설치한 암거배수 조직의 배수상태(배수량, 지하수위 조절, 배수로로부터 역류 방지 등)를 조절하는 시설로서 흡수거 또는 집수거의 도중에 설치하며 관개기에는 이것을 닫고 비관개기에는 연다. 밭이나 과수원의 암거조직에는 사용하지 않는다. 맨홀은 수세의 감쇠(減衰)와 침사 및 암거의 점검을 위한 구조물로서 관의 합류점이나 경사가 급변하는 곳에 설치한다.

4) 배수구

집수거 또는 흡수거로부터 배수된 물을 간지선 배수로 또는 하천으로 배출시키는 시설로서 항상 배수로 수면 위에 위치하도록 한다.

5) 승수거

지구 밖에서 침입하는 유입수를 차단하기 위해 필요한 경우 설치하는 시설로서 직접 배수하천에 연결시키는 것이 원칙이지만 경우에 따라서는 집수거에 연결시키기도 한다.

(2) 이탄지의 암거배수 조직

이탄지와 같이 암거배수에 따른 부등침하가 예상되는 지대, 특히 물질분해가 잘 되지 않는 이탄지의 암거배수계획은 특히 주의를 요한다. 이러한 이탄지대에서는 부등침하에 의한 고장을 처리해야 하는 경우가 많기 때문에 될 수 있는 한 침하의 속도를 느리게 하거나 균일한 침하가 되도록 한다. 이를 위해서 우선 간이 보조암거에 의해 배수를 해서 포장의 안정을 유지하고, 그 후에 본암거를 일반적인 경우보다 약간 깊게 매설한다.

특히, 분해가 불량한 이탄지에서는 부등침하를 막기 위해 흡수거의 관접합부에 불량한 연결부분이 발생하지 않도록 유의해야 한다. 본암거의 경우, 흡수거의 매설깊이는 이탄층의 상태에 따라서 0.8~1.20 m로 하고, 간격은 10~20 m로 정하는 것이 적당하다. 또 지하수위를 충분히 저하시키고자 하는 경우에는 본암거와 직각으로 보조암거를 시공하면 좋은 효과를 볼 수 있다.

(3) 간척지의 암거배수 조직

간척지의 배수조직은 지표배수를 위한 소배수구, 보조암거 및 본암거로 구성된다. 소배수구는 신속한 지표배수를 목적으로 한 것으로 그림 4-20에서 보는 바와 같이 깊이 0.4~0.7 m, 윗나비 0.8~1.2 m 정도의 도랑을 갯고랑을 향하도록 적절하게 많이 배치한다.

보조암거는 어느 정도 토층의 건조화가 진행된 후 하부토층의 배수를 촉진시키기 위한 것으로 두더지암거, 소수재 매설암거, 심토파쇄 등을 시공한 것이다. 본암거(흡수거)는 토층건조에 따른 토양구조의 발달이 지표면하 50~60

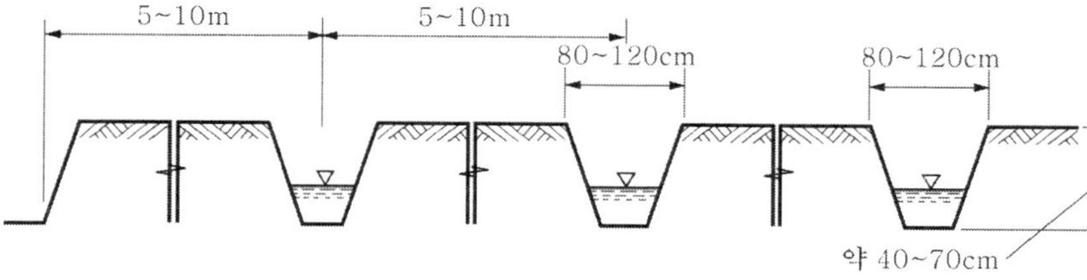

그림 4-20 간척지 소배수구 굴착

cm까지 파급되었을 때 흡수관과 소수재를 보조암거에 연결되도록 배치한 것을 말한다.

[3] 암거배수조직의 배치방식

암거배수방식은 지형조건 · 토지이용형태 및 유지관리의 편리 등을 고려하여 결정해야 하며 일반적으로 그림 4-21과 같은 방식이 이용된다.

(1) 흡수거를 배수지거에 직접연결 하는 방식

흡수거로부터 직접 배수로(지거)에 배수하는 방법으로 직접 배수방식이라

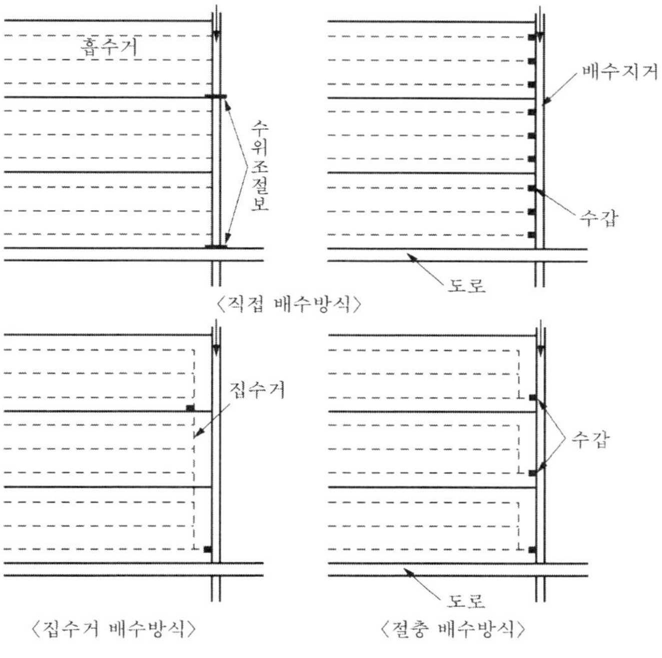

그림 4-21 암거배수조직의 배치방식

한다. 이 방식은 조직이 간단하기 때문에 시공하기 쉽고, 고장이 적다. 또한, 배수지거에 물막이를 설치하여 수위를 조절함으로써 암거배수를 조절할 수 있는 장점이 있지만, 배수지거의 유지관리가 완전하지 않으면 큰 효과를 거둘 수 없다.

(2) 배수지거는 지표배수 전용으로 하고 흡수거에서 나오는 물은 집수거를 통하여 지선배수로에 배출시키는 방식

흡수거에서 나오는 물을 집수거를 통해서 배수로에 배제하는 방식으로 집수거 배수방식이라 한다. 배수지거는 지표배수만을 대상으로 한 얕은 수로로서도 좋으므로 궤폐지(潰廢地)가 적어진다. 또한, 집수거의 하단을 지선배수로에 연결시킬 수 있으므로 유지관리가 쉬운 대신 동일 암거조직 내에서 자유로운 배수관리는 제한을 받게 된다.

(3) 각 포장마다 흡수거를 모아 집수거에 의하여 배수지거에 배출시키는 방식

직접 배수방식과 집수거 배수방식을 절충한 배수방식으로서 토지이용을 자유롭게 전제한 평탄한 논에서 주로 적용한다. 또한, 논과 밭의 윤환답이거나 단차(段差)가 큰 경사지의 논에서는 논배미마다 자유로운 배수관리가 필요하기 때문에 이 방식을 채택하는 것이 바람직하다.

[4] 암거배수조직의 설계

(1) 흡수거의 매설깊이

암거배수조직의 기본방침이 결정되면 그에 따라 흡수거의 매설깊이, 간격, 암거의 기울기, 관 지름의 순으로 설계 기준값들을 결정한다. 최근의 연구결과에 의하면 암거의 깊이와 간격은 이론식보다 경험값을 기초로 하여 결정하는 경우가 많다. 그것은 토양 속에는 균열이 현저하게 발달해 있어 신뢰성 있는 투수계수 값을 구하기 어렵기 때문이다. 그러나 토양구조가 단순해서 이론식의 적용이 가능한 사질토양의 경우는 예외이다.

흡수거의 매설 깊이는 지표면에서 계획지하수위까지의 깊이를 기준으로 해서 식 (4・29)로 구한다. 여기에서 α는 배수로의 깊이, 포장 지하수위의 강하속도, 배수개량에 따른 지반의 수축침하, 영농기계의 주행하중, 동결심도 등을 고려한 여유고이다.

$$H = h + \alpha \qquad (4 \cdot 29)$$

여기서 H : 흡수거의 매설깊이(m)

h : 계획지하수위(m)

α : 여유고 0.2~0.4(m) (난투수성토양 · 연약한 지반 0.2, 사질토양 · 사력 등 0.4, 상기 이외의 토양 0.3), 배수개량에 의한 토층의 수축이 예상되는 경우 혹은 지반의 수축 침하가 있는 경우는 큰 값을 취한다.

식 (4 · 29)에서 구한 값(H)는 포장 중앙부에서의 매설 깊이이다. 흡수거의 상하류단은 관내 유속을 고려해서 H ± 0.10 m의 깊이로 한다. 일반으로 흡수거 상류단에서는 0.6~1.0 m 하류단에서는 0.8~1.2 m로 매설하는 예가 많다. 다만, 주흡수거의 상단부 매설깊이를 최소한 0.6 m 이상으로 해야 한다.

(2) 흡수거의 간격

흡수거의 간격은 흡수거 사이의 중앙부에서 강우 후 1~2일 이내에 계획지하수위까지 지하수위를 강하시키는 데 필요한 흡수거 사이의 거리를 말한다. 흡수거의 간격은 토지이용상황과 토성에 의해 결정하는 방법과 이론적 해법으로서, 토성 특히 투수성을 고려해서 결정하는 방법이 있다. 이론식의 적용에 있어서는 토성에 따라 투수계수에 큰 차이가 있고 현장 사정과 동일한 경계조건의 설정이 곤란하므로, 일반적으로는 양자를 병용해서 간격을 결정하는 경우가 많다.

표 4-18은 Slader가 경험적으로 구한 흡수거 간격 값을 일부 수정한 것이다. Slader는 미국의 습윤지대에서 대부분 16.6~33.0 m(50~100 feet)에서 좋은 결과를 얻었다고 보고하였다. 그러나 우리나라는 미국과 경구(耕區)의 규모, 토지이용형태 및 기상조건 등이 서로 다르므로 그대로 적용할 수는 없으나 일단 참고는 된다고 볼 수 있다.

표 4-18 흡수거의 설치 깊이 및 간격(m)

토 성	입경 0.02 mm 이하의 중량비(%)	흡수거의 깊이			
		0.8 ± 0.1	1.0 ± 0.1	1.2 ± 0.1	1.4 ± 0.1
보통점토	75~60	8~10	8.5~10	9~11	9.5~11.5
보통양토	50~40	10~11.5	11.5~13	12.5~14.5	13.5~16
이 토	–	10~13	10~16	13~18	15~21
사질양토	40~25	11.5~14.5	13~17	14.5~19.5	16~22
사 토	<10	>18	>22	>26	>30

지하 수면형의 이론적 계산법에 대하여는 수많은 연구보고가 있으나, 여기서는 정상상태의 경우와 비정상상태로 나누어 대표적인 몇 가지 이론을 소개하기로 한다.

1) 정상상태 · 비정상상태의 암거배수이론

일정한 강도의 강우와 평형을 이루고 있는 지하수면을 유지하면서 비담수상태로 배수가 실시되고 있는 정상상태인 경우이다.

① Hooghoudt의 식 그림 4-22에서와 같은 조건하에서 Hooghoudt은 흡수거의 간격(S)과 암거 사이 중앙의 지하수위(H)간에 다음 식 (4・30)의 관계가 성립한다고 하였다. 즉,

$$S^2 = \frac{4K_1}{q}H^2 + \frac{8K_2D}{q}H \qquad (4 \cdot 30)$$

여기서 q : 강우강도(m/s)

K_1 : 암거 상층의 투수계수(m/s)

K_2 : 암거 하층의 투수계수(m/s)

S : 암거의 감격(m)

H : 암거 사이 중앙의 지하수위(m)

D : 암거에서 불투수층까지의 깊이(m)

식 (4・26)은 평행류의 가정에 의한 것이므로, 암거의 간격 S에 비하여 불투수층까지의 깊이 D가 크면 방사상 흐름이 되며 이를 고려한 등가깊이를 사용하여야 한다.

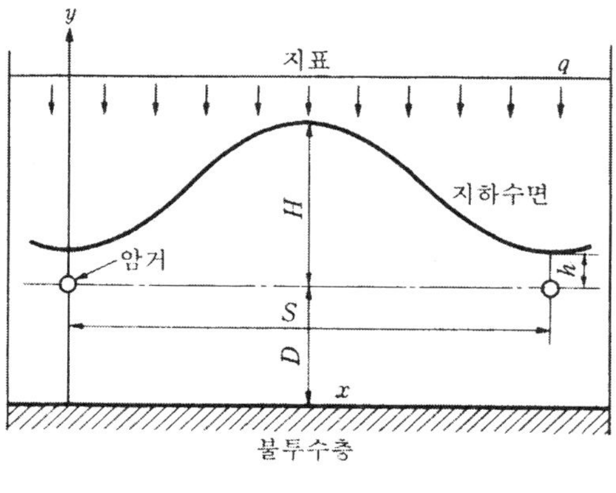

그림 4-22 Hooghoudt식의 설명도

② Kirkham의 식 Kirkham은 그림 4-23에서 보는 바와 같이 암거의 상층에 있어서 유선이 수직이라고 생각하고 x축상에 있어서의 압력분포는 지하수면의 높이(H)를 나타낸다고 가정하여 다음의 식 (4・31)을 얻었다.

$$H = \frac{Sq}{K} F$$

$$F = \frac{1}{\pi}\left[\ln\frac{S}{\pi r} + \sum_{m=1}^{\infty} \frac{1}{m}\left(\cos\frac{2m\pi r}{S} - \cos m\pi\right) \left(\coth\frac{2m\pi D}{S} - 1\right)\right] \quad (4 \cdot 31)$$

표 4-19는 식 (4・27) 중의 F값이다.

표 4-19 Kirkham식의 F값

D/S	2r/S				
	0.0025	0.005	0.01	0.02	0.04
0.01	12.79	12.57	12.33	12.03	11.52
0.02	6.761	6.541	6.318	6.077	5.771
0.04	3.846	3.643	3.421	3.195	2.594
0.08	2.522	2.301	2.080	1.858	1.633
0.16	1.961	1.741	1.520	1.299	1.077
0.32	1.787	1.566	1.345	1.125	0.9040
0.64	1.764	1.543	1.323	1.102	0.8811
1.00	1.763	1.543	1.322	1.101	0.8808
∞	1.763	1.543	1.322	1.101	0.8808

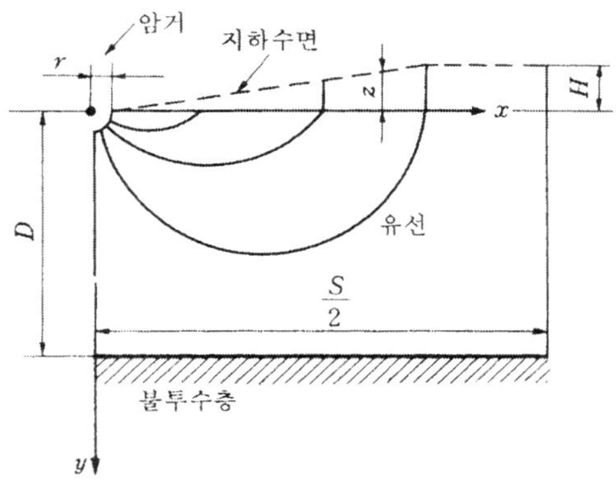

그림 4-23 Kirkham의 식 설명도

불투수층(不透水層)의 깊이가 충분하여 $D/S \to \infty$라고 생각되는 경우에는 coth2mπD/S → 1이 되므로, 식 (4・31)은 식 (4・32)와 같이 간단하게 된다.

$$H = \frac{Sq}{\pi K} \cdot \ln\frac{S}{\pi r} \qquad (4 \cdot 32)$$

이 식은 그 기본 가정을 생각해 볼 때 불투수층까지의 깊이 D가 상당히 깊은 경우에 적용되는 것으로 볼 수 있다.

③ Delacroix의 식　그림 4-24의 경우에 대하여 Delacroix는 식 (4・33)을 제안하였다. 각 토양에 대한 tan β, h_1의 값은 표 4-20에 나타나 있다.

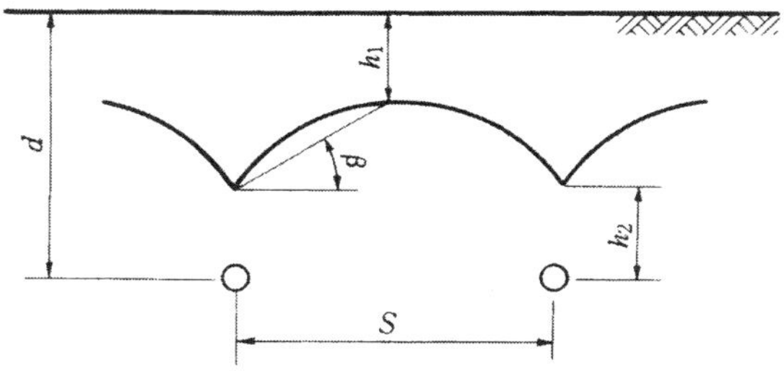

그림 4-24 Delacroix의 식 설명도

표 4-20 토양별 지하수면 기울기(tanβ)와 투수계수(k)의 값

토 성	h_1(cm)	$\tan\beta$	k(cm/s)
중 점 토		0.09	3×10^{-8}
보통점토	최대 34, 평균 25	0.07 ~ 0.08	4.5×10^{-6}
양토, 사양토		0.025 ~ 0.03	3.5×10^{-5}
사 토	최대 30, 평균 25	0.015 ~ 0.02	1×10^{-3}

$$S = \frac{2(d - h_1 - h_2)}{\tan\beta} \qquad (4 \cdot 33)$$

여기서 S : 암거의 간격(m)

d : 지표에서 암거까지의 깊이(m)

h_1 : 지표에서부터 암거 중앙부에 있어서의 최고 지하수면까지의 깊이(m)

h_2 : 암거 바로 위의 지하수심(m)

$\tan\beta$: 지하수면 기울기

2) 정상상태·담수상태의 암거배수이론

Kirkham은 그림 4-25에서 보는 바와 같은 토층 전체가 포화되어 담수상태로 되어 있는 균질 토양에 설치된 흡수거의 암거배수량에 대해 식 (4·34)을 제안하였다.

$$Q = \frac{2\pi K(t+d+r)}{F} \tag{4·34}$$

$$F = \ln\frac{\tan\frac{\pi(2d-r)}{4h}}{\tan\frac{\pi r}{4h}} + \sum_{m=1}^{\infty}\ln\left[\frac{\cosh\frac{\pi mS}{2h}+\cos\frac{\pi r}{2h}}{\cosh\frac{\pi mS}{2h}-\cos\frac{\pi r}{2h}}\cdot\frac{\cosh\frac{\pi mS}{2h}-\cos\frac{\pi(2d-r)}{2h}}{\cosh\frac{\pi mS}{2h}+\cos\frac{\pi(2d-r)}{2h}}\right]$$

식 (4·30)에 있어서 암거의 간격 S가 불투수층의 깊이 h에 비해 큰 경우에는, 근사적으로 식 (4·35)와 같이 변형된다.

$$Q = \frac{2\pi K(t+d-r)}{\ln\left[\tan\frac{\pi(2d-r)}{4h}\cdot\cot\frac{\pi r}{4h}\right]} \tag{4·35}$$

또한, 불투수층의 깊이 h가 암거의 간격 S에 비해 큰 경우에는 다음 식 (4·36)과 같이 변형된다.

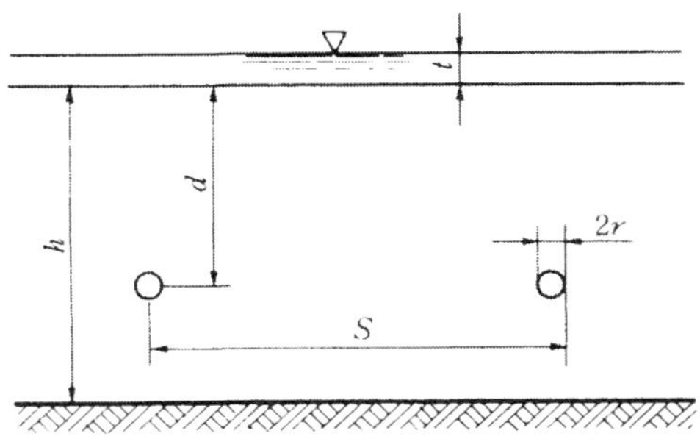

그림 4-25 Kirkham 식의 설명도(담수, 균질토양의 경우)

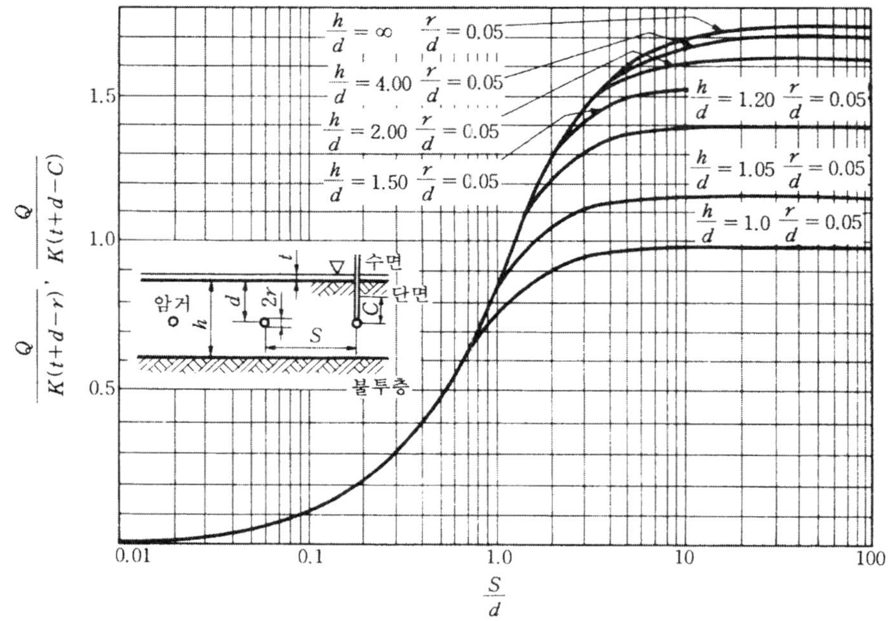

그림 4-26　담수상태의 균질토양의 암거배수량

$$Q = \frac{2\pi K(t+d-r)}{\ln\left[\sinh\frac{\pi(2d-r)}{S}\cdot \operatorname{cosec} h\frac{\pi r}{S}\right]} \tag{4・36}$$

여기서　Q : 암거 단위 길이당 배수량($m^3/s/m$)

K : 투수계수(m/s)

예제 4-9　$t=0.05$ m, $d=1.00$ m, $r=0.05$ m, $h=1.20$ m, $S=10.0$ m일 경우 암거가 공기 중에 개방되어 있을 때 배수량(Q)을 구하라(단, $K=1.0\times10^{-6}$ m/s이다).

풀이 $h/d=1.20$, $r/d=0.05$, $S/d=10$

그림 4-24에서

$$\frac{Q}{K(t+d-r)}=1.375 \qquad \therefore\ Q=1.375\times10^{-6}\ (m^3/s/m)$$

또한, 암거 내의 수위를 올려서 $C=0.55$로 했을 경우의 배수량(Q')을 구해 보면 다음과 같다.

$$\frac{Q'}{K(t+d-C)} = 1.375 \qquad \therefore \ Q' = 6.875 \times 10^{-7} \ (\mathrm{m^3/s/m})$$

3) 비정상 상태의 암거배수 이론

Kirkham은 정상류 상태의 이론식인 식 (4・26)에서 강우강도가 시간에 따라 변하는 것으로 가정하여 초기조건으로서 $t=0$일 때 $H=H_0$인 경우 식 (4・37)을 얻는다고 하였다.

$$\frac{H}{H_0} = \exp\left(\frac{-K}{f} \cdot \frac{t}{SF}\right) \qquad (4 \cdot 37)$$

식 (4・33)의 경우도 불투수층이 충분히 깊은 경우에 적용된다. 암거의 매설간격은 계획암거 배수량 및 계획 지하수위 저하속도가 모두 계획 기준값을 만족하는지 어떤 지를 검토해서 대략 10~33 m 범위로 정하는 것이 일반적이다. 단, 이탄지나 간척지 혹은 경사지에서는 항시 이 한계를 따르지 않는다.

[4] 암거의 기울기, 유속 및 지름

암거의 기울기는 일반적으로 1/100 내지 1/1,000으로 한다. 암거의 관내 유속은 관 주변의 토사를 빨아들이거나 토사의 퇴적이 생기지 않는 유속으로 한다. 일반적으로는 흡수거의 유속은 0.2~0.50 m/s의 범위로서 0.30 m/s가 표준이다. 집수거는 흡수거로부터 집수된 물을 신속하게 배출하는 유도관(誘導管)으로서의 역할이 주 기능이므로 흡수거보다 1.5배 정도 관내의 유속을 높일 필요가 있다.

관 지름은 그 관로가 받는 배수량과 기울기 및 관내의 조도계수에 의해 계산하는데 Manning의 유속공식을 이용하여 구한다. 또 통수면적은 최대유량에서의 수심이 관경의 70~80%가 되도록 관 지름을 정하고, 흡수거의 관 지름을 최소가 되도록 결정하지만 적어도 50 mm 이상으로 하는 것이 바람직하다. 흡수거 내의 유속계산시 기울기는 흡수거의 설치기울기와 같게 하고, 흡수거의 조도계수는 표 4-21과 같다.

관 지름 결정의 근거가 되는 흡수거 일개선(一個線)당의 암거배수량 Q는 식 (4・23) 및 식 (4・24)에서 산정한 값 q_1 또는 q_2 중 큰 쪽의 값을 택하여 다음 식 (4・38)에서 구한다.

표 4-21 흡수거의 조도계수

관의 종류	흄관	도관	작은 토관	경질염화비닐관	PVC유공주름관
조도계수(n)	0.013	0.014	0.013	0.012	0.016

〔주〕: 본 조도계수는 신품인 경우임.

$$Q_i = q_i \times a \quad (i = 1 \text{ 또는 } 2) \qquad (4 \cdot 38)$$

여기서 Q_i : 암거 1개선당의 암거배수량($l/s/$선)

q_i : 단위계획암거 배수량($l/s/ha$)

a : 암거 1개선당의 배수면적($ha/$선)

이 암거 배수량은 가장 추정이 곤란한 것의 하나로서 토양의 투수성, 토양구조, 영농방식과 밀접하게 관계된다. 여기에서 관암거의 유속과 유량의 계산에 사용하는 계수 α 및 β는 농업생산기반정비사업계획설계기준(배수편, 표 5-13)의 흄수관의 유량・유속 계산표를 이용하면 편리하다.

4. 5. 5 기계배수

농지의 기계배수에 있어서는 유출수(流出水)가 지구 내에 저류되어 어느 정도의 담수가 되는 것을 허용하기 때문에 계획 배수량(排水量)은 첨두유출량보다 작은 값을 채용할 수 있다. 또, 기계배수 시에는 홍수시 배수량과 평상시 배수량으로 구분하여 각각 따로 처리할 수 있게 계획한다.

기계배수에 있어서 단위배수량은 0.6～1.0 $m^3/s/km^2$ 정도로서 자연배수의 경우보다 매우 작다. 농지의 배수용 펌프로서는 저양정(低揚程), 대유량(大流量)의 경우가 많다.

[1] 기계배수의 계획

(1) 배수량

그림 4-27은 지구 내의 가장 하류단에서의 유출량 곡선을 나타낸 것이다. 여기서 하천계획 및 저수지의 물넘이 설계에서는 유역 유출량곡선의 첨두유량 q_p가 중요한 요소이나, 기계배수 계획에서 이 값 q_p를 채용하면 시설이 과대하게 되어 비경제적으로 된다. 일반적으로 첨두유량보다 작은 값 q_m을 채용하여 기계배수의 용량으로 한다. 즉, 기계배수의 용량을 초과하는 시간 t_1 동

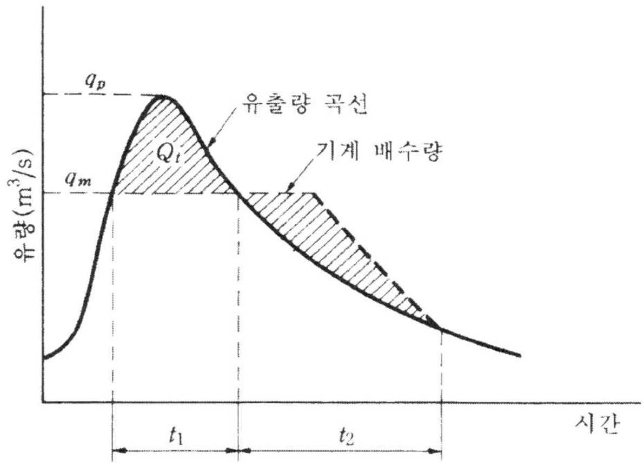

그림 4-27 유출량과 기계배수량간의 관계도

안의 유량 Q_t는 지구 내에 담수시키고 유출량이 기계배수 용량보다 적은 t_2 시간에 배제시키는 것으로 하는 것이다.

이상에 대한 구체적인 절차는 4.4절의 유출해석 모형과 담수해석 방법을 적용토록 한다.

(2) 양정(揚程)

양정은 펌프의 종류 및 용량 등을 결정하는 데 매우 중요한 값이며, 설계양정은 홍수시용 펌프와 평상시용 펌프를 구분하여 결정하여야 한다. 양정에는 흡입수위와 배출수위의 차이인 실양정(H_a)과 실양정에 관로계통에서 발생하는 각종 손실양정(Σh)을 더한 전양정(H)이 있다.

유출이 발생하면 내수위나 외수위는 시시각각으로 변화하고 특히 외수위의 변화가 현저한 경우가 많다. 또, 각 홍수마다 내수위, 외수위의 관계가 변화하기 때문에 배수펌프의 실양정(實揚程)은 계획외수위(배출수위)와 계획내수위(흡입수위)를 종합적으로 분석하여 결정한다.

계획 실양정에 있어서 흡수부로부터 배출부까지의 배관이 결정되면 배수펌프 용량에 대한 각종 손실수두가 산출되어 전양정(全揚程)을 구할 수가 있게 된다. 그림 4-28은 양정의 설명도이다.

전양정은 다음 식 (4・39)로 구한다.

$$H = H_a + h_e + h_l + h_o$$

$$H = H_a + \sum h = (H_s + H_d) + (H_e + H_l + H_o) \qquad (4 \cdot 39)$$

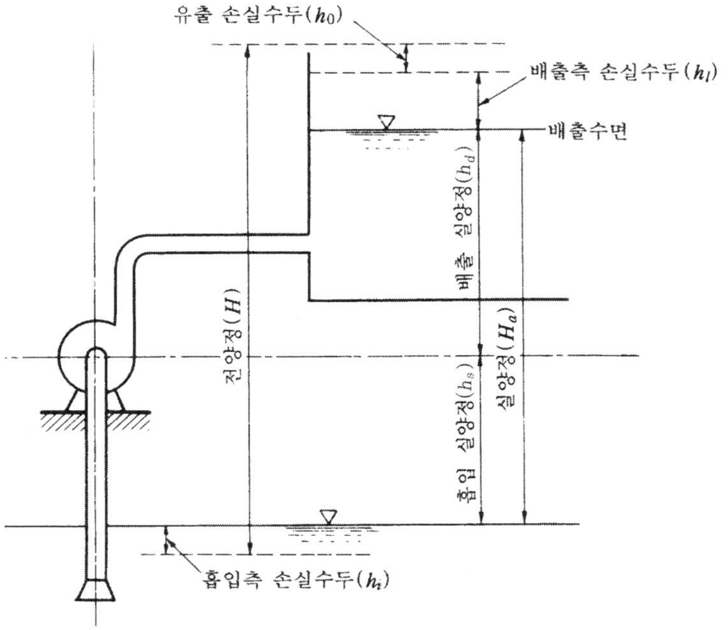

그림 4-28 배수펌프의 양정

여기에서, H : 전양정(m)

H_a : 실양정(m)

h_i : 흡입측 손실수두(m)

h_s : 흡입 실양정(m)

h_d : 배출 실양정(m)

h_l : 배출측 손실수두(m)

h_0 : 유출 손실수두(m)

$\sum h$: 손실수두의 합(m)

배출관과 흡입관의 손실수두로서는 마찰 손실수두 외에 단면변화, 곡관, 밸브 등에 의한 손실수두를 가산해야 한다.

[2] 배수펌프

(1) 배수펌프의 종류

농지배수에 주로 사용하는 배수펌프에는 원심펌프(遠心 pump), 사류펌프

(斜流 pump), 축류펌프(軸流 pump) 등이 있는데 입지조건, 계획배수량, 양정 등을 감안하여 최적의 것을 선정한다.

1) **원심펌프**(centrifugal pump)

우근차(羽根車)의 회전에 의해 물에 원심력을 주어서 압력과 속도에너지로 변화시켜 양수하는 펌프이다. 물이 가지고 있는 속도 에너지를 케이싱에 의해 압력수두로 변환하는 것을 **벌류트 펌프**(volute pump)라 부르고, 케이싱 내의 안내우근에 의한 것을 **터빈 펌프**(turbine pump)라고 부른다. 펌프의 우근차가 1개인 단단(單段) 펌프는 양정에 한도가 있기 때문에 고양정이 요구되는 경우에는 2개 이상의 우근차를 갖는 **다단펌프**(多段 pump)를 사용한다.

2) **사류펌프**(mixed flow pump)

원심펌프와 축류펌프의 중간적인 것으로서 우근차에 의한 회전력과 추진력으로 양수한다. 물은 축방향으로 비스듬하게 유입해서 우근차로부터 비스듬한 방향으로 배출된다.

3) **축류펌프**(axial pump)

회전하는 우근차의 추진력에 의해 양수하는 펌프이다. 물은 우근차 안으로 축방향으로부터 유입해서 축방향으로 유출한다. 일반적으로 저양정, 대용량의 경우에 사용된다. 그림 4-29는 펌프의 종류를 보이고 있다.

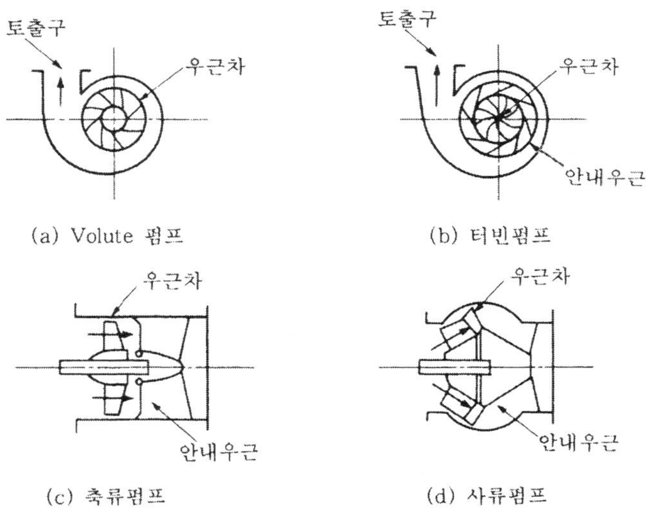

그림 4-29 펌프의 종류

펌프의 주축방향에 따라 펌프축이 수면(水面)에 대하여 평행한 횡축(橫軸)과 펌프축 방향이 수면에 대하여 수직한 입축(立軸)으로 구별하는데 각기 장점과 단점이 있다. 어느 것을 선정할 것인가는 장치면적, 공동현상(空洞現像, cavitation), 보수점검의 용이성, 조작조건 등을 고려한 후 결정한다.

① **횡축** 주요부가 수면 상에 있기 때문에 조립, 보수·점검이 쉽고, 부식이 잘 일어나지 않으며, 일반적으로 가격도 입축보다 저렴하다. 단, 넓은 설치면적을 필요로 하고, 또 흡입양정이 높아 공동현상(급회전에 의한 펌프 내의 국부적 진공상태 유발현상)을 일으키기 쉽고, 호수장치(呼水裝置)가 필요하다는 등의 불리한 면이 있다.

② **입축** 주요부가 수중에 있기 때문에 부식이 일어나기 쉽고, 조립과 보수·점검이 불편하다. 반면 낮은 수면의 양수가 가능하고 공동현상이 잘 일어나지 않으며, 호수장치가 불필요하다. 또 횡축에 비해서 설치면적이 좁아도 되고 이상 홍수에 의한 침수의 위험성이 적다.

(2) 배수펌프의 선정

배수량과 양정이 결정되면 그것에 가장 적당한 배수펌프의 형식을 채용하도록 한다. 일반적으로 배수량이 많고 양정이 낮은 경우는 축류펌프 또는 사류펌프가 적합하다. 축류펌프는 저양정(1~4 m)에서 대배수량을 보낼 경우에 가장 적합하며, 사류펌프는 4~10 m의 양정에 가장 적합하다.

배수펌프 구경별 배출량의 범위는 대개 일정하다. 배수계획에 필요한 저양정 배수펌프의 성능은 표 4-22와 같다.

배수펌프의 설치 대수는 우선 계획배수량을 한 대의 배수펌프로 배수할 것인지 또는 여러 대의 배수펌프를 이용할 것인지를 검토해야 한다. 가급적이면 중·소 홍수에 대한 대응, 고장시 위험분산, 홍수기간 중의 기계점검 가능성 등을 고려해서 여러 대로 하는 것이 좋다. 설치대수를 결정한 후 한 대당의 배수량을 결정하고 배수펌프의 구경을 결정한다. 이상을 종합하여 배수펌프의 형식 선정 과정을 보인 것이 그림 4-30이다.

(3) 배수펌프 바닥면의 결정

펌프위치는 캐비테이션을 방지하기 위하여 낮을수록 좋다고 하나 배수펌프장이 홍수에 침수되거나 배수불능에 빠져서는 안 된다. 기왕 최대의 강우가 발생하여 흡입수위가 상승하더라도 침수되지 않도록 최고 내수위에 여유고를 감안하여 기계실 바닥표고를 결정해야 한다.

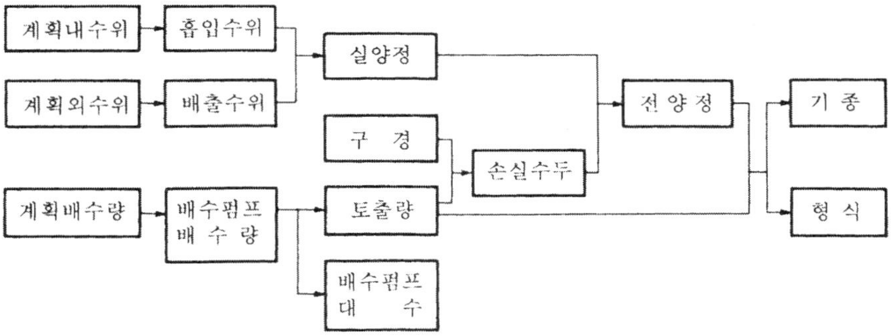

그림 4-30 배수펌프 형식선정의 과정

표 4-22 저양정 배수펌프의 표준구경과 배출량

표준구경 (mm)	배출량 (m^3/min)	표준구경 (mm)	배출량 (m^3/min)	표준구경 (mm)	배출량 (m^3/min)
600	36~50	1200	150~200	2000	480~600
700	50~70	1350	200~255	2200	600~740
800	70~90	1500	255~325	2400	740~850
900	90~115	1650	325~400	2600	850~1,000
1000	115~150	1800	400~480	2800	1,000~1,150

배수장 기계실의 표고는 기왕 최대강우량에 의한 내수위와 50년 빈도 강우량에 의한 내수위를 비교하여 높은 수위에 여유고 30 cm를 더한 높이까지 한다.

배전반실, 변전소 등 전기시설은 침수되면 배수펌프의 가동이 불가능하게 되어 침수가 가중되므로, 어떠한 경우라도 침수가 되지 않도록 계획 제방고 이상으로 하되, 국가하천급 이상은 100년 빈도 홍수위 이상으로 바닥표고를 결정하여야 한다.

(4) 원동기와 소요동력

1) 원동기

배수펌프의 운전에 필요한 원동기로서는 전동기와 디젤엔진이 있다. 일반적으로 전원을 간단히 얻을 수 있고 상시배수를 해야 하는 곳에서는 전동기(motor)를 선택하고, 전원을 얻기 힘든 곳이나 연간 배수펌프의 운전시간이 아주 제한되어 있는 곳에서는 디젤엔진을 선정하는 경우가 많다. 보통은 양자의 시설비 및 유지관리비를 비교하여 경제적인 것을 선정한다. 평상시의 강우에 대하여도 배수가 불량하고 호우시에 곧바로 침수피해를 입으며, 매우 긴 시간 동안 높은 외수위가 계속되는 곳에서는 전원의 고장에 대비하여 전동기와 디젤엔진을 병용하는 것도 고려해야 한다.

2) 소요동력

펌프의 전양정 및 계획배수량이 결정되면 수동력, 축동력 및 원동기의 소요동력은 배수펌프의 효율이나 에너지 전달시의 손실을 고려하여 다음과 같이 구한다.

① 수동력(P_w : 水動力)

$$P_w = 0.163\,\gamma QH(\text{kW}) = 0.222\,\gamma QH(\text{Hp}) \qquad (4 \cdot 40)$$

여기서 P_w : 수동력

γ : 물의 단위중량(상온에서 깨끗한 물이면 1,000 kgf/m^3)

Q : 계획배수량(m^3/min)

H : 전양정(m)

② 축동력(P_s : 軸動力)

$$P_s = P_w / \eta_p \qquad (4 \cdot 41)$$

여기서 P_s : 축동력

η_p : 펌프효율(%)

③ 소요동력(P : 所要動力)

소요동력이란 펌프를 가동하는 데 필요한 원동기의 출력을 말하며 축동력(P_s)에다 전달효율(η_t)과 여유율(α)을 고려해 주어야 한다.

$$P = P_s(1+\alpha)/\eta_t = P_w(1+\alpha)/\eta_p \cdot \eta_t \qquad (4 \cdot 42)$$

$$P = \frac{0.222QH(1+\alpha)}{\eta_p \cdot \eta_t} \ (\text{Hp 단위}) = \frac{0.163QH(1+\alpha)}{\eta_p \cdot \eta_t} \ (\text{kW 단위}) \qquad (4 \cdot 43)$$

여기서 P : 원동기의 출력(Hp 또는 kW)

Q : 배수펌프 배수량(m^3/s)

H : 배수펌프 전양정(m)

α : 원동기의 여유율

η_p : 배수펌프효율

η_t : 전달효율

예제 4-10 전양정 7.8 m, 배출량 8.0 m^3/s의 배수펌프에 필요한 전동기의 소요동력(P)을 구하라. 단, $\eta_p = 0.80$, $\alpha = 0.10$, $\eta_t = 0.95$로 한다.

풀이 $P = \dfrac{0.222 \times 8.0 \times 60 \times 7.8(1+0.10)}{0.8 \times 0.95} = 1,203Hp = 883\,\mathrm{kW}$

[3] 배수 펌프장

(1) 위치결정

배수 펌프장을 설치하는 위치는 수혜구역 내의 지형조건, 기초지반의 지질조건, 동력원 확보 등의 입지조건 및 배수하천의 상황 등을 감안하여 결정한다.

배수 펌프장 위치는 가급적 간선배수로와 배수하천이 만나는 합류점 부근의 최저위부에 정하는 것이 좋다. 그러나 최저위부를 중심으로 약간 상류부나 하류부에 위치시키는 경우에 대해서도 펌프운전의 경제성과 배수효과 등을 검토하여 본 후 유리한 곳으로 배수 펌프장의 위치를 정하는 경우도 있다.

그 밖에 배수 펌프장의 위치선정에서 중요한 사항은 다음과 같다.

① 재해의 유무, 진동에 의한 영향 등을 고려하여 하천, 호소 등의 제방에 너무 근접하여 설치하지 말 것

② 배수 펌프장 및 그 부대시설의 크기에 알맞은 공간을 충분히 확보할 수 있을 것

배수 펌프장의 기초지반 상태는 설계하중에 충분히 견딜 수 있게 견고한 곳이어야 한다. 동력원(動力源)인 전원의 유무에 따라서 배수 펌프장의 위치가 좌우되는 경우가 있으므로 전원의 유무, 배수 펌프장까지 인입선(引入線)을 가설할 수 있는 가능성 등을 고려해야 한다. 특히 평상시 배수를 전동기에 의지하는 일이 많은 지구나 지하수 배제도 동시에 해야 하는 배수지구에서는 그 필요성이 더 크다.

(2) 배수 펌프장의 구조

배수펌프를 설치하여 운전하는 장소인 배수 펌프장은 기장(機場)과 흡입수조(吸入水漕) 및 배출수조(排出水漕) 등으로 구성된다. 배수펌프장은 홍수로

인하여 침수되면 원동기나 배수펌프에 큰 피해를 입게 되므로 어떠한 경우에도 침수되지 않는 높이에 설치해야 한다. 그러나 배수펌프의 실용적인 흡수고가 배수펌프의 종류에 따라 각각 정해져 있으므로 그 높이 이상으로 기장을 설치할 수 없는 경우가 많다. 따라서 대부분의 기장은 흡입수조 내의 홍수위보다 약간 높은 위치에 설치하는 것이 보통이다. 배수 펌프장의 한 예를 보인 것이 그림 4-31이다.

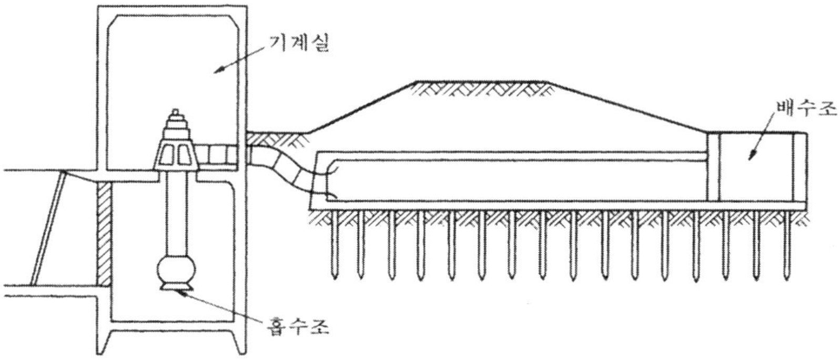

그림 4-31 배수 펌프장의 횡단면도

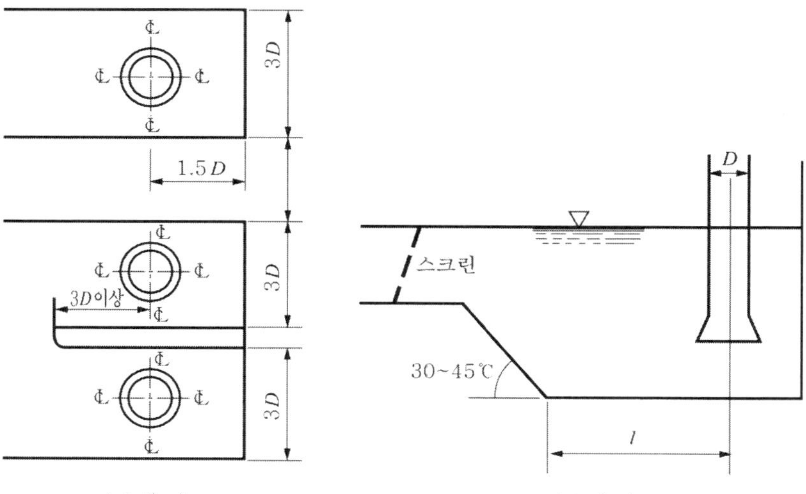

(a) 평 면 도 (b) 단 면 도

[주] l은 30° 인 경우 3D 이상, 45° 인 경우 4.5D 이상 취하는 것이 좋다.

그림 4-32 흡입수조와 흡수관

흡입수조의 폭은 그림 4-32에서 보는 바와 같이 펌프구경의 3배 이상으로 해야 하고, 펌프를 2대 이상 나란히 설치할 때는 흡수관 중심에서 펌프구경의 3배 이상 길이의 도류벽을 설치해야 한다.

배출수조의 구조는 "농업생산기반정비사업계획설계기준 양배수장편"에 의거 펌프의 배치와 배출관과의 관계를 고려해 그림 4-33과 같이 결정하며, 각부의 규격은 표 4-23과 같다.

배수로내를 유하하는 각종 찌꺼기가 펌프 안으로 유입하는 것을 방지하기 위하여 흡입수조 입구에 바-스크린과 스크린에 걸린 찌꺼기를 기계적으로 제거하는 자동제진기를 설치할 필요가 있다. 그 이유는 배수로로 유하하는 짚, 잡초, 비닐, 그 밖에 마을에서 나오는 각종 쓰레기 등이 흘러들어 펌프고장의 원인이 되는 일이 많기 때문이다.

최근에는 농촌지역의 도시화, 산업화로 쓰레기 배출량이 늘어나고 농촌인력 부족으로 자동화 시설이 요구되므로 자동제진기의 설치요구가 증대하고 있다. 그림 4-34는 자동제진기의 구조를 나타낸 것이고, 그림 4-35는 자동제진기가 설치된 배수 펌프장이다.

표 4-23 배출부의 규격

구 분	B_1	L_1	L_2	관체 상단	수조바닥
기 준	2.5 D 이상	1.25 D 이상	2.5 D 이상	최저 배출수위보다 0.3 m 이상 낮게	배출관하단보다 0.3~0.6 m 낮게

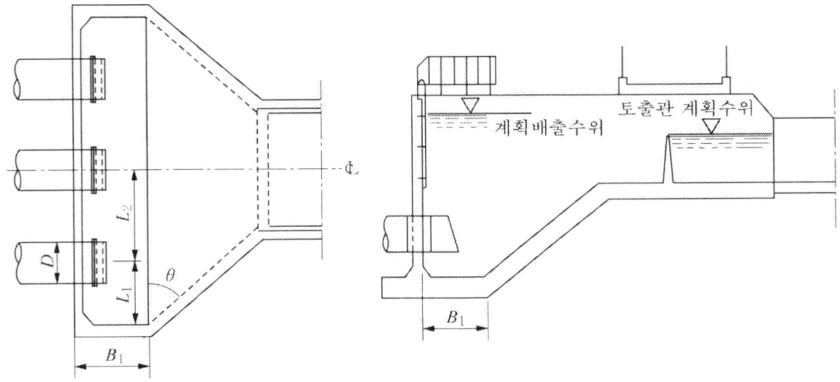

그림 4-33 배출수조의 구조

배제량에 따른 제진기의 기종은 지역, 지구여건을 종합적으로 고려하여 합리적으로 선정하여야 하며 일반적인 기준은 다음과 같다.

① 배제량 5 m^3/s 미만인 지구에는 고정식 바-스크린만 설치한다. 이때에 유입수로(배수로)에도 고정식 바-스크린을 설치하는 방안도 검토한다.

② 배제량 5 m^3/s ~ 10 m^3/s인 지구는 지역 상류에 공장지대가 많거나 쓰레기 하치장 등이 있어 특별히 부유물이 많은 지구나 비닐하우스가 있는 지역 또는 농경지 면적이 유역면적의 70% 이상인 지구에는 자동제진기를 설치한다.

③ 배제량 10 m^3/s 이상인 지구는 자동제진기를 설치한다.

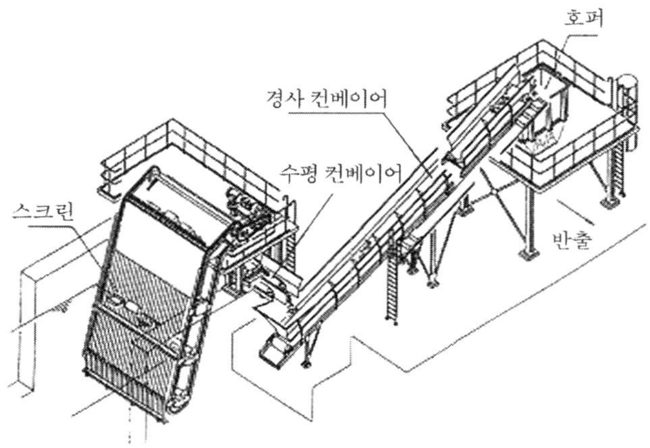

그림 4-34 자동제진 설비

그림 4-35 자동제진기가 설치된 배수 펌프장(김제 청하지구)

(3) 침사지 및 인수로

유수속에 토사가 많이 함유된 곳에서 펌프보호를 위하여 설치하는 침사지는 배수구에 가까운 제내지에 설치하며 형상은 정사각형이나 직사각형으로 한다. 침사지의 구조는 철근콘크리트조로 하고 유입부는 편류를 방지하도록 한다. 유수지를 침사지의 기능을 겸하도록 할 수도 있다. 침사지 내에서의 평균유속은 0.15~0.30 m/s이고, 체류시간은 30~60분을 표준으로 한다.

인수로는 침수지역으로부터 배수펌프장까지 홍수량을 유도하는 배수로로서 계획수위 이하에서도 배수펌프를 가동하여 최대한의 조기배제를 도모한다. 계획유량은 수초와 매몰에 의하여 수로단면이 축소될 것을 감안하여 통상 배수펌프량의 1.5배 이상으로 하며, 구조 등은 배수로와 같다.

4. 5. 6 유수지(遊水池)

배수문 배수나 기계배수의 경우에 첨두홍수량을 완화시키기 위하여 제방의 내측에 물을 일시적으로 저류할 수 있는 지역을 유수지라 부르며, 그 크기는 지형에 의해 결정된다. 유수지는 내수위 변화를 완화시킬 뿐만 아니라 배수구 부근에 설치한 배수펌프의 운전을 용이하게 하기도 한다. 지구 내의 지형에 따라 기존의 연못(때로는 제방으로 보강하여)이나 큰 웅덩이 등을 유수지로 활용할 수도 있다.

유수지의 저류효과는 인접지 또는 지구 내로부터 유수지로의 유입량과 유수지의 유출량, 유수지의 수표면적 등의 자료를 사용하여 유수지 수위의 시간적 경과를 적당한 시간간격(보통 0.5~1.0시간)으로 구분해서 식 (4・44)로 구한다.

$$(\triangle H/\triangle t) = (P(t) \times A(H) + Q_i(t) - Q_o(t))/(A(H)) \qquad (4 \cdot 44)$$

여기서 H : 유수지의 수위(m)

t : 시간(h)

$P(t)$: 강우량(mm/h)

$Q_i(t)$: 유수지의 유입량(m^3/h)

$Q_0(t)$: 유수지의 유출량(m^3/h)

$A(H)$: 유수지의 H에 대응하는 수표면적(m^2)

이 중 각 시각의 $P(t)$, $Q_i(t)$의 값은 보통 관측값을 사용하면 되지만, $Q_0(t)$는 배수문, 배수펌프 등의 영향을 받기 때문에 복잡한 계산이 될 경우가 많다.

4.5.7 기타 농지 배수시설

제방은 지구와 경계를 이루는 하천, 기타 외수의 침입이 예상되는 위치에 축조한다. 제방이 대상지구를 둘러싸고 있을 때는 이것을 윤중제(輪中堤)라고 부른다. 또, 자연배수 지구로서 수문을 설치하지 않고 배수하는 경우, 외수의 배수효과가 지구 내에 미칠 때에는 지구 내의 하천이나 간선수로에 제방을 축조하여 농지를 보호할 수도 있다.

방수공은 지구 내의 유출량이 계획배수량을 초과하게 되는 비상시에 배수펌프장이나 제방 등을 보호하고 피해를 경감하기 위하여 계획 고수위선의 제방에 설치하는 방류시설을 말하며, 월류웨어나 수문 등이 그 구체적 예이다.

하천이 배수로로서의 기능을 충분히 발휘하도록 하거나 개량을 위하여 시행하는 **하구처리시설**은 그림 4-36에서 보는 바와 같이 하천의 합류점(a)이나 하구부근(b)에서 유로가 토사의 퇴적으로 인하여 교란되는 것을 방지할 목적으로 그 지점에 설치하는 제방인 도류제(導流堤, training levee)나 하구암거(河口暗渠) 등의 시설을 말한다.

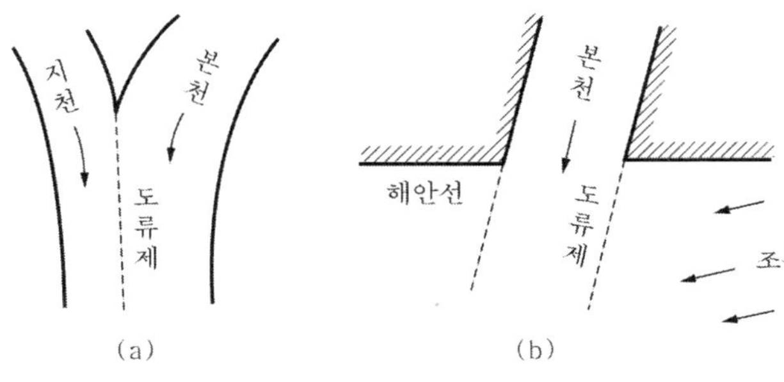

그림 4-36 도류제

연 습 문 제

1. 건토효과에 대하여 설명하여라.
2. 농지배수불량의 원인은 무엇인가?
3. 광역배수에서 내외수위 관계에 따라 배수방법을 분류하고 설명하여라.
4. 지표배수와 지하배수의 조합에 대하여 설명하여라.
5. 기계배수의 장점에는 어떤 것이 있는가?
6. 농지배수를 위한 주요시설의 종류에는 어떤 것이 있는가?
7. 농지배수시설 배치의 기본적 방침은 무엇인가?
8. 배수로의 종류를 기능별로 구분하여 설명하라.
9. 배수로 배치의 원칙을 설명하라.
10. 밭의 배수로 조직에 대하여 설명하라.
11. 어떤 농지의 간선배수로는 수심 1.5 m, 폭 3 m의 콘크리트제 직사각형 단면수로이다. 배수로의 기울기는 1/2000이며, 콘크리트 수로의 이음매 재료는 목재이다. Manning 공식에 의하여 유속과 유량을 구하라.
12. 지형의 제약 때문에 기울기 1/5000, 수심 1.5 m로 제한되는 배수계획에서 설계홍수량 12.0 m^3/s를 배수하기 위해서는 사다리꼴 단면수로의 수로저폭을 얼마로 하면 좋은가? 단, 옆비탈의 기울기는 1 : 1, Manning의 조도계수는 $n=0.02$로 한다.
13. 배수문의 위치선정 조건을 들어라.
14. 암거배수 조직의 구성과 각 구성요소들의 기능에 대하여 설명하라.
15. 단변 30 m, 장변 100 m의 논에서 지표잔류수의 조기배제를 목적으로 하는 흡수거의 간격, 관경, 기울기를 결정하라. 단, 계획암거배수량은 40 mm/d, 토양의 투수계수는 3×10^{-4} cm/s, 불투수층의 깊이는 1 m이고, 흡수거의 깊이는 평균 80 cm이다.
16. 흡수거 깊이 결정방법을 설명하라.
17. $q=30$ mm/d, $H=80$ cm, $h=0$ cm, $D=100$ cm, 그리고 투수계수 $K_1=10^{-3}$ cm/s, $K_2=10^{-4}$ cm/s인 경우의 암거간격을 Hooghoudt의 식을 사용하여 구하라.
18. $H=80$ cm, $D=5$ cm, $S=10$ m, $2r=5$ cm, 그리고 투수계수 $K=10^{-3}$ cm/s인 경우의 암거배수량을 Kirkham식을 사용하여 구하라.

19. 배수펌프의 종류와 선정절차에 대하여 설명하여라.

20. 전양정 3.5 m, 배출량 15.0 m^3/s의 배수펌프에 필요한 원동기의 출력을 구하라. 단, 원동기의 여유율 15%, 효율 $\eta_p=0.80$, $\eta_t=0.95$이다.

21. 배수펌프장의 위치선정 조건은 무엇인가?

22. 배수계획을 수립하는 데 있어 현황조사의 항목을 들어라.

23. 기존의 강우강도-지속기간-확률빈도곡선 자료(예 : 건설부, 1988)에 의하여 서울, 대구, 부산 지점의 확률평균강우강도를 구하라. 단, 강우지속 기간은 30분, 60분, 6시간이고 필요한 확률빈도는 10년 및 20년이다.

24. 위의 문제를 확률강우강도식을 이용하여 풀어라.

25. 어떤 지역의 20년 빈도 일강우량이 250 mm이다. 같은 빈도의 5시간 강우강도는 얼마인가?

26. 위 문제의 5시간 강우량에 대한 1시간 단위의 우량주상도를 작성하라.

27. 벼농사를 짓는 논지역에서 지거배수로를 설치하고자 한다. 20년 빈도 일강우량이 270 mm인 경우, 지거배수로의 단위계획 배수량을 구하라. 단, 논의 유출률은 0.7로 한다.

28. 농지에서 적용할 유출해석 모형의 선정방법을 설명하여라.

29. 추풍령 부근에 위치한 면적 3.22 km^2의 기복이 있는 자연 산지유역에 배수계획을 수립하고자 한다. 지속기간별 확률강우강도는 추풍령 지점의 확률강우강도식에 따른다고 한다. 합리식에 의하여 이 유역의 20년 빈도 첨두홍수량을 구하여라.

30. 어떤 농지유역의 1시간 단위도종거가 다음과 같다. 이 유역에 처음 1시간은 15 mm, 다음 1시간 동안은 30 mm, 마지막 1시간은 5 mm의 유효강우가 내렸다. 단, 기저유량은 무시한다.

시간(h)	0	1	2	3	4	5	6
단위도종거(m^3/s)	0	1.42	8.50	11.30	5.66	1.45	0

(a) 유출 수문곡선을 추정하라.

(b) 첨두홍수량의 발생시각과 크기는 얼마인가?

31. 경사면의 기울기가 1/30, 등가조도 $N=0.2$인 경사진 밭에서 처음 10분간은 8 mm, 다음 10분간에는 12 mm의 유효강우가 있었다. 밭의 상류단에서 출발한 흐름에 대한 20분 후의 유량과 도달거리를 우수류법($p=0.6$)으로 계산하여라(유량 1.35 l/s/m, 거리 74.6 m).

32. 어떤 배수계획 대상지구에 유입홍수량이 다음 표와 같았다.

0~2시	$1300\times10^3 m^3$	10~12	$1000\times10^3 m^3$	20~22	$700\times10^3 m^3$
2~4	900	12~14	1300	22~24	600
4~6	1100	14~16	700		
6~8	1500	16~18	650		
8~10	1600	18~20	820		

이 지구 논지대의 누가담수량 V와 최저논표고상의 담수심 H와의 관계가

$$V = 240 + 6000\,H + 19{,}000\,H^2$$

이라면, 최대담수심을 0.3 m 이하로 유지하기 위한 배수펌프의 용량을 얼마로 하면 좋겠는가?

참고문헌

(1) 김시원 외, 신고 농업수리학, 향문사, p.363, 1984.

(2) 농림수산부, 농공기술용어사전, 농업기반공사, 2003.

(3) 농림수산부, 농업생산기반정비사업계획설계 기준(배수편), pp.147~336, 2001.

(4) 농림수산부, 농지개량사업계획설계기준 계획(관개편), p.733, 1983.

(5) 농림수산부, 농지개량사업계획설계기준 계획(배수편), p.313, 1983.

(6) 朴成宇 外, 應用水文學, 鄕文社, 1984.

(7) 李根厚, 排水改善工法 開發에 관한 硏究(Ⅰ), 韓國農工學會誌 21(3), 1979.

(8) 李根厚, 排水改善工法 開發에 관한 硏究(Ⅱ), 韓國農工學會誌 22(1), 1980.

(9) 李根厚, 排水改善工法 開發에 관한 硏究(Ⅲ), 韓國農工學會誌 22(3), 1980.

(10) 李根厚, 暴雨의 時間的 分布에 관한 硏究, 韓國農工學會誌 26(2), 1984.

(11) 李根厚 外, 持續可能農業과 農業用水 開發, 地域開發硏究 No. 7, 慶尙大學校, 1996.

(12) 정상옥, 地下 암거배수 및 지하관개 기법, 한국농공학회지 35(2), pp.13~17, 1993.

(13) 정상옥, 관재료 및 피복재료별 농경지 암거배수 효과분석, 한국농공학회지 37(5), pp.53~61, 1995.

(14) 정일웅 외, 전답 혼용지대 계획배수 기준에 관한 연구, 농어촌진흥공사 농어촌연구원, 1996.

(15) 한국농공학회, 농업토목 핸드북, 한국농공학회, p.1964, 1993.

(16) 農業土木學會 農業水利學實習ガイド編輯委員會, 農業水利學實習ガイド, 日本農業土木學會, 1987.

(17) 石橋豊 外, 農業水利演習 4 農地排水, コロナ社, 1973.

(18) 志村博康 外, 新農業水利學, 朝倉書店, 1987.

(19) 丸山利輔 外, 新編灌漑排水(上下卷), 株式會社 養賢堂(日本), 1986.

(20) Van Schilfgaarde, J., *Drainage for Agriculture*, *Agronomy* No. 17, American Society of Agronomy, Madison, WI., p.700, 1974.

제 5 장

물관리시설의 운영 및 관리

5. 1 물관리의 개요

5. 1. 1 물관리의 의의 및 필요성

전체 물수요량의 50% 이상을 차지하는 농업용수는 자연적, 사회적, 인위적인 요인에 의해 사용 가능한 수자원의 공급비율이 감소하는 추세에 있으며, 이러한 현상은 더욱 가속화될 전망이다. 지금까지는 답작을 주대상으로 한해를 방지하고 효과적인 용수 공급을 위하여 새로운 용수원의 개발에 주력해 왔으나, 신규 수자원의 개발에는 막대한 비용이 투자되어야 할 뿐만 아니라 개발가능지역도 기존의 개발지역과 비교해 볼 때 개발여건이 상대적으로 불리하여 많은 개발비용을 필요로 하기 때문에 기존의 용수 자원을 효율적으로 활용하는 방안을 강구하지 않으면 안 된다. 기존의 수자원을 효율적으로 활용하기 위해서는 합리적인 물관리를 필요로 한다. 물관리는 작물의 생산성을 최대화하기 위해 적절한 시기에 적절한 양의 물을 취수하여 송수하고 배분하는 것과 농지 내에서 발생되는 과잉수를 배제하여 작물의 생육조건을 조성하는 용수와 배수의 통합과정이다.

물관리의 시설운영은 이와 같이 경작지에서 작물생육에 필요한 수분을 강우만으로 보충할 수 없으므로 정상적인 작물생육을 돕기 위하여 생육기에 따라 필요한 수량을 인위적으로 적기에 공급하고, 또한 강우 등에 의한 작물의 침수피해 방지 및 농업기계화의 능률제고 등을 위해 과잉 수분은 배수될 수 있도록 하는 등 수리시설물을 이용하여 용수조작 및 배수조작을 하는 일련의 인공적이고 조직적인 규칙에 따라 이루어진다.

따라서 합리적인 물관리 실시를 위해서는 저수지, 양수장, 보 등의 수원공(水源工) 시설과 배수문, 배수갑문, 배수펌프장 등의 배수공(排水工) 시설의 기간시설, 도수로, 배수로 등의 기간수로공시설, 그리고 포장에 연결되는 분배시설, 조절시설, 물꼬 등의 말단시설의 성능을 지속적으로 확보하기 위하여 적절한 시설관리도 수반되어야 한다. 또한 지역별 농경지의 물관리 시설 여건과 특성에 맞추고, 관개 효율을 극대화할 수 있는 물관리방법을 정립하여 시기별, 노선별로 가장 적절히 배분함으로써 용수원의 부족을 해결함은 물론, 작물의 건전육성을 통해 농업생산성의 제고, 한발대비 및 수자원의 활용확대를 기할 수 있다.

5.1.2 물관리의 기본방향

물관리의 최종목표는 작물의 최대 수확량 확보에 있으므로, 작물의 생육입장에서 관리되어야 한다. 즉 작물의 생육에 필요한 물이 적기에 공급되어야 함은 물론이고, 공급되는 물도 적당한 수온과 수질을 필요로 한다. 따라서 생육기와 토질에 따라 공급되는 수량, 수온 및 수질이 작물의 생육에 미치는 영향을 고려하여 적절한 물관리 방안을 강구하여야 한다.

작물은 생육시기별로 필요 용수량이 다르고, 물의 과부족에 의한 영향도 생육시기에 따라 크게 변하기 때문에 이러한 점을 충분히 고려하여 물관리가 실시되어야 한다.

[1] 적기에 필요한 수량의 공급

적기에 필요한 수량의 공급이란 작물의 생육 시기별로 필요한 수량을 공급하고, 경지 내의 과잉된 물은 배제하도록 하는 것을 말한다. 작물이 필요한 수량보다 공급원의 수량이 풍부한 경우에는 농민들이 충분히 취수할 수 있도록 공급관리를 하지만, 부족한 경우에는 가장 적절한 시기와 양을 정하여 공급관리하는 것이 중요하다. 특히, 강우를 최대로 활용하여 부족한 양을 최소화할 수 있도록 물관리를 실시해야 한다.

[2] 효율적인 급수

급수시에는 손실량이 최소가 되도록 하여 관개효율을 최대화하는 것이다. 관개효율은 동일한 토공수로의 조직일지라도 적절한 윤환관개를 실시할 경우에는 상당한 개선을 가져올 수 있으므로, 물관리 기술 발전을 통해 관개효율 개선을 위한 노력이 더욱 필요하다. 관개효율은 수원공의 적용효율, 송수효율 및 저수효율에 의해 결정되지만, 여기서는 수원공으로부터 포장에 보내진 물을 가장 효율적으로 하는 것과 포장 내에서의 작물생육상태를 유지하도록 효율적인 급수관리와 배수관리를 하는 데 물관리의 목표를 두고 있다.

[3] 용수의 균등 배분

수혜지역의 상류와 하류의 관개구역이나, 구역 내의 필지 사이에 관개량이 서로 다른 경우에는 물분쟁이 발생될 수 있으므로, 지구 내에서 균등하게 공급이 되도록 사전에 계획하고, 감시하는 일이 중요하다. 또한, 관할 구역 내의 농민들과 사전에 용수 계획을 논의하는 등 균등 분배의 목표 달성을 위한 방안이 모색되어야 한다. 지구 내 포장별 관개량의 균등 정도가 관개 기간 동안에 최대가 되도록 하여야 한다.

[4] 안전한 급수

개수로 조직에서는 허용 통수량 이상의 유량이 흘러갈 경우는 제체의 유실이나 월류 등 사고가 발생하게 되므로 통수개시와 종료시에 안전한 급수가 이루어질 수 있도록 유의하는 것이 중요하다. 지구에 따라 간선 용수로와 지선 용수로가 가통이나 잠관 구간을 통과하는 경우가 많은데, 이들 구조물의 수리적 특징은 개수로와 다르며, 여유고가 낮은 것이 보통이므로 통수시 적절한 수위를 유지하도록 주의해야 한다.

[5] 관개기간 후 최종 저수위의 최대화

저수지를 용수 공급원으로 하는 경우에는 작물의 생육 시기가 끝난 후에 가능한 저수량이 많을수록 다음 해의 관개에 유리하므로, 저수지의 최종 저수위를 극대화하도록 저수지를 운용할 필요가 있다.

[6] 원활한 배수처리

농지배수의 목적은 첫째는 적절한 배수관리를 통한 작물 수확량을 증가하도록 하는 것이고, 둘째는 홍수에 의한 침수에 의한 수확량 감소를 방지하는 것이다. 작물의 최대수확량은 생육시기별로 적절한 담수심이나 토양수분을 유지하도록 해야만 가능하다. 이를 위해서는 관개뿐만 아니라 적절한 배수도 필요하다. 특히 수도작의 경우에는 벼의 분얼기에는 무효분얼을 막고 뿌리가 깊게 뻗을 수 있도록 중간낙수를 필요로 한다. 또한 지하수위가 높은 논밭의 과잉수분을 제거하기 위해 평상시에도 암거배수를 하게 된다. 홍수시에는 논과 밭의 관개지구 내의 담수위 증가와 지구 외수위 증가에 따른 배수의 곤란에 대한 대책이 필요하다. 논관개지구 내에서는 허용 담수깊이와 담수시간을 고려하여 배수하고, 밭관개지구 내에서는 즉시배수를 하는 방식의 자연배수와 기계배수의 적절한 계획이 필요하다.

이상의 물관리 목표는 상호 의존적이며, 경우에 따라서는 상충적 관계를 갖는다. 따라서 하나의 물관리 목표를 달성하기 위한 관리방안은 다른 여타의 목표에 영향을 미치게 되므로 전체의 목표를 동시에 충족시키거나, 중요도에 따라 더 이상 악영향을 주지 않게 하는 것을 필요로 한다. 이들 농업용수의 물관리 목표들은 작물의 생산성, 용수의 절약, 용수의 균형 분배, 물관리 비용의 최소화 등으로 정립되어야 한다.

5. 2 물관리시설의 관리조직

5. 2. 1 물관리시설의 관리조직의 정의와 특성

물관리시설의 관리조직이란 "물관리의 목표 달성을 위해서 필요하다고 생각되는 여러 활동을 결정하고, 집합과 배열하는 일이며, 이와 같은 활동에 사람을 배정하는 일과 적절한 물질적 요소를 준비하는 일, 또한 각기 책임을 맡는 각 개인에게 권한을 위임하는 일"이라고 정의할 수 있다. 즉, 물관리시설의 관리조직은 물관리시설의 기능과 성격에 따라 최적하게 운영되도록 구성된 관리체제이며, 물관리시설과 관리체제는 각각의 형태로 체계화되어 있지만 관리조직은 물관리시설의 관리주체임과 동시에 수익자의 단체로 되어 있다. 이의 적절한 목표의 달성을 위한 구조적 과정 내지 분화와 조정의 체제라 할 수 있다.

이와 같은 물관리시설의 관리조직이 갖고 있는 특성을 요약하면 다음과 같다.

① 물관리시설의 관리조직은 개인들의 집합체이다.

② 물관리시설의 관리조직은 달성하고자 하는 적절한 목표를 가지며, 그것을 위한 여러 과업을 수행한다.

③ 물관리시설의 관리조직은 인적 · 물적인 여러 요소들로 구성되지만, 그러한 요소들은 상호 의존되고, 상호작용을 하며, 공통의 목표 달성을 위해서 조

종되어야 하는 체제이다.

④ 물관리시설의 관리조직은 사회적 환경 속에 존재하며, 이러한 사회적 환경과 상호 의존된 일종의 사회체제이다.

⑤ 물관리시설의 관리조직은 사회체제 속의 한 부분체제 또는 하위체제일 뿐만 아니라 자체 내에 여러 하위 체제로 구성되어 있다.

⑥ 물관리시설의 관리조직은 목표달성기능, 적응기능, 체제 관리·유지기능, 통합기능을 수행하며 비교적 장기간 존속하는 지속성을 갖고 있다.

5.2.2 물관리시설의 관리조직의 중요성

관리조직은 일반적으로 조직이나 기구 내에서 의사결정 수단으로 필요하다. 관개사업의 관리에서 특히 물관리시설의 관리조직은 대단히 중요하다. 왜냐하면 물의 공급과 시설의 유지관리와 관련된 수많은 업무가 수행되어야 하기 때문이다.

정부가 부담하고 있는 많은 관개사업의 경우에 효율적인 물관리를 위한 관리조직은 더욱 더 필요하다. 세부 관리조직을 갖지 않는 관개사업은 주요한 관리수단이 부족하기 때문에 잠재적인 기능을 다 수행할 수 없게 된다. 관개사업은 전체 사업관리 기능의 수행과 측정 활동 등의 수행을 위한 지침을 마련하는 관리조직이 반드시 필요하다.

5.2.3 물관리시설의 관리조직의 종류 및 기능

물관리의 대상과 목적에 따라 관개조직을 구분하면 다음과 같다.

① **통합관개조직**(integrated water management organization) 모든 수리시설개발 활동이 일사불란한 명령체계에 의해 수행되는 통합조직 구조이다.

② **특정관개조직**(specialized water management organization) 관개를 위한 물의 효율적 이용을 목적으로 하는 사회조직이다.

③ **다목적 관개조직**(multipurpose water management organization) 수리시설의 개발과 물관리를 목적으로 하는 복합 조직이다.

이 중에서 일반적으로 특정관개조직을 물관리시설의 관리조직이라 할 수 있다. 물의 효율적 이용이란 물의 시기적절하고 균등한 분배를 의미한다. 물관리시설의 관리조직의 기능은 관개시설 및 배수시설의 운영, 시설의 유지관리, 물 사용료의 부과 및 징수 등이 있다.

농민과 정부가 수리시설의 관리에 참여하는 정도에 따라 물관리시설의 관리조직을 구분하면 다음과 같다.

① **관개조합**(irrigation associations) 주로 농민들에 의해 운영되는 조직이다. 이와 같은 형태의 조직은 세계적으로 미국의 관개구(irrigation districts)와 수리구(water districts), 인도네시아의 Subak관개조합, 아프가니스탄의 관개조합, 칠레의 수로조합(associaciones de canalistas) 등이 있다.

② **공공관개기관**(public irrigation schemes) 주로 정부관리들에 의해 운영되는 조직으로서 스페인, 터키, 볼리비아, 이라크, 에콰도르, 케냐 같은 나라에서 수많은 예를 찾아 볼 수 있다.

③ **복합관리조합**(irrigation schemes with mixed control) 농민과 정부관리가 혼합관리 하는 조직으로 간선조직은 정부에 의해 관리되고 지거조직은 농민들의 수리조합에 의해 관리된다. 아시아의 몇 개국에서 이와 같은 형태의 조직이 증가 추세에 있다.

[1] 관개조합

관개조합의 가장 큰 특징은 농민들에 의한 농민들의 이익을 위한 조직이라는 점이다. 그러나 특성상 정부의 참여가 제한되어 있으나, 대부분 조합들이 정부의 지원이나 예산 보조 없이는 유지하기 곤란하다.

(1) 구성

1) 총회

조합의 모든 농민을 포함한다. 최고의 결정기관으로서 주요기능은 대표자 선발과 관리 계획의 승인 여부를 결정하는 것이다.

2) 대의원회

최고의 집행기구이다. 주요기능은 총회에서 승인된 사항의 집행을 지휘감독하고 매년 관리 계획을 수립하는 것이다.

3) 관리소장

대의원회에서 주어진 사항의 집행의 직접적인 책임이 있다.

4) 집행부서

운영, 유지관리, 행정 등과 같은 특정 기능을 책임지는 하부조직이다.

(2) 주요 특성

1) 관개사업을 위한 의사결정에 농민이 참여한다. 농민들의 대의원을 선발하는 민주적인 과정을 통해 참여한다.

2) 비정치적 특성을 갖고 있다. 관개조합은 자발적이고 자립적이어야 한다.

3) 공공관개기관보다 행정적으로 효율적이다. 농민들이 자신들의 조직에 대해 개인적으로 관심을 갖고 있고 이것이 때때로 경제적이고 신속한 일처리를 가능하게 한다.

4) 물 사용료의 징수를 보다 효율적으로 수행할 수 있다.

5) 물공급자와 농민과의 관계가 정부에 의해 관리될 때 보다 우호적이고 협조적이다.

6) 정부와 농민 사이의 대화 통로를 제공한다. 관개조합이 없는 경우에 대화는 일방적인 상하전달 방식이 된다.

(3) 제한사항

1) 물분배시설의 빈번한 사용은 상당한 물손실을 초래하게 된다. 윤환관개 방식이 아니고 농민들의 요구에 의해 시설이 운용되는 경우에는 몇몇 농민들 때문에 전체 수로조직이 운영되어야 하는데 이에 따른 손실이 발생하게 된다.

2) 이전의 수리권 때문에 종종 효율적인 물공급이 이루어지지 않는다. 장기간에 걸쳐 관개조합에서 설정한 특정 수리권은 수리시설의 효율적 운영에 부합되지 않는다. 이와 같은 권리에 의해 일정량이 특정 토지에 공급되어야 한다.

3) 관개조합이 적절하게 운용되기까지는 많은 시간이 소요된다.

[2] 공공관개기관

관개조합은 농민들에 의해서 관리되는 반면에 공공관개기관은 주로 정부에 의해 관리된다. 일반적으로 이와 같은 기관은 관개사업의 개발 단계에 활용된 조직과 밀접한 관계를 갖고 있다. 개발 기간에 고용되었던 대부분의 집행 및 행정 담당자들이 사업완공 후에 남아서 관개시설을 운영한다. 이 경우 농업문제를 소홀히 할 위험이 있다. 중앙정부부터 말단 집행부서까지 일관된 명령체계를 갖고 있다.

(1) 구성

1) 관리소장

농림부 또는 건설부와 같은 중앙부처의 승인을 받은 계획의 수행에 대한 책임이 있다.

2) 집행부처

운영, 유지관리, 행정 등과 같은 특정기능을 책임지는 하부조직이다.

(2) 주요 특성

1) 합리적으로 물을 공급할 수 있는 가능성을 갖고 있다. 왜냐하면 수리권에 제약을 받지 않고 가장 효율적이라고 생각되는 급수 방법을 추진할 수 있기 때문이다. 그러나 이러한 가능성이 자주 무시되고 있다.

2) 이와 같은 조직에는 기술 인력들이 종사하기 때문에 시설의 적절한 유지관리 계획에 유용한 양의 기술 자료들을 축적할 수 있다.

3) 수로의 동적 조절, 수요의 분포 등과 같은 복잡한 기술들이 급수에 사용될 경우에는 이의 관리는 관개조합의 능력을 벗어나기 때문에 이런 관리 조직이 필수 불가결하다.

4) 다목적 이용을 위한 대규모 수로의 복잡한 운영 및 유지관리가 가능하다.

5) 관리조직의 설립에 필요한 소요기간이 짧다.

6) 농민들이 관개에 대한 경험이 적거나 없는 경우에 농민들 스스로가 관개시설을 운영할 수 있는 능력을 갖출 때까지 관개시설을 운영할 수 있다.

7) 관개시설의 관리자와 다른 전문직에 있는 사람들이 대부분 정부 행정담당자이기 때문에 몇 년 근무한 후에 이동하게 된다. 따라서 이와 같은 직원들의 연속성 부족은 그들 업무 수행에 대한 개선할 수 있는 기회를 감소시킨다.

[3] 복합관리조합

관개시설의 일부분은 정부 행정담당자에 의해 기타 부분은 농민들에 의해 조작된다. 그러나 이와 같은 조직에서는 각자의 운영 책임에 대한 한계가 불분명하다. 더구나 농민들의 숫자가 많은 경우에 소수의 정부 행정담당자만으로는 효율적인 급수가 곤란하다.

5. 2. 4 우리나라의 물관리시설의 관리조직

[1] 관리주체

우리나라의 물관리시설의 관리조직은 국가가 관리주체가 되는 예외적인 경우를 제외하고는 대부분 시·군·구 등 지방자치단체와 한국농촌공사로 이원화되어 있다. 1999년 제정된 한국농촌공사및농지관리기금법에 의해 농어촌진흥공사, 농지개량조합, 농지개량조합연합회를 해산하고 한국농촌공사를 설립하였다. 2006년에 한국농촌공사로 바뀌었다. 수리계는 농어촌정비법 제108조에 의해 시군관리시설 중에서 농업기반시설의 유지관리를 위하여 필요하다고 인정하는 때는 수리계를 조직 운영하고 농업기반시설의 유지관리업무를 담당한다.

(1) 수리계

수리계의 유지관리는 50 ha 미만의 소규모 수혜지역으로 되어 있어 한국농촌공사와 같이 유지관리규정이 명문화되어 있지 않은 구역에 대해 시·도지사로 하여금 한국농촌공사 외의 관할 수리시설물의 선량한 관리를 위하여 수혜자로 구성하는 수리계를 조직하고 관리를 위탁케 한다. 이에 따라 조직된 수리계의 수는 총 시설수의 약 23%인 12,803개소가 조직되어 있다.

1) 수리계의 조직기준

수혜자의 수가 5인 이상이고 수혜면적이 5 ha 이상이어야 한다.

2) 수리계의 경비부과 기준

① 운영경비는 기반시설의 유지관리비 전액

② 손괴된 시설의 복구비는 소요비용 중 지방자치단체 등의 보조 또는 지원으로 충당한 금액을 제외한 금액

③ 기반시설의 감가상각충당금은 설치사업비를 내용년수로 나눈 금액

(2) 한국농촌공사

한국농촌공사는 농어촌정비사업을 시행하고 농업기반시설을 종합관리하며 농업인의 영농규모적정화를 촉진함으로써 농업생산성을 증대시키고, 농촌의 경제·사회적 발전에 이바지함을 목적으로 설립된 기관이다.

한국농촌공사가 유지관리하는 것은 국가가 시행한 농업기반시설 및 지방자치단체 또는 토지소유자가 관리하는 농업기반시설 중 당해 지방자치단체 또는 토지소유자가 한국농촌공사로 하여금 인수하여 관리하게 할 것을 요구한 시설 중에서 농림부장관이 관리하도록 결정하여 준 농업기반시설을 관리한다.

1) 시설의 범위

농림부장관이 한국농촌공사로 하여금 관리·운영하게 할 수 있는 농업생산기반시설은 농어촌정비법 제2조 제4항에 의해 규정된 농업생산기반정비사업으로 설치되거나 기타 농지의 보전이나 농업생산에 이용되는 저수지, 양수장, 관정 등 지하수 이용시설, 배수장, 취입보, 용·배수로, 유지, 도로, 방조제, 제방 등의 시설물 및 그 부대시설과 농수산물의 생산·가공·저장·유통시설 등 영농시설들이다.

2) 사업구역

한국농촌공사의 유지관리사업구역은 영구적인 것이 아니고 앞에서도 언급

한 바와 같이 공사관리지역 중에서 농업용수 이용자가 농업기반시설 및 농업용수를 자율적으로 관리·운영하는 것이 효과적이라고 인정되는 지역의 농업용수 이용자와 협의하여 그 관리·운영에 관한 업무를 위탁할 수 있으며, 사업구역을 영구히 명시할 수는 없다.

공사의 사업범위 중 농업기반시설과 관련된 사업들은 다음과 같다.

① 농어촌정비법에 의한 농어촌정비사업

② 농업기반시설의 유지관리 및 이용에 관한 사업

③ 농업생산기반시설 개보수 보강개발 사업

④ 시설물 안전진단 사업

⑤ 농어촌의 수질오염방지 시설 등 농어촌의 자연과 생활환경 보전에 필요한 사업

[2] 관리주체별 대상시설

수리시설의 관리주체별 대상시설은 다음과 같다.

표 5-1 우리나라의 수리시설 관리주체별 대상시설

관리주체	대 상 시 설
국 가	• 국가조성시설로 한국농촌공사에 이관되지 않은 시설
지방자치단체	• 자체조성시설 또는 이관받은 시설로써 수리계가 조직되지 않은 구역의 시설 • 지방자치단체 관리 방조제
수리계	• 수혜면적 50 ha 이하의 한국농촌공사 관리구역 외 시설 • 시·군의 설치시설로 이관 및 관리위탁된 시설
한국농촌공사	• 국가 또는 한국농촌공사의 조성시설로 농림부장관이 관리를 한국농촌공사로 지정한 시설 • 국가, 자방자치단체 등이 한국농촌공사에 관리위탁한 시설

5.3 물관리시설의 운영

현장에서 물관리시설들이 제기능을 정상적으로 발휘하지 못하고 있는 경우가 가끔 발생한다. 이것의 주원인은 적절한 유지관리가 이루어지지 못하기 때문이다. 일반적으로 물관리시설의 설계와 시공에는 상당한 관심을 기울이면서도 이들 시설물의 운영 및 관리조직 문제를 등한시하는 경우가 있다. 물관리

시설물의 운영이 불량한 기본적인 원인은 첫째, 시설물의 계획, 조작 및 모니터링에 관한 기술부족, 둘째, 불충분한 인력관리, 셋째, 시설물의 물리적 결함 등이 있다.

일반적으로 물관리시설물의 적절한 운영 및 관리를 위해서는 다음과 같은 기본 절차가 필요하다.

① **목적 또는 목표의 설정** 조직이 추구해야 하는 목적이나 목표를 설정한다.

② **계획의 수립** 목표를 달성할 수 있는 구체적이고도 세부적인 계획을 수립한다.

③ **거동의 관찰** 조직의 구성요소들의 활동을 관찰한다.

④ **비교·판단** 조직의 거동을 관찰한 결과, 조직이 계획에 의거해서 목표에 달성할 수 있는지를 비교하고 판단한다.

⑤ **수정작업** 조직이 목표에 달성할 수 없다고 판단되는 경우에는, 그 원인이 설정된 목표가 실현 가능성이 없는 비현실적이었는지 또는 목표는 실현 가능하나 조직의 구성요소들이 제대로 활동하지 못한 결과인지를 판단해서 그 대책을 수립한다.

물관리시설물 운영의 주요 목적은 작물의 생육에 필요한 물을 필요한 시기에 공급하도록 하는 것이다. 이러한 목적은 다음과 같은 주요 활동을 필요로 한다.

5. 3. 1 운영계획의 수립

운영계획을 수립하는 목적은 가능한 한 수요량을 정확히 예측하여 이를 공급하는데 있다. 특히 물은 중요한 자원이기 때문에 운영 계획이 필수적인데, 많은 경우에 적절한 계획 없이 물관리시설을 운영하고 있다.

[1] 공급 가능수량의 추정

물관리시설의 운영계획 수립을 위한 지표수 이용가능수량은 강우량과 하천유량의 관계에 의하여 결정되는데, 특히 장기 유출해석이 중요하다. 장기 유출해석에는 실험공식, 통계적 모형, 시뮬레이션 모형 등이 사용되고 있으며, 계획수립 시간단위에 따라 유출해석방법을 결정한다. 시기별 이용가능 지하수량을 추정하기는 어렵기 때문에 시기별로 일정한 양을 사용하는 것으로 가정하기도 한다.

관개조직에 공급할 수 있는 물량의 추정은 건기와 우기의 특성, 저류시설의 종류, 취수시설의 종류, 기상자료의 신뢰도, 유효강우에 의한 영향을 받는다. 특히, 많은 경우에 공급가능량은 어느 정도의 불확실성을 내포하고 있다. 신뢰성 있는 기상자료를 이용한 수학적 모형기법이 이용가능수량을 기후 변화에 따라 예측하는 데 유용하게 사용될 수 있다.

다른 대안을 적용할 수 있는 유연성을 갖는 것이 중요하다. 다시 말하면 정적계획이 아니고 기후 변화를 고려할 수 있는 동적계획이 필요하다.

[2] 수요량의 추정

관개용수의 수요량은 기본적으로 영농방식 및 관개효율에 의해 결정된다.

(1) 영농방식

영농방식에 따라서 작물의 재배시기, 관개방식이 변화하게 된다. 특히 최근에는 벼의 경우 직파재배, 친환경농법 등과 같은 새로운 재배방식이 도입되고 있어, 관개방식과 관개량에 상당한 변화가 예상된다. 품종별 재배방식별로 각 생육시기에 필요한 물의 양을 결정하여, 전체 관개조직 운영의 기초자료로 활용하여야 한다. 작물의 소비수량계산은 앞에서 언급된 추정방식들을 이용한다. 또한 지역별로 침투량에 영향을 미치는 토양특성이 고려되어야 한다.

(2) 관개효율

물수요량을 결정하기 위한 마지막 단계는 물의 운반과 포장공급과정에서 손실되는 양을 고려한 관개효율을 결정하는 일이다. 그러나 정확한 관개효율의 결정은 상당히 중요하고도 어려운 문제이다. 관개효율의 과소한 적용은 부족한 수자원의 최적분배와 이용을 곤란하게 하고, 과다한 적용은 관개량의 부족으로 인해 관개조직의 말단까지의 균등분배를 어렵게 한다. 관개효율의 결정을 위한 현장에서의 정확한 자료 수집에는 많은 시간이 소요되고, 이러한 일을 수행할 수 있는 능력이 있는 인력이 필요하다.

[3] 물수지 조절

공급가능량과 수요량이 결정되면, 공급과 수요의 균형 조절에 대한 문제가 발생한다. 발생 가능한 다음과 같은 세 가지 경우를 가정하여 이에 대해 살펴보기로 한다.

(1) 공급량이 수요량보다 크거나 같은 경우

관리측면에서는 가장 양호한 경우이다. 상대적으로 물이 풍부한 관개조직의 운영이 용이하지만, 물의 단위당 사용이익 측면에서는 비경제적이다. 기술적으로 양호하게 설계된 관개조직에서 공급과 수요는 균형을 이루어야 한다. 그러나 전체 관개기간에 필요한 양뿐만 아니라 수요량이 가장 많은 시기에 대처할 수 있어야 한다. 만약에 공급량이 피크 수요량에 부족할 경우에는 재배시기나 관개방식의 변경을 통해 보완할 필요가 있다.

(2) 공급량이 수요량보다 약간 부족한 경우

물공급량이 약 10~20% 정도 부족한 경우가 발생할 수 있다. 이는 한발년이나 또는 수원공의 한발허용 빈도(계획기준년)에 의한 설계 결과에 따라 발생 가능하다. 이 외에도 영농방식의 변화, 잠재 공급량의 과다 산정, 물관리시설의 물리적 결함 등이 원인이 될 수 있다. 그러나 이 경우에는 단위수량당 생산성이 최대가 되도록 한다.

(3) 공급량이 수요량보다 많이 부족한 경우

한발이 극심하거나 잠재 공급량의 과다산정으로 인하여 공급량이 매우 부족한 경우에는, 수급조절을 위한 제한적인 방법을 사용해야 한다.

1) 작물관련 대책

작물의 재배시기 변경하거나 소비수량이 적은 품종을 도입하고, 재배면적을 축소한다.

2) 관개방법관련 대책

1회 관개량의 절감과 간단일수의 연장을 통한 물공급을 감소시키거나 효율이 좋은 관개방식을 도입한다.

3) 물 사용료 관련대책

물 사용료를 증가시키면 물 사용량이 감소하게 된다. 그러나 이 방법을 도입하기 위해서는 상당한 주의가 필요하고, 이를 위한 여건이 준비되어 있는 경우에만 가능하다. 포장에 계량시설이 설치되어 있고, 농민들이 토양-작물-물의 관계를 어느 정도 이해해야만 한다.

5.3.2 물공급 방식

물공급 방식은 일반적으로 용수시설의 설계와 관련되어 있다. 따라서, 일단 물공급 방식이 결정되면 변경할 수 있는 가능성이 희박하다. 물공급 방식의 선정은 사회적, 경제적, 기술적 특성을 고려해야 하는 중요한 사항이다.

물공급 방식은 관개지구의 물조절 방식에 따라 결정될 수 있다. 물조절 방식은 상류조절방식과 하류조절방식으로 구분된다. 상류조절방식은 물수요자의 의사와 관계없이 공급자의 계획에 의해서 물을 공급하여 하류에서의 조절이 곤란한 방식이고, 하류조절방식은 물 수요자의 필요에 따라 하류에서의 조절이 가능한 방식이다.

주요 물공급 방식을 살펴보면 다음과 같다.

[1] 수요자 요구방식

농민이 급수밸브만 열면 항상 물을 공급받을 수 있다. 사용량이 제한되어 있지 않고, 사용량에 따라 요금이 부과된다. 이 방식은 일반적으로 수준이 높은 용수로 설계기술을 요구한다. 자동원리에 의해 운영되기 때문에 인간의 간섭을 최소화한다. 관수로가 사용되는 경우에는 관개효율이 상당히 높아지게 된다. 필요한 인력이 적은 반면에 질은 상당히 높아야 한다.

이 방식의 최대 장점은 농민이 작물에 물이 가장 필요한 시기에 물을 사용할 수 있다는 점이다. 반면에 비용이 많이 들고, 시공과 유지관리에 높은 수준의 기술이 필요한 단점을 가지고 있다. 이 방식의 성패는 여러 가지 인자에 의해 결정될 수 있는데, 개수로 조직보다는 관수로 조직이 성공 가능성이 높고, 또한 운영상의 문제나 사회적인 문제 등을 감소시킬 수 있다.

[2] 준 수요자 요구방식

물이 필요한 시기 수일 전에 그림 5-1과 같이 농민의 요구에 의해 물관리

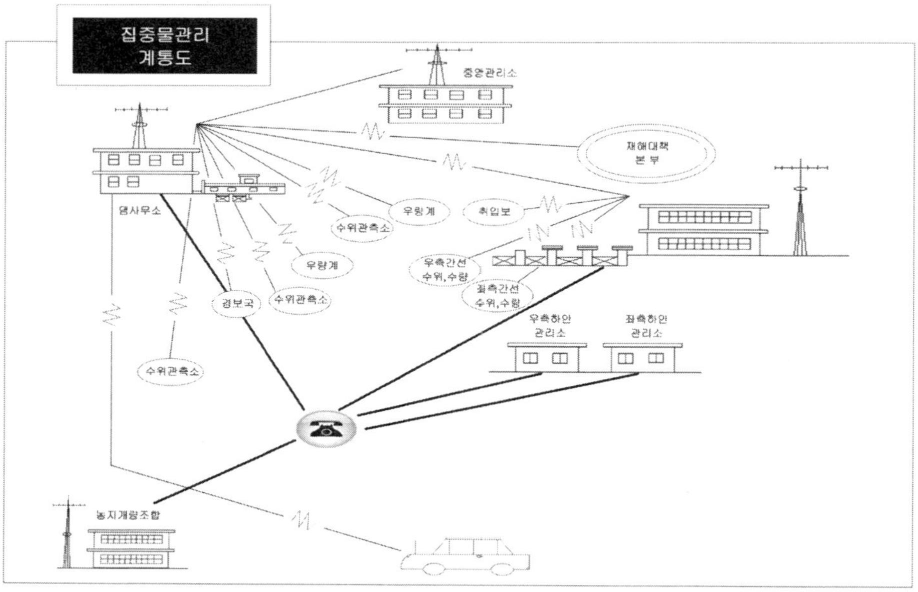

그림 5-1 준 수요자 요구방식

중앙관리소에서 공급한다. 사용량이 제한될 수 있다. 농민에게 공급되는 양은 관개면적에 의해 정해진다. 이 방식에서는 정해진 양의 물을 공급하도록 되어 있다. 그렇지 않으면 공급자가 매 요구시마다 공급에 필요한 시간과 양을 매번 계산해야 하는 문제가 발생한다. 농민들에 의한 물의 과다 사용을 방지하기 위해서 연간 관개횟수, 공급요구 간격 등에 대한 제한이 필요하다.

이 방식의 장점 중의 하나는 요구가 너무 많거나 한발인 해에는 윤환방식으로 물을 공급할 수 있다는 점이다. 단점은 요구가 적은 경우에 소수의 농민을 위해 수로를 조작할 때 상당한 손실량이 발생되어 비효율적일 수 있다는 것이다.

[3] 공급자 주도방식

(1) 윤환방식

미리 정해진 순서에 의해 논밭의 수로에 물이 공급되면 농민들은 정해진 시간에 일반적으로 제한된 양의 물을 공급받는 경우가 있다. 이 방식은 모든 농민들에게 동일한 기회를 부여함으로써 운영 측면에서 보면 아주 효율적이고 사회적으로 공정하다. 그러나 운영은 용이한 반면에 손실이 많이 발생할 수 있다. 수급조절이 제대로 이루어지지 않는다. 또 다른 방식은 농민들은 관계없이 그림 5-2와 같이 계약기관의 책임하에서 필요수량을 파악하여 물을 순차적으로 공급해 주는 것이다.

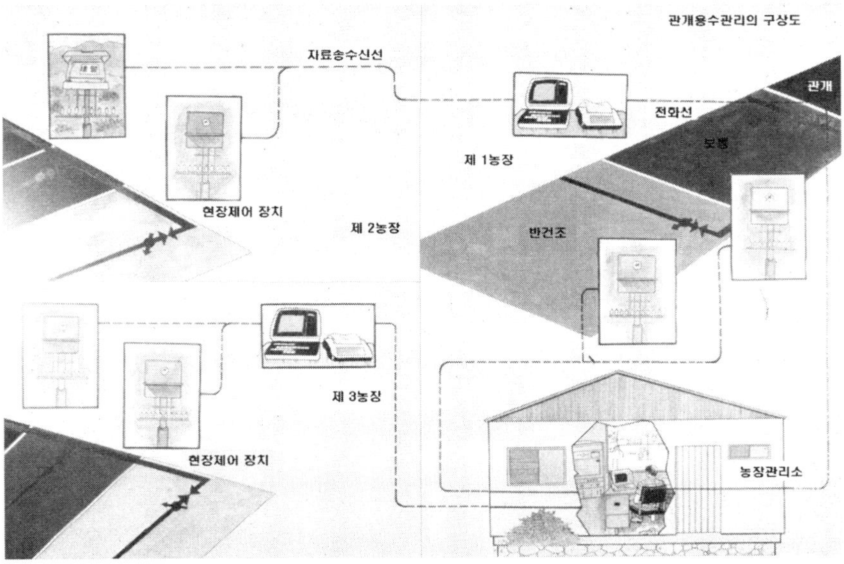

그림 5-2 공급자주도 방식

(2) 연속방식

전체 관개기간에 걸쳐 농민들이 작물의 필요수량을 보충하기 위한 소량이지만 연속적으로 물을 공급하는 방식이다. 이 방식은 가장 간단한 물공급 방식이지만 가장 비효율적이다. 그래서 증발 손실과 유출이 많이 발생할 수 있다. 물이 부족한 경우에 상류지역의 농민들은 필요한 양의 물을 공급받을 수 있으나, 하류지역의 농민들은 매우 적은 양의 물을 공급받게 되어 사회문제를 야기할 수 있다. 인력절감, 작물의 피해방지, 잡초방제와 같은 장점이 있고, 물이 풍부하거나 물 사용 효율의 중요성이 낮은 지역에 적용될 수 있다.

5.3.3 모니터링

물관리시설의 운영을 모니터링하는 것은 매우 중요한 활동인데, 두 가지 목적을 갖고 있다. 첫째, 단기적으로는 관리 및 제어의 수단으로, 계획된 물공급 형태와 실제 운영되고 있는 형태를 비교 검토하여 차이에 대한 원인을 찾아내고 수정 보완하기 위한 것이다. 둘째, 장기적으로는 물수요량, 공급량, 운영 등에 관한 정보를 미래의 관개사업계획 및 운영에 지침으로 활용하기 위한 것이다.

물공급과 관련된 일별 활동 이외에도 다음과 같은 일들이 이루어 져야 하는데, 반드시 필요한 정보만을 기록하여야 하고 정확한 자료가 필요하다.

① 연간 관개사업계획 또는 영농계획

② 관개기간 동안의 물관리와 관련된 사항 보고

모니터링 조직은 배수가 문제가 되는 관개조직에서는 매우 유용하게 사용될 수 있다. 특히 퇴적이나 수질에 영향을 받는 경우에도 유용하다.

물관리시설의 규모가 큰 경우에는 작물의 필요수량 계산과 물수지 계산을 위한 자료의 수집을 위해서는 기상관측 시설을 관개지역 내에 설치하는 것이 중요하다. 관개조직의 최적 운영을 위해 체계적인 자료의 수집은 필수적이다.

5.3.4 집중물관리

[1] 집중물관리의 정의

집중물관리란 물관리시설을 그 목적에 알맞은 기능을 발휘할 수 있도록 수원공 시설 및 배수시설의 기간시설물, 용수로와 배수로 등의 간선수로공시설물, 그리고 포장과 연결되는 말단시설물로 구성되는 물관리시설조직 내의 각종 시설물을 단일의지에 의하여 중앙에서 집중적이고, 체계적으로 관리하는 것을 말한다.

물관리시설조직은 물을 매개로 하여 상호 관련된 구조물들의 집합으로 구성되어 있으므로, 그 각각의 시설이 원래의 계획된 기능을 발휘함으로써 전체의 기능과 역할을 수행할 수 있게 된다. 만약 이러한 각 구조물들이 개별적으로 관리된다면 용수와 배수계통 전체로서의 기능을 충분히 발휘할 수 없으며, 오히려 사고 또는 고장의 원인이 되기도 한다. 그러므로 모든 구조물을 한 곳에서, 또는 특정한 장소에서 일정한 규칙에 따라 관리되도록 해야 한다. 여기서, 일정한 규칙이란 물관리시설조직의 조작 또는 운용의 방법과 용수 또는 배수를 실행하기 위한 운용의 방법에 대한 내용으로 두 가지의 의미를 포함한다. 다시 말하면, 전자는 하드웨어적인 시설과 컴퓨터에 의해 조작 또는 운용방법이며, 후자는 물관리모형시스템을 활용하여 용수량과 배수량을 어느 때 얼마의 수량을 어떻게 공급 또는 배수할 것과 포장의 효율적인 담수관리를 하도록 각종 수문과 물꼬의 조작시간을 결정하도록 하는 것이다. 후자의 경우는 일반적으로 간과하는 경향이 있지만, 물관리모형시스템을 활용하지 않으면 경지의 과학적이고 합리적인 물관리를 기대할 수 없다.

[2] 집중물관리의 목적

집중물관리의 목적은 합리적인 물관리를 보다 경제적으로 수행하는 데 있으며, 그 구체적인 내용은 다음과 같다.

(1) 물의 효율적 이용

불필요한 용수의 규제와 적절한 용수원의 이용, 여수토의 숭상, 강우시 논물 가두기 등으로 물을 효율적으로 이용한다.

(2) 물의 합리적 배분

수혜지역 내의 균등한 물의 배분, 생육시기별 물의 수요량 변동에 대한 대책, 유달시간 지연에 따른 상·하류 구역의 물 분배 대책, 구역별 수요 변동에 따른 대책 등을 고려한 물의 합리적 분배를 기한다.

(3) 재해의 경감

한발이나 홍수의 예보와 이에 대한 조치, 용수로나 수혜지역 내의 잉여수와 월류수의 조기발견 및 조치, 기타 시설의 이상유무 확인 등을 통하여 재해의 조기예측과 피해를 극소화한다.

(4) 관리비의 경감

물관리시설조직의 관리운용을 위한 노력과 비용의 절감, 각종 물관리 자료의 수집에 따른 비용의 경감, 불필요한 용수의 규제를 통한 동력비의 경감 등으로 관리비의 절약을 기한다.

(5) 기타

물관리 기술의 향상을 통하여 물로 인한 논쟁이나 갈등을 극소화하고, 제때에 필요한 물을 계획공급함으로써 물 걱정 없이 영농할 수 있는 여건을 갖추는 무형의 이점을 갖는다.

[3] 집중물관리의 수준

집중물관리를 위한 관리조직은 대상지구의 물관리시설조직의 집중적 관리를 위한 것인데, 이와 같은 관리조직은 다양한 수준으로 계획을 가능하게 한다. 즉, 용배수상황의 진단과 감시, 조작운용의 방식, 제어방식, 대상 구조물의 선정, 자료 통신수단 등에 대한 물관리시설물의 시설화 및 자동화 비율과 수집파악되는 정보화 비율에 따라 여러 가지 방안이 가능하게 된다. 따라서 어떤 수준의 물관리시설조직을 구축할 것인가 하는 문제는 결코 용이한 것이 아니며, 목표나 필요한 업무내용, 기능성, 경제성, 운용성 등을 검토하여 가장 적합한 방안을 채택하는 것이 좋다.

관행 물관리 방법의 주요 과제는 수원공의 용량 부족과 같은 구조적인 것을 제외하면 대부분 운용과 관리조직적인 것이 대부분이기 때문에 일차적으로 효과적인 관리조직과 물관리모형시스템의 활용을 통해 달성하도록 하는 데 그 목표를 두는 것이 바람직하다.

[4] 집중물관리시스템 계획시 고려사항

(1) 물관리 대상에 따른 자동화 계획수립

물관리는 급수・배수・수질관리 등을 종합적으로 수행되도록 전체 시스템을 구성하는 것이 바람직하나, 사업비가 일시에 투자되어야 한다는 단점이 있으므로 단계별로 나누어 시행하는 것이 일반적이다. 또한 물관리 대상 구역도 해당 관개 또는 배수구역에 국한하기보다는 해당 농촌 용수 구역 전체의 물관리 계획하에 수립하는 것이 바람직하다. 그러나 현실적으로 우리나라 전체 용수 구역에 대한 종합적인 물관리 계획이 수립되어 있지 않으므로, 해당 관개구역 급수만을 위한 물관리 계획을 수립할 경우에는 홍수배수 및 수질관리에 대한 대처방안이 없다. 따라서, 해당 용배수구역 전체에 대한 물관리를 염두에 두고 집중물관리시스템을 수립해야 한다.

(2) 지역특성에 알맞은 시스템

물관리 여건은 지구별로 또는 동일 지구 내에서도 구역별로 관리 여건이 서로 다르기 때문에 집중물관리시스템의 자동화 시설물을 설치할 경우에는 이러한 관리조직 여건을 충분히 고려하지 않으면 안 된다. 지구특성에 적합한 시스템이 개발되지 않고 획일적인 기준에 의해 계획이 수립되어 시설물을 설치하면 설치 후에 많은 문제들이 야기될 수 있으므로, 지구특성에 적합한 시스템이 개발되도록 노력하고 또한 문제가 발생할 경우에 용이하게 해결할 수 있게 융통성을 가진 계획이 되도록 해야 한다.

(3) 간단하고 조작이 용이한 시스템

집중물관리시스템은 전문가들에 의해 개발되는 관계로 사용자의 입장을 고려하지 못하거나, 고려하더라도 현실성을 배제할 가능성이 매우 높다. 따라서 시스템 개발자들은 포장의 물관리자가 가지고 있는 기술수준과 현장문제를 파악하여 실현 가능하도록 해야 하고, 또한 집중물관리시스템 관리인이 포장의 수리상황을 파악하여 시스템의 조절장치를 단순하고 쉽게 조작할 수 있도록 만들어야 하며, 내구성과 관리효율이 높도록 기기를 개발해야 한다.

(4) 시스템의 표준화

집중물관리시스템을 개발하는 전문가와 전문회사에 따라 하드웨어와 시설운용 소프트웨어가 다양하기 때문에 앞으로의 기술개발 및 지역의 통합관리에 장애요인으로 작용할 수 있다. 따라서 하드웨어의 기술사양 및 통신용 프로토콜 등과 같은 소프트웨어 등은 기본적으로 표준화하여 경제적인 시스템 개발이 이루어지도록 해야 한다.

(5) 기타

부품의 교체 및 고장수리가 신속하고 싼값으로 현장에서 처리할 수 있도록 유지관리가 용이해야 하며, 계측설비나 기타 시설의 추가 설치시 시스템 전체를 교환 없이 간단하게 확장이 이루어질 수 있도록 시스템의 확장성이 보장되어야 한다.

[5] 집중물관리 시스템의 구성

관개지구의 효율적인 급수관리를 위해서는 물 수요량의 정확한 예측과 해당 지점에 필요한 물을 공급하는 것과, 배수지구의 효율적인 배수관리를 위한 배제해야 할 정확한 배수량 예측과 배수시설의 능력과 원활한 작동이 전제되어야 한다. 관개지구의 물수요량은 기상, 작물, 토양 등의 복잡한 물리적 인자

이외에도 경작자의 관행방법과 기호 등에 의하여 결정된다. 따라서, 중소규모 관개지구의 경우라도 수많은 경작자의 이해와 직결되는 문제이다. 또한, 송수는 관개조직의 수리적 특성과 수로조직의 물분배 특성에 따라 결정된다. 한편, 배수지구의 배수량은 강우량, 작물종류, 토양 등의 복잡한 물리적 인자와 배수하천의 수위와 허용담수심과 허용담수위, 그리고 배수량의 크기와 태수펌프의 용량에 따라 결정된다.

관개와 배수 조직의 효율적 운용에는 대상지구의 물관리에 대한 자료의 수집, 이들 자료를 바탕으로 하는 관개와 배수 조직의 특징을 모의발생할 수 있는 수단 및 조작자의 실행 등인 3요소가 필요하다. 관개지구의 현황을 파악할 수 있는 자료에는 저수지의 저수량 또는 취수가능수량, 송수 및 분수량, 포장의 필요수량 등이 있으며, 배수지구의 현황을 파악할 수 있는 자료에는 포장의 허용담수위의 유무, 홍수에 의한 담수량 및 담수심, 배수하천의 수위 등이 있다. 대상지구의 관개와 배수조직에 대한 모의발생모형으로부터 수원공의 저수용량, 용배수로 상황의 시간적·공간적 변화, 포장의 담수심 변화, 배수문의 작동 등의 정보를 추정하게 된다. 그러나 이와 같은 자료, 모의발생 모형을 통해 얻은 정보일지라도 언제, 어떻게 시스템을 조작하여야 하는지를 모르는 경우가 많이 있다. 이에 대응하여 효율적인 물관리를 할 수 있게 조작자의 조작판단을 지원할 수 있도록 개발된 의사결정지원시스템(Decision support system, DSS)을 활용할 수 있다.

효율적 물관리를 위한 단계에는 첫째, 물관리시설조직의 물관리 목표 설정, 둘째, 물관리시설조직의 거동의 모니터링, 셋째, 모니터링한 물관리시설조직의 거동이 설정된 목표에 상응되는지의 여부 판단, 넷째, 물관리시설조직의 부적절한 거동을 수정 또는 치유, 다섯째, 물관리시설조직의 거동이 설정된 목표에 도달했을 때 또는 이상거동이 일어났을 때에 원격조정으로 각 시설의 작동을 제어하는 단계가 필요하다.

집중물관리시스템이란 첫째, 관개와 배수 조직의 운용에 요구되는 실시간 수문과 수질자료를 수집하고, 수집된 자료를 전달하고, 전달된 자료를 저장하여 필요한 시기에 용이하게 활용할 수 있도록 관리하는 자료시스템, 둘째, 이들 자료들을 해석하여 장단기의 평상시와 비상시 관개사업계획과 배수계획을 수립하고 운용하는 모형시스템, 셋째, 전산기에 대한 전문적인 지식이 없어도 이를 쉽게 운용할 수 있는 사용자편의시스템, 넷째, 이로부터 얻어지는 자료에 의해 물관리시설물의 조작을 지원하는 제어시스템으로 구성되는 의사결정지

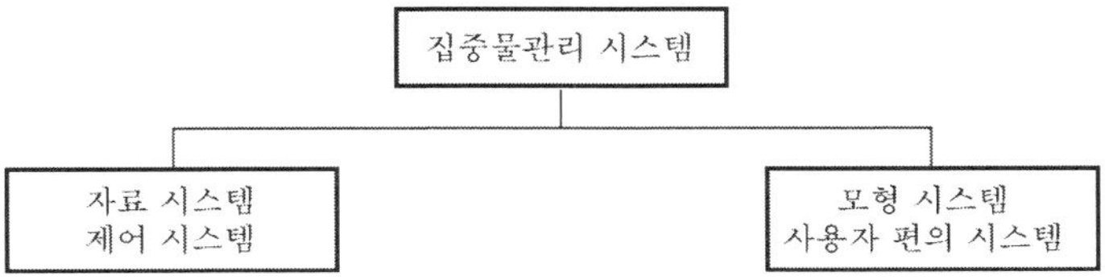

그림 5-3 집중물관리시스템의 구성

원시스템을 말한다(그림 5-3).

(1) 자료시스템

자료시스템은 대상지구의 물관리 상황을 분석할 수 있는 수문 및 수질 자료의 수집, 수집된 자료를 집중적으로 관리하는 장소인 중앙관리소로의 전달, 그리고 자료의 관리 등의 3단계로 구성된다(그림 5-4).

1) 자료의 수집

물관리시설조직의 운용에 필요한 실시간 자료는 하천, 저수지, 용수로, 배수로 구간 등에서의 수위 또는 유량, 강우량, 수문개도, 양배수펌프의 작동 등으로 구분할 수 있는데, 정확한 자료를 얻는 것이 효율적인 물관리를 위한 첫 단계이다.

① **수위자료** 관개 및 배수 지구의 운용에 필요한 수위자료는 하천수위, 저수지 수위, 용수로 수위, 배수로 수위 및 포장수위 등으로 구성되어 있는데,

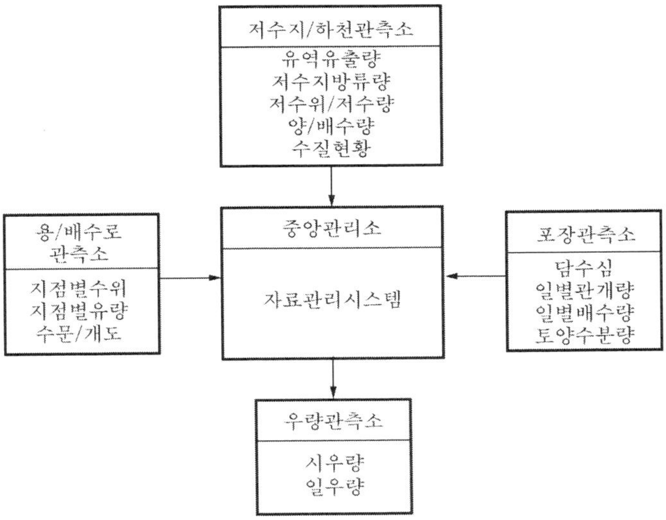

그림 5-4 자료시스템의 구성

표 5-2 관개 및 배수 조직의 운용에 필요한 수위자료

구 분	자 료 활 용
하천 수위	저수지유입량, 보·양배수장의 취수/배수가능수량 산정
저수지 수위	저수량 산정, 관개사업계획수립
용수로 수위	관개조직 조작결과의 확인
포장 수위	관개기간 및 관개량 산정, 담수기간 산정, 홍수담수량 산정
배수로 수위	배수조직 조작결과의 확인

각 수위자료의 활용에 대해 표 5-2에 정리하였다. 표 5-2의 수위관측지점을 선정하기 위한 고려사항은 다음과 같다.

㉠ 앞으로 기능상실의 우려가 없고, 접근이 용이하여 유지관리가 가능한 지점을 선정한다.

㉡ 가급적 하류구간의 수리특성에 따른 배수의 영향을 받지 않는 지점을 선정한다.

㉢ 수위표 지점은 설치에 용이하며, 관측이 쉬운 장소를 택한다.

㉣ 통수단면의 변화가 없는 곳을 선정한다.

㉤ 만약 기존 수위표가 설치된 지점의 경우는 기왕의 수위자료를 활용할 수 있도록 해당지점을 선정한다.

② **강우량 자료** 유출량 예측의 정도를 높이고, 논에서의 유효우량을 산정하기 위해서는 유역의 면적평균우량을 정확히 계산할 수 있도록 적절한 위치의 우량관측소에서 선정된 강우자료가 필요하다. 관개 및 배수 지구의 실시간 조작을 위한 강우관측소는 아래 사항들을 고려하여 선정하는 것이 바람직하다.

㉠ 유역을 포함한 관개지구의 면적평균우량을 대표할 수 있는 곳에 설치한다.

㉡ 관측지점 부근의 지형상태가 비교적 변화가 적은 곳을 선정한다.

㉢ Telemetering통신이 가능한 지점이어야 한다.

㉣ 관개지구의 면적이 클 경우는 우량관측망을 설치할 필요가 있다.

㉤ 가급적이면 설치비용의 절감을 위하여 수위관측소에 병설하도록 한다.

2) 자료의 전달

관측소(우량, 수위, 유량, 수질 등)에서 수집된 자료를 중앙관리소에 전달하기 위해서는 전송시설이 필요하고, 이를 위한 통신망, 통신회선, 전송장치 등은 현장의 조건과 경제성을 고려하여 결정한다.

① **통신망** 통신망의 형태는 계측시설의 공간적 배치에 따라 좌우되는데, 그 형태는 일반적으로 다음과 같은 4가지로 구분된다.

㉠ star형 중앙에 관리소가 있고, 이를 중심으로 관측소들이 연결되어 있는 형태이다. 통신선로의 길이가 비교적 길어진다. 모든 제어는 중앙관리소에서 행해지는 중앙집중식이다.

㉡ tree형 star형의 경우와 같이 중앙에 관리소가 위치한다. 통신선로의 총 길이는 다른 형태보다 짧은 형이다.

㉢ mesh형 일반적인 공중(公衆)데이터 통신망의 형태이다. 통신회선의 총 경로는 다른 형태와 비교해서 가장 길지만 두 지점간에 항상 두 개 이상의 경로를 갖게 되어 하나의 경로에 이상이 생기는 경우, 이를 다른 경로를 이용할 수 있는 장점이 있다.

㉣ ring형 총 통신경로의 길이는 보통 star형보다 짧으며 tree형보다는 길다. 양 방향에서 접근이 가능하며 통신회로의 장애에 융통성이 있다. 근거리 통신에 가장 많이 이용되는 형태이다.

② **통신회선** 통신회선은 일반적으로 다음과 같은 5가지 방법이 사용된다.

㉠ 기존의 전화선을 이용하는 방법
㉡ 전용회선을 이용하는 방법
㉢ 디지털 전용회선을 이용하는 방법
㉣ 패킷망을 이용하는 방법
㉤ 무선(Microwave)을 이용하는 방법

③ **전송장치** 자료전송장치는 센서에서 수집된 자료를 통신회선을 이용해서 중앙관리소에 전달하는 기능을 갖는다.

3) 자료의 관리

물관리를 효과적으로 수행하기 위해서는 필요한 시기에 유역의 수원공 및 배수공, 관개조직 및 배수조직에 관한 필요정보를 용이하게 사용할 수 있어야 한다. 필요정보란 실시간에 얻어지는 현황자료뿐만 아니라 과거자료들도 포함된다. 현장에서 수집되는 자료가 계속 증가하여 어느 시점에서는 그 자료의 내용을 정확히 파악할 수 없고 관리하기도 어려운 한계에 도달하게 된다. 따라서 방대한 자료를 용이하게 처리하기 위한 자료관리시스템이 필요하다.

물관리에 필요한 자료는 유역과 저수지의 수문자료, 용수로와 배수로의 유량자료, 포장자료 및 기상자료 등으로 구별되는데, 각각의 자료는 독립적 또는 복합적으로 처리된다.

각종 물관리 관련자료들을 데이터베이스 모형을 이용하여 데이터베이스를 구축하여 자료관리시스템을 이용한 분석·처리과정을 거쳐 필요한 결과를 얻게 된다. 물관리를 위한 자료관리시스템은 두 가지로 사용될 수 있는데, 첫째는 데이터베이스 자체언어를 이용한 응용프로그램으로서 저수지 저수량 계산, 용수로 지점별 유량계산 또는 각종 통계처리 등에 사용될 수 있으며, 둘째는 다른 언어를 이용한 각종 물관리 모형으로 현황분석, 예측, 검토 및 결정 등에 활용될 수 있다.

(2) 모형시스템

모형이란 여러 가지 자연적 또는 인위적 조작에 의한 현상을 수학적으로 표현하여 이를 모의발생하는 것을 말한다. 여기서 모의발생이란 "동적 조직의 거동을 정량적으로 표시하는 수학적 모형을 이용하여 가상적으로 실시하는 수치실험기법"으로 정의된다. 따라서, 모형시스템은 여러 가지 모형들을 이용 가능한 상태로 만들어 놓은 것을 말하는데, 모형들은 다음과 같은 내용의 해석을 포함한다.

1) 수문모형

강우량 예측 모형(장기 예측, 중기예측, 단기예측), 하천유량 예측 모형, 저수지 유입량 예측 모형, 저수지 모의조작 모형, 홍수시 담수위의 조작 모형 등이 필요하다. 유역으로부터의 유입량 산정은 우리나라에 많이 적용되고 있는 수정 탱크모형을 기본으로 유출 해석을 한다. 탱크모형은 비교적 입력자료의 수는 적으나 실측 유출량 자료가 적을 경우 유역면적, 유역의 토지이용비율 등의 자료로부터 모형의 매개변수를 추정할 수 있다.

2) 용수로 수리해석 모형

농업용수 공급을 위해 용수로에서의 통수시와 퇴수시 수리적 특성을 모의발생하기 위한 것으로 물머리진행 모의모형, 등류수심과 유량계산 모형, 유수곡선(forward water curve) 및 배수곡선(back water curve) 계산모형 등이 필요하다.

3) 포장 수분량 추정 모형

논과 밭의 관개사업계획 모형(평상시, 한발시 및 냉해시), 논과 밭의 평상시 배수계획 모형, 포장담수심 추정모형, 포장급수현황 예측모형 등이 필요하다. 포장의 평균담수심은 지점별 통수량을 이용하여 각 관개구역별 급수된 수량을 근거로 추정한다.

4) 기타

관개시기 결정을 위한 물관리시설물의 조작 시기 결정을 위한 관개조직 및 배수조직 조작 모형, 관개조직 내 불필요한 물의 배제를 위한 배수문 조작모형, 배수펌프 조작모형, 수질예측모형 등의 개발이 필요하다.

(3) 사용자 편의시스템

집중 물관리는 전산기의 사용을 전제로 하였기 때문에, 자료관리 시스템 및 모형시스템의 운용에는 높은 수준의 전산기술을 필요로 한다. 따라서, 사용자 사용시스템은 컴퓨터를 잘 알지 못하는 사람이라 할지라도 기초적인 간단한 조작을 통하여 어떤 자료나 과학적 해석결과를 알기 쉽게 얻을 수 있도록 구성된다.

그러므로, 사용자 편의시스템의 개발에 따른 기본방향을 정리하면 다음과 같다.

① 사용자가 대상지구의 물관리 계획이 수립에 편리하도록 구성한다.

② 사용자가 대상지구의 물관리 상황을 쉽게 판단할 수 있도록 가시적이고 효율적인 방법을 적용하도록 한다.

③ 사용자가 대상지구의 물관리를 수행하는 데 필요한 제 정보를 손쉽게 제공받아 정확한 해결방안을 얻도록 한다.

④ 사용자의 물관리 업무 수행에 보조할 수 있으며, 각종 정보를 체계 있게 정리하여 출력이 가능하도록 한다.

⑤ 시스템은 범용적인 구성을 갖춰 기타의 목적에도 사용될 수 있도록 한다.

⑥ 시스템의 확장발전에 맞춰 다른 기능의 시스템과 호환되거나 쉽게 적응할 수 있는 프로그램으로 구성한다.

(4) 제어시스템

집중감시제어는 여러 개의 시설이 결합하여 일체적으로 작동되어야 한다. 그러므로 각 물관리시설의 제어에 대한 신뢰성이 있어야 할 뿐 아니라 일체의 기능으로서의 제어에 대한 신뢰성이 요구된다. 따라서 대상지구의 물관리시설물에 대한 제어항목과 감시항목에 관하여 결정해야 한다. 이는 지구의 물이용 형태, 수원의 풍족여부, 침수피해여부, 영농형태, 물관리형태, 물관리시설의 기기사용지침 등을 기초로 제어시스템을 관리하게 된다. 물관리시설의 제어관리 대상은 다음과 같다.

① 수원공 시설에는 취입 시설의 수문, 양수장 펌프, 밸브 등이 있다.

② 수로공 시설에는 분수공 수문, 조정지 수문, 수로수문, 관수로의 밸브, 조정수조의 밸브, 방류공의 수문 등이 있다.

③ 배수공 시설에는 배수문, 배수갑문, 배수장 펌프, 밸브 등이 있다.

[6] 집중물관리 시스템의 설계

집중물관리 시스템을 구성하는 주요 시설물은 현장 상황의 감시를 위한 각종 계측 센서와 제어장치, 각종 시설물의 관리를 위한 중앙관리소 및 현장관리소로 구성된다. 컴퓨터를 이용한 시설물의 자동제어에는 펌프, 수문 등 수리시설물의 동작에 관련된 명령을 전달하기 위한 제어와 장치간의 자료송수신, 현황판, 경보발생 등의 장치들에 대한 동작에 관련된 명령을 전달하기 위한 제어가 있다. 중앙관리소는 각종 시설의 배치, 사회환경조건, 경제성, 통신망 등을 고려하여 향후 운영관리에 필요한 충분한 공간을 확보할 수 있는 곳으로 한다. 또한 중앙관리소에는 컴퓨터 및 부대시설로 구성되는 정보처리계, 물관리 상황의 감시, 진단, 예측, 예비조작을 위한 감시제어계 및 정보전송계 등으로 구성되고 있다. 그림 5-5에는 집중물관리 시스템의 기본 구성을 보여주고 있다.

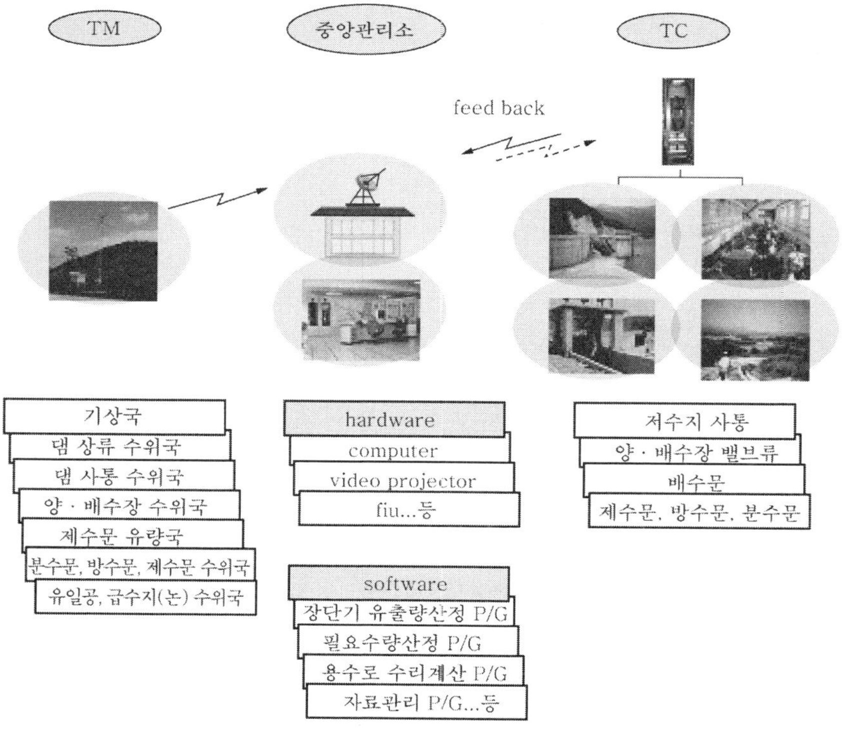

그림 5-5 집중물관리 시스템의 기본 구성

5.4 물관리시설의 유지관리

5.4.1 유지관리의 필요성

물관리시설은 많은 투자를 요구하면서 오래 동안 지속 되도록 설계되어 있으나, 그렇지 못한 경우가 많다. 따라서 침전물, 잡초의 무성, 구조의 오기능 및 기타 부적절한 상황이 수로에서의 흐름을 조절할 수 없도록 한다. 그 결과 관개조직이 가지는 원래 목적인 필요한 물을 송수하고 균등하게 분배하는 기능을 적절히 수행하지 못한다. 이러한 관개조직에서 일하고 있는 농민들은 관개의 잠재 효과에 대해 잘 알고 있으나 현실적으로 그들의 기대를 실현시키지 못한다. 다른 한편으로는 적절한 유지관리와 농민들간의 협조로 관개조직이 당초 계획보다 오래 지속되는 많은 예도 있다. 스페인, 이집트, 이태리, 파키스탄 및 기타국가에서 수세기 동안 관개시설이 운용되어 오고 있는데 이는 훌륭히 유지관리되는 관개시설은 수 세대에 걸쳐 이익이 될 수 있다는 살아 있는 증거이다. 유지관리가 불량하게 되는 이유를 살펴보면 유용자금의 부족, 농민의 관심 부족, 유지관리의 경시풍조 등이 있다.

관개시설의 가장 보편적인 유지관리불량의 원인은 관리와 보수를 위한 충분한 자금이 부족하다는 것이다. 이것은 유지관리뿐만 아니라 전체 물관리 조직에 영향을 미친다. 유지관리작업에 참가하는 농민들의 관심 부족은 용수지거의 상태 불량의 주원인이 되고 있다. 이와 같은 관심 부족의 원인은 여러 가지이고 복잡하다. 어떤 경우에는 농민들은 유지관리의 중요성을 인식하지 못하거나 어떻게 해야 되는지를 모른다. 다른 경우에는 농민들은 관개시설이 그들 자신의 것이라는 것을 인식하지 않음으로서 유지관리작업에 참가하는 것을 의도적으로 기피한다.

5.4.2 유지관리의 역할

유지관리는 시설물의 효율적 운영, 고장의 최소화, 경제적 관리비용, 사용연한과 안전의 증가라는 목표를 갖고 시설물을 관리하는 것이다. 특히 유지관리는 물의 효율적 이용을 위한 기반조성뿐만 아니라 수리시설은 국가의 간접자본이라는 관점에서 그 중요성이 강조되고 있다. 유지관리가 담당해야 할 중요한 역할은 다음과 같다.

① 유지관리는 경작지에서 최대의 작물생산을 실현할 수 있도록 수리시설물의 최적조건을 유지하는 것이다. 이와 같은 최적조건을 달성하기 위해 필요한 사항은 다음과 같다.

㉠ 물사용 집단

㉡ 시설물의 유지관리를 담당할 수 있는 양질의 인적자원

㉢ 유지관리계획에 근거한 예산 및 필요한 자금의 확보

㉣ 유지관리에 따른 문제의 조사연구에 자발적인 봉사를 할 수 있는 특수위원회

② 유지관리란 시설물이 안고있는 문제를 노출시키는 것이다. 어제와 오늘의 문제를 점검하고, 내일의 문제를 예측함으로써 이와 같은 문제점들을 해결할 수 있는 세부계획을 수립한다.

③ 비효율적인 시설운영, 불필요한 시설고장, 조기 개보수의 필요 등을 예방할 수 있는 유지관리 계획을 준비할 수 있도록 조합과 조합원들이 밀접한 관계를 유지해야 한다. 조합원, 관리자, 위원회간의 적절한 대화는 절대적으로 중요하다. 대화는 많은 문제와 오해를 제거하고 조합원들간의 신뢰를 구축할 수 있다.

④ 예기치 않던 결정을 내려야 할 때가 가끔 있다. 이와 같은 결정을 내리기 위해서 사전에 충분한 분석을 실시해야 한다. 관리자는 사업을 효율적으로 운영하기 위해서는 조합원들과의 동료의식이 필요하다. 중요한 의사결정사항은 다음과 같다.

㉠ 유지관리 비용을 증가시킬 수 있는 계획

㉡ 물이 부족한 시기의 물분배 방식

㉢ 시설의 보수를 위한 배수

㉣ 관개지구의 사업 효율을 높이기 위한 각종 계획

결정에 대한 책임은 관리자와 위원회에 있기 때문에 결정을 내리기 전에 분쟁의 소지가 있는 사항은 조합원에게 이를 충분히 공개해야 한다. 일방적인 결정은 궁극적으로 조합원들의 신뢰를 잃게 될 것이다.

5.4.3 유지관리의 종류

유지관리는 다음과 같이 구분할 수 있다.

[1] 일상적 유지관리

관개조직이 만족스럽게 기능을 발휘하는 데 필요한 모든 일들을 포함하며 매년 정상적으로 이루어지는 유지관리 형태이다. 예방의 차원에서 실시한다. 이에 따라 시설의 급속한 기능악화에 따른 대규모 보수를 감소시킬 수 있다.

[2] 비상 복구

홍수, 지진 및 태풍과 같은 재난에 의해 생기는 피해를 복구한다. 이와 같이 예측하기 어려운 자연현상의 특성 때문에 일반적인 예방조치가 있어도 특수한 예방조치를 취하기 어렵다. 이와 같은 종류의 피해가 예상되는 관개지역에서는 항상 이에 대한 복구예산이 책정되어 있는 것이 좋다.

[3] 개수

저수지, 용수로 및 기타 구조물의 성능이 당초 설계와 비교할 때 저하된 경우에 이를 극복하기 위한 업무 형태이다. 관개시설 내에서의 작부체계나 배수문제 등과 같은 변화를 수용하기 위한 시설물의 대규모 개수를 포함한다. 실제로 개수와 개보수를 구분하기 어렵지만 그 차이는 주로 예산의 특성에 의해 구분될 수 있다. 개수는 유지관리에 배정된 국가예산으로 지원되는 반면에 개보수는 다른 재원에 의한 투자의 성격을 갖는다.

5. 4. 4 유지관리계획 수립 및 집행

유지관리는 주어진 여건에서 수리시설물이 만족할 만한 기능을 발휘할 수 있도록 해야 한다. 수리시설의 효율적 유지관리를 위해서는 다음과 같은 절차가 필요하다.

[1] 목표설정

유지관리를 담당하는 조직은 추구해야 할 목표를 설정해야 하는데, 효율적인 유지관리에 의해 기대되는 효과와 이익을 최대화할 수 있어야 한다. 유지관리의 목표는 다음과 같다.

① 적절한 용수 공급
② 시설고장 감소
③ 비상사태의 발생 가능성 감소
④ 예산 절감
⑤ 용수의 보전

⑥ 수질 개선
⑦ 물 사용 효율 제고
⑧ 조합원의 불만 감소
⑨ 재해 경감

[2] 유지관리 계획의 수립

유지관리계획의 기본방향은 다음과 같다.

① 수리시설의 효율적 운영
② 부적절한 계획에 의한 긴급보수의 지양
③ 동일한 작업의 반복 지양
④ 불필요한 비용의 절감을 통한 경제적인 계획의 수립

유지관리계획 수립을 위한 절차는 다음과 같다.

(1) 유지관리가 필요한 시설물들의 목록작성

대부분의 관개지구들은 사업평면도, 주요시설물의 목록이 구비되어 있으나 유지관리를 위해서는 이들 시설물들을 특성에 따라 분류할 필요가 있다.

(2) 연간 추진해야 할 유지관리 활동의 범위 결정

유지관리계획을 준비하기 위해서는 유지관리 업무량을 알아야 한다. 시설물별 유지관리 세부계획이 수립되어야 한다. 대부분의 경우 감당해야 할 일의 양을 현장조사를 통해 면적, 크기, 길이 등과 같은 세부사항을 측정한 후에 결정한다. 유지관리 업무량이 결정되면 인력과 장비 소요량을 계산하기 위해 분류되어야 한다.

(3) 주요 작업별 최적주기의 수립

유지관리의 최적주기는 용수로, 배수로, 도로와 같은 시설물의 기능이 저하되지 않는 유지관리 주기를 말한다. 어느 정도 시설물의 오기능은 일반적으로 허용된다. 예를 들어 주어진 수로에서 실제 유량이 설계용량에 비해 어느 정도의 감소된 경우는 수로 퇴적물 제거를 위한 유지관리 주기 동안에는 허용될 수 있다. 그러나 유량 저하가 더 심해지면 분수에 영향을 미치게 되므로 유지관리 주기를 줄여야 할 것이다. 따라서 매 유지관리 활동에 대한 최적 유지관리 주기를 알아야 한다. 이 주기가 기후, 관개시기의 기간, 수질 및 공사의 질과 같은 지역적 특성인자에 의해 결정되기 때문에 사업으로부터 얻어진 경험에 기초를 두어야 한다. 이와 같은 경험이 없는 기간에는 비슷한 조건에 있는

표 5-3 수리시설물의 유지관리주기

시 설 명	유 지 관 리 업 무	주기(년)
용수로	퇴적물 제거	2~8
	잡초 제거	1
	수로의 소단 보수	3
	대규모 구조물	6
	중소규모 구조물	3
배수로	퇴적물 제거	4~6
	잡초 제거	1
	구조물	3
저수지/댐	잡초 제거	1
	벽돌공	4
	수문	2
	전기설비	1
도 로	잡초 제거	1
	도로형태유지	1
	도로의 소단 보수	4
	구조물	4

관개지구에서 얻어진 경험에 의존하는 것이 바람직하다. 시설물별 최적주기의 일례는 표 5-3과 같다.

(4) 인력과 장비 투입계획

연간 추진해야 할 유지관리 활동의 범위가 결정되면, 이에 필요한 인력과 장비를 결정하여야 한다. 여러 가지 방법이 사용될 수 있으나 우선은 인력 혹은 기계로 할 것인가를 결정해야 한다. 일반적으로 관개시설이 복잡한 경우에는 장비에 의한 작업이 바람직하고 반대로 관개시설이 단순한 경우에는 인력에 의한 작업이 바람직하다. 그러나 경제적, 기술적인 문제가 없는 경우에는 그 지역 농민들을 활용하는 것이 좋다. 여러 가지 형태의 유지관리 작업 때문에 각 작업에 적합한 장비를 준비하는 것은 어렵다. 따라서, 여러 가지 작업을 수행할 수 있는 장비가 바람직하다.

(5) 예산편성 및 우선순위 결정

추진해야 할 유지관리 활동에 대한 예산을 정하는 것은 업무량이 결정되어 있고, 단가가 알려져 있어 쉬운 일이다. 예상하지 못한 수리에 필요한 자금을 확보하는 것이 바람직하다. 일반적인 예산편성에서와 마찬가지로 초기 추정액은 유용 가능한 재정 규모와 관련하여 재고되고 절감되어야 한다. 일반적으로 배정예산은 신청보다 상당히 낮아진다. 이런 상황에서 작업의 우선순위를 결정하는 것은 물관리 주체의 중요한 업무중의 하나이다. 유지관리계획은 이와 같은 예산 운용상의 문제에 따라 영향을 받게 된다. 유지관리의 우선순위 결정은 인력 및 장비의 감소 등과 같은 여러 인자에 영향을 받으므로 지역특성에 따라 변한다.

[3] 유지관리업무 수행

유지관리계획의 수행은 원래 지역 특성에 영향을 받지만 일반적인 관리원리가 응용될 수 있을 것이다. 가장 중요한 원리는 다음과 같다.

① 유지관리에 사용할 수 있는 시간과 자원은 제한되어 있기 때문에 훌륭한 계획이 중요하다. CPM이나 막대그래프와 같은 계획기법을 사용하면 도움이 될 것이다.

② 유지관리의 결과를 모니터링하는 것이 매우 중요한데, 이는 현실적인 자료를 계획과정에 feedback시킬 뿐만 아니라 계획된 업무의 진행을 조정할 수 있기 때문이다.

③ 유지관리업무에 농민들의 참여를 유도한다. 어떤 관개구역에서는 농민당 노력 부담일수가 내규로 정하는 경우도 있다. 유지관리기구는 기술지침을 마련하고 업무를 조직하고 조절해야 한다.

④ 과거에는 자원봉사의 형태로 유지관리를 하는 것이 관례였으나 현재에는 관개구역에서 자원봉사 인력을 구하는 것이 곤란하다. 음식과 교통수단의 제공 등과 같은 지원책의 사용이 바람직하고, 업무는 예상하지 못했던 많은 인력을 필요로 하는 특수한 보수업무에 국한해야 한다.

⑤ 어떤 경우에는 유지관리 대행업체의 고용도 고려해볼 만하다. 이는 유지관리업무를 위한 고정직원의 수를 감소시킬 수 있고 매년 유지관리조건이 바뀌는 경우에 사용할 수 있는 방법이다. 특히 특수한 유지관리업무의 수행에 바람직한 것이다. 또한 차량이나 장비가 별로 없는 기관에서는 유지관리를 소홀하게 하기보다는 이와 같은 용역업체를 고용하는 것을 고려해야 할 것이다.

[4] 유지관리업무의 감시

유지관리의 성공적인 수행을 위해서는 유지관리가 계획대로 진행되고 있는지를 주의 깊게 모니터링하는 것이 중요하다. 만약에 업무가 계획대로 진행되지 않는 경우에는 그 원인을 규명하여 조치를 강구해야 한다.

규칙적인 모니터링에서 얻어지는 자료는 진행 중인 유지관리뿐만 아니라 앞으로의 계획수립에 유용하게 사용될 수 있다. 이와 같은 자료가 없이는 현실적인 계획이 되기 어렵다.

연습문제

1. 물관리의 필요성에 대해 설명하여라.
2. 물관리의 기본방향은 무엇인가?
3. 물관리 조직의 종류에는 어떤 것이 있나?
4. 우리나라의 물관리 조직의 관리 주체의 종류와 특성을 설명하여라.
5. 물 공급방식의 종류와 특성을 설명하여라.
6. 집중물관리란 무엇인가?
7. 집중물관리 시스템의 구성에 대해 설명하여라.
8. 수리시설의 유지관리가 필요한 이유는 무엇인가?
9. 유지관리의 종류와 특성을 설명하여라.

참고문헌

(1) 농지개량조합연합회, 물관리 및 유지관리 편람, 농지개량조합연합회, 1996.

(2) 이남호, 효율적인 물관리를 위한 관개배수시스템의 첨단기술, 제6회 세계 물의 날 국제심포지엄, 한국관개배수위원회, 농어촌진흥공사, 1998.

(3) 정병호 · 여운식 · 이남호, 집중물관리 시스템의 실용화, 농공기술 제58호, 1998.

(4) 정하우 외, 집중용수관리조직연구(Ⅰ), 농림수산부, 농업진흥공사, 1989.

(5) 石橋豊 외, 農業水利學, 朝倉書店, 昭和 52年.

(6) Bureau of Reclamation Arizona Projects Office, Factbook, 1981.

(7) Chung, H. W. & Park, S. W. & Lee, N. H., Mathematical modeling of irrigation system for paddy fields in the Republic of Korea, *Proceeding of 7th Afro-Asian Regional Conference*, ICID, Tokyo, 1989.

(8) Loucks, D. P. & Costa, J. R., *Decision support systems : water resources planning*, NATO ASI Series, Springer-Verlag, 1991.

(9) FAO, Farm water management seminar Manila, *Irrigation and Drainage Paper*, No. 12, FAO, 1972.

(10) FAO, Irrigation practice and water management, *Irrigation and Drainage Paper*, No. 1, FAO, 1972.

(11) FAO, Organization, operation and maintenance of irrigation schemes, *Irrigation and Drainage Paper*, No. 40, FAO, 1986.

(12) Jermar, M. K., Water resources and water management, *Develop- ments in water science* 28, Elsevier, 1987.

(13) Lee, N. H. & Chung, H. W., Computerized water management systems for paddy fields, International Workshop, AIT, Bangkok, 1992.

(14) Lee, N. H., Computerized irrigation water management systems for paddy fields in Korea, Proc. of Intenational workshop on integrated water resources mangement, KOWACO, 1997.

(15) Plusquellc, H. & Burt, C. & Wolter, H. W., Modern water control in irrigation : concepts, issues and applications, *World Bank technical paper*, No. 246, Irrigation and drainage series, The World Bank, 1994.

(16) Tanji, K. K. & Yaron, B., Management of water use in agriculture, *Advanced series in agricultural sciences* 22, Springer-Verlag.

(17) USBR, Water systems operation and maintenance workshop, Session notes, 1990.

제 6 장

농촌유역의 물관리

6.1 우리나라의 수자원

6.1.1 우리나라의 수자원과 수요전망

농촌유역은 농촌적인 생활과 산업을 형성하고 있는 지역을 배경으로 하는 동일수계의 영역으로 정의한다. 이러한 농촌유역에 존재하는 수많은 자원 중에서도 특히 물은 모든 생물의 생명을 보전할 뿐 아니라 삶을 영위하는 데 필수불가결한 것이다. 또한, 농촌유역 내의 물관리는 궁극적으로 인간의 삶과 자연환경을 조화로운 관계를 갖게 하는 데 목적을 두고 있다.

농촌유역에 존재하는 물은 무한히 존재하는 것도 아니고, 어디에나 있는 것도 아니지만, 물 공급은 자연하천이나 지하수의 흐름에 의하여 이루어진다. 그러므로 농촌유역의 내에 살고 있는 자연계 생물은 그의 생존환경에 필요한 물 수요량에 맞추어 알맞게 존재하고 있다. 대상유역 내에 있는 양질의 물이 생물의 생존환경에 필요한 수요량보다 많을 때는 인위적인 공급방법으로 물관리를 할 필요성을 갖지 않는다. 그러나 인간문화의 발달과 산업사회로의 발전은 생활 용수뿐 아니라 식량생산을 위한 농업용수와 공산품을 생산하기 위한 공업 용수를 추가적으로 확보하게 한다. 이를 위해 인공적인 하천이나 수로조직을 건설하여 물 부족한 지역에 물을 공급하도록 유도하였다. 다른 한편으로는 이러한 변화에 따라 발생되는 각종 환경재해물질을 배출하게 됨으로서 하천의 수질기준 이하로 맑은 물이 되도록 더 많은 물을 하천에 공급하지 않으면 안 되게 되었다. 따라서 물은 하나의 경제재로서 인식하게 되었고, 물의 수요량과 공급가능량에 대한 평가와 함께 적절한 이용방법을 강구하여 수요와 공급이 균형을 이루도록 노력하게 되었다.

물 수요량의 크기는 장소, 시기, 수량, 수질 및 가격에 의해 좌우된다. 물의 공급방법은 유역 내에 부존되어 있는 지표수와 지하수의 양과 질에 따라 다르며, 공급량은 시간적이고 공간적인 분포를 근거하여 공공성을 우선하여 결정된다. 따라서 용수의 원활한 공급을 위해 과거와 현재에 사용하고 있는 각종 용수에 대한 이용량을 조사. 분석하여 장래의 수요량을 예측해야 할 필요성을 갖게 되었다. 또한 물의 수요와 공급은 공공적인 측면을 가지고 있으므로, 사회경제적인 요청을 근거로 유역단위의 수자원을 종합적으로 개발하고 조정관리를 해야 한다.

[1] 우리나라의 물이용량

유역의 물 수요량은 지역사회 경제발전에 따라 다르지만, 장기적으로 볼 때 지역주민 인구수의 증가와 도시적 생활수준의 향상에 따른 생활 용수의 증대, 그리고 농업과 공업의 생산활동이 활발해 짐에 따른 농공 용수의 증대가 더욱 많아질 것으로 전망된다. 이뿐만 아니라 오염물질의 배출량 증가에 대처하는 하천유지 용수량의 수요도 증가할 것으로 보인다. 1988년도와 1998년도에 건설교통부에서 조사한 자료를 근거로 하여 1990년과 2001년에 발표한 수자원 장기 종합계획에 포함되어 있는 수자원의 이용사항을 살펴보기로 한다.

(1) 농업용수

농업용수는 다른 용수에 비해 사용량의 진폭이 계절적으로 큰 특성을 가지고 있다. 표 6-1에서 보는 바와 같이 농업에 사용되는 용수량은 1988년도에 145.2억 m^3이었고, 총용수 수요량의 60.2%에 해당하는 많은 수량을 사용하였다. 1998년에는 농업용수량이 158.1억 m^3으로 증가하였지만, 이용비율로는 총용수 수요량의 47.7%로 감소하였다. 이러한 결과는 다른 용수의 사용량이 급속한 속도로 증가하고 있는 현상이므로 농업용수의 효율적인 이용체계를 새롭게 모색해야 할 필요가 있다. 우리나라의 농업용수는 주로 하천수와 댐 용수에 의해 공급되어지고 있지만, 지역조건과 한발에 대처하기 위해 지하수를 이용하고 있는데 현재 농업용수로 이용되고 있는 지하수량은 전체 지하수의 51.6%에 해당한다.

표 6-1에서 볼 때 농업에 공급되는 용수량이 상대적으로 많은 것은 사실이지만, 다른 용수에 비하여 다양한 과정으로 재이용되기 때문에 실제 환원수량

표 6-1 전국 수자원의 이용현황(억 m^3)

용 수 구 분	년 도			
	1988	1991	1996	1998
농업용수량	145.2	141.7	158.0	158.1
생활 용수량	36.4	51.6	59.2	73.3
공업 용수량	24.0	20.0	27.8	28.8
하천유지 용수량	35.5	57.4	57.4	70.9
총용수 수요량	241.1	270.7	302.4	331.1

〔자료〕: 건설교통부, 수자원 장기 종합계획, 1990·2001(제주도 포함).

을 제외한다면 그렇게 많은 것이 아니다. 다시 말하면, 작물의 생육에 필요한 순수 적정수량을 제외하면 대부분이 지하로 침투하여 지하에 저류되거나 중간유출에 의해 하천으로 환원되어 재이용되고 있다. 이뿐 아니라 농업용수는 인공적인 수로기능을 통하여 유역의 물순환계를 이루어 생태계 유지에 크게 기여하게 되며, 더 나아가 농경지의 토양을 거치는 동안에 수질이 정화되어 양질의 지하수 함양에 중요한 역할도 하고 있다.

(2) 생활용수

생활용수는 가정 용수와 업무 용수를 포함하는 것으로서 마실 수 있는 수질의 물이다. 표 6-1에서 보면, 생활용수의 사용량은 1988년에 36.4억 m^3이던 것이 1998년에는 73.3억 m^3으로 늘어났으며, 이용비율도 각각 15.1%에서 22.1%로 늘어났을 뿐만 아니라 1988년보다 2배에 가까운 양으로 증가하고 있는 실정이다. 표 6-2에서 보면, 이 기간 동안의 1인 1일 평균급수량은 325 *l*에서 395 *l*로 증가하였으며, 전국의 급수보급률도 74.1%에서 85.2%로 크게 향상되었다. 우리나라의 생활용수는 주로 댐 용수에 의해 공급되고 있으며, 일부 지형조건에 따라 지하수를 이용하는 데, 이용되는 지하수량은 전체 지하수 이용량의 41.5%에 해당한다.

표 6-2 전국 평균급수량과 보급률

년 도	1988	1990	1995	1998
평균급수량(*l*/인/일)	325	369	398	395
보 급 률(%)	74.1	78.4	82.9	85.2

〔자료〕: 건설교통부, 수자원 장기 종합계획, 2001.

(3) 공업용수

공업용수는 제품처리수, 세정수, 냉각수, 온도조절수 등에 사용되며, 산업적으로 분류하면 한국표준산업분류방식에 따라 10개 업종인 음식료, 섬유·의복, 목재·종이, 석유화학, 비금속소재, 제1차금속, 기계, 전기·전자, 운송장비 및 기타 제조업으로 구분된다. 공업용수의 연간 수요량은 부지면적당 공업용수 원단위와 계획년도의 산업단지 면적을 곱하여 산정한다. 표 6-1에서 보면, 공업용수의 이용량은 1988년도에 24.0억 m^3이던 것이 1998년에는 28.8억 m^3로 점차 증가하고 있는 반면에, 이용되고 있는 공업 용수량의 비율은 전체 용수량의 10%에서 8.7%로 약간 적은 것으로 나타났다. 우리나라의 공업용수는 주로 댐 용수에 의해 공급되어지고 있지만, 일부 지역조건에 따라 지하수를 이용하는데 그 수량은 전체 지하수 이용량의 5.2% 정도로 적은 편이다.

(4) 하천유지 용수

하천유지 용수는 하천이 가지고 있는 이수, 치수 그리고 환경관리 기능을 충분히 고려하여 유역관리를 포함한 개념에서 다루어지고 있다. 이를 기능적으로 분류하면, 자연적인 기능과 인공적인 기능으로 나누어진다. 전자는 연중 계절이나 시간에 따라 크게 변하지 않는 일정 유량으로 하천의 고유한 갈수량 유지, 하천의 수생생물의 생태계 보존, 하천경관 보전, 하류부의 지하수위 유지 등을 위한 용수량이고, 후자는 하천유수의 정상적인 기능인 수질환경기준을 만족하는 수질보존, 어업, 하천 주운(舟運), 하천관리용 시설보호, 하천유사에 의한 하구폐쇄 방지, 염수침입방지, 하천부지의 토지이용에 따른 물이용량 증가 등을 위해 필요한 용수량이다. 1960년대에는 하천유지 용수는 하천의 평균갈수량으로 거의 충당을 했다. 산업화가 가속되면서 수질의 문제가 생기게 되어 1980년대에 이르러 5대강에 대한 하천유지 용수를 별도로 산정하여 유하시키도록 하게 되었다.

표 6-1에서 보면, 하천유지 용수량이 1988년에 35.5억 m^3를 산정하였던 것이 1998년에 70.9억 m^3로 약 2배나 늘어났다. 1991년부터 1998년까지의 수계별 하천유지 용수량은 표 6-3과 같은 바 한강, 낙동강 및 금강은 수질보전수량을 근거로 산정되었으며, 영산강과 섬진강은 기존의 하천유지수량으로 하였다. 나머지 다른 하천은 평균갈수량을 근거로 산정되었다.

표 6-3 수계별 하천유지 용수량(백만 m^3/년)

구 분	1991	1996	1998	비 고
한 강	2,617	2,617	3,015	수질보전량
낙동강	1,419	1,419	1,563	수질보전량
금 강	946	946	1,019	수질보전량
영산강	315	315	315	하천유지 용수
섬진강	173	173	173	하천유지 용수
임진강	590	590	590	평균갈수량
안성천	120	120	120	평균갈수량
삽교천	95	95	95	평균갈수량
만경강	63	63	63	평균갈수량
동진강	16	16	16	평균갈수량
탐진강	8	8	8	평균갈수량
형산강	73	73	73	평균갈수량
태화강	41	41	41	평균갈수량
합 계	6,476	6,476	7,091	

〔자료〕 : 건설교통부, 수자원 장기 종합계획, 2001.

[2] 용수의 수요전망

용수의 장기 수요량은 유역별 경제활동의 동향, 생활수준의 향상, 산업기술의 진보와 경제성 등에 따라 다르다. 유역 내의 각 용수 수요량은 수량과 수질, 그리고 용수별 특성을 고려해 결정된다. 즉, 농업용수인 경우는 넓은 지역을 대상으로 하여 작물의 재배기간에만 관개하므로 연중 사용으로 보면 계절에 따라 양적 변화가 심한 용수에 해당하고, 생활용수나 공업용수인 경우는 좁은 지역을 대상으로 연중 계속해서 공급하므로 양적 변화가 심하지 않은 용수에 속한다. 또한 용수의 공급원에 있어서도 계절적 유량 변화가 심한 하천수와 저수지가 있는가 하면, 양적 변화가 적은 지하수도 있으므로 용수원의 공급 특성도 고려해야 한다. 1998년을 기준으로 산정한 2020년까지의 수자원의 수요에 대한 전망을 보면 표 6-4와 같으며, 이를 각 용수별로 살펴보기로 한다.

표 6-4 전국 수자원의 수요전망(억 m^3)

용 수 구 분	년 도					
	1998	2001	2006	2011	2016	2020
농업용수량	158.1	158.8	159.9	161.9	161.9	161.9
생활용수량	73.3	73.1	76.4	87.5	89.2	90.2
공업용수량	28.8	33.6	37.4	40.4	43.1	45.7
하천유지 용수량	70.9	75.5	77.4	83.7	83.7	83.7
총용수 수요량	331.1	341.0	351.1	373.5	377.9	381.5

〔자료〕 : 건설교통부, 수자원 장기 종합계획, 2001(제주도 포함).

(1) 농업용수 수요량

농업용수의 전망은 표 6-4에서 1998년에 158.1억 m^3를 사용하던 것이 2011년에는 161.9억 m^3로 증가할 것으로 전망되지만, 그 이후부터는 농업생산에 대한 인식과 경작농지의 감소로 인하여 농업용수의 수요가 정체되는 것으로 예측했다. 또한 농업용수를 산정하는 데 있어서 농림부에서는 축산 용수를 별도 항목으로 산정하고 있지만, 건설교통부에서는 농업용수 안에 포함하여 산정하고 있다. 표 6-4에 의하면, 총용수 수요량에 대한 농업용수의 이용비율은 1998년의 47.7%에서 2011년에 43.3%로, 그리고 2020년에 42.4%로 낮아질 전망이지만, 이용수량 면에서는 상당한 양을 점유하는 것을 볼 수 있다. 다시 말하면, 각 용수간의 이용량을 비교해 볼 때 2020년에 가서도 농업용수는 생활용수의 1.8배, 공업용수의 3.5배를 차지하게 된다는 것이다.

(2) 생활용수 수요량

생활용수의 전망은 표 6-4에서 1998년에 73.3억 m^3이던 것이 2011년에 이르면 23.4%인 87.5억 m^3로 되고, 2020년에는 23.6%인 90.2억 m^3를 사용할 것으로 예상된다. 표 6-5에서 1998년, 2011년 및 2020년의 급수보급률을 비교해

표 6-5 전국 평균급수량과 보급률

년 도	1998	2001	2006	2011	2016	2020
평균급수량(l/인/일)	395	363	362	411	410	408
보급률(%)	85.2	90.3	93.2	95.0	96.0	97.0

〔자료〕 : 건설교통부, 수자원 장기 종합계획, 2001.

보면, 각각 85.2%, 95%, 97%로 상향조정되어 있으나, 평균급수량은 각각 395 l/인/일, 411 l/인/일, 408 l/인/일로서 거의 동일한 수준일 전망이다. 그러나 총 생활 용수량은 1998년을 기준으로 볼 때 2011년에 14.2억 m^3과 2020년에 16.9억 m^3을 더 확보해야 할 것으로 보인다. 한편 수자원 장기 종합계획(2001)에서 채택한 장래 전국 인구추정치는 통계청에서 분석한 자료를 인용하여 2001년에 47,676천명, 2006년에 49,450천명, 2011년에 50,865천명, 2016년에 51,845천명, 2020년에 52,358천명으로 증가될 것으로 예상하여 생활 용수량을 산정하고 있다.

(3) 공업용수 수요량

공업용수의 전망은 표 6-6에서 1998년에 28.8억 m^3이던 것이 2011년에 이르면 10.8%인 40.4억 m^3로 되고, 2020년에는 12.0%인 45.7억 m^3로 점차적으로 증가할 것으로 예상된다. 그러나 총공업 용수량은 1998년을 기준으로 볼 때 2011년에 11.6억 m^3과 2020년에 16.9억 m^3을 더 확보해야 할 전망이다. 공업용수의 수요량을 산정하는 데, 건설교통부에서 2001년에 발표한 수자원 장기 종합계획에 사용한 공업 용수량 산정의 업종별 부지면적당 공업용수의 원단위는 표 6-6을 기준으로 하였다.

표 6-6 부지면적당 공업용수 원단위(m^3/m^2/년)

구 분	1998	2001	2006	2011	2016	2020
음 식 료	11.64	11.72	11.85	11.98	12.11	12.24
섬유 · 의복	11.22	11.37	11.60	11.85	12.09	12.34
목재 · 종이	6.01	5.95	5.85	5.76	5.66	5.56
석유화학	4.94	4.97	5.05	5.12	5.19	5.26
비금속소재	3.77	3.74	3.69	3.63	3.58	3.53
철 강	6.61	6.36	5.95	5.54	5.13	4.72
기 계	2.98	2.96	2.84	2.75	2.67	2.58
전기.전자	5.60	5.71	5.90	6.09	6.28	6.47
운송장비	3.76	3.70	3.61	3.52	3.43	3.34
기타제조업	2.03	2.00	1.95	1.90	1.85	1.80

〔자료〕: 건설교통부, 수자원 장기 종합계획, 2001.

(4) 하천유지 용수 수요량

하천유지 용수의 전망은 표 6-7에서 1998년에 70.9억 m^3이던 것이 2011년에 이르면 22.4%인 83.7억 m^3로 증가될 전망이다. 이는 도시화와 산업화에 따른 하천의 인공적 기능에 대한 하천유지 용수의 수요량이 크게 증가될 것을 보여 주는 것이다. 그러나 2020년에는 21.9%인 83.7억 m^3로서 수량적으로는 2011년도와 동일하게 산정하였다. 이는 2011년 이후는 수질개선계획에 대한 대책이 수립되지 않은 상황이므로 잠정적으로 동일 값을 설정하였다.

하천유지 용수의 산정단위는 유역의 조건과 환경오염원의 크기와 질에 따라 다르다. 건설교통부(2001)에서 발표한 수자원 장기 종합계획 중에 각 하천별 하천유지 용수량을 산정하는 산정단위를 표 6-7에 제시하였다. 이 기준 값을 근거로 하여 수계별로 산정한 하천유지 용수량은 표 6-8과 같다.

이상의 각 용수의 수요량을 근거로 하여 제주도를 제외한 4대 권역을 대상으로 30년 가뭄빈도일 때를 대비한 용수 수급 계획을 살펴보기로 한다. 표 6-9에서 예측되는 총용수 수요량은 2011년에 351.6억 m^3가 필요하고, 2020년에도 351.6억 m^3를 확보해야 할 전망이다. 이는 2001년에 337.4억 m^3을 기준하여 볼 때 2011년까지 14.2억 m^3을 더 확보해야 하며, 2020년에도 14.2억 m^3을 더 확보해야 하는 것으로 되어 있다. 그러나 지표수와 지하수를 합한 총공급가능량을 근거로 볼 때 2011년에 18.4억 m^3이 부족하고, 2020년에도 26.3억 m^3이 부족한 것으로 예상된다. 부족량을 해결하기 위해서는 농촌유역 내의 지표수와 지하수의 함양을 높이는 방안을 강구하고, 하천의 무효방류수를 최대한 저류하는 저수지, 담수호, 지하댐 등을 설치해야 한다. 또한 불필요한 물수요

표 6-7 6개 강의 하천유지 용수 산정단위(m^3/s)

구 분	1998	2001	2006	2011	2016	2020	평균갈수량	비 고
한강(한강대교)	95.6	105	105	107	107	107	63.5	수질보전량
낙동강(진동)	50	53	57	67	67	67	46.5	수질보전량
금강(규암)	32	34	36	44	44	44	18.9	수질보전량
영산강(나주)	10	10	10	10	10	10	3.3	하천유지 용수
섬진강(송정)	5.5	5.5	5.5	5.5	5.5	5.5	5.3	하천유지 용수
임진강	18.7	18.7	18.7	18.7	18.7	18.7	18.7	평균갈수량

〔자료〕: 건설교통부, 수자원 장기 종합계획, 2001.

표 6-8 수계별 하천유지 용수량 산정치(백만 m^3/년)

구 분	1998	2001	2006	2011	2016	2020	비 고
한 강	3,015	3,311	3,311	3,374	3,374	3,374	수질보전량
낙동강	1,563	1,671	1,797	2,113	2,113	2,113	수질보전량
금 강	1,019	1,072	1,135	1,387	1,387	1,387	수질보전량
영산강	315	315	315	315	315	315	하천유지 용수
섬진강	173	173	173	173	173	173	하천유지 용수
임진강	590	590	590	590	590	590	평균갈수량
안성천	120	120	120	120	120	120	평균갈수량
삽교천	95	95	95	95	95	95	평균갈수량
만경강	63	63	63	63	63	63	평균갈수량
동진강	16	16	16	16	16	16	평균갈수량
탐진강	8	8	8	8	8	8	평균갈수량
형산강	73	73	73	73	73	73	평균갈수량
태화강	41	41	41	41	41	41	평균갈수량
합 계	7,091	7,548	7,737	8,368	8,368	8,368	

〔자료〕: 건설교통부, 수자원 장기 종합계획, 2001.

표 6-9 4대 권역 용수 수급 계획(30년 빈도의 가뭄, 백만 m^3/년)

구 분	년 도				
	2001	2006	2011	2016	2020
지표수 공급량	30,648	31,315	31,686	31,519	31,325
지하수 공급량	3,153	3,311	3,476	3,650	3,832
총공급 가능량	33,801	34,728	36,998	37,437	37,791
총용수 수요량	33,741	34,626	35,162	35,169	35,158
과부족량	+60	−102	−1,836	−2,268	−2,633

〔자료〕: 건설교통부, 수자원 장기 종합계획, 2001.

를 억제하기 위해 물관리의 합리화(물이용 신기술 적용, 적정한 용수 사용, 반복이용, 정화처리수의 재이용, 해수이용, 용수간의 종합적 이용), 수리시설물의 현대화, 그리고 수리시설물관리의 조직화하는 방안을 강구해야 한다.

이와 같이, 물수요량의 부족에 대처하려면, 수자원 부존량을 포함한 장기

물수요량을 정확하게 추정해야 하며, 이러한 조건들을 고려한 유역의 수질 및 환경보전적인 수자원 개발계획과 대처방안의 수립이 절실히 필요하다.

6. 1. 2 농촌유역의 수자원 수급분석

유역 안에서 물수급은 해당지역의 각종 용수에 대한 수요량과 공급가능량의 비교 분석에 의해 과부족 상황을 파악하여 효과적인 방안을 마련하여 대처하도록 한다. 유역 안에 있는 하천에 수요량보다 풍부한 물이 흐르고 있을 때에는 아무런 지장이 없지만, 한발기에 공급되는 갈수량이 수요량을 충족하지 못하는 경우에는 이에 대응책을 미리 파악하여 강구하지 않으면 안 된다. 특히 농업용수의 비중이 큰 지역에서는 소위 물분쟁이 야기되고, 이를 막기 위한 물이용 질서가 확립되어져야 한다. 또한 수리관행이라는 지역특유의 관습이 존재하고 있으므로 이에 따라 기존 논에 물공급의 기득권을 우선하여 인정해 주어 왔다. 그러나 지리적으로 상류부에 있는 경지가 하류부에 있는 경지보다 취수에 유리하기 때문에 분쟁의 소지가 많게 된다. 더욱이 문화와 산업의 발달로 인한 도시적 생활용수, 공업용수 및 환경 용수의 수요가 급증하기 때문에 용수 사이의 경합이 불가피하므로 유역별 물수지 상황을 분석하여 이용과 관리에 합리적인 방안을 도출하도록 해야 한다.

[1] 농어촌 용수의 부존량 분석

계획수립 대상지역의 수자원 부존량을 파악하기 위해서는 먼저 용수원을 지표수와 지하수로 분류하여 산정한다. 지표수는 기존 저수지의 저수량과 하천의 유출량으로 구성되는데, 하천 유출량은 대상지역의 유역면적과 유출률 그리고 지배지역의 측후소로부터 얻은 강우자료를 이용하여 10년 빈도의 한발을 근거로 장기 유출량공식(수정탱크모형, 가지야마 유출량공식 등)을 이용하여 구한다. 지하수는 그 지역의 지질분포와 수맥도를 이용하여 심층 지하수와 천층 지하수의 부존량을 파악하여 산정하거나, 유역 지하수 함양계수와 유역강우량 그리고 유역면적을 서로 곱하여 유역 지하수 함양량을 산정한다.

표 6-10 청도천 유역의 지표수 부존량 분석

용수원	하천명	측후소	유역면적(ha)	강수량(mm)	연간부존량(천 m^3)
지표수	청도천	밀양	35443	1231.4	253,916

〔자료〕: 농진공, 서울대 농개연, 농어촌 용수 개발 기본계획(청도지구), 1994.

표 6-11 청도천 유역의 지하수 부존량 분석

용수원	체수층	지 질	부존성	부존면적 (ha)	부존심도 (m)	추정공극률 (%)	산출률 (%)	연간부존량 (천 m^3)
지하수	암반층	화산암	보통	2,929	120	5.0	50	87,870
지하수	충적층	화산암	보통	5,392	5	30.0	50	40,440
합 계								128,310

〔자료〕 : 농진공, 서울대 농개연, 농어촌 용수 개발 기본계획(청도지구), 1994.

경북 청도군 청도천 유역의 농촌 용수 부존량을 산정하기 위하여 농어촌진흥공사와 서울대 농업개발연구소에서 1994년에 공동으로 분석한 결과는 표 6-10과 6-11에서와 같다.

[2] 농어촌 용수의 개발 가능수량 분석

계획수립 대상지역에서 조사된 부존량 중 용수 개발의 가능성을 지표수와 지하수로 분류하여 수량을 분석했다. 유역별 수자원 개발 가능성은 유역의 조건을 고려하여 농업수리시설별로 조사하였는바, 지표수에서는 수원공으로 저수지, 양수장 및 취입보를 대상으로 구분하고, 지하수에서는 암반관정, 관정, 집수정 및 집수암거로 구분하였다. 또한 유역의 용수 개발 가능성을 수원공별로 기존시설, 신규시설, 보강시설 및 개발가능으로 구분하여 개발가능수량을 표 6-12와 표 6-13에서 보는 바와 같이 산정하였다.

표 6-12 청도천 유역의 지표수 개발가능수량 분석표

수원공	구분	명칭	유역면적(ha)	단위갈수량(천 m^3/일)	개발가능수량(천 m^3)
저수지	기설	대동	254		627.6
	신규	동천	360		1,164.8
	보강	대산	360		1,164.8
	가능	성곡	1600		4,732.5
양수장	기설	백곡	320	0.01804	117.7
	가능	유천	400	0.01804	227.6
취입보	기설	소라	13,664	0.01804	327.1
계					8,362.1

〔자료〕 : 농진공, 서울대 농개연, 농어촌 용수 개발 기본계획(청도지구), 1994.

표 6-13 청도천 유역의 지하수 개발가능수량 분석표

수원공	구분	명칭	가능공수	채수가능량(m^3/일)	개발가능수량(천 m^3/년)
암반관정	기설	청도1	1	600	219.0
암반관정	신규	월곡1	1	124.3	45.4
충적관정	기설	월곡2	1	22.8	8.3
충적관정	신규	송읍2	1	63.7	23.3
계					296.0

〔자료〕: 농진공, 서울대 농개연, 농어촌 용수 개발 기본계획(청도지구), 1994.

[3] 농촌 용수의 수요량 분석

농촌 용수 계획수립의 대상지역에 필요한 용수는 농업용수(논용수, 밭용수, 시설 용수, 축산 용수, 수산 용수), 생활용수, 공업용수, 및 하천유지 용수로 분류하여 용도에 맞게 산정하는 바, 여기서는 농어촌진흥공사가 1999년에 발표한 농촌 용수 이용합리화계획과 1994년의 농어촌 용수 개발기본계획에 의한 내용을 기준으로 농촌 지역을 대상으로 물수요량 추정방법을 설명하고자 한다.

(1) 농업용수

농업용수는 대상 작물인 논벼, 밭작물, 시설원예작물, 과수 등의 농작물 생육에 필요한 용수량과 각각의 재배면적을 곱해서 구한다. 재배면적은 식량수급계획에 따라 보존 대상의 논 면적 확보, 생산 잠재력이 높은 작물의 가격안정 및 국제 경쟁력을 고려한 목표년도의 농지소요면적이다. 2011년 이후 확보하고 있어야 할 논 면적은 1,100천 ha이고, 밭 면적은 750천 ha로 추정된다.

1) 논용수

논의 용수량은 묘대 용수, 이앙 용수 및 본답 용수로 구분하고, 이를 합하여 총용수량을 구한다. 이들 각 용수의 산정식은 본 교재 제3장의 논용수량에서 설명되고 있다. 논의 필요수량은 재배되는 전체 논 면적의 증발산량과 침투량의 합에서 얻어지는 필지 용수량에서 유효우량을 빼낸 순용수량에 시설관리 용수량을 더하여 산정한다. 증발산량은 수정Penman공식 또는 Blaney-Criddle공식에서 산정한 값과 벼 작물계수의 곱으로 산정하며, 침투량은 재배 논의 토양조건에 따라 상이하기 때문에 토양군별 평균침투량을 적용한다. 유효우량은 유효우량 산정방법 또는 물수지식에 의해 구하며, 강우가 매일 있지 않으므로 일별로 산정하여 반영한다. 작물계수, 침투량 및 유효우량은 농림부에서 발간한 농업생산기반정비사업계획설계기준, 관개편(1998)과 한국농촌공사에서 발간한 농업생산기반정비사업 조사설계 실무요령(2000)에서 제시한 값을 사용하여 산정한다. 논용수 수요량은 재배방법에 따라 다르며, 논에서의 벼 재배방식은 이앙재배, 담수직파재배 및 건답직파재배로 구분되며, 재배방식에 따라 관개일수와 논용수 수요량이 다르다. 농촌진흥청 작물시험장에서 2003년도의 벼 재배양식별로 조사한 바에 의하면, 전체 논면적에서 이앙재배면적비는 92.2%(성묘 : 0.2%, 중묘 : 77.8%, 유묘 : 14.2%)이고, 직파재배면적비는 7.8%(담수직파 : 6.4%, 건답직파 : 1.4%)로 나타났다. 못자리 육모방식은 상자육모와 포장모판육모인 경우로 구분된다. 못자리 용수량을 공급하기 위한 못자리면적의 산정은 제3.3.3의 내용에 따른다. 육모방식에 따라 상자육모일 경우는 못자리정지 용수량이 필요하지 않으며, 포장모판육모인 경우는 못자리정지 용수량이 별도로 필요하다. 못자리기간은 어린 모는 8～10일, 치묘는 15～20일, 중묘는 30～35일 그리고 성묘는 35～45일로 한다.

이 밖에 논 용수량은 기존 논과 신규 논의 필요한 용수량, 이수(利水)의 합리화, 용수의 반복이용, 농경지의 고도이용과 재배방식에 따라 용수량의 변화가 크기 때문에 광역 용수량을 고려하여 결정하기도 한다. 논지구의 논용수 수요량은 식 (6・1), (6・7) 및 (6・12)으로부터 구한다.

① 이앙재배

논용수 수요량(m^3/년)＝(못자리 용수량＋써레질 용수량＋평상시 용수량)/(1－시설관리 손실률) (6・1)

못자리 용수량(m^3/년)＝못자리정지 용수량＋못자리기간 용수량 (6・2)

못자리정지 용수량(m^3/년)＝10×못자리정지 용수량(mm)×못자리관개면적(ha) (6・3)

못자리기간 용수량(m^3/년)＝10×(증발산량＋침투량)(mm/일)×못자리기간(일)×못자리관개면적(ha) (6・4)

써레질 용수량(m^3/년)＝10×써레질 용수량(mm)×이앙관개면적(ha) (6・5)

평상시 용수량(m^3/년)＝10×(증발산량＋침투량＋재배관리 용수량－유효우량)(mm/일)×관개일수(일)×이앙관개면적(ha) (6・6)

② 담수직파재배

논용수 수요량(m^3/년)=(써레질 용수량+직파육묘용수량+초기 용수량+평상시 용수량)/(1−시설관리 손실률) (6·7)

써레질 용수량(m^3/년)=10×써레질 용수량(mm)×담수직파관개면적(ha) (6·8)

직파육묘 용수량(m^3/년)=10×직파육묘 용수량(mm)×담수직파관개면적(ha) (6·9)

초기 용수량(m^3/년)=10×초기 용수량(mm)×담수직파관개면적(ha) (6·10)

평상시 용수량(m^3/년)=10×(증발산량+침투량+재배관리 용수량−유효우량)(mm/일)×관개일수(일)×담수직파관개면적(ha) (6·11)

③ 건답직파재배

논용수 수요량(m^3/년)=(직파육묘 용수량+초기 용수량+평상시 용수량)/(1−시설관리 손실률) (6·12)

직파육묘 용수량(m^3/년)=10×직파육묘 용수량(mm)×건답직파관개면적(ha) (6·13)

초기 용수량(m^3/년)=10×초기 용수량(mm)×건답직파관개면적(ha) (6·14)

평상시 용수량(m^3/년)=10×(증발산량+침투량+재배관리 용수량−유효우량)(mm/일)×관개일수(일)×건답직파관개면적(ha) (6·15)

2) 밭용수

밭의 필요수량은 본 교재의 제3장의 밭용수량 산정을 참고하여 전체 밭 면적에서 재배되는 밭작물의 실제증발산량(필요수량)에 간단일수를 곱하고 관개효율을 고려하여 산정한다. 실제증발산량은 최근에 소개된 Penman-Monteith 공식에서 산정한 값과 밭작물의 종류에 따라 각각의 작물계수를 곱으로 산정한다. 작물계수는 FAO의 No.56인 작물증발산량(1998)에서 발표한 자료를 적용한다. 또한 밭의 필요수량을 결정하는 데는 작물 종류의 다양성과 생육시기의 상이성을 감안하여 같은 시기에 재배되는 밭작물의 실제증발산량을 모두 합하여 결정한다. 밭용수 수요량은 밭경운 용수량, 파종·이식 용수량 및 작물별 관개수량으로 구분하여 밭용수 수요량을 구하며, 식 (6・16)과 같다. 밭경운 용수량 산정에서는 20 cm 토층을 경운하는 데 필요한 경운 용수량은 4 mm/일이며, 작업일수는 5일로 하여 구한다. 파종, 이식 용수량 산정에서는 10 cm 토층에 3~5 mm/일의 관개수량을 공급하고, 3일간 작업을 하는 것으로 간주한다.

밭용수 수요량(m^3/년) = 밭경운 용수량 + 파종, 이식 용수량 + 작물별 관개 용수량 (6・16)

밭경운 용수량(m^3/년) = 10×경운 용수량(mm/일)×작업일수(일)×밭관개 면적(ha) (6・17)

파종, 이식 용수량(m^3/년) = 10×파종 용수량(mm/일)×파종일수(일)×밭관개면적(ha) (6・18)

작물별 관개 용수량(m^3/년) = 10×(작물별 실제증발산량 − 유효우량)(mm/일)×작물별 관개일수(일)×작물별 관개면적(ha)/관개 효율 (6・19)

3) 시설하우스재배

원예작물의 시설하우스재배는 작물의 뿌리가 토양에 접촉하고 있느냐 또는 양액에 직접 접촉하느냐에 따라 다르게 분류된다. 또한 시설재배작물은 주로 채소, 화훼 및 과수 등이 있으며, 시설면적은 순수 시설이 갖는 면적이며, 시설하우스 재배면적은 시설 내에서 재배횟수에 따라 늘어나므로 서로 다른 의미를 갖는다. 시설 내에서 재배하기 때문에 연중재배가 가능하지만, 강우차단 시설로 인한 용수 수요량이 많을 뿐 아니라 매일 물을 공급해야 하는 경우도 있다. 단위 용수량은 작물에 따라 다르며, 보통 10 mm/일 전후로 본다. 염분 축적과 연작으로 인한 장애를 해소하기 위해 작물재배의 용수량 외에 별도로 190~430 mm의 용수량을 필요한 경우도 있는데, 이런 경우에는 계획 용수량에 포함시켜 산정한다. 시설재배 용수 수요량은 식 (6・17)로부터 구한다.

시설재배 용수 수요량(m^3/년) = 10×(작물별 계획단위 용수량)(mm/일)×작물별 관개일수(일)×작물별 시설재배면적(ha)/관개 효율 (6・20)

4) 축산 용수

축산 용수는 가축을 기르는 데 필요한 양축 용수와 목초를 사료로 하여 기르는 가축에게 공급하는 목초재배에 필요한 초지 용수, 그리고 가축의 도축 및 축산물의 위생 가공처리에 필요한 가공 용수로 구분하여 산정하며, 식 (6・21)과 같다.

$$\text{축산 용수 수요량}(m^3/\text{년}) = \text{양축 용수 수요량} + \text{초지 용수 수요량} + \text{가공 용수량} \qquad (6 \cdot 21)$$

① **양축 용수량** 가축의 두당 1일 평균급수량과 목표년도의 가축별 장래 증가율 추정에 의하여 얻어지는 사육두수를 곱하여 산정한다. 농어촌진흥공사에서 발표한 가축별 평균급수량은 표 6-14와 같으며, 이를 근거로 한 양축 용수 수요량은 식 (6・22)로부터 구한다.

표 6-14 가축별 평균급수량

가 축	한 우	젖 소	말	돼 지	닭
평균급수량(l/두/일)	50	150	45	20~50	0.1~0.2

〔자료〕: 한국농촌공사, 농업생산기반정비사업 조사설계 실무요령, 2000.

$$\text{양축 용수 수요량}(m^3/\text{년}) = \text{가축별 평균급수량}(l/\text{수}/\text{일}) \times \text{계획사육두수}(\text{두}) \times \text{연급수일수}(\text{일}) \qquad (6 \cdot 22)$$

② **초지 용수량** 주로 한우와 젖소를 대상으로 목표년도의 가축별 장래 증가율 추정에 의하여 얻어지는 사육두수에 초지이용 두수를 고려하고, 각각 ha당 가축두수를 나누어 초지면적을 산정한다. 한국농촌공사에서 2000년에 발표한 농업생산기반정비사업 조사설계 실무요령에 의해 축산규모별 초지이용률과 단위초지면적은 표 6-15와 같다. 초지관리에 필요한 단위 용수량은 alfalfa를 기준으로 하여 300 mm/년으로 산정한다. 초지 용수 수요량은 식 (6・23)으로부터 구한다.

표 6-15 축산규모에 따른 초지이용률과 단위초지면적

축산 규모	초지이용률(%)	한우(두/ha)	젖소(두/ha)
소규모	10	–	20
부 업	20	15	10
전 업	50	6	4

〔자료〕: 한국농촌공사, 농업생산기반정비사업 조사설계 실무요령, 2000.

초지 용수 수요량(m^3/년) = 초지조성면적(ha)×0.3(m^3/년/ha) (6・23)

초지조성면적(ha) = 한우계획사육두수(두)×10 %/(3두/ha) + 유우계획사육두수(두)×20 %/(2두/ha) (6・24)

③ **가공 용수량** 농어촌진흥공사에서 1990년에 발표한 농업촌 용수 이용합리화계획 조사요령에 의해 대략적으로 양축 용수량의 15.6%로 산정하는 방법을 선택했다. 그러나 한국농촌공사에서 2000년에 발표한 농업생산기반정비사업 조사설계 실무요령에 의하면 도축장에서 사용되는 원단위 용수량으로 소가 1 m^3/두로 하고, 돼지는 0.5 m^3/두를 적용하고 있다. 가공 용수 수요량은 식 (6・25) 또는 식 (6・26)으로부터 구한다.

가공 용수량(m^3/년) = 양축 용수 수요량(m^3/년)×15.6% (6・25)

가공 용수량(m^3/년) = 도축/위생두수(두/일)×원단위 용수량(m^3/두)×365(일) (6・26)

예제 6-1 한우 3,600두와 유우 200두를 사육하고자 하고, 1일 도축두수를 9두로 한다. 이에 따른 축산 용수량을 구하라.

풀이 ① 양축 용수 : 3,600두×0.05 m^3/두/일×365일 + 200두×0.15 m^3/두/일×365일 = 76,650 m^3/년

② 초지 용수 : (3,600두×0.1/(3두/ha) + 200두×0.2/(2두/ha))×0.3 m/년 = 42 m^3/년

③ 가공 용수 : 9 두×1 m^3/일×365일 = 3,285 m^3/년

축산 용수 수요량 : 76,650 + 42 + 3,285 = 79,977 m^3/년

5) 수산 용수

수산 용수의 수요량은 어업과 해조류를 대상으로 하여 어종별 단위급수량과 장기 수산물 수요 증가율에 의해 얻어지는 목표년도의 추정생산량을 곱하고, 여기에 해조류위생처리 용수를 가산하여 연간 수요량을 산정한다. 단위급수량은 농어촌진흥공사(1990)에서 농어촌 용수 이용합리화계획 중에서 조사때에 적용한 것을 근거하여 표 6-16에 수록하였다. 수산 용수 수요량은 식 (6・27)로부터 구한다.

수산 용수 수요량(m^3/년) = 계획년도의 양어생산량(톤)×어종별 단위급수

량(m^3/톤/년)＋계획년도의 양어생산량(톤)×해조류위생처리단위 용수량 (m^3/톤) (6・27)

표 6-16 수산 용수 단위급수량

구 분	송어	은어	잉어	뱀장어	기타 어류	해조류
내수면양어(m^3/톤/년)	80	600	800	10	55.6	–
해조류위생처리 용수((m^3/톤)	–	–	–	–	–	32

〔자료〕: 농림부, 농업촌 용수 이용합리화계획 조사요령, 1990.

예제 6-2 산간 마을에서 연간 잉어 2,000톤과 송어 3,000톤을 생산하여 소비자에게 공급하고자 한다. 양어에 필요한 수산 용수 수요량을 산정하여라.

풀이 수산 용수 수요량＝2,000(톤)×800(m^3/톤/년)＋3,000(톤)×80(m^3/톤/년)＋(2,000＋3,000)(톤)×32(m^3/톤)＝2,000,000(m^3/년)

(4) 생활용수

생활용수는 사회경제적 여건에 따라 크게 좌우되는데, 농촌지역의 급수인구수는 일반적으로 상주 인구수를 기초로 하여 과거 10년간의 인구의 연평균증감률과 현재로부터 경과연수를 적용하여 목표년도의 인구수를 추정하며. 여기에 급수보급률을 곱하여 계획급수인구수를 정한다. 2011년 이후 농촌지역의 생활 용수량은 보통 90% 정도의 급수보급률과 평균급수량을 350 l/인/일을 취하여 산정한다. 농촌 생활용수의 수요량은 사용목적에 따라 가사 용수, 영업 용수, 사무 용수, 잡용수, 소화 용수 등으로 구성되며, 대상지역의 산업발전 차이에 따라 변하는 특성을 가지고 있다. 수요량에 있어서는 연중으로 볼 때 여름이 많고 겨울이 적으며, 일변화는 8월 중에 변동이 크며, 피크기간이 2~3일 계속될 때도 있다. 생활용수량을 많이 사용하는 시간대를 보면 오전 7시에서 9시까지와 오후 4시에서 8시까지의 시간으로 이때가 1일 중에서 피크시간이다. 생활용수 수요량은 식 (6・28)로부터 구한다.

생활용수 수요량(m^3/년)＝계획농촌인구수(인)×급수보급률(%)×평균급수량 (l/인/일)×연급수일수(일) (6・28)

계획농촌인구수(인)＝현재 농촌인구수(인)×(1 ± 연평균증감률) 경과연수 (6・29)

예제 **6-3** 현재 인구수가 8,500명이고, 지난 10년간 연평균증감률이 −1.5%일 때 4년 후에 예상되는 농촌지구의 생활용수 수요량을 구하라.

풀이 생활 용수 수요량 $= 8{,}500$인$\times(1-0.015)^4\times0.9\times0.35\ m^3$/인/일$\times365$일

$= 920$천 m^3/년

(5) 공업용수

농촌지역의 농공단지 조성계획은 농촌주민의 농외취업으로부터 농가소득증대와 농촌경제의 활성화하고, 이를 통하여 도시와 농촌간의 소득균형을 이루기 위해 계획되었다. 공업용수는 농공단지의 장기 종합개발계획을 근거로 농공단지면적을 추정하고, 면적당 공업용수 원단위를 업종별로 정량화하지만 각각의 수질의 요구도를 충족하는 수량을 산정토록 한다. 농공단지의 공업용수 원단위 산정방법은 제조업종별 분류기준에 따라 부지면적당 원단위법으로 한다. 한국농촌공사에서 2000년에 발표한 농업기반정비사업 조사설계 실무요령에 적용하는 농공단지의 부지면적당 원단위 용수량은 표 **6-17**과 같다. 기존 또는 업종이 확실한 농공단지의 업종별 공업용수 수요량은 식 (6・30)으로부터 계산할 수 있다.

표 6-17 농공단지의 부지면적당 원단위(m^3/일/ha)

구 분	음식료품	섬유의복	나무목재	종이인쇄	석유화학	비금속광 물	1차금속	조 립 금속기계	기 타 제조업
원단위 용수량	185	334	48	363	125	191	154	54	73

〔자료〕: 한국농촌공사, 농업생산기반정비사업 조사설계 실무요령, 2000.

$$\text{공업용수 수요량}(m^3/\text{년}) = \text{업종별 또는 공장별 면적}(ha)\times\text{부지면적 원단위}(m^3/\text{일}/ha)\times\text{연급수일수}(\text{일}) \quad (6\cdot30)$$

그러나 농공단지의 조성계획에는 업종이 결정되어 있지 않는 상황에서 추정해야 한다. 실제 용수 구역 내의 분양대상면적은 조성계획면적 중에서 실분양면적을 산출하고, 여기에서 광역상수도 등에서 공급되어지는 공장면적을 제외한 것을 대상으로 추정한다. 또한, 농어촌진흥공사(1999)에서 발간한 농업농촌 용수 종합이용계획의 농공단지에 대한 부지면적당 원단위를 과거 농공지구에서 사용한 용수 이용실적을 근거해서 계획기준으로 150 m^3/일/ha를 원단

위로 적용하여 추정했다. 계획지역에 추정되는 공업용수 수요량은 식 (6·31)과 분양대상면적은 식 (6·32)로부터 구한다.

공업용수 수요량(m^3/년)＝공업용수 수요 대상면적(ha)×부지면적 원단위(m^3/일/ha)×연급수일수(일) (6·31)

공업용수 수요 대상면적(ha)＝단지조성계획면적(ha)×분양면적률(%)×농촌용수 구역 내 공업 용수 공급분담률(%) (6·32)

예제 6-4 농가소득증대를 위하여 농공단지 8,000 ha를 조성하고, 이곳에 공업용수를 제공하고자 계획한다. 전체 농공단지 면적에서 분양되는 면적률이 80%이고, 농촌 용수 구역 내에서 공급되는 분담률이 75%일 때 공업용수 수요량을 구하라.

풀이 공업용수 수요량＝(8,000 ha×0.78×0.75)×150 m^3/일/ha×365일
＝262.8백만 m^3/년

(6) 하천유지 용수

하천유지 용수는 하천의 정상적인 기능 및 상태를 유지하기 위하여 필요한 용수를 말한다. 하천유지유량은 보통 갈수기의 평균갈수량을 기준으로 산정하지만, 자연적인 조건에서 종래의 이수(利水)에 필요한 필요수량이 평균갈수량보다 적을 때는 크게 문제되지 않았다. 종래의 이수량과 치수 및 환경관리에 필요한 유량을 고려하여 하천유지 용수를 흘려보내지 않으면 환경생태계의 변화를 가져 올 뿐 아니라 하천은 건천으로 되거나 오염축적지로 변할 수밖에 없게 된다. 특히 하천 상류부에 저수지를 축조할 때는 하류부에 하천유지 용수량을 사전에 확보하여 필요시에 방류해야만 된다.

건설교통부에서는 i) 하천의 자연적 기능유지에 필요한 유량과 ii) 하천의 자연적이고 인위적인 기능에 필요한 유량을 비교하여 그 중 최대값을 하천유지 용수량으로 선택하여 사용하고 있다. 여기서 i)는 평균갈수량이며, ii)는 주로 수질보전유량이라 한다. 또한 수질보전 용수 수요량은 수질예측모형(QUAL2E)을 이용하여 수질에 대한 목표수질을 달성할 수 있도록 하천수량을 증가시켜 가면서 유량을 결정한다. 농림부에서는 농촌지역 내의 계획지점의 기준갈수량과 농촌환경보전유량(하수와 폐수의 희석 용수량, 친수 용수량, 환경유지 용수량 등)을 비교하여 최대값을 소하천의 하천유지 용수량으로 취

하여 사용한다. 왜냐 하면, 평균갈수량은 하천유지유량의 산정기준에 적절하지만, 영농을 하기에 부적절한 수량이기 때문에 농업용 취수목적에 맞는 하천 취수계획의 기준으로 10년 빈도의 개념을 가진 기준갈수량을 사용하고 있다. 농촌유역의 무계측 지점의 기준갈수량을 산정하는 기준은 표 6-18과 같다. 기준갈수량을 유하시켜야 할 기간은 하천수위가 저수위 이하인 연간 90일로 계획한다.

대하천의 하천유지 용수 수요량은 식 (6・33)과 농촌 소하천의 하천유지 용수 수요량은 식 (6・34)로부터 구한다.

표 6-18 농촌지역의 무계측 지점의 기준갈수량 산정기준

유 역 조 건	기 준 갈 수 량	
	$m^3/s/100\ km^2$	m^3/일/ha
수리시설(양수장, 취입보 등)이 많음, 임상상태가 빈약	0.0902	0.7793
임상이 좋음, 감수심은 보통, 갈수량이 보통	0.1804	1.5587
임상이 보통, 감수심은 적음, 갈수량은 비교적 많음	0.2706	2.3380
임상이 좋음, 상류부 수리시설물이 적음, 갈수량이 많음	0.3608	3.1173

〔자료〕: 농림부, 농업생산기반정비사업계획설계기준(관개편), 1998.

하천유지 용수량=최대값(하천의 자연적 및 인위적 기능을 유지하기 위한 유량, 평균갈수량) (6・33)

하천유지 용수량=최대값(농촌환경보전 용수량, 기준 갈수량) (6・34)

예제 6-5 표 6-7로부터 한강, 영산강 및 임진강에 대한 2001년도에 필요한 하천유지용수수요량을 계산하라.

풀이 식 (6・33)으로부터

한강 : 하천유지용수수요량=105 m^3/s×86,400 s×365일=3,311백만 m^3/년

영산강 : 하천유지용수수요량=10 m^3/s×86,400 s×365일=315백만 m^3/년

임진강 : 하천유지용수수요량=18.7 m^3/s×86,400 s×365일=590백만 m^3/년

예제 6-6 임상이 좋고 갈수량이 보통인 농촌지역의 유역면적이 4,500,000 ha일 때 하천유지를 위한 용수량을 계산하라.

풀이 표 6-18과 식 (6·34)로부터

하천유지 용수 수요량 $= 4{,}5000{,}000\ \text{ha} \times 0.01804\ \text{m}^3/\text{s}/1000\ \text{ha} \times 86{,}400\ \text{s} \times 90$일

$= 631$백만 m^3/년

6.1.3 농촌유역의 용수 이용 합리화

1980년대까지 농업과 농촌 용수는 대부분 농업적 용수로 이용되어 왔다. 그러나 농촌의 도시화로 인하여 농경지는 감소하고 도시주민은 증가하여 생활용수나 공업 용수가 부족하게 됨으로서 용수 이용 면에서 농업적 이용과 다른 용도의 이용에 대한 새로운 방안을 강구할 필요가 있게 되었다. 수자원의 효율적인 이용과 공급을 목적으로 하는 농업과 농촌 용수 종합이용계획은 단일목적이 아닌 다목적 종합개발계획을 체계적으로 추진하여 수자원의 이용과 배분이 균등화되도록 합리적인 개발을 하는 데 있다.

이를 위해서는 적정한 유역규모를 설정해야 한다. 용수 구역의 규모가 크면, 수자원의 개발과 이용 그리고 관리와 보전 측면에서 효율적이다. 농촌 용수 구역의 적정규모는 보통 소규모 하천유역인 5,000 ha에서 25,000 ha 정도로 2~3개 면을 대상으로 하는 것이 좋다. 이는 수자원 부존량의 측면에서 최소 용수 구역은 약 70 km^2를 필요로 한다. 또한 농촌 용수 구역을 면단위의 수계로 구성할 때, 지형에 따라 농촌지역을 분류하여 평야지역은 3~4개 면단위, 중산간지역은 1~2개 면단위, 산간지역은 2~3개 면단위, 그리고 해안도서지역은 지형적 특성에 맞추어 구역을 설정하도록 한다.

또한 동일유역 또는 인접유역간 물의 수요공급을 분석하여 배분계획을 수립하여 운용할 필요성이 있으며, 수요량을 최소화하는 방안도 강구하여 합리적인 용수 이용계획을 수립되도록 하는 것이 바람직하다.

[1] 농업적 용수 적정화

농업적으로 이용하는 용수는 작물생육환경, 노동생산환경 및 농촌경관환경을 좋게 하기 위해 용수의 적정화를 기해야 한다. 이를 위해 객토나 밑다짐을 하여 누수를 방지하고 용수의 반복이용을 유도하며, 관개방법을 잘 선택하여 용수효율을 높이도록 하고, 여러 재배 방식(절수재배, 품종혼작, 단일작물의 집단재배, 논밭윤환재배, 무담수재배)을 선정하여 용수량을 조정하고 적정화하도록 계획해야 한다.

[2] 수리시설적 이용 합리화

농업수리시설의 현대화는 여러 용도의 용수를 합리적으로 이용하는 데에 도움이 된다. 지금까지는 농업용수를 절약하거나 수리시설을 정비함으로서 용수의 합리화를 이루도록 했으나, 고도경제성장 과정에서는 용수의 용도 변경이 심하기 때문에 이에 대응한 수리시설의 운용을 통한 합리화도 고려해야 한다.

(1) 저수시설 및 취수시설

유역 내의 물의 수요량을 공급하기 위해서는 대부분 하천수를 이용하는데, 이를 저류하는 시설로 지표에는 저수지와 담수호가 있고, 지하에는 관정과 지하댐을 들 수 있다.

저수지의 설치는 용수 이용면에 있어서 단일목적과 다목적으로 구분되는데, 다목적인 경우는 저수량의 조정, 수량배분 및 취수방법에 대한 검토를 한 후에 설치되어야 한다. 농업용 저수지에서 물을 취수하여 농경지에 관개하면 많은 수량이 벼재배에 이용되지만 일부분은 배수로를 통해 하천으로 흘러 나가게 되므로, 이를 다시 이용하고자 취입보를 하천 구간에 설치하여 하류부 농경지에 물을 공급하는 경우가 있다. 이런 경우에는 저수지와 취입보의 취수량과 취수시간을 조정하기 위한 취수시설과 이들 관리방식에 관련된 운용계획을 확립할 필요성이 있다. 또한 다목적 취수시설의 합리적인 이용을 위해 다목적의 간선수로를 건설하는데, 수요량의 시간적 변화를 조절해 줄 수 있는 조절지나 팜폰드(farm pond)를 구축하여 주용수원인 저수지의 의존도를 평균화하도록 꾀하는 것이 바람직하다.

담수호는 하천에서 바다로 방류되는 마지막 하천수를 이용하기 위해 하구에나 해역에 방조제와 배수갑문을 설치하여 저류시킨 호수이다. 담수호는 농업용 또는 다목적용으로 이용되고 있으며, 호수가 하천 하류부인 낮은 곳에 위치하므로 다단의 양수기를 설치하여 이용한다. 담수호의 설치는 물이용면에서는 극대화란 장점을 가지고 있으나, 상류부의 홍수시의 토사유입, 제염방법과 제염정도, 도시 하수의 유입, 갈수시의 부영양화 등에 대한 대처가 필수적으로 강구되어야 한다.

관정은 대수층에서 지하수를 취수하기 위하여 지층에 관을 삽입해 만든 원형관 우물이다. 주로 피압 지하수를 대상으로 굴착기계를 이용하여 얻어지는 깊은 우물인 암반관정과 자유수면 지하수를 대상으로 하는 얕은 우물인 충적관정으로 구분된다. 우리나라에서 1998년도에 사용하고 있는 지하수 이용량은

37.1억 m^3/년이지만, 충적층의 지하수가 부족하여 풍부한 수량을 얻는 것이 쉽지 않다. 그러므로, 극심한 한발시에 비상급수 차원에서나 상습가뭄지역과 용수 부족지역에 용수 공급을 하는 보조 용수원으로 개발하는 것이 적절하다. 그러나 지표수와 달리 오염에 취약하고, 한번 오염되면 회복이 어렵기 때문에 안정적인 이용방안을 강구할 필요가 있다.

지하댐은 하천을 연하여 충적층이 발달된 지역의 지하대수층에 차수벽을 설치하여 평시 또는 갈수시에 유출되는 지하수를 저류하여 지하수위의 상승이나 지하수량을 증대시키기 위한 지하수 저류시설이다. 갈수기에도 양질의 수질을 확보할 수 있어야 하며, 지하 저류량이 대규모가 아니므로 저수지와 취입보 시설과 연계하여 사용할 수 있도록 양수용량을 결정하는 것이 좋다.

(2) 용수로시설 및 분수시설

일반적으로 농업용 용수로는 개수로와 관수로의 형식을 취하고 있다. 개수로에는 흙수로와 콘크리트 수로로 구분되는데, 흙수로에서는 누수량이 크고 관리에도 손실량이 많은 반면에 콘크리트수로는 누수나 관리면에서 다소 유리하다. 한편 관수로는 용수 손실이 적은 장점이 있고, 압력을 필요로 하는 경우에도 이용되며, 용수로의 유량이 적을 때에 이를 설치하는 것이 바람직하다. 또한, 수로의 기능이 용수와 배수를 겸하는 용배수로가 있는데, 용배수로의 기능을 각각 충분히 발휘할 수 있도록 설치되어야 하며, 이때 용수의 유효한 이용과 수질오염방지에 대한 대책이 필요하다.

분수시설은 분수문 등을 통하여 유량조절분수, 일정비율분수 및 정량분수의 방식을 취하는데, 이 중에서 적정시기에 필요수량을 분수하는 정량분수시설을 선택하는 것이 바람직하다. 최근 들어 용배수로에 다양하고 다량의 생활폐기물이나 산업폐기물이 유입되어 수리구조물의 기능을 떨어뜨리거나 파괴시키는 경우도 종종 있다. 이에 대한 폐기물의 수로유입에 대한 규제와 감시를 강화해야 하고, 이를 대처할 자동제진시설이나 폐기물의 소각시설을 설치하여 수로의 유지관리가 잘 되도록 해야 할 것이다.

6.2 농촌유역의 물순환과 농업용수

6.2.1 농업용수의 특성

농업용수의 대상작물은 논벼, 밭작물, 시설원예작물, 과수 등으로서 이들 생육에 필요한 용수량을 규명하는 것은 농촌유역의 물순환을 이해하는 데 큰 도움이 된다. 특히 논벼의 용수량은 대단히 크기 때문에 이에 대한 특성을 살펴보기로 한다.

(1) 농업용수

다른 용수에 비해 많은 수량을 사용하고 있다. 이는 단위 필요수량도 크지만 넓은 면적을 대상으로 하는 이유이기도 하며, 또한 자연적 물순환으로 인해 수요량을 크게 좌우하는 요인을 가지기도 한다. 특히 평야부는 농업지대로서 하천수를 대부분 이용하여 왔으며, 전통적으로 수리이용권이 농업용수의 공급에 우선적으로 부여되어 왔다.

(2) 논의 물수요량

계절적으로 크게 변하는데, 작물재배기간(관개기간)에는 대량으로 취수하는가 하면 비관개기간에는 거의 취수하지 않는다. 관개기간 중에서도 생육시기와 재배방식에 따라 취수량이 다를 뿐만 아니라 한발이 계속되는 기상현상에 따라 취수량도 크게 다르다.

(3) 취수량

같은 조건에서도 연도에 따라 취수량이 다르다. 또한, 한발년의 경우에는 하천 유량이 적어서 관개에 필요한 수량을 취수할 수 없는 때도 있지만, 강우량이 많은 연도에도 강우에 의해 작물에 직접 공급되는 것을 정확하게 파악할 수 없기 때문에 단지 취수량 기록만 가지고는 필요수량을 추정하기 어렵다.

(4) 용수 재이용

광역의 농지에서는 지형과 토양조건에 따라 다르지만, 상류부에서 배수된 물이 하류부에 재공급되는 이른바 용수의 환원 재이용이 가능해진다. 더욱이, 넓은 지역에 용수 공급이 이루어지기 때문에 지역수문(地域水文) 환경에 영향을 줄 뿐만 아니라 환경보전에도 큰 역할을 하고 있다.

(5) 수리관행

지역에 따라 오랜 기간의 복잡한 수리관행을 가지고 있다. 이것은 합리적인 배분의 장점도 있지만 관개를 조직화하는 데 단점이 되기도 한다.

6.2.2 농촌유역의 물순환과 농업용수의 관계

고대의 하천수 이용은 주로 농업용수를 중심으로 이루어져 왔었다. 이는 단기간에 이루어진 것이 아니고 아주 긴 역사적 배경을 가지고 서서히 개발되고 발전되어 왔다. 이러한 개발과 발전은 농촌유역을 근거로 하는 지역의 자연계 물질을 그 지역에 살고 있는 인간의 사회적 욕구에 부합되도록 새로운 형태로 계속적으로 형성되어 가고 있다.

다시 말하자면, 자연계의 물순환이 인간의 욕구와 기술발전에 따라 나타나는 현재의 형태가 크게 변형되어 자연 본래의 모습을 찾기 힘들다. 이 중에서도 지역의 물순환 구조 속에서 보면, 농지를 개발하고 관개수로조직을 설치하여 농업용수를 공급하는 행위는 자연환경계를 파괴도 하지만, 농촌지역의 환경개선에 크게 기여하기도 함으로서 서로 간에 매우 깊은 관계를 가지고 있다.

농업용수 이용의 활성화를 위하여 농업적 토지이용에 맞추어 효율적인 물이용을 위해 인공적으로 조성하는 새로운 물순환조직을 만들게 되었다. 이는 자연 물순환계와 인공 물순환계 사이의 상호작용을 조화 있게 해야 하기 때문에 이들을 체계화하는 농촌유역의 종합적인 물순환을 고려한 농업용수를 개발하도록 만들어졌다. 이러한 일들은 각 용수의 이용에 있어 가장 큰 부분을 차지하는 농업적 물이용인 관개배수의 역할이 얼마나 중요한 것인지를 생각하게 만든다.

농업용수는 전체 농촌유역의 물순환계에서 차지하고 있는 비중이 대단히 크고 인공적 물관리를 하는 관개와 배수의 수로조직 운영이 광역적이며 복잡하게 이루어진 특성 때문에, 농촌유역 물순환계 중에서 농업용수에 대한 기술적 분석은 매우 중요한 부분을 담당하고 있는 것이다. 그러나 농업용수 이외의 용수 수요의 급속한 신장은 농촌유역 물순환계에도 적지 않는 영향을 주고, 농업용수의 기능 분석만으로 농촌유역 전체의 물순환을 규명하기가 쉽지 않기 때문에 향후 종합적인 물순환 기능의 분석이 필요하다.

6. 2. 3 농업용수와 타용수의 관계

[1] 농업용수와 타용수의 경합

지난 1970년대 이후 사회경제발전에 따라 도시화와 산업화가 급속하게 진전되어 왔으므로, 용수 수요가 대량화했을 뿐 아니라 집중화 현상이 지역적으로 나타나서 기존의 하천수나 저수시설로서는 각종 용수를 적기에 적량을 공급할 수 없는 상태에 이르렀다. 이에 대한 대책은 근본적으로 수원공 시설의 개발과 보강으로 용량을 증대시키는 것이 필요하지만, 현실적으로는 제한된 용수원을 가지고 있으므로 서로 다른 용수 이용의 폭을 넓히고자 하는 경합이 치열해지고 있다. 그러므로 상대적으로 많은 수량을 사용하고 있는 농업용수가 경합의 대상으로 등장하지 않을 수 없으며, 이에 대한 대비와 효율적 물관리의 운용을 고려하기 위하여 농업용수와 타 용수 사이의 관계성을 살펴보고자 한다.

(1) 농업용수와 도시 용수의 관계

급속한 경제발전과 개발정책에 힘입어 도시의 팽창과 생활수준의 향상에 따른 생활용수의 증가, 그리고 경영규모의 증대, 업종의 선진화 및 기술의 고도화에 따른 공업용수의 증가는 하천수의 의존도가 높은 농업용수의 사용량을 절감토록 심하게 압박을 가하고 있다. 4대 권역별로 용수 이용현황(1998)은 표 6-19와 같다. 농업용수와 도시 용수(생 · 공 용수)의 이용율을 권역별로 비교해 보면 각각 0.70배에서 4.8배로 불균일하지만, 농업용수가 도시 용수에 비해 평균 2.5배로 많이 쓰이고 있다. 또한, 전체 용수에 대한 농업용수가 차

표 6-19 4대 권역별 용수 이용 현황과 농업용수의 이용비율(1998, 백만 m^3/년)

유역/용수	용 수 구 분					유역별 비율 (%)	농업용수/도시용수 (%)	농업용수/전용수 (%)
	농업	생활	공업	하천유지	합계			
한 강	3,240	3,676	946	3,725	11,587	35.37	70.1	28.0
낙동강	4,353	2,039	1,416	1,678	9,486	28.96	126.0	45.9
금 강	3,958	907	293	1,176	6,334	19.34	329.8	62.5
섬진 ·영산강	4,006	619	212	512	5,349	16.33	482.1	74.9
합 계	15,557	7,241	2,867	7,091	32,756	100.00		

〔자료〕 : 건설교통부, 수자원 장기 종합계획, 2001.

지하고 있는 비율은 평균 53%(28~75%)에 해당하는 것으로 나타났다.

한편 도시에서 사용하는 용수의 증가는 도시 하수량을 증가시키게 되며, 또한 도시근교의 농업용 용수로가 일부지역에서는 도시 배수로로 이용되어 오염된 물이 농업용수로 이용된다. 이뿐 아니라 갈수기에는 농업용수로 반복 사용할 수 없게 되는 상황이 발생하여 농작물재배에는 직접적으로 피해를 입게 된다. 또한, 도시의 생활폐기물과 산업폐기물이 농업용수로에 유입되어 각종 농업용 수리시설의 기능을 떨어뜨리기는 일도 일어난다.

(2) 농업용수와 발전 용수의 관계

농업용수는 논밭에서 연중 재배하는 농작물의 생육기간에 필요한 것이지만 주로 벼 재배기간인 여름기간에 다량의 물수요가 있는데, 발전 용수도 전력생산을 위해 연중 물을 사용하지만 최대 전력소비가 여름기간에 일어남으로써 이때 다량의 물수요가 발생한다. 그러므로 최대 용수 수요 기간에 농업용수와 발전 용수가 서로 중복되어 경합이 심화된다. 또한 수량과 시기적인 문제에 국한되지 않고 수온에서도 경합이 생긴다. 즉, 발전방식이 유입식인 경우에는 취수구와 방수구 사이의 전 구간이 터널로 연결되어 있고, 조절지 형식인 경우에는 수온이 낮은 약층수를 방류하게 되므로 농업용수의 취수지점의 수온이 낮기 때문에 농작물의 생육에 막대한 냉수피해를 줄 우려가 있다.

한편, 수리시설적인 측면에서 보면 발전 용수의 피크수요를 대처하기 위해 발전용 댐이 건설됨으로써 하천유역을 변경하는 개발이 이루어지고, 하류하천의 유량을 조절하여 방류하게 됨으로서 유량의 변동과 하천 바닥의 기울기의 변동으로 인하여 하천수의 흐름 중심이 변경된다. 한편, 하천유량의 조절로 인하여 하천 수위가 낮아져서 하천수를 농업용수로 취수하는 시설의 조작과 유지관리를 곤란하게 하는 경우도 있다. 그러므로 발전용 댐이 설치된 경우에 있어서는 댐의 취수장치를 개량하거나 온수시설을 설치하여 농작물이 냉해를 입지 않도록 대책을 강구해야 한다.

[2] 농촌유역 물관리와 지역개발의 관계

고대문화 발상지는 하천을 따라 이루어졌던 것과 같이 농어촌의 형성에 있어서도 자연의 물순환 체계를 활용하여 발전시켜 왔다. 오늘날에 형성되어 있는 농어촌 마을들은 오랜 기간에 걸쳐 이루어진 축적된 결과라고 볼 수 있다. 이와 같이 농촌의 물순환 시스템의 형성 과정도 시대적 사회경제 조건과 활용한 기술조건에 따라 지역환경과 조화 있게 발전되어 왔다. 다시 말하면, 농촌

지역 개발의 역사는 농촌유역의 물순환계를 지역조건에 밀접하게 조화시켜 형성된 결과를 보여 주고 있는 것이다.

[3] 물관리 시설의 기능 관계

농업수리시설은 고정적이며 거의 영구적 구조물에 속한다. 그러나 물이용에 있어서는 이용목적에 따라 시간적으로 변한다고 볼 수 있기 때문에, 이에 따른 농업수리 시설이용에 대한 기능의 변화도 대비해야 한다.

물관리란 물이용의 시간적 유동성에 맞게 고정되어 있는 구조물의 기능을 조절하여 물공급에 대한 목적을 최대한 성취할 수 있도록 하는 조정기능을 말한다. 이것을 실행하기 위해서는 운영관리조직과 시설관리조직이 어떻게 합리적으로 조작할 것인가에 달려 있다. 다시 말하면, 농업용 관개용수의 일부 또는 전부가 생공 용수로 전환될 때 관개배수용 수리시설이 생공 용수 공급시설로 전환할 수 있는 유연성을 갖도록 해야 한다. 이를 이루기 위해서는 계획단계부터 어떻게 하면 이러한 기능을 가진 수리시설물이 될 것인가에 대해 관심을 갖고 임해야 할 것이다. 또한, 물관리 조작에 따른 관개배수용 수리시설의 보완기능을 부가하는 필요조건을 충족하도록 적정한 물관리를 실현해야 하는 것이다. 이것이 농촌유역의 물관리 수리시설로서의 관개배수용 수리시설을 계획하는 데 고려해야 할 기본사항이다.

6. 2. 4 농촌유역의 효율적 물관리

농촌유역은 자연적인 물흐름으로 형성되는 광역으로서, 사회 · 경제 · 행정 그리고 역사와 기술이 유기적으로 어울려진 구조를 가지고 있다. 농촌유역의 물은 각종 용수를 평상시와 비상시에 안정적으로 공급 또는 배제하도록 관리되어야 하고, 농촌유역의 물환경 생태계를 보존하면서 하천수로 주변과의 환경친화적인 개발에도 이용되어 인간의 풍요로운 삶을 사는 데 도움을 주고 있다. 그러므로 농촌유역에 대한 장단기적인 용수원 확보와 효율적 물관리의 대책이 세워져야 한다. 또한, 이를 지원할 다각적인 과학기술을 개발하고, 어떻게 활용할 것이며, 합리적인 운용을 위해 어떤 법체계를 수립할 것인가에 대해 대책이 필요하다.

[1] 용수원의 안정적 확보

용수원의 안정적인 확보를 위해서는 농촌유역 내를 대상으로 수요량과 기존 공급량에 대한 검토가 이루어져야 한다. 기존 공급량이 부족할 경우에는 부존량에 대한 공급 가능량을 검토하여 공급이 가능하면, 부족량을 새로운 하천수와 지하수의 개발계획을 수립하여 충분한 용량을 확보하도록 추진한다. 그러나 동일 농촌유역 내에서 확보가 불가능한 경우에는 미호천의 무극지, 금석지 및 용계지를 터널로 연결한 것과 같이 인접 농촌유역들을 연결한 수자원 종합계획을 검토하여 부족한 수요량을 확보할 수 있는지에 대한 계획을 수립해야 한다.

[2] 용수의 수급관리

농촌유역 내의 용수 수급은 일반적으로 수량과 수질의 관리를 중심으로 하는데, 평상시 관리와 비상시 관리로 구분하여 시행하게 된다.

(1) 평상시 물관리

평상시 물관리는 평상 기상조건에서 물관리를 하는 것이다. 평상시의 농업용수는 농작물의 생육시기와 다수확 조건에 따라 물관리 방법이 다르지만 생활용수나 공업용수는 비교적 물관리 방법이 일정하다. 공급수원은 저수지, 호소, 하천수, 지하수 등으로 구분되어지는데, 평상시에는 각 용수 공급 지점으로부터 하천 하류의 수리권과 계획취수량 등 수급에 관련된 내용을 파악하여 장단기 예측을 포함한 시간적 유동성에 알맞도록 하천 유량을 유하시키는 계획을 수립하고, 이에 따라 유하시키면 된다. 이 때의 하천 유하량은 농업용수, 생활용수, 공업용수 및 하천유지 용수의 일상적인 수량을 예측하여 관리한다. 특히 농업용수는 작물재배 기간이란 제한된 기간에 필요한 수량을 공급하되, 작물의 생육시기에 알맞은 적정온도가 되도록 물공급하는 관리계획이 수립되어야 한다.

(2) 비상시 물관리

비상시 물관리는 이상 기상에 의하여 발생되는 시기의 물관리이다. 일반적으로 농업용수의 비상시는 한발시, 이상 저온시(냉해시) 및 홍수시를 대상으로 물관리를 하지만, 생활용수나 공업 용수 그리고 하천유지 용수의 비상시는 주로 한발시(갈수기) 또는 홍수시를 대상으로 하는 물관리이다.

특히 농업용수에 대해 살펴보면, 한발시에는 일반적으로 작물의 생육단계에 따라 물공급량을 조절하지만, 극히 심한 경우에는 작물수확에 영향을 미치는 중요시기만 선택적으로 공급하기도 한다. 또 이상 저온시는 작물이 냉해를 입게 되어 기대되는 수확을 얻을 수 없으므로, 이때에는 관개수심을 조절하여 수온을 보정해 주는 물관리를 하게 된다. 또 홍수시에는 대상 작물이 논벼이면 허용담수심과 허용담수시간 안에서 배수하도록 관리하며, 밭작물인 경우에는 담수를 일체 허용되지 않는 즉시배수로 배수관리를 한다.

[3] 물관리 체제 개선

현재 수자원 관리는 행정단위로 관리되고 있으므로 지방자치제가 강화될 경우에 수리권을 주장하는 경향이 발생할 뿐 아니라, 해당기관 사이에 이해상충, 책임소재 등으로 인하여 다소 어려움이 예상된다. 이를 해결하기 위해서는 종합적 물관리 체제를 조정하기 위한 제도적 개선이 필요하고, 이에 따른 관련법을 통합하는 노력도 기울여야 할 것이다. 또한, 하천의 흐름속성을 고려하여 이수와 치수 그리고 하천환경관리를 하는데 있어, 행정단위에만 의존하지 말고 발원지에서 하류에 이르는 유역단위와 조합된 체제로 정비하는 것이 바람직하다. 이 경우에도 수량과 수질을 동시에 원활하게 대처할 수 있는 최적 물관리 체제를 갖추어야 할 필요가 있다.

6. 3 토지이용과 농업용수

농촌유역의 물관리를 계획하는 경우에는 그 대상지역에 있는 현재 토지이용의 상태와 장래에 발생할 토지이용의 변화를 고려하지 않을 수 없다. 다시 말하면, 토지이용의 변화는 물수요량의 변화를 의미하기 때문에 농경지가 개발되거나 잠식되든지 또는 용도가 변경됨에 따른 농업용수의 수요와 공급의 균형을 어떻게 이룰 것인가를 생각해야 한다.

6. 3. 1 농지개발과 관개배수

농지의 확보는 식량의 안정적 공급이란 차원에서 이루어지며, 농지는 가능한 한 생산성이 높은 지역을 대상으로 하여 경영규모가 큰 대단지로 조성하는 것이 바람직하다. 우리나라에서는 1960~1980년대에 개간과 대규모 간척사업이 이루어지면서 농지개발 사업이 활발하게 진행되었다. 농지개발의 대부분은 논농사를 대상으로 하였으므로 다량의 농업용수 개발계획과 동일선상에서 농지개발이 추진되어 왔다. 현재에 있어서도 새만금 간척사업과 같은 대규모와 중규모의 농업용수 개발사업이 진행되고 있으며, 밭경지정리와 밭관개용수원

개발이 소규모적이지만 병행되고 있다. 이러한 농지개발은 관개배수시설을 완비하기 위해 지형적 악조건을 극복하는 데 필요한 농업토목기술과 관개배수기술의 발전에 크게 기여하여 왔으며, 앞으로도 지속적인 발전이 진행될 것으로 보인다.

6.3.2 농지전용과 관개배수

농지전용(農地轉用)은 농경지를 도시용지, 공업단지, 공공시설용지 등 다른 용도로 전환하는 것을 말한다. 이러한 농지전용은 농경지에 공급해 주고 있는 농업용수의 전용 방안도 함께 강구해야 하고, 용수량의 증감에 따르는 대책도 생각하지 않으면 안 된다.

농촌유역 물순환계에서 보면 농업용수는 하천을 포함한 커다란 물순환 시스템의 일부로서 취급되기 때문에, 부분적인 농지전용이 있다고 해서 대상지역 전체의 용수 배분에는 별로 문제되지 않는다. 또한, 대규모의 농지전용이 발생될 때는 전용면적에 해당하는 농업용수를 도시 용수로 전용할 수도 있다. 그러나 도시주변의 농경지가 소규모로 잠식되어질 경우에는 도시와 농촌 사이에 용수 이용면에서 심각한 마찰이 일어날 수 있으며, 도시하수가 농업용수에 유입됨으로서 오염피해를 입힐 수 있어 심각한 사회문제로 발전할 수도 있다.

농지전용으로 인하여 또 다르게 파생되는 것은 관개용수를 취수하고 분배함에 있어 필요한 적정수위의 유지문제를 어떻게 해결할 것인가에 대한 대책이 필요하게 된다. 이 수위를 확보하기 위해서 관개용수인 경우에는 취입보를 설치하고, 취입보 설치가 불가능할 경우에는 수위를 확보하기 위해 상류부에서 다량의 하천수위유지 용수를 흘려보내야 한다. 이러한 하천수위유지 용수량은 농지전용 면적과도 관계없는 것이며, 실제 관개에 이용되는 것도 아닌 무효방류되는 용수량이기 때문에 추가적인 농업용수를 확보해야 된다. 특히 도시화가 진행되면 농업용수로가 생활하수와 우수(雨水)를 배제하는 배수로로 겸용되는 경우가 많으며, 이때 하천 내에 설치된 취입보 시설은 우수배수의 장애물로 되어 철거대상이 되는 경우도 발생한다.

6.3.3 농지이용과 홍수제어

홍수는 가끔 하천제방을 범람하여 농지의 농작물에 침수피해를 유발하기도 하며, 경우에 따라서는 농지 자체를 파괴하거나 유실시켜 재산적 피해를 일으킨다. 이를 대비하여 홍수가 발생하더라도 상습적인 피해를 입지 않도록 농지구역 외에 일시 저류시키는 저류지를 설치하거나 신속히 배제시키도록 배수로를 개량하는 방안을 강구해야 한다. 홍수제어 방법에는 첨두유출량과 첨두유출시간을 조절하는 방법을 강구함과 동시에, 조절된 홍수량을 유하시킬 충분한 배수 단면을 갖는 배수로 조직을 갖추는 것이다. 농업지대에서 발생되는 홍수피해를 줄이기 위해서는 홍수 배수량을 줄이거나 분산시키는 방법을 이용한다. 즉 밭지대에서는 토양 속으로 침입수를 증가시키도록 하는 토양관리의 방법이 있고, 논지대에서는 낙수구의 높이를 높여 가능한 한 허용담수심까지 저류하는 방법이 있다.

예를 들면, 밭의 경우에는 토층의 평균저류 수심을 30 mm로 할 때 300 m^3/ha를 저류할 수 있고, 논의 경우에는 지표저류의 가능담수심을 240 mm(논둑높이 270 mm, 평균담수심 30 mm)로 할 때 2,400 m^3/ha를 저류할 수 있게 되어 홍수량을 크게 줄일 수도 있다. 한편 상습 저습지대인 경우에는 배수로를 설치하거나 개량함으로써 원활한 배수가 되도록 하는 것과 건답화 촉진으로 홍수량을 조절하기도 한다.

6. 4 농촌유역의 수질관리

하천의 물은 지표수와 지하수를 통하여 공급된다. 강우가 없는 평상시의 농촌유역의 하천수는 일반적으로 지하수에서 공급받는다. 따라서 평상시의 농촌유역 하천의 수질은 맑게 보인다. 이는 지표에서 발생되는 오염물질이 지하수로 침투하여 이동하는 동안 여과, 분해, 흡착 등의 자연정화작용을 받은 후 하천으로 용출되기 때문이다. 그러나 강우시는 지하수에서 공급받는 물의 양보다 지표유출수의 공급량이 많기 때문에 하천수의 수질은 급격히 악화된다. 지표유출수는 빠르게 하천으로 이동하므로 유출수에 포함되어 있는 오염물질이 여과, 분해, 흡착 등의 자연정화작용을 받을 수 있는 시간이 짧기 때문이다. 이와 같이 유역에서 오염물질의 이동은 지표수와 지하수에 따라 매우 다른 특성을 갖는다. 유역관리를 통하여 하천의 유량과 수질을 관리하기 위해서는 오염물질의 종류별로 오염의 발생, 이동경로 및 분해과정에 영향을 주는 영향인자를 정확히 파악하고 분석하여 영향인자별로 오염저감 대책을 세울 수 있어야 한다.

6.4.1 농촌유역 오염물질의 구분

농촌유역에서 발생하는 오염은 점원오염(點源汚染, Point source pollution)과 비점원오염(非點源汚染, Non-point source pollution)으로 구분할 수 있다. 점원오염은 오염물질이 일정한 배출경로를 통하여 비교적 일정하게 배출되는 오염으로 정의될 수 있다. 반면에 비점원오염은 공장, 하수처리장, 건축물, 축사 등과 같이 일정한 지점으로 오염물질을 배출하는 점원오염 이외에 불특정한 장소에서 불특정하게 오염물질을 배출하는 도시, 도로, 농경지, 산지 등에서 발생되는 오염이다(비점오염원관리업무편람, 환경부, 2004). 점오염원은 유출경로가 비교적 명확하여 수집이 쉽고, 계절에 따른 영향이 상대적으로 적은 만큼 연중 발생량 예측이 가능하며 관거 및 처리장 등 처리시설의 설계와 유지관리가 용이하다. 수질환경보전법상 공장과 사업장 등의 폐수배출시설이 점원오염의 예이다.

비점오염원은 오염물질의 유출 및 배출경로가 명확하게 구분되지 않아 오염배출량의 측정과 수집이 어렵고, 오염의 발생과 배출이 강우 등 기상조건과 밀접한 관계가 있다. 농경지에 잔류하는 농약과 비료, 초지에 방목된 가축의 분뇨, 규제미만 축산농가에서 배출되는 축산폐수, 대기강하물, 합류식 하수관거에서 강우시 설계량을 초과하여 하천으로 유입하는 오수(CSOs, Combined sewer overflows) 등을 비점오염원의 예로 들 수 있다.

점원오염과 비점원오염은 상대적인 개념이다. 공장에서 관거를 통해 수집되어 수질오염방지시설을 통해 처리되는 공장폐수를 배출하는 공정시설은 점원오염인데 반하여, 그 외 처리를 거치지 않고 하천으로 유입되는 강우유출수를 배출하는 야적장 등 공장부지는 비점오염원으로 분류하고 있다. 점원오염과 비점원오염의 특성을 비교하면 표 6-20과 같다.

우리나라의 농촌유역에서 발생하는 비점원오염(Non-point source pollution, NPS pollution, 면오염원)은 쓰레기나 오물의 무단투기, 풍식(風蝕), 대기강하물 등의 예를 제외하면 지하수를 통한 지속적인 하천유입과 강우시 일시적 지표유출과 함께 하천으로 유입되는 것이 일반적이다. 농업지대의 비점원오염물질은 유기물(Organics), 영양염(Nutrients), 부유물질(Solids), 미생물(Microorganisms), 중금속과 유해화학물질(Metals and toxic compounds) 등으로

표 6-20 점원오염과 비점원오염의 특성 비교

구 분	점원오염	비점원오염
배출원	공장, 가정하수, 분뇨처리장, 축산농가 등	논, 밭, 임야, 대지, 도로, 대기강하물 등
특 징	• 인위적	• 인위적 및 자연적
	• 배출지점이 특정, 명확	• 배출지점이 불특정, 불명확
	• 관거를 통해 비교적 일정하게 배출	• 희석, 확산되면서 넓은 지역으로 배출
	• 계절과 자연환경의 영향이 크지 않음	• 강우와 계절 등 자연환경의 영향이 많아 배출량의 변화가 크고 예측이 어려움
	• 수집이 용이하고 처리 효율이 높음	• 수집이 어렵고 처리 효율이 일정하지 않음

〔자료〕: 환경부, 비점오염원관리업무편람, 2004.

구분할 수 있다.

유기물(Organics)은 광합성이나 물질대사로 생성되는 고분자화합물이다. 유기물은 수체에서 불안정한 상태로 존재하며 수중의 미생물에 의해 영양염으로 분해되어 수체의 부영양화를 촉진하며 용존산소고갈의 원인을 제공한다. 유기물은 수용성 유기물과 비수용성 유기물로 구분하기도 한다. 축산분뇨는 우리나라의 농촌유역에서 수질오염을 발생시키는 대표적인 유기물이다. 수중의 유기물 함량은 BOD, COD 혹은 TOC 등을 측정하여 평가한다.

영양염(營養鹽, Nutrients, 營養分)은 수중의 광합성플랑크톤의 성장을 촉진하며, 수체의 부영양화와 용존산소의 결핍을 유발한다. 영양염은 수체의 유기물이 미생물에 의해 무기염으로 분해되어 생성되거나 혹은 영양염 상태로 유역에서 유입된다. 질산성 질소(NO_3-N)는 농업지역에서 발생하는 대표적인 영양염의 하나이다. 수체의 부영양화를 촉진하는 주요한 영양분은 질소(N)와 인(P) 산화물이다. 우리나라의 하천과 호수의 부영양화에는 질소농도보다 인농도가 제한인자로 작용하기 때문에 인농도를 관리할 수 있는 방법이 수질관리에 중요하다. 수중의 영양염의 함량은 총인(T−P), 총질소(T−N) 혹은 각각의 영양염의 농도를 측정하여 평가한다.

부유물질(Solids)은 물을 흐리게 만드는 원인물질로 휘발성부유물질(VSS :

Volatile suspended solids)을 포함한다. 입자상 부유물질은 수중의 탁도를 높이며 용해성 부유물질은 수중의 염도를 증가시키거나 pH를 변화시킨다. 농경지에서 유실되는 토양입자는 대표적인 입자상 부유물질이다. 점토와 같은 작은 토양입자에는 많은 영양염과 유기물이 흡착되어 있기 때문에 하천의 수질과 밀접한 관계가 있다. 특히 농경지에서 유실되는 토양입자에는 상당한 양의 인(P)이 흡착되어 있기 때문에 수체의 탁도뿐만 아니라 부영양화를 촉진한다. 부유물질은 총부유물질(Total suspended solids : TSS)와 부유성 부유물질(Suspended soilds : SS)로 구분되기도 한다. TSS는 일정한 양의 물을 건조시켜 남는 물질의 무게를, 그리고 SS는 일정한 공극을 갖는 필터페이퍼에 걸러지는 물질의 무게를 측정하여 평가한다.

미생물(Microorganisms)은 일반세균과 병원성 세균으로 구분할 수 있다. 일반세균은 인간에게 큰 피해를 주지 않지만 인간과 동물의 오수에서 유래된 병원성 세균은 직접 혹은 간접적인 접촉으로 인간과 동물의 건강에 해를 가할 수 있다. 자연계에 존재하는 세균의 종류가 숫자가 많기 때문에 미생물의 지표생물로 대장균의 숫자를 측정하여 수질을 평가하는 것이 일반적이다.

중금속과 유해화학물질(Metals and Toxic Compounds)은 작은 농도와 함량으로도 인간과 동물, 그리고 수중생태계에 큰 피해를 줄 수 있는 오염물질이다. 제초제, 농약, 오일, 그리스, 기계세척제(PCBs), 납, 수은 등이 이에 속한다. 농업지역에서는 광산이나 특별한 사업장이 없는 한 중금속과 유해화학물질의 배출은 도시지역이나 공단지역에 비해 상대적으로 매우 작았기 때문에 관심의 대상이 되지 못했으나, 농업지역에도 농기계와 자동차의 보급이 보편화되면서 점차 증가하고 있다.

6.4.2 토지이용과 오염물질의 배출

농촌유역의 토지이용은 대지, 논, 밭, 과수원, 축사, 산림, 하천, 도로 등으로 구분할 수 있다. 이들 각각의 토지이용에서 발생하는 오염부하는 토지의 이용방법, 오염저감노력 및 강우량에 따라 매우 많은 차이를 보인다. 농촌유역에서 발생하는 오염물질의 발생부하는 토지이용별 오염물질 배출특성을 이해하고, 가능한 실측자료를 사용하여 합리적으로 산정해야 한다.

[1] 도시와 마을의 오염물질 배출

도시와 마을의 오염물질의 발생부하량은 강우강도, 강우지속시간, 유역면적,

토지이용현황, 불투수지표면적, 인구밀도, 교통량, 선행건기일수, 도로청소주기 및 방법 등의 영향인자에 따라 많은 영향을 받는다. 도시와 마을의 불투수면적이 2배 증가할 때 오염부하는 1.7~2.0배 증가하며, 불투수면적이 10% 증가할 때 배출부하량은 10~50% 증가한다(환경부, 비점오염원관리 업무편람, 2004). 도시와 마을의 강우 유출은 작은 비에도 급격하게 증가하며 도로면과 하수도 등에 퇴적되어 있는 오염물질을 일순간에 하천으로 유입시켜 하천의 수질을 급속하게 악화시킨다. 특히, 강우로 인한 유출초기에 발생하는 초기세척(initial flush)은 도시유출을 받아들이는 수계의 수질과 생태계에 심각한 영향을 주고 있다. 일반적으로 유역면적이 작고 불투수면적비율이 높은 도심이나 공장지역의 오염물질 첨두농도는 첨두유출량보다 먼저 나타나서 초기세척효과가 큰 경향을 보인다. 초기세척효과가 크면 오염물질의 배출이 강우초기 유출이 발생할 때 집중적으로 배출되는 특성이 있다. 반면 유역면적이 넓고 불투수면적비율이 작은 도시근교 유역은 초기세척효과가 뚜렷하지 않을 수 있다. 초기세척효과가 없는 도시근교유역의 오염물질의 배출은 유출량의 크기와 비례하여 발생하는 것으로 볼 수 있다. 도시와 마을의 오염물질의 배출은 농촌유역에 비하여 매우 크기 때문에 유역의 수질관리를 위해서는 도시와 마을지역의 오염물질 배출을 제어하기 위한 초기세척수 처리시설이나 침사지 등의 설치가 매우 중요하다. 도시지역의 CSO와 우수관거 유출수 농도 조사자료는 표 6-21과 같다.

표 6-21 도시지역의 CSO와 우수관거유출수 조사 결과(mg/L)

항 목	합류식하수관거월류수(CSOs)		우수관거유출수 평균농도	하수 평균농도
	평균농도	강우초기 월류농도		
COD	121	1,014	16~68	100
SS	240	1,936	23~127	60
T−N	17	51	3.3~9.6	16
T−P	2.2	16.2	0.1~0.5	1.4

〔자료〕 : 한국환경정책평가연구원, 비점오염원 저감을 위한 우수유출수 관리방안, 2002.

[2] 축산시설의 오염물질 배출

축산농가에서는 유기물, 박테리아, 영양염류 등이 주로 배출되며 종종 금속류와 농약 등도 배출된다. 축산농가는 축산폐수처리시설과 재활용시설을 통해 폐수를 처리해야 하나 처리시설의 부실한 관리로 많은 오염물질이 수계로 배출되고 있다. 강우시 축산농가에서 배출되는 유출수의 수질은 공공처리시설의 방류수 수질에 비하여 7~28배의 고농도로 하천의 수질에 많은 영향을 미치고 있다. 축산농민의 액비와 퇴비 저장조 등 가축분뇨처리시설에 대한 관심과 운용능력이 미흡하기 때문에 강우시 많은 양의 오염물질이 유실된다. 또한 액비와 퇴비의 처리가 어려운 경우에는 야적하고 있어 강우시에는 유실위험이 매우 크며 야적장 주변의 환경을 악화시키고 있다. 축산농가의 강우유출수 농도와 공공처리시설의 방류수 농도는 표 6-22에 비교하였다.

표 6-22 축산농가의 강우유출수 농도와 공공처리시설의 방류수 농도 비교(mg/L)

구 분	축산농가 강우유출수	축산폐수공공처리시설
BOD	2.8~221.5	30
SS	20~8,523	30
T-N	0.01~89.01	-
T-P	0.03~36.46	-

〔자료〕: 환경부, 축산폐수배출시설 및 처리시설 관리개선방안 연구, 2003.

[3] 밭의 오염물질 배출

환경부 국립환경연구원에서 제정한 토지계 지목별 연평균발생부하원단위(환경부, 2004)는 논과 밭에서 각각 BOD는 1.59 kg/km^{2}와 2.30 kg/km^2, T-N은 9.44 kg/km^{2}와 6.56 kg/km^2, 그리고 T-P는 0.24 kg/km^{2}와 0.61 kg/km^{2}이다. 우리나라 수계의 부영양화 한계영양물질인 총인은 밭에서 논보다 2.5배 이상 많이 배출되고 있기 때문에 밭에서 발생하는 총인부하는 논보다 많으므로 수질에 미치는 영향이 클 수 있다. 밭의 오염물질 배출은 지역, 토성, 재배작물, 재배방법, 경지의 경사도와 경사장, 비료와 농약의 사용량, 강우량 등의 영향인자에 많은 영향을 받는다.

밭의 비점원오염물질의 배출은 토양유실 및 유사배출과 밀접한 관계가 있다. 밭의 토양유실량은 밭 내부에서 토양입자가 강우에너지나 유출수에 의해 원래 있던 위치에서 이동하는 토립자의 무게를 나타내는 지표이고, 유사량은 밭에서 유실된 토양이 밭의 경계선을 벗어나 밭 외부의 어느 측정지점을 통과하는 토양입자의 양을 나타내는 지표이다. 유사가 발생하면 토양에 존재하던 유기물, 영양염, 미생물 등이 함께 유출되기 때문에 수질에 많은 영향을 미친다. 유사는 소류사(bed load)와 부유사(suspended load)로 구분한다. 소류사는 하천의 바닥을 구르면서 운반되는 입자가 큰 모래, 자갈 등이며 부유사는 입자가 작은 점토, 실트와 같은 토양입자와 비중이 작은 유기물로 물에 떠서 운반되는 입자상 물질이다. 토양에 존재하는 영양염은 무기화합물로 물에 용해되기 때문에 유사에 포함되지 않는다.

보통 밭의 부유물질 유출원단위는 293 kg/ha/yr 정도이나 경사가 급한 사질토 밭에서는 보통 밭에 비하여 3~13배 높은 876~3,962 kg/ha/yr로 추정하고 있다. 유사(sediment)의 일반적인 범위는 잘 보전된 산림에서 2 ton/ha/yr, 경사지 밭에서 최소 5 ton/ha/yr로 추정하고 있다. 개간 초기의 사양토에서는 최대 485 ton/ha/yr의 토양유실이 가능하며, 옥수수 밭에서 20~50 ton/ha/yr, 고추 밭에서 20~40 ton/ha/yr의 토양 유실이 측정되고 있다. 고랭지의 무와 감자 밭의 유사량은 각각 3~80 ton/ha/yr와 4~30 ton/ha/yr 정도로 측정되었다. 밭의 경지규모가 커지면 유출량이 많아지고 토양유실량이 증가하기 때문에 비점원오염물질의 발생부하도 토양유실량에 비례하여 크게 증가한다. 평야부의 밭에서는 지하침투를 통한 지하수 유출이 상당히 많을 것으로 예상되고 있으나 구체적으로 연구된 자료는 많지 않다. 유역의 수질관리를 위해서는 지하수를 통해 배출되는 오염부하량을 정량화해야 한다.

[4] 논의 오염물질 배출

논의 비점원오염물질은 이앙시기에 집중적으로 배출되는 특성이 있고 평상시에는 물 관리 방법과 시비시기에 많은 영향을 받는다. 표 **6-23**은 논 관개와 배수의 수량과 수질을 측정하여 논으로 유입하는 오염부하와 논에서 배수되는 배수부하를 비교한 자료이다. 논은 관개수의 수질농도보다 배수의 수질농도가 높아 오염원으로 작용하기도 하고 반대로 관개수의 수질농도가 배수의 수질농도보다 낮아 오염이 정화되는 인공습지의 역할을 하기도 한다. 표에서 순유출부하가 (−)로 나타난 논은 오염을 발생시키기보다는 오염물질을 정화하고 있음을 의미한다. 논은 인공습지와 동일한 역할을 수행하는 것으로 볼 수 있기 때문에 관개수의 오염정도에 따라 배수의 오염물질의 농도는 관개수의 오염물질 농도보다 작을 수 있다. 이와 같은 논의 오염정화기능 외에 지하수 함양기능, 대기정화기능 등 공익적 기능을 많이 수행하고 있다.

표 6-23 논 유입부하, 유출부하, 순 유출부하의 비교(kg/ha)

지역	토성	면적 (ha)	측정 번호	유입부하		유출부하		순유출부하	
				TN	TP	TN	TP	TN	TP
경기도 1) 여주	클레이 로움	0.3	1	20.3	1.25	10.9	1.21	−9.3	−0.04
			2	45.0	1.49	18.0	1.66	−26.9	0.17
충청북도 2),a) 청원	로움	41.9	1	114.0	3.95	107.4	3.70	−6.5	−0.25
			2	104.1	3.18	118.4	3.20	14.3	0.02
충청북도 3) 청원		41.9	1	53.6	2.31	47.7	1.36	−5.9	−0.95
			2	61.8	2.13	66.0	1.60	4.1	−0.53
			3	61.1	2.14	64.0	2.48	2.9	0.34
전라북도 4) 남원	실트 로움	114.8	1	54.0	0.51	72.4	2.40	18.4	1.89
			2	44.8	0.57	67.5	2.03	22.7	1.46
충청북도 5) 청원		0.3	1	25.6	1.76	17.8	1.79	−7.7	0.02
			2	26.7	1.24	45.4	2.77	18.7	1.53
일본 6) 시가현	샌디 로움	11.6	1	96.4	5.03	116.0	11.87	19.6	6.84
			2	93.6	9.97	100.5	17.77	6.9	7.80

〔자료〕: 1) 농림부, 농지배수의 친환경적 관리 및 처리 기법 개발 보고서, 2002.
2) 오승영 외, 관개기 대구획 광역논에서의 오염부하 원단위, 한국농공학회지, 2002.
3) 오승영, 관개기 대구획 광역논에서의 영양물질 거동, 충북대 박사학위논문, 2004.
4) 윤광식 외, 양수장 지구 광역논으로부터 영농기간 영양물질의 유출 및 물질수지 농촌계획, 2002.
5) 한국농촌공사 농어촌연구원, 농업배수의 수질오염(질소, 인) 저감을 위한 친환경 농업기반정비 방안 보고서－논을 중심으로, 2003.
6) 武田育郎 외, 水系における水田群の汚濁物質の收支と流出負荷量,－水田群からの汚濁負荷流出に關する研究(Ⅱ), 農業土木學會論文集, 1991.

논의 단위면적당 비점원오염물질의 발생부하량은 밭에 비해서는 작지만 논 면적은 밭 면적보다 넓으므로 비점원오염물질의 발생부하는 밭보다 많을 수 있기 때문에 오염총량관리 측면에서 논의 오염발생부하량의 관리가 지속적으로 이루어져야 한다.

[5] 산림의 오염물질 배출

인간의 간섭이 없는 산림지역의 하천수질은 자연수질로 생태계와 균형을 맞추고 있다. 산림지역에서 배출되는 유기물, 부유물질 등의 물질들은 자연수질을 형성하는데 필요하기 때문에 오염물질이라고 할 수 없다. 그러나 하천의 수질관리상 오염총량을 산정하기 위하여 하천으로 유입되는 유기물과 부유물질을 포함한 모든 물질을 비점원오염물질로 간주하여 그 총량을 측정하고 있다. 산림에서 비점원오염물질의 배출은 임도의 시공과 이용, 임목벌채, 장비사용, 화입(firing), 비료와 살충제의 사용 등 산림작업과 밀접한 관계가 있다. 특히 임도시공과 목재생산이 계류수의 수질에 미치는 영향은 매우 심각하기 때문에 임도의 관리와 목재생산을 위한 작업은 많은 주의가 필요하다.

산림작업은 계류수의 부유물질 농도를 증가시키고, 하천변의 수목을 제거하면 하천수의 온도가 상승하는 반면 용존산소가 감소한다. 산림의 교란으로 하천으로 유기물의 유입량이 과도하게 많아지면 유기물을 분해하기 위하여 미생물의 농도가 증가하며 수중의 용존산소가 감소한다. 또한 농약과 비료를 많이 사용하면 계류의 유기 및 무기화학물질의 농도가 증가한다. 산림작업 중에서 임도는 부유물질 배출량의 90%를 차지할 정도로 수질에 영향이 크다. 임도의 토양유실은 절토와 성토사면의 경사가 급하고, 지표수가 모여 세류를 형성하는 지점과 지하수의 흐름이 차단되어 지표로 배수되는 지점에서 가속화된다. 미국의 산림에서 배출되는 비점원오염물질은 총수질오염물질 대비 3~9% 정도이며, 경사가 심한 산지의 임도개설지역에서는 1년에 1,300 m^3/ha(약 1,700톤/ha)의 토양유실이 발생된 기록도 있다. 일반적으로 산림에서의 부유물질 배출은 임도에서 51%, 벌목지에서 25% 그리고 산림에서 25% 정도 발생하는 것으로 연구되고 있다. 임도는 산림면적의 5%, 개벌지는 26%, 산림지는 69%를 차지하기 때문에 산림의 비점원오염물질 관리는 임도의 관리와 밀접한 관계가 있다.

6.4.3 농촌유역의 오염부하량 산정

[1] 오염물질의 발생부하, 배출부하 및 유달부하

농촌유역에서 발생되는 오염물질이 하천의 어느 관측지점까지 운반되는 과정은 그림 6-1과 같이 나타낼 수 있다. 점원오염과 비점원오염물질은 발생원에서 발생하여 다양한 운반경로를 통하여 하천의 관측지점까지 운반된다. 이

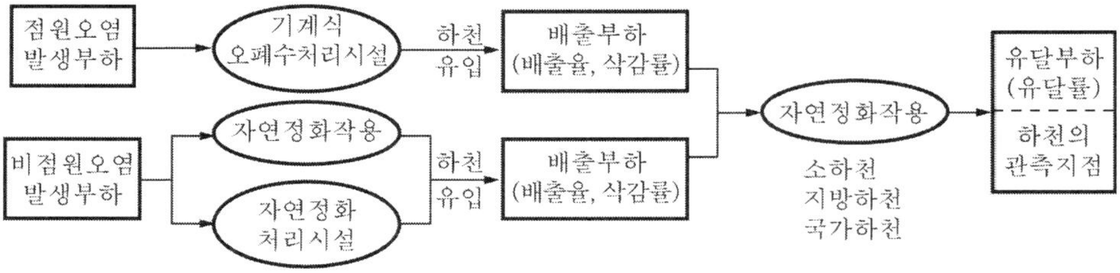

그림 6-1 오염물질의 유달과정

와 같이 오염물질이 발생원에서 발생하여 어느 측정지점까지 운반되는 과정을 유달과정이라고 한다. 점원오염은 오폐수시설로 수거하여 처리한 후 하천으로 방류하도록 제도적으로 규정하고 있다. 반면에 비점원오염은 발생과 운반특성상 오염물질을 수거하여 처리시설에서 처리하기 매우 어렵거나 비현실적이기 때문에 가능하면 발생원에서 비점오염원의 발생을 최소화하고, 발생원을 벗어난 오염물질은 자연정화작용을 받아 최대한의 오염물질 농도를 낮추거나 독성을 약화시킨 후 하천으로 유입되도록 유도하고 있다.

오염발생원에서 발생하는 부하를 발생부하라고 하며, 기계식 처리 혹은 자연정화작용을 받아 오염물질의 일부가 저감된 후 하천으로 유입될 때의 부하는 배출부하라고 한다. 점원오염물질은 기계식처리시설에서 일정한 기준으로 처리되어 삭감되므로 배출부하를 산정하기 쉽다. 처리시설에서 삭감되는 오염물질의 크기는 삭감율로 표시한다. 그러나 비점원오염물질은 자연정화작용을 받아 오염부하가 삭감되기 때문에 자연정화처리시설의 성능, 자연정화작용의 종류와 계절적인 요인에 의해서도 삭감률이 매우 다를 수 있기 때문에 삭감율과 배출부하를 산정하기 어렵다. 하천에 유입된 오염물질은 하천을 유하하며 희석, 여과, 분해, 고정화, 식물섭취 등의 자연정화작용을 받으며 하류로 운반된다. 물과 하상과의 접촉이 많은 소하천에서는 자연정화작용이 활발히 일어나 오염저감효과가 좋은 반면 큰 하천의 자연정화작용은 소하천에 비하여 크지 않다. 하천에서 자연정화작용을 받아 일정량의 오염물질이 삭감된 후 관측지점을 통과할 때의 오염부하를 유달부하라고 한다. 유달부하는 오염물질의 유하거리, 수온, 하천의 크기, 하상재료, 흐름의 형태 등에 따라 자연정화작용의 크기가 다르기 때문에 산정하기 어렵다. 농촌유역의 유달부하는 하천의 특정지점을 장기간 모니터링하여 오염물질별 부하로 산정할 수 있다. 유달률은 유달부하를 유역의 발생부하로 나눈 값이다.

유역의 모니터링 자료가 축적되면 각 유역별 특성과 오염부하를 다중회귀분석을 통하여 공식화할 수 있다. 이와 같은 공식은 유역의 출구에서 오염물질의 유달부하량을 예측하는 데 활용될 수 있다. 미국의 USGS에서는 20개 주 76개 도시유역을 모니터링하여 다음과 같은 용존영양염류 및 총영양염류를 포함한 10종류의 오염물질을 산정할 수 있는 회귀방정식 (6・35)를 유도하였다.

$$W = 10^{\left[a + b\sqrt{DA} + cIA + dMAR + eMIT + fX_2\right]} BCF \qquad (6 \cdot 35)$$

여기서, W=강우시 평균부하(pound), DA=유역면적(평방마일), IA=DA 중 불투수면 면적비(%), MAR=연간 평균강우량(inch), MJT=1월중 평균최소기온(화씨), X_2=토지이용계수, BCF=bias 보정인자이다. 구하고자 하는 각각의 영양염류에 대한 회귀상수의 일부는 표 6-24와 같다. 식 (6・35)는 강우사상당 오염부하를 산정하는 데 사용된다. 미국 어느 유역의 1회 평균강우사상당 16.9파운드의 총질소부하가 산정되었고, 연간강우횟수가 79회라면 연간 총질소부하량은 1,335 lb이다.

표 6-24 Tasker와 Driver(1988)에 의해 도출된 오염물질별 회귀상수

오염물질	회귀상수						Bias 보정계수
	a	b	c	d	e	f	
총 질 소	−0.2433	1.6383	0.0061	−	−	−0.4420	1.345
총암모니아	−0.7282	1.6123	0.0064	0.0226	−0.0210	−0.4345	1.277
총 인	−1.3884	2.0825	−	0.0234	−0.0213	−	1.314
용존성인	−1.3661	1.3955	−	−	−	−	1.469

〔자료〕: 국립환경연구원 수질총량관리센터, 미국에서의 영양물질 TMDL, 2004.

[2] 오염물질의 발생부하량 산정

유역의 효율적인 관리를 위해서는 유역 내에서 발생하는 발생원별 오염부하를 정량화할 필요가 있다. 유역의 오염부하 산정기준은 오염총량관리제도를 수행하기 위하여 환경부에서 작성한 수계오염총량관리기술지침에서 구체적으로 제시되었다. 오염총량관리제도는 과학적 토대 위에서 수계구간별 목표수질을 설정하고, 그 목표수질을 달성・유지하기 위한 허용부하량을 산정하여, 해

당 총량관리단위유역 내에서 배출되는 오염물질의 총량이 목표수질을 달성할 수 있는 허용부하량 이내로 규제 또는 관리하는 제도이다. 오염총량관리제도에서는 유역에서 발생하는 오염총량관리대상오염물질(BOD)의 총오염부하량, 수질목표를 달성하기 위한 오염부하삭감량과 허용오염부하량을 산정하여야 한다. 점원오염부하는 비교적 간단하게 산정될 수 있으나, 비점원오염부하는 신뢰성 있는 산정방법이 아직 개발되지 못하고 있다.

비점원오염부하를 정량적으로 산정하기 위하여 유역의 인구, 가축 및 토지이용에서 발생하는 오수와 폐수의 발생량을 산정하기 위한 오폐수발생원단위와, 오염물질의 발생부하를 예측하기 위한 인구, 가축, 토지이용별 오염물질발생부하원단위를 설정하여 활용하고 있다. 환경부에서 설정한 원단위는 우리나라의 4대강 유역과 같이 대유역의 오염총량계획 등에 적용하기 위하여 설정되었으며, 오폐수 유량과 오염발생부하를 산정하는 방법은 다음과 같다.

(1) 생활계 오수발생유량

1) 생활계 가정인구오수발생유량

가정인구분뇨발생유량과 가정인구잡배수발생유량을 합하여 구한다. 가정인구분뇨발생유량과 가정인구잡배수발생유량은 다음과 같이 구한다.

$$\text{가정인구분뇨발생유량} = \text{가정인구수} \times \text{가정인구분뇨발생유량원단위} \quad (6 \cdot 36)$$

$$\text{가정인구잡배수발생유량} = \text{잡배수오수전환율} \times (\text{가정인구사용유량} - \text{가정인구분뇨발생유량}) \quad (6 \cdot 37)$$

표 6-25 생활계 분뇨발생유량원단위, 분뇨발생유량비 및 잡배수오수전환율

구 분	가정인구 분뇨발생 유량원단위(m^3/인/일)	영업인구 분뇨발생유량비	잡배수 오수전환율
시 가 화	0.00115	0.006	0.88
비시가화	0.00134	0.006	0.88

여기서 가정인구사용유량은 상수도, 지하수, 먹는 샘물 등 가정에서 사용하는 물의 총량을 의미한다.

2) 생활계 영업인구오수발생유량

영업인구분뇨발생유량과 영업인구잡배수발생유량을 합하여 구한다. 영업인

구분뇨발생유량과 영업인구잡배수발생유량은 식 (6・38)과 (6・39) 같이 구한다.

영업인구분뇨발생유량 = 영업인구생활 용수 사용유량 × 영업인구분뇨발생유량비 (6・38)

영업인구잡배수발생유량 = 잡배수오수전환율 × (영업인구생활 용수 사용유량 − 영업인구분뇨발생유량) (6・39)

생활계에서 발생하는 가정과 영업인구에 의한 생활계 오수발생유량은 가정인구오수발생유량과 영업인구오수발생유량을 합하여 구한다.

예제 6-7 어느 농촌유역의 인구는 시가지역 350명, 비시가지역 250명 등 600명으로 조사되었으며, 영업인구는 200명으로 조사되었다. 이 농촌유역에서 발생하는 생활계 오수발생유량을 구하라. 단, 가정인구사용유량은 시가화 지역에서 1인당 200 L/day, 비시가화 지역에서 170 L/day로 가정하며, 영업인구생활 용수 사용량은 50 L/day로 가정한다.

풀이 (a) 시가화 가정인구분뇨발생유량 = 350명 × 0.00115 = 0.4025 m^3/day

(b) 비시가화 가정인구분뇨발생유량 = 250명 × 0.00134 = 0.3350 m^3/day

(c) 가정인구분뇨발생유량 계 = 0.4025 + 0.3350 = 0.7375 m^3/day

(d) 시가화 가정인구잡배수발생유량 = 0.88 × (350명 × 200/1000 − 0.4025)
= 64.2458 m^3/day

(e) 비시가화 가정인구잡배수발생유량 = 0.88 × (250 × 170/1000 − 0.3350)
= 37.1052 m^3/day

(f) 가정인구잡배수발생유량 = 64.2458 + 37.1052 = 98.351 m^3/day

(g) 가정인구오수발생유량 = (c) + (f) = 99.0885 m^3/day

(h) 영업인구분뇨발생유량 = 200 × 50 × 0.006 = 0.06 m^3/day

(i) 영업인구잡배수발생유량 = 0.88 × (200 × 50 − 0.06) = 8.7472 m^3/day

(j) 영업입구오수발생유량 = 0.06 + 8.7472 = 8.8072 m^3/day

(k) 생활계 오수발생유량 = (g) + (j) = 107.8957 m^3/day

(2) 축산계 발생유량

축산계 발생유량은 축산폐수발생유량과 축산고형물발생유량을 합하여 구한다. 축산폐수발생유량과 축산고형물발생유량은 식 (6・40)과 (6・41)같이 구한다.

축산폐수발생유량 = Σ(축종별사육두수×축종별축산폐수발생유량원단위) (6·40)

축산고형물발생유량 = Σ(축종별사육두수×축종별축산고형물발생유량원단위) (6·41)

표 6-26 축산오수 발생유량 원단위(m^3/두/일)

구분	젖소	한우	말	돼지	산양·사슴	개	가금
합계	0.0456	0.0146	0.0097	0.0086	0.0007	0.0011	0.00008
폐수발생유량	0.0259	0.0065	0.0043	0.0074	0.0005	0.0008	0
고형물발생유량	0.0197	0.0081	0.0054	0.0012	0.0002	0.0003	0.00008

예제 6-8 어느 농촌유역에서는 소(한우) 787마리, 돼지 882마리, 닭 70마리, 개 25마리 등이 사육되고 있다. 이들 가축에서 발생하는 축산계 발생유량을 구하라.

풀이 (a) 축산폐수발생유량 = (787×0.0065) + (882×0.0074) + (70×0) + (25×0.0008) = 11.6623 m^3/day

(b) 축산고형물물생유량 = (787×0.0081) + (882×0.0012) + (70×0.00008) + (25×0.0003) = 7.4462 m^3/day

(c) 축산계 발생유량 = 11.6623 + 7.4462 = 19.1085 m^3/day

(3) 생활계 오염물질 발생부하량

1) 가정생활에서 발생하는 오염물질의 크기

가정인구발생부하량이다. 가정인구발생부하량은 가정인구분뇨발생부하량과 가정인구잡배수발생부하량으로 구분하여 구할 수 있다.

가정인구발생부하량 = 가정인구수×가정인구발생부하원단위 (6·42)

가정인구분뇨발생부하량 = 분뇨발생부하비×가정인구발생부하량 (6·43)

가정인구잡배수발생부하량 = (1 − 분뇨발생부하비)×가정인구발생부하비 (6·44)

표 6-27 생활계 가정인구 발생부하 원단위 및 분뇨발생부하비

구 분	가정인구 발생부하원단위(g/인/일)			분뇨발생부하비		
	BOD	T−N	T−P	BOD	T−N	T−P
시 가	50.7	10.6	1.24	0.45	0.8	0.8
비시가	48.6	13.0	1.45			

예제 6-9 어느 농촌유역의 인구는 시가지역 350명, 비시가지역 250명 등 600명으로 조사되었다. 이 유역에서 발생하는 BOD, T−N 그리고 T−P의 가정인구발생부하량, 가정인구분뇨발생부하량 그리고 가정인구잡배수발생부하량을 구하라.

풀이 (a) 가정인구발생부하량

구분	구분	인구	원단위	발생부하 (g/일)	계 (g/일)
BOD	시가	350	50.7	17,745	29,895
	비시가	250	48.6	12,150	
T−N	시가	350	10.6	3,710	6,960
	비시가	250	13.0	3,250	
T−P	시가	350	1.24	434	797
	비시가	250	1.45	363	

(b) 가정인구분뇨발생부하량

BOD = 29,885×0.45 = 13,453 g/일

T−N = 6,960×0.8 = 5,568 g/일

T−P = 797×0.8 = 637 g/일

(c) 가정인구잡배수발생부하량

BOD = 29,885×0.55 = 16,442 g/일

T−N = 6,960×0.2 = 1,392 g/일

T−P = 797×0.2 = 159 g/일

2) 영업인구의 발생부하량

오수발생유량에 오수발생농도를 곱하여 산정한다. 오수발생농도 실측자료가 없을 때는 환경부에서 정한 표준발생농도를 곱하여 산정한다.

$$\text{영업인구발생부하량} = \text{영업인구오수발생유량} \times \text{영업인구오수발생농도} \quad (6 \cdot 45)$$

영업인구분뇨발생부하량＝분뇨발생부하비×영업인구발생부하량 (6・46)

영업인구잡배수발생부하량＝(1－분뇨발생부하비)×영업인구발생부하량 (6・47)

3) 생활계 오염물질의 발생부하량

가정인구와 영업인구에 의한 발생부하량을 합하여 산정한다.

생활계 발생부하량＝가정인구발생부하량＋영업인구발생부하량 (6・48)

생활계 분뇨발생부하량＝가정인구분뇨발생부하량＋영업인구분뇨발생부하량 (6・49)

생활계 잡배수발생부하량＝가정인구잡배수발생부하량＋영업인구잡배수발생부하량 (6・50)

(4) 축산계 오염물질 발생부하량

축산계에서 발생하는 오염물질의 오염부하량은 축종별 사육두수에 발생부하원단위를 곱하여 구한다.

축산폐수발생부하량＝Σ(축종별사육두수×축종별축산폐수발생부하원단위) (6・51)

축산고형물발생부하량＝Σ(축종별사육두수×축종별축산고형물발생부하원단위) (6・52)

축산계발생부하량＝축산폐수발생부하량＋축산고형물발생부하량 (6・53)

표 6-28 축종별 축산폐수와 고형물의 발생부하원단위(g/두/일)

항목	구분	젖소	한우	말	돼지	양・사슴	개	가금
BOD	합 계	556	528	259	109	10	18	5.2
	폐 수	117	67	30	32	3	4	0
	고형물	439	461	229	77	7	14	5.2
TN	합 계	161.8	116.8	77.6	27.7	5.8	8.4	1.1
	폐 수	63.5	40.0	26.7	14.9	4.2	5.4	0
	고형물	98.3	76.8	50.9	12.8	1.6	3.0	1.1
TP	합 계	56.7	36.1	24.0	12.2	0.9	1.6	0.4
	폐 수	10.7	3.5	2.3	3.3	0.2	0.3	0
	고형물	46.0	32.6	21.7	8.9	0.7	1.3	0.4

(5) 수산양식계 오염물질 발생부하량

1) 양식계의 오염물질 발생부하량

사료투여량 자료가 확보된 경우 양식장의 월별 사료투여량(kg/월)에 발생부하비를 곱하여 월별로 식 (6・54)를 사용하여 산정한다.

$$\text{양식계발생부하량} = \text{발생부하비} \times \text{월사료투여량} / \text{월간일수}(28, 29, 30, 31) \qquad (6 \cdot 54)$$

2) 양식장의 사료투여량 자료가 없을 경우

양식장의 시설면적에 시설면적기준 발생부하원단위를 곱하여 식 (6・55)로 산정한다. 시설면적기준 발생부하원단위는 환경부 수계오염총량관리기술지침에 명시된 월별발생부하원단위를 적용한다.

$$\text{양식계발생부하량} = \text{시설면적} \times \text{발생부하원단위} \qquad (6 \cdot 55)$$

표 6-29 양식장 사료투여량 대비 발생부하비

BOD5	T－N	T－P
0.25	0.05	0.013

표 6-30 양식장의 월별발생부하 원단위의 최대, 최소 및 평균(g/m^2/일)

월	가두리(이스라엘잉어)			유수식(송어)			유수식(대하)			도전양식(미꾸라지)		
	BOD	T-N	T-P	BOD	T-N	T-P	BOD	T-N	T-P	BOD	T-N	T-P
최대	169.22	33.00	9.15	15.31	2.99	0.83	3.18	0.62	0.17	16.57	3.21	0.88
최소	1.93	0.38	0.10	15.31	2.99	0.83	3.18	0.62	0.17	0.00	0.00	0.00
평균	76.68	14.96	4.15	15.31	2.99	0.83	3.18	0.62	0.17	7.34	1.42	0.39

(6) 토지계 오염물질 발생부하량

토지계의 발생부하량은 유량과 수질을 연속측정하여 수문곡선(Hydrograph)과 오염부하곡선(Pollutograph)을 도출하고, 이로부터 월별 부하량을 산정한다. 지역의 특성에 따라 유역 내 전체 토지계를 구획하여 조사하는 것을 원칙으로 하지만, 대표유역을 선정하여 도출된 표본조사 결과를 동질한 토지계에 적용할 수 있다. 토지계의 발생부하량 실측자료가 없을 때는 토지계의 지목별 연평균발생부하원단위를 활용하여 발생부하를 산정할 수 있다. 그러나 지목별 연평균발생부하원단위는 전국적인 평균값을 예측한 값이므로 토성, 지형, 토지이용방법, 강우량 등 지역적 편차가 큰 중소유역에 적용하면 오차가 매우 크게 나타날 수 있다. 따라서 지목별 연평균발생부하원단위를 사용하여 산정한 발생부하는 유역의 오염관리를 위한 참고자료 정도로 사용되어야 한다. 토지계의 월별 발생부하량은 각 지목별 면적, 지목별 연평균발생부하원단위, 그리고 강우배출비를 적용하여 개략적으로 산정한다.

토지계발생부하량 $=\sum$(지목별 면적×지목별연평균발생부하원단위×강우배출비) (6·56)

강우배출비 $=0.1+0.9$(연간일수×월유효강우량비)/월간일수 (6·57)

월유효강우량비 $=10$ mm/day 이상 강우량의 월합계/10 mm/day 이상 강우량의 연합계 (6·58)

표 6-31 토지계 지목별 연평균발생부하원단위(kg/km^2·일)

지 목	BOD	T－N	T－P
전	1.59	9.44	0.24
답	2.30	6.56	0.61
임 야	0.93	2.20	0.14
대 지	85.90	13.69	2.10
기 타	0.960	0.759	0.027

〔참고〕: 1) 밭은 지목별 면적중 전과 과수원을 포함.
2) 대지는 대지, 공장용지, 학교용지, 도로, 철도용지, 체육용지(골프장 제외), 유원지, 종교용지, 사적지를 포함.
3) 기타는 광천지, 염전, 제방, 구거, 유지, 수도용지, 공원, 묘지, 잡종지를 포함.

예제 6-10 어느 농촌유역의 전(밭) 면적은 23 ha, 답(논) 면적은 35 ha, 임야의 면적은 150 ha, 대지면적은 20 ha, 기타 면적은 13 ha이다. 또한 이 유역의 10 mm/day 이상 연강우량은 1,200 mm이며, 8월의 10 mm/day 이상 강우량은 450 mm이다. 이 농촌유역의 8월의 토지계 BOD 발생부하량을 구하라.

풀이 (1) 월유효강우량비 $=450/1200=0.375$

(2) 강우배출비 $=0.1+0.9(365\times0.375)/31=3.9738$

(3) 토지계 BOD 발생부하량 = [(0.23×1.59) + (0.35×2.3) + (1.5×0.93) + (0.2×85.9) + (0.2×0.96)]×3.9738 = 78.96 kg

(7) 산업계 및 기타 오염물질 발생부하량

산업계의 발생부하량은 폐수발생유량에 발생농도를 곱하여 구한다. 발생농도는 실측하여 사용하는 것이 원칙이다. 발생농도의 실측치가 없을 때는 환경부 수계오염총량관리기술지침에 명시된 업종별 표준발생농도를 적용하여 산정한다. 매립장에서 발생되는 발생부하량은 매립장의 침출수발생유량에 침출수 발생농도를 곱하여 산정한다.

6.4.4 농촌유역의 토지이용과 수질과의 관계

[1] 토지이용과 지하수 수질과의 관계

강우시를 제외하면 하천의 물은 유역에서 지하수를 통해 공급받는다. 하천으로 유입하는 점원오염물질이 없고 고의적으로 오염물질을 하천으로 투기하지 않는 한 평상시의 하천수질은 유역의 지하수 수질과 밀접한 관계가 있다. 이는 지하수의 수질을 잘 관리해야 하천의 수질을 관리할 수 있음을 의미한다. 표 6-32는 북한강 유역의 충적평야지대 지하수의 총질소(T-N) 농도를 토지이용별로 조사한 자료이다.

표 6-32 농촌유역의 토지이용별 지하수의 총질소(T-N) 농도(mg/L)

토지이용	주거지역	논과 밭	비닐하우스	축사지역	자연지하수질
T-N	16.66	9.41	19.41	24.46	2.58

토지이용별로 축사지역, 비닐하우스 지역 및 주거지역에서 높은 총질소 농도가 나타난 반면 재래식 농업이 이루어지고 있는 논과 밭 지역에서는 9.41 mg/L로 비교적 낮았으며 오염원이 없는 상류의 산자락에서는 2.58 mg/L로 낮게 나타났다. 이는 토지이용별로 지하수로 침투하는 오염물질의 양이 다르고 오염물질의 양에 따라 지하수의 수질이 변함을 의미한다. 유역의 농업용수와 생활 용수의 수질을 확보하기 위해서는 지하수로 침투하는 오염물질의 양을 최소화할 수 있는 영농방법의 시행이 필요하다.

[2] 지하수 수질과 하천수질과의 관계

지하수의 수질은 강우에 영향을 받지만 그 영향이 하천수 만큼 크지 않다. 이는 강수가 지하로 침투하여 하천으로 배수되는 데 많은 시간이 소요되기 때문이다. 따라서 하천수와 지하수질의 비교에는 짧은 기간에 발생하는 홍수수질은 많이 반영될 수 없으며, 주로 평상시 수질이 지하수 수질과 비교된다. 점원오염원이 없는 한강 상류 수계의 2곳의 농촌유역에서 지하수와 하천의 총질소(T−N), 총인(T−P) 및 화학적산소요구량(COD)의 변화는 비슷하게 나타났으며, 유역의 지하수와 하천수의 총질소 농도는 그림 **6-2**와 같이 매우 유사한 변화를 보였다.

두 유역의 총질소의 평균은 하천에서 5.666∼5.751 mg/L이었으며, 지하수에서 6.113∼7.636 mg/L이었다. 총인의 평균은 하천에서 31.07∼40.62 μg/L이었으며 지하수에서는 32.96∼36.16 μg/L이었다. 하천과 지하수의 COD 평균농도는 각각 1.754∼2.291 mg/L와 1.323∼1.460 mg/L이었다. 총질소와 총인의 농도는 지하수에서 다소 높게 나타난 반면 COD는 지하수에서 다소 낮게 나타났다. 토지이용은 지하수 수질과 하천수질과도 밀접한 관계가 있다. 따라서 하천의 수질을 관리하기 위한 유역관리는 점원오염물질의 관리뿐만 아니라 유역의 토지이용을 합리적으로 관리하여 지하수로의 오염물질 유입을 최소화하고 하천수의 수질을 보전할 수 있도록 추진해야 한다.

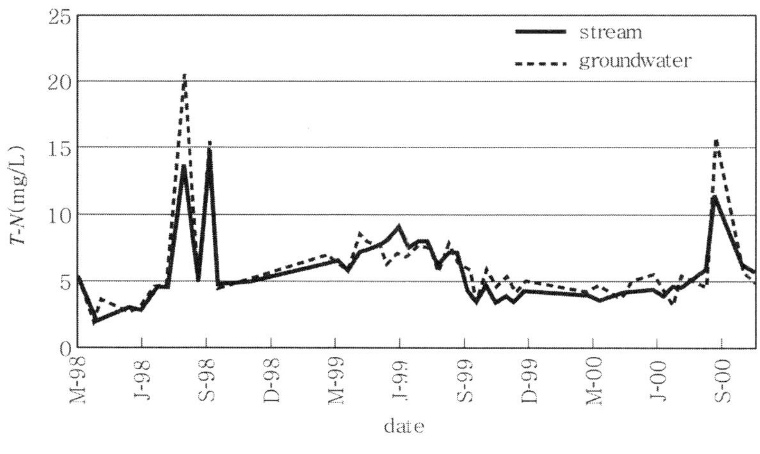

그림 6-2 춘천시 방동리 농촌유역의 총질소 변화('98.3∼'00.9)

[3] 강우와 농촌유역의 오염배출 특성

농촌유역의 부유물질(SS)의 부하는 홍수기 집중호우에 많은 영향을 받는다. 북한강 상류 2곳의 농촌유역에서 홍수기에 배출된 부유물질은 연부하량의 95~98%에 달한다. 반면에 평상시의 부유물질 농도는 25 mg/L 이하로 수질기준 1급수를 유지하였다. 홍수시의 소류사(bed load)의 배출까지 감안하면 홍수시 부유물질의 부하량은 더 클 것으로 사료된다. 동일한 농촌유역의 홍수기의 T－N의 부하량은 연부하량의 73~77%이었다. T－N의 부하량도 홍수기에 집중되었으나 그 정도는 부유물질에 비하여 다소 작았다. 이는 T－N의 경우 질산성 질소가 지하수를 통하여 평시에도 많이 배출되기 때문이다. 이들 유역 하천의 T－N 농도의 범위는 각각 4.00~10.33 mg/L와 1.44~14.58 mg/L로 매우 높게 나타났다. 총인과 COD의 부하도 홍수기에 집중적으로 발생하였다. 표 6-33은 2곳의 북한강 상류유역의 관측자료를 평균하여 산정한 자료로 총질소, 총인, 부유물질 및 COD의 단위면적당 유달부하량으로 강우량에 따라 매우 큰 차이를 보였다.

표 6-33 농촌소유역의 일강우량의 크기와 단위면적(ha)당 오염부하량

일강우량	0~20 mm	20~50 mm	50~100 mm	100 mm 이상
측정자료 숫자	610	37	7	5
T－N(kg/ha/day)	0.108	0.412	3.011	8.932
T－P(g/ha/day)	0.693	3.411	23.856	102.282
SS(kg/ha/day)	0.368	2.046	30.332	411.156
COD(kg/ha/day)	0.044	0.252	1.734	10.784

6.4.5 하천수질의 평가방법

[1] 작물과 수질지표

관개용수의 수질이 악화되는 원인은 유역에서 수로나 하천으로 과도한 오염물질이 유입되거나 저수지에서 조류가 과도하게 번식하기 때문이다. 관개용수의 수질이 악화되면 수중의 미생물량이 많아져 농경지에서 작업하는 농민의 건강은 물론 작물의 성장에도 부정적인 영향을 미친다. 재배작물의 종류에 따라 관개용수 수질의 영향도 다르나 일반적으로는 작물의 생육장해를 유발

한다. 관개용수의 수질악화에 따른 작물장해의 일반적인 증상은 표 6-34와 같다.

관개용수가 과다한 질소성분을 포함하면 작물이 지나치게 성장하여 약한 바람에도 쓰러지는 도복현상이 나타난다. 질소과다로 인한 등숙불량이나 불임현상과 같은 생육장해를 일으키며, 엽경도 연약하여 병충해를 유발시키기도 한다. 관개용수의 질소농도 허용한계는 작물에 따라 다르지만 일반적으로 3~5 mg/L 정도이다. 질소농도가 3 mg/L 이하이면 시비량의 조절로 작물에 적절한 질소농도를 유지할 수 있으나 5 mg/L 이상이면 일반적으로 수확량의 감소를 초래한다. 관개용수의 유기물 함량이 높을 때는 용수와 논 바닥 토양에 용존산소가 없는 혐기성으로 변한다. 혐기성 상태에서 유기물은 서서히 분해되며 2가 철, 2가 망간, 황화수소 등이 생성되어 벼의 영양흡수와 체내대사를 저해할 수 있다.

작물이 구리, 니켈, 코발트, 아연 등과 같은 중금속을 과도하게 흡수하면 뿌리의 생육이 저하되며, 푸른 상태에서 말라죽는 증상을 일으킨다. 산성이 강한

표 6-34 주요 수질지표와 작물의 생육장해

항 목	피 해 증 상
pH	• 산성이 강할 경우 : 뿌리발육 불량, 사자꼬리형의 뿌리 발생 • 알카리성이 강할 경우 : 철분결핍으로 황화현상 발생
COD	• 토양환원 촉진, 유해물질 발생(유화수소, 유기산 등) • 뿌리의 활력 저하
SS	• 토양의 공극 감소, 토양의 물리적 성질 불량 • 생육장해 발생
T−N	• 과잉 성숙으로 도복 가능성 증가, 등숙불량, 낟알 껍질 축소 • 낟알 불임 증가, 미질불량
DO	• 뿌리 생육장해, 뿌리 호흡의 쇠퇴, 양분흡수 불량 • 현미수량 감소
EC	• 삼투압 증가로 뿌리의 흡수능력 감소, 염류농도의 불균형으로 영양과 대사의 저해, 잎끝에 흑갈색 반점출현, 말라죽음, 아랫잎이 잎집에서 탈락
AS	• 황화잎 발생, 뿌리의 부패와 발생억제, 줄기황화
Zn	• 잎맥 사이의 황화, 푸른 마름의 증상, 뿌리의 생육 저하
Cu	• 잎끝의 황화, 뿌리의 위축

관개용수는 작물의 성장과 수확량을 감소시킨다. 관개용수와 함께 중금속이나 규사 등이 농경지로 유입되면 이들의 독성에 의해 작물은 만성 혹은 급성피해를 받아 생육저해와 수확량 감소를 가져오며 또한 작물체에 중금속 함량이 높아져 상품의 가치를 떨어뜨린다. 농경지의 오염은 농작업을 곤란하게 하고, 수리구조물의 노화를 촉진하며, 궁극적으로는 인간생활에 피해를 준다. 오염원과 유역관리를 통하여 농업용수 수질기준 이상의 양질의 관개용수를 확보하기 위한 노력이 지속적으로 이루어져야 한다.

[2] 하천과 수질지표

하천의 수질을 평가하기 위하여 다양한 수질지표가 사용될 수 있다. 관행적으로 사용하여 오는 수질지표는 부유물질(SS), 생물화학적산소요구량(BOD), 용존산소량(DO), 수소이온농도(pH), 대장균군수, 총질소(T−N), 총인(T−N) 등 화학적 수질지표이다. 하천의 오염도가 증가함에 따라 중금속과 유해화학물질을 평가하게 되었으며 최근에는 하천수질의 안정적인 평가지표로 생물학적 수질지표가 많이 도입되고 있다. 우리나라의 하천은 생활환경기준 5개 등급으로 구분하여 평가하고 있다. 환경정책기본법상 하천의 수질등급을 평가하는 생물화학적 수질지표는 표 **6-35**와 같다. 중금속과 유해화학물질의 최대오염농도(MCL)는 카드뮴(Cd, 0.01 mg/L 이하), 비소(As, 0.05 mg/L 이하), 납(Pb, 0.1 mg/L 이하), 6가크롬(Cr^{+6}, 0.05 mg/L 이하), 음이온계면활성제(ABS, 0.5 mg/L 이하)이며, 시안(CN), 수은(Hg), 유기인, 폴리크로리네이티드비페닐(PCB) 등은 검출되어서는 안 된다.

생물학적 수질지표는 제도상으로는 정립되어 있지 않으나 환경선진국을 중심으로 수질을 평가하는 매우 중요한 지표로 자리잡고 있다. 화학적 수질지표는 수질시료를 채취하는 순간의 수질을 대표할 뿐 장기적인 수질변화를 대표할 수 없다. 또한 화학적 수질지표는 동일한 관측지점이라 할지라도 수질시료의 채취지점에 따라 오염물질의 농도에 많은 변화가 있을 수 있다. 반면에 생물학적 수질지표는 장기간의 수질변화에 적응하여 살 수 있는 수생생물이 기준이므로 화학적인 수질지표보다 안정적으로 수질을 평가할 수 있다. 어느 하천에서 등이 구부러진 0.5~1 cm 정도의 옆새우가 서식한다면 이 하천은 오염이 전혀 없는 1급수로 볼 수 있다. 하천의 돌에 붙어 빠르게 움직이는 하루살이 유충이 발견되면 이 하천의 수질은 BOD 기준 1~3 mg/L 정도의 2급수에 해당하는 수질로 평가할 수 있다. 거머리가 나타나면 3급수이며, 껍질이 얇은

표 6-35 우리나라의 하천수질 환경기준

구분	등급	이용목적별 적용대상	기준				
			수소이온 농도 (pH)	생물화학적 산소요구량 (BOD)(mg/L)	부유물질량 (SS) (mg/L)	용존산소량 (DO) (mg/L)	대장균군수 (MPN/ 100m*l*)
생활환경	Ⅰ	상수원수 1급 자연환경보전	6.5~8.5	1 이하	25 이하	7.5 이상	50 이하
	Ⅱ	상수원수 2급 수산용수 1급 수영용수	6.5~8.5	3 이하	25 이하	5 이상	1,000 이하
	Ⅲ	상수원수 3급 수산용수 2급 공업용수 1급	6.5~8.5	6 이하	25 이하	5 이상	5,000 이하
	Ⅳ	공업용수 2급 농업용수	6.0~8.5	8 이하	100 이하	2 이상	–
	Ⅴ	공업용수 3급 생활환경보전	6.0~8.5	10 이하	쓰레기 등이 떠 있지 않을 것	2 이상	–

물달팽이류가 나타나면 4급수, 그리고 장구벌레(모기유충)나 실지렁이 등이 관찰되면 5급수 이하의 수질로 평가할 수 있다.

[3] 하천수질의 평가모형

(1) 하천수질모형의 필요성과 목적

관개수의 수질관리는 친환경농업의 수행과 시민들의 인식개선을 통한 농산물의 판매증진을 위해서 매우 중요하다. 소비자는 맑고 깨끗한 관개수로 생산된 농산물을 선호하기 때문이다. 현대 농업은 과거의 수량공급 중심의 관개방식에서 농업용수 수질기준을 충분히 만족시킬 수 있는 양질의 관개용수를 공급할 수 있는 관개시스템 중심으로 전환되고 있다. 양질의 관개수를 공급하기 위한 시스템의 개발과 운영에는 오염원의 적절한 관리와 함께 다양한 수질관리 모형이 활용된다.

다양한 종류의 수문과 수질모형이 지표수와 지하수의 수량과 수질을 예측하기 위하여 활용되고 있다. 이들 모형은 개발목적과 기능에 따라 수량과 수질예측에 다소 차이는 있었지만 시간이 지남에 따라 지속적으로 보완되어 범용화되고 있다. 지리정보시스템(GIS)과 인터넷의 발전으로 일부의 모형들은 인터넷상에서 GIS와 함께 융합(Web GIS)되어 활용되고 있다. 모형은 지형, 토양, 식생피복, 경종법, 시비량, 오염원, 기상자료 등의 입력자료를 이용하여 유출과 수질을 모의할 수 있는 컴퓨터 프로그램이다. 국가의 모든 수계를 장기간 모니터링하여 유역의 토지이용변화에 따른 수계의 수질변화를 예측할 수 있는 정책을 수립할 수 있다면 모형은 필요하지 않다. 그러나 비용과 효과면에서 모든 수계를 모니터링할 수 없기 때문에 대표유역을 모니터링하고 나머지 유역은 대표유역에 준하여 모의할 수 있는 모형을 적용하여 토지이용과 수질과의 관계를 예측한다. 모형은 유역의 토지이용, 영농방법 혹은 점오염원의 변화에 따른 수질모의를 통하여 유출수, 하천, 호소 그리고 지하수의 생물학적 및 화학적 평가대상 오염물질의 변화를 예측하여, 합리적이고 경제적으로 수질관리를 수행하는데 필요한 의사결정자료를 제공해 준다.

(2) 하천수질모형의 종류와 용도

농촌유역의 오염물질 배출과 하천의 수질을 모의할 수 있는 많은 모형들이 개발되어 사용되고 있다. SCS CN 방법은 농경지의 직접유출을 모의하는데 가장 많이 사용되는 방법 중의 하나이다. SCS CN 방법은 SWAT, AGNPS, HEC 모형 등의 유출을 모의하는데 채용되었다. 1990년대 이후부터는 SWAT이나 HSPF와 같은 수문과 수질모형은 GIS와 융합된 BASINS의 부모형으로 채용되어 다양한 토지이용과 오염원 조건에서 수량과 수질을 모의하는 데 사용되고 있다. 이들 모형은 하천의 수질을 관리하기 위한 오염총량관리제의 비점원오염물질의 부하를 예측하는 데에도 중요한 역할을 하고 있다. 하천이나 호소의 수질모의에는 QUAL2E 모형이 많이 사용되고 있으며, 이 모형을 우리나라의 하천특성에 적합하도록 수정한 QUALK 모델은 우리나라의 오염총량관리제의 오염부하의 예측과 삭감부하량의 할당에 활용되고 있다. SWAT은 SWAT-K로 우리나라의 지표수 및 지하수 수문조건에 적합하도록 수정되었다. 지하수의 유동과 수질모의에는 GLEAMS와 DRAINMOD 등의 모델이 사용되고 있다. 이외에도 농촌지역을 포함하는 중소유역의 수문과 수질을 모의하기 위한 모형으로는 ANSWERS, EUTROMOD, WMS, WEPP, EPIC, L-THIA, DRASTIC, MODFLOW 등이 있다. 이들은 모형에 따라 BOD, COD, 부유물질(SS), 총질소, 총인, 엽록소, 대장균, 농약성분 등 다양한 수질인자들을 모의하는 데 활용된다.

관개배수 공학자는 모형이나 유역관리방법을 사용하여 관개수의 수질기준을 만족할 수 있는 관개수를 공급할 수 있어야 한다. 하천수나 저수지의 수질이 악화되어 농업용수의 목표수질을 달성할 수 없을 경우에는 수질개선기법을 활용하여 수질을 개선한 후 관개수로 공급하거나 저수지나 댐, 혹은 지하수 등 수질이 양호한 용수를 도입하여 유역의 오염된 용수와 희석하여 수질기준을 만족시킨 후 관개용수로 공급할 수 있는 관개조직을 갖추어야 한다. 관개지역내 관개용수의 수질관리와 희석 용수의 도입을 위한 합리적인 설계방법과 경제적인 운용방법 대안을 제시해 줄 수 있는 다양한 모형의 활용도 필요하다.

6.4.6 농촌유역의 수질관리 대책

유역은 하천으로 물을 공급하는 수원지이다. 하천은 하천법에 의하여 국가하천, 지방 1급과 지방 2급 하천, 그리고 하천법에 명시되지 않은 소하천으로 구분된다. 소하천은 나무의 실뿌리와 같이 가장 먼저 유역의 지표수와 지하수를 수거하여 상위의 하천(지방 2급, 지방 1급 및 국가하천)으로 물을 공급하는 역할을 하고 있다. 따라서 유역관리는 소하천을 중심으로 유역의 특성을 잘 파악하고 그 특성에 맞게 관리되어야 성공적으로 수질을 개선할 수 있다. 소유역별 오염발생원인이나 특성이 상이하므로 국가적인 차원에서 전국을 동일하게 취급하고 동일한 방법으로 유역관리를 할 수 없다.

소하천의 상당부분을 차지하는 농촌유역 오염원의 합리적인 관리는 관개용수는 물론 하천과 호소의 수질을 개선하는 데 매우 중요한 변수이다. 농촌유역의 점원과 비점원 오염의 관리는 기술적인 접근뿐 아니라 지역주민의 적극적인 동참이 매우 중요하므로 기술과 교육 및 주민참여가 이루어질 수 있도록 추진되어야 한다.

농촌유역의 점원오염물질은 마을 하수도, 농공단지, 산업체, 대규모 축사 등에서 발생된다. 점오염원은 제도적 규제를 받고 있기 때문에 제도의 엄격한 적용을 통하여 오염물질의 배출을 최소화할 수 있다. 반면에 비점원오염물질은 농촌유역의 토지이용과 관리방법에 따라 배출량의 차이가 크다. 특히, 밭과 가축집단사육장에서 오염물질의 배출은 토지의 관리방법에 따라 매우 크게 변한다. 농촌유역의 토지이용은 하수도가 설치되지 않은 주거지역, 논, 밭, 과수원, 산림, 초지, 소규모 축사(가축집단사육장), 기타(도로와 하천 등)로 구분할 수 있다. 따라서 비점원오염을 효과적이며 경제적으로 통제하기 위해서는 각 토지이용에 적합한 비점원오염물질 관리방법을 선정하고 시행해야 한다.

농촌유역에서 점원 및 비원오염을 제어하기 위한 기본적인 접근방법은 2가지로 구분할 수 있다.

[1] 물리적인 수질관리 대책

(1) 발생원에서의 억제방법

1) 점원오염물질

점원오염물질의 배출규제는 공공처리시설과 개별처리시설로 구분하여 관리한다. 마을하수도나 농공단지 오폐수처리장과 같은 공공처리시설은 전문기술자들에 의해 효율적으로 오폐수 처리가 이루어질 수 있도록 제도를 정립하고 주기적인 오폐수 처리 효율의 조사를 통해 항상 설계기준보다 양호한 방류수 수질이 확보될 수 있도록 지원한다. 단위기업이나 대규모 축사의 개별처리시설의 오폐수 처리능력과 효율은 경제적 및 기술적인 이유로 공공처리시설에 비하여 열악한 경우가 많다. 개별처리시설의 비효율적 운영이나 가동중단은 고농도의 유기성 폐수와 고독성의 오염물질이 하천수계로 유입할 수 있기 때문에 관리감독기관의 철저한 감독과 처리시설운영자의 환경의식을 함양시켜 개별처리시설의 효율적인 운영이 이루어질 수 있도록 지도하여야 한다.

농공단지, 산업체, 대규모 축사 등 점원오염물질을 배출하는 사업장에는 잠재적인 오염물질들이 야적되어 있거나 부실하게 관리되는 경우가 많이 있다. 이와 같은 잠재 오염물질들은 강우시 빗물과 유출수에 유실되어 오폐수 처리장에서 처리되지 않고 하천으로 배출된다. 특히, 사업장이 콘크리트 포장 등으로 불투수면일 때는 작은 강우에도 많은 양의 오염물질이 하천으로 배출될 수 있기 때문에 점원오염물질을 배출하는 사업장의 잠재 오염물질의 유실을 차단할 수 있는 제도적인 방법을 강구하여 시행하여야 한다.

2) 비점원오염물질

농경지에서 비점원오염물질의 유실을 억제하는 방법은 ① 농경지에 사용하는 잠재적인 비점원오염물질(비료, 농약 등)의 양을 최소화하고, ② 강우시 유출량을 최소화하여 유출수에 의한 토양과 비점원오염물질의 발생량을 최소화하는 방법, ③ 축사와 같이 잠재적인 오염물질이 많은 곳의 관리 등이 있다.

농경지에 사용하는 잠재적인 비점원오염물질의 양을 최소화하기 위해서는 외국의 경우처럼 비료관리계획(Nutrient management plan, NMP), 종합병충해관리방법(Integrated pest management, IPM)과 같은 계획이 농민의 참여하에 실행되어야 한다. 농경지의 토양검정을 통하여 적정한 양의 비료를 여러 변에 나누어 투입하고, 병충해 예찰을 충실히 하여 필요한 곳에 필요한 양의 농약만 사용하는 방법이다.

강우시 유출량을 최소화하여 유출수에 의한 토양과 비점원오염물질의 발생량을 최소화하는 방법은 농경지의 지하침투량을 증가시키는 방법과 경지구획과 배수로 정비를 통하여 유출수를 안전하게 배수하는 방법이 있다. 지하침투량을 증가시키기 위해서는 농업잔사(Residue)나 볏짚거적과 같은 유기물 재료로 토양을 피복한다. 지표가 피복되면 강우시 지면막힘현상(Surface sealing or crust)이 최소화되어 지하침투량이 감소하지 않고 지속적으로 많은 양의 지하침투가 일어난다. 침투능이 큰 사질토 계통의 밭 토양의 비점원오염물질 배출을 저감시키기 위한 경제적이고 합리적인 대책 중의 하나는 지표피복이다. 또한 무경운 재배도 지하침투량을 증가시키는 중요한 수단이 될 수 있다.

축사와 같이 잠재적인 오염물질이 많은 곳의 오염배출량을 저감시키기는 방법은 잠재 오염물질과 유출수와의 접촉을 차단하는 방법이 효과적이다. 오염물질은 강우시 유출과 함께 하천으로 유입하므로 오염물질이 비를 맞지 않게 창고나 비닐하우스 등에 저장한다. 축사와 집단사육장에서는 지붕에서 발생하는 유출이 분뇨가 많은 사육장으로 흐르지 못하도록 우회수로를 설치하여 배수해야 한다. 사육장에서 발생하는 유출과 오염물질은 사육장의 하류 주변에 초생대와 같은 여과시설을 설치하여 상당한 양의 오염물질 저감효과를 볼 수 있다.

발생원에서 비점원오염물질의 유실을 억제하는 방법은 오염물질을 저감시킬 수 있는 가장 합리적이고 경제적인 방법이다. 여기에는 최적관리방법(Best management practices : BMPs)이 있으며, 이는 농업생산성을 유지할 수 있으면서도 오염배출은 최소화시킬 수 있는 영농관리기술을 개발하고 보급하는데 기여하고 있다.

(2) 발생원과 하천 사이에서 제거하는 방법

다양한 종류의 최적영농관리방법을 시행하여도 일정량의 오염물질의 배출은 피할 수 없다. 이 방법은 농경지와 같은 오염발생원에서 배출된 유사와 오염물질이 하천에 도달하기 전에 초생수로(vegetated waterway), 초생대(vegetated filter strip), 배수로, 테라스(terrace), 침사지 및 침사구(sediment trap), 인공습지, 하천변의 식생완충대(riparian forest) 등을 통과시켜 오염물질의 양을 저감시키고 독성을 약화시키는 것이다. 농지배수의 배수로는 부유물질이나 유사가 배수로에 퇴적되지 않게 일정 이상의 유속을 갖도록 설계한다. 그러나 수질보전과 개선이 중요한 유역의 배수로는 오염물질을 저감시키기 위하여 퇴적량이 많게 설계되어야 한다. 배수로의 기울기를 완만하게 하여 유속을 줄이고, 경우에 따라서는 풀을 심어 초생수로로 만들어 유사와 부유물질의 퇴적을 촉진시켜야 한다. 배수로에 퇴적된 유사와 유기물질은 다시 농경지로 환원되어 농업생산에 활용될 수 있다. 특히 경사지 밭 유역의 배수로는 비점원오염물질의 저감에 많은 기여를 할 수 있기 때문에 배수로의 기능적인 설계와 조합으로 최소의 비용으로 최대의 오염 제거 효과를 볼 수 있는 기술의 적용이 필요하다.

(3) 하천에서 자연정화작용을 이용한 제거 방법

이 방법은 농촌유역이 주로 소하천으로 구성되어 있기 때문에 소하천이 가지고 있는 기능을 최대한 활용하여 자연정화를 극대화시켜 주는 것이다. 토양이 교란되는 영농활동이나 축사와 주거생활에서 어느 정도의 점원 및 비점원 오염물질은 반드시 소하천으로 유입하여 큰 하천으로 운반된다. 소하천은 중규모 이상의 하천에 비해 물(오염물질)과 토양의 접촉이 상대적으로 많기 때문에 자연정화처리기능이 매우 크다. 소하천의 자연정화작용은 여과, 침전, 분해 등에 의해 많이 발생한다. 소하천은 일반적으로 수심이 얕고, 돌과 모래가 많은 하상으로 구성되어 있어 유역에서 유입되는 유기물이 쉽게 여과되고 침전된다. 또한 소하천의 흐름은 난류의 폭기 현상으로 대기 중의 산소를 충분히 흡수하여 수중의 용존산소량이 증가되어 하상에 침전된 유기물을 빠르게 무기물로 분해시킨다. 분해된 무기물은 하상재료의 표면에 부착하고 있는 부착조류에 의해 섭취되어 수질개선이 이루어진다. 하폭이 넓은 곳에는 수초와 수생식물을 재배하는 비오톱(Bio-top)이나 자연습지를 조성하여 수질개선효과를 높이고 또한 농촌의 전원풍경을 조성할 필요가 있다. 경사가 급한 소하천에는 돌망태 혹은 개비앙(Gabion)과 같은 투수성재료로 보를 만들어 하천의 여과, 침전 및 분해 작용을 높일 수 있다. 최근에는 주철 등의 재료를 이용한 다양한 개비앙 제품이 생산되어 하천시설에 응용되고 있다. 이와 같은 자연정화의 기본원리를 이용하여 접촉산화수로 등이 개발되어 상업적으로 활용되기도 한다.

(4) 하천유지 용수량 추가확보에 의한 처리방법

농촌유역의 하천이나 관개조직의 오염도가 높을 때는 기계적 및 자연정화 처리시설을 이용하거나 희석수를 도입하여 오염도를 완화시키는 방법이 있다. 기계적인 하수처리시설이나 자연정화 처리시설을 설치하여 농촌지역 하천이나 관개조직의 오염물질 농도를 목표수질 이하로 낮추는 방법은 비경제적이고 비효율적일 수 있다. 이와 같이 처리시설을 통한 수질개선방법이 어려울 경우에는 하천유지 용수를 추가로 확보하여 희석에 의한 수질개선을 도모할 수 있다. 희석에 의한 오염도의 완화는 오염물질을 근본적으로 제거하여 수질을 개선하는 방법은 아니지만 농촌유역에서 수질을 개선하여 관개용수의 수질기준을 만족시키고 수생생태계를 보전할 수 있는 경제적인 방법이 될 수 있다. 하천유지 용수량을 확보하기 위해서는 충분한 수자원을 보유해야 하기 때문에 저수지의 설계시에는 하천유지 용수를 충분히 반영하여 설계할 필요가 있다.

[2] 비물리적인 수질관리 대책

(1) 법적제도에 의한 방법

법적인 제도의 제정과 시행은 가장 강력하고 효과적인 점원오염뿐만 아니라 비점원오염의 통제수단이다. 점원오염으로 지정되면 잠재적인 오염물질의 관리에서부터 오염물질의 발생, 수거 및 처리에 이르기까지 엄격한 제도적 통제를 받는다. 농촌유역의 가장 큰 점원오염으로 간주되는 대규모 축사의 오폐수 처리는 축산농가의 경제성을 고려하여 제도적 규제의 정도를 신축적으로 적용하기 때문에 많은 오염물질이 정상적으로 처리되지 않고 하천으로 유입한다. 축산업에도 일반 산업체에 적용하는 수준의 오폐수 처리를 의무화하면 축산오폐수의 배출은 현격히 감소될 수 있다. 축산농가의 규모화를 통하여 축산업의 국제경쟁력을 강화하고 오염배출을 규제할 필요가 있다.

도시근교의 농촌유역에는 수많은 개별 산업체가 입주하여 제품의 생산과 함께 다량의 오폐수와 환경오염물질을 배출하고 있다. 하수도 시설이 미비된 농촌지역에서 산업활동은 주변의 토양을 오염시키며 하천의 수질을 극도로 악화시켜 농업용수로 활용할 수 없게 되는 경우가 많다. 농촌유역의 합리적인 개발과 오염관리를 위해서는 토지이용계획을 사전에 고시하여 하수도 시설이 없는 지역에서는 산업활동이 엄격히 규제될 수 있어야 한다.

마을 하수도가 없는 소규모 마을의 하수와 강우 유출수를 처리할 수 있는 인공습지와 같은 자연정화 처리시설의 도입이 필요하며, 농공단지의 오폐수처리시설이나 마을하수도와 같은 공공처리시설은 전문가의 관리와 주기적인 조사를 통하여 오염배출량을 최소화할 수 있다.

농경지의 비점원 오염물질의 배출도 허용최대오염배출기준이 설정되면 농업최적관리방법의 적용과 토지이용계획의 변경이 비교적 용이하게 이루어질 수 있다. 고랭지의 경사 밭에서 토사유출이 과도할 경우 허용최대유사발생량 혹은 허용최대토양유실량 기준이 있다면 토사유출을 효과적으로 제어할 수 있다. 즉, 어느 농경지의 토사유실량이 허용최대토양유실량보다 크다면, 정부는 농민에게 토사유실량을 허용유실량 이하로 줄이도록 강제할 수 있다. 농민은 토양유실량을 줄이기 위하여 농공기술자가 제시하는 다양한 최적관리방법을 적용하게 된다. 최적관리방법을 적용하여도 토사유실량이 허용치를 초과할 때는 농경지의 재배작물을 강제적으로 바꾸거나 초지 혹은 숲으로 대체하도록 농민에게 권유할 수 있다. 이와 같이 농업에서도 각 오염물질별 최대허용유실량 기준을 제정하여 제도적으로 오염배출기준을 강화할 필요가 있다.

(2) 주민의 계도에 의한 방법

점원 및 비점원오염물질 배출의 주원인 제공자는 농민이기 때문에 농민이 점원 및 비점원오염물질과 토양유실을 방지하겠다는 확고한 의지가 없는 한 아무리 좋은 기술이나 정책이 수행되어도 그 효과를 기대하기 어렵다. 또한 농촌유역에는 정부 부처 사이의 이해관계가 많이 얽혀 있다. 따라서 이 방법은 농촌유역의 비점원오염을 합리적으로 제어하기 위해서는 정부와 이해집단간의 협의체를 활성화하고, 농민들이 자발적으로 오염저감대책을 실천할 수 있도록 기술을 개발하고, 교육하고, 홍보하며, 인센티브를 제공하는 것이다. 정부 부처간 협의체 구성과 농민의 지도를 위해서는 자신이 거주하고 있는 유역에서 헌신적으로 활동할 수 있는 지도자의 육성이 가장 중요한 요인 중의 하나이다.

유역관리의 중요한 목적은 맑은 물이다. 유역관리를 통하여 도시는 물론 농촌유역의 하천수질을 자연수질로 복원하는 것이 가장 이상적일 것이다. 그러나 도시근교나 집약농업지역과 같이 오염부하가 많은 유역의 하천을 자연수질로 복원할 수는 없다. 따라서 하천의 수질은 그 사용목적에 따라 다르게 설정되어야 한다. 유역의 오염원 관리도 하천의 수질기준에 맞도록 지역에 따라 서로 다른 기준이 적용되어야 한다. 즉, 상수원으로 이용하는 하천이 있는 지역의 오염관리는 낚시나 수영 등 여가생활을 목적으로 하는 하천이 있는 지역의 오염관리에 비해 보다 엄격하고 제도적으로 관리되어야 한다. 또한 관개배수 공학자는 관개와 배수수질의 적정성을 확보하기 위하여 유역의 오염원을 관리해야 한다.

연 습 문 제

1. 농업용수의 수요전망과 향후 이용방안에 대하여 설명하여라.
2. 농촌유역의 합리적인 용수 이용 방안에 대하여 설명하여라.
3. 농촌유역의 물순환과 관개배수의 역할에 대하여 설명하여라.
4. 농촌유역의 효율적인 용수 수급 관리에 대하여 설명하여라.
5. 논에서의 탈질소 과정에 대해서 설명하여라.
6. 농촌유역의 수량과 수질의 보전 방안에 대하여 설명하여라.
7. 점원오염과 비점원오염의 차이를 설명하여라.
8. 농업지대의 비점원오염물질을 다섯 가지로 구분하여 설명하여라.
9. 유기물과 영양염의 측정지표를 나열하여라.
10. 총부유물질(TSS)과 부유물질(SS)의 차이점은 무엇인지 설명하여라.
11. 초기세척(intial flush)에 대하여 설명하여라.
12. 밭과 논의 비점원오염물질 배출지점의 차이점을 설명하여라.
13. 비점원오염을 관리하기 위한 임도관리의 중요성에 대하여 설명하여라.
14. 오염물질의 발생과 배출, 그리고 유달부하에 대하여 설명하여라.
15. 비닐하우스 지역과 재래식 논밭지역의 지하수 수질의 차이가 나는 이유를 설명하여라.
16. 농촌지역의 소하천 수질이 인근 지하수 수질에 영향을 받는 이유를 설명하여라.
17. 비가 많이 오면 오염 배출량이 급격히 증가하는 이유를 설명하여라.
18. 생물학적 수질지표가 화학적 수질지표보다 중요한 이유를 설명하여라.
19. 비점원오염물질을 관리할 때 발생원 관리가 가장 중요한 이유를 설명하여라.
20. 오염 발생원 관리방법 중에서 지표피복은 가장 효과적인 방법으로 인식된다. 그 이유를 설명하여라.
21. 발생원과 하천 사이에서 비점원오염물질을 자연정화시킬 수 있는 최적관리방법의 예를 들고 설명하여라.
22. 소하천의 자정작용이 중 · 대하천보다 큰 이유를 설명하여라.
23. 유역관리에서 유역주민의 참여가 첨단기술의 적용보다 중요한 이유를 설명하여라.

참고문헌

(1) 건설교통부, 수자원 장기 종합계획, 2001.

(2) 국립환경연구원 수질총량관리센터, 미국에서의 영양물질 TMDL, 2004.

(3) 김진수 외, 관개기 대구획 광역논에서의 오염부하 원단위, 한국농공학회지, 2002.

(4) 농림부, 농업생산기반정비사업계획설계기준(관개편), 1998.

(5) 농림부, 농지배수의 친환경적 관리 및 처리 기법 개발 보고서, 2002.

(6) 농림수산부, 농어촌 용수 이용 합리화계획 자료정보데이타베이스구축연구, 농어촌진흥공사, 1992.

(7) 농림수산부, 문자 및 도형데이타베이스를 이용한 농어촌 용수 개발 기본계획보고서, 농어촌진흥공사, 1994.

(8) 농어촌진흥공사, 농어촌 용수 개발 기본계획(청도지구), 서울대 농개연, 1994.

(9) 한국농공학회, 농업토목핸드북, 1993.

(10) 농어촌진흥공사, 농촌지역의 수질보전, 1993.

(11) 한국농촌공사, 농업생산기반정비사업 조사설계 실무요령, 2000.

(12) 한국농촌공사, 농업배수의 수질오염(질소, 인) 저감을 위한 친환경 농업기반 정비 방안－논을 중심으로－보고서, 농어촌연구원, 2003.

(13) 박중현・박희경・현인환, 21세기 물수요를 대비한 종합수질 관리방안, 한국수자원개발공사, 1996.

(14) 오승영, 관개기 대구획 광역논에서의 영양물질 거동, 충북대 박사학위논문, 2004.

(15) 윤광식 외, 양수장 지구 광역논으로부터 영농기간 영양물질의 유출 및 물질수지, 농촌계획, 2002.

(16) 한국환경정책평가연구원, 비점오염원 저감을 위한 우수유출수 관리방안, 2002.

(17) 환경부, 축산폐수배출시설 및 처리시설 관리개선방안 연구, 2003.

(18) 환경부, 비점오염원관리업무편람, 2004.

(19) 丸山利輔 外 6人, 灌漑排水 下巻, 養賢堂, 1988.

(20) 丸山利輔 外 7人 かんがい排水, 養賢堂, 1982.

(21) 緒形博之 外 4人, 農業水利學, 文永堂, 1978.

(22) 武田育郎 外, 「水系における水田群の汚濁物質の收支と流出負荷量,－水田群からの汚濁負荷流出に 關する硏究(Ⅱ)」, 農業土木學會論文集, 1991.

(23) R. B. Ambrose, WASP4, A Hydrodynamic and Water Quality Model－Model Thoery, User's Manual and Programmer's Guide, EPA/600/3－87－039, U. S. Environmental Protection Agency, Athens, GA, 1988.

(24) Arnold, J. G. & Williams, J. R. & Srinvasan, R. & King, K. W. & Griggs, R. H.,

SWAT-Soil and Water Assessment Tool, Draft Users Manual, USDA-ARS, Temple, TX, 1995.

(25) Beasely, D. B. & Huggins, L. F. & Monke, E. J., ANSWERS-A Model for Watershed Planning, *Transaction of the ASAE*, 23(4), pp.938~944, 1980.

(26) W. G. Kinsel, CREAMS : A Field Scale Model for Chemicals, Runoff and Erosion from Agricultural Management Systems, USDA-ARS Report 26, 1980.

(27) Lane, L. J. & Nearing, M. A., USDA-Water Erosion Prediction Project, NSERL Report No. 2, USDA-ARS, W. Lafayette, Indiana, 1989.

(28) Leonard, R. A. & Knisel, W. G. & Still, D. A., GLEAMS : Groundwater Loading Effects of Agricultural Management Systems. *Transactions of the ASAE*, 30(5), pp.1403~1418, 1987.

(29) Tasker, G. D. & Driver. N. E., Nationwide regression models for predicting urban runoff quality at unmonitored sites, *Water Resources Bulletin* 24(5) : pp.1091~1101, 1988.

(30) Williams, J. R. & Dyke, P. T. & Fuchs, W. W. & Benson, V. W. & Rice, O. W. & Taylor, E. D., EPIC-Erosion/Productivity Impact Calculator : 2. User Manual, A. N. Sharpley and J. R. Williams, Editors, *USDA Technical Bulletin* No. 1768, 1990.

(31) Young, R. A. & Onstad, C. A. & Bosch, D. D. & Anderson, W. P., AGNPS, Agricultural Non-Point Source Pollution Model : A Watershed Analysis Tool, UADA Conservation Research Report 35, 1987.

(32) Brown, L. C. & Barnwell, T. O., Jr, The Enhanced Stream Water Quality Models QUAL2E and QUAL2E-UNCAS : Documentation and User Manual, EPA-600/3-87/007, U. S. Environmental Protection Agency, Athens, GA, 1987.

찾아보기

ㄱ

ㅂ

ㅅ

ㅈ

저자약력

정 하 우

서울대 농대 농공학과 졸업
서울대 대학원 농학박사
서울대 생물자원공학부 교수
서울대 명예교수

김 진 수

서울대 공대 토목공학과 졸업
동경대 대학원 농학박사
충북대 지역건설공학과 교수

박 기 욱

서울대 농생대 농공학과 졸업
서울대 대학원 공학박사
한국농촌공사 농어촌연구원 전문연구원

윤 광 식

서울대 농대 농공학과 졸업
미국 Auburn University 대학원 공학박사
전남대 생물산업공학과 교수

이 남 호

서울대 농대 농공학과 졸업
서울대 대학원 농학박사
한경대 지역자원시스템공학과 교수

최 중 대

강원대 농대 농공학과 졸업
미국 Universysity of Maryland 대학원 공학박사
한국농공학회 부회장
강원대 지역기반공학전공 교수

김 선 주

건국대 농대 농공학과 졸업
건국대 대학원 농학박사
국제관개배수위원회(ICID) 포장관개분과위원
건국대 생명환경과학대학 사회환경시스템공학전공 교수

노 재 경

충남대 농대 농공학과 졸업
서울대 대학원 농학박사
한국수자원공사 책임연구원
충남대 지역건설환경공학과 교수

손 재 권

전북대 농대 농공학과 졸업
전북대 대학원 농학박사
전북대 새만금연구사업단장
전북대 지역건설기반공학과 교수

이 근 후

서울대 농대 농공학과 졸업
서울대 대학원 농학박사
경상대 농업시스템공학부 교수

정 상 옥

서울대 농대 농공학과 졸업
Iowa State University 대학원 공학박사
감사원 토목사무관
경북대 농업토목공학과 교수

최 진 용

서울대 농생대 농공학과 졸업
서울대 대학원 농학박사
미국 Purdue University 연구원
서울대 농생대 지역시스템공학과 교수